输变电工程
电晕效应与设计实践

黄世龙　刘云鹏　著

U0194482

化学工业出版社

·北京·

内 容 简 介

本书主要内容包括电晕放电基本概念、交流输电线路电晕效应、直流输电线路电晕效应、输电线路电晕效应测试和设计注意事项、工程设计实践案例等。在学习该书前，应掌握工程物理和电磁理论基础知识。

本书可作为普通高等学校电气工程及其自动化专业的本科生和研究生教材，也可作为高压交/直流输电线路设计领域工程技术人员的参考用书。

图书在版编目（CIP）数据

输变电工程电晕效应与设计实践/黄世龙，刘云鹏著．—北京：化学工业出版社，2022.11
ISBN 978-7-122-42227-9

Ⅰ.①输… Ⅱ.①黄… ②刘… Ⅲ.①输电-电力工程-电晕放电②变电所-电力工程-电晕放电 Ⅳ.①TM7②TM63

中国版本图书馆 CIP 数据核字（2022）第 171221 号

责任编辑：李军亮　于成成
责任校对：王　静　　　　　　　　　　　装帧设计：韩　飞

出版发行：化学工业出版社（北京市东城区青年湖南街 13 号　邮政编码 100011）
印　　装：北京天宇星印刷厂
787mm×1092mm　1/16　印张 22　　字数 540 千字　2022 年 11 月北京第 1 版第 1 次印刷

购书咨询：010-64518888　　　　　　　　售后服务：010-64518899
网　　址：http://www.cip.com.cn
凡购买本书，如有缺损质量问题，本社销售中心负责调换。

定　价：98.00 元　　　　　　　　　　　　　　　　版权所有　违者必究

前　言

电晕效应为高压交/直流输变电工程设计和运行中需考虑的重要因素。

近五十年来，随着超/特高压交/直流输电技术的发展，学界和工程界发表了大量有关输电线路电晕效应的科技论文。本书作者团队长期关注并参与输变电工程电磁环境问题研究，如 750kV 单回/同塔双回/同塔四回交流超高压线路、1000kV 单回/同塔双回交流特高压线路、750kV 交流超高压和±800kV 直流特高压线路交叉跨越工程的电磁环境影响专题研究、工程可行性论证、导线选型及电晕效应评估工作。本书是在总结电晕放电相关书籍、文献、报告的基础上，结合自身实际工程设计案例写成的，系统全面介绍了输电线路导线产生电晕放电的物理机理、各种电晕效应的分析和预测方法、电晕效应试验评价所采用的方法及考虑电晕效应因素的输变电工程设计等。

本书分为六个部分，每个部分都涉及特定的主题。第一部分主要介绍了输电线路导线电晕放电的基本概念。第二部分采用实证方法对交流输电线路的电晕损耗（CL）、无线电干扰（RI）和可听噪声（AN）三个主要的电晕效应进行了分析和预测。第三部分论述了直流输电线路电晕效应特点及分析方法。第四部分介绍了交流和直流输电线路电晕测试和设计注意事项。第五部分介绍了工程实践案例 1——沙尘条件下超/特高压输电线路电晕特性。第六部分介绍了工程实践案例 2——不同海拔地区超高压交流输变电工程金具起晕特性。

本书由华北电力大学黄世龙、刘云鹏著。

本书可作为普通高等学校电气类专业的教科书或参考书，亦可作为其他专业选修课程的参考教材，并可作为有关专业工程技术人员的参考书。

本书内容融入了作者所在单位研究小组中多年来博士生和硕士生的研究成果，在此一并表示谢意！

由于著者水平和经验有限，不妥之处在所难免，敬请读者批评指正。

著　者

目 录

第1部分 基本概念

第3部分　直流输电线路

第4部分 测试和设计

第10章 设计注意事项 **165**

第5部分 沙尘条件下超/特高压输电线路电晕特性研究（案例1）

第11章 高海拔沙尘条件下特高压输电线路导线电晕特性实验系统研制与优化 **177**

第6部分 不同海拔地区超高压交流输变电 工程金具起晕特性研究（案例2）

第1部分

基本概念

第1章

高压架空输电线路

现代电力系统为百余年发展的产物，其中远距离大容量电能传输技术及其经济可行性发挥了关键作用。在简要回顾现代电力系统发展历史基础上，本章追溯了高压交流输电（AC）和直流输电（DC）线路的演变和特点，阐述了架空输电线路电磁建模的基本概念，以便于理解更复杂的电磁分析技术，这些技术将在后续的章节中使用。本章还讨论了高压输电线路电气设计需考虑的因素，尤其是在选择导线时考虑电晕效应的重要性。

1.1　电力系统

现代电力系统起源于 19 世纪 90 年代初，当时人类迈出了第一步，即采用发电机，为距离发电机较短的照明负荷供电。在此之前，电力仅在实验室或工业环境中产生和使用。托马斯·爱迪生（Thomas Edison）在纽约珍珠街车站（Pearl Street Station），用发电机给他新发明的一些白炽灯供电，被认为是现代电力系统的"种子"。

早期电力系统需考虑的一个重要问题是，较长甚至几千米远的金属线（通常是铜线）配电线路的配电效率。事实上，由于对大功率和长距离配电线路的需求增加，低压配电线路出现大功率电阻损耗，使得这些系统不经济。对于较大的功率，采用较高的传输电压会使得导线中的电流较低，因此功率损耗较低，效率较高。在这一早期的发展过程中，有两个争论：第一，是用交流还是直流配电；第二，负载是串联还是并联。

帮助解决这些争议并促使电力系统最终发展的技术突破口是电力变压器的发明。1831 年，据迈克尔·法拉第（Michael Faraday）发现的电磁感应原理，利用变压器使得交流电压以非常有效的方式升高或降低成为可能。1882 年，路森·戈拉尔（Lucien Gaulard）和约翰·吉布斯（John Gibbs）发明了被称为二次发电机的装置，由串联电感线圈组成，在英国该装置被用来为超过 10km 的铁路提供电气化照明。在美国乔治·威斯汀豪斯（George Westinghouse）购买了该装置的专利权，西屋公司年轻工程师威廉姆·斯坦利（William Stanley）对其进行改造，开发出一种具有并联线圈而非串联的设备。最后，三位匈牙利工程师，卡罗利·齐珀诺夫斯基（Karoly Zipernowsky）、奥特·布拉希（Otto Blathy）和米克萨·德埃里（Miksa Dery），在1885 年发明了一种称为变压器的装置。该装置具有目前所使用电力变压器的所有基本特征，即与电源并联的绕组、高低压网络的隔离及采用闭合的铁芯。

除变压器外，促使进入高压交流电力系统时代的主要因素为：尼古拉·特斯拉（Nicola Tesla）发明了三相感应电动机，让人们认识到了三相发、输和用电的技术经济优势。虽然单相和两相交流电在最早的商业电力系统中使用，但三相交流电已成为高压输电的标准。然而，单相和三相系统都可以被用来分配和利用交流电。这些电力系统的基本特征包括：采用发电机端的变压器将电压提高到很高的水平，在长距离内高效地传输大功率能量，然后在接收端降低电压，再次使用变压器，将电压降低到可安全使用的极限值水平来使用电能。

高压输电不仅提高了长距离传输大容量电力的经济可行性，而且还促使了地理分离的发电场和负荷中心相连的大型电网的发展。经济性和可靠性的提高是大型互联电力系统发展的主要因素。

1.2　高压交流输电线路

1.2.1　发展史[1]

20 世纪初，30～40kV 电压对 100km 范围内的三相交流输电已经可行。两个技术壁垒的出现抑制了传输电压的进一步提高。第一个与采用瓷针绝缘子有关，瓷针绝缘子是从电报和电话行业借用的一种技术。1907 年，H. W. 巴克（H. W. Buck）和 E. M. 休利特（E. M. Hewlett）开发了盘形瓷和玻璃悬式绝缘子，可组装成一个长绝缘子串，有效地消除了这一壁垒。

第二个壁垒为 20kV 及以上电压等级输电线路导线电晕，表现为发光放电，伴有"嘶嘶声"和爆裂声，并产生无线电干扰和相当大的能量损耗。斯坦福大学 H.J. 瑞安（H.J. Ryan）教授进行的早期研究表明，电晕的产生与早期输电线路上使用的小直径导线表面高电场强度直接相关。因此，为解决电晕问题，建议通过增加导线直径来减小导线表面电场，并在一定程度上增加相间距。这种方法有时会导致需选用比经济地输送电流更大的导线横截面。另一种解决电晕问题的方法为，将导线分裂成几个较小的子导线，使得导线表面电场减少，又不会过度增加导线的总横截面。在早期设计中，分裂导线根数通常在 2～4，均匀地分布在一个圆周上，被称为分裂导线。

瓷针绝缘子和电晕放电引起的两个技术壁垒的消除，促使传输电压显著增加。1920 年，电压等级通常为 132～150kV，1923 年引入 220kV 电压等级。由于从大型发电站传输大容量电力的需求变得极为迫切，1934 年，美国胡佛大坝项目引入 287kV 的输电线路。下一个重要节点为，1954 年瑞典引入 380kV 的输电线路。此后系统负荷持续高增长，20 世纪 60 年代初，北美开始采用 500kV 输电电压等级，60 年代中期输电电压接近 750kV。

20 世纪 70 年代初，世界各国进行了大量研究，预计需要 1000～1500kV 输电电压来满足未来电力系统快速扩展的需要。然而，这些期望并没有实现，原因首先是较低的负荷增长率，其次是技术和经济因素的限制。因此，目前加拿大、美国和苏联的输电电压保持在 750kV 水平，西欧的输电电压保持在 400kV 水平。俄罗斯现有电网中集成了一段 1000～1200kV 短程输电线路，并在试验基础上投入运行，但在短期内，该电压等级输电线路大规模使用似乎不太可能。

1.2.2　输电容量

输电线路的一个重要特性是其功率传输能力，即在不超过规定技术限制情况下，可以沿线路传输的最大功率。功率传输能力取决于诸多因素，最重要的因素为输电线路的电压和长度。作为功率传输能力比较基准的法则，输电线的线路自然功率（SIL）定义为

$$P_n = \frac{U^2}{Z_c} \tag{1.1}$$

式中，P_n 为线路自然功率，U 为线路额定工作电压，Z_c 为线路特征或浪涌阻抗。特征阻抗在线路的电气和电磁特性中起重要作用，本章将更详细地讨论其概念。假设忽略损耗，则 Z_c 为

$$Z_c = \sqrt{\frac{L}{C}} \tag{1.2}$$

式中，L、C 分别为单位长线路电感、电容。上面定义的浪涌阻抗具有纯电阻性。

限制输电线路运行、决定输电能力的技术因素为电压调节率、热定额值和系统稳定性[2]。电压调节率是指参考额定电压，在线路接收端电压变化的百分比。为获得与某一负载对应的电压调节率，或反过来讲，某一特定电压调节限值可传输的最大负载，需确定沿线的电压分布。热定额值由导线中电流产生的不良热效应决定，影响因素包括退火和由于反复出现高温导致导线机械强度逐渐损失，以及导线在高温下的热膨胀产生的下垂和接地间隙增加。系统稳定性，通常是指输电线路的稳态极限，即线路发送和接收端电压规定值下所能传输的最大功率。对于长线路，稳态极限接近线路的 SIL，而对于短线路，稳态极限可高于SIL。为确保系统稳定性，输电线路通常在低于稳态极限的功率传输水平下运行，其系数称为稳定裕度。

根据输电线路长度，上述三个技术因素之一成为限制输电能力的主要因素。一般来说，热定额值、电压调节率和系统稳定性分别成为短、中、长线路的限制因素。因此，每条线路长度的实际功率传输能力由对应限制因素决定。

实际高压输电线路导线电阻远低于电抗，因此非常接近无损耗线路。这一特性可适用于确定不同限制因素的线路长度，以及所有电压等级线路的相应功率传输能力[3,4]。计算表明，不同限制因素对应的线路长度和功率传输能力如下：①＜80km 线路，热定额值，容量＞3.0SIL；②80～320km 线路，电压调节率，容量为 1.3～3.0SIL；③长度＞320km，系统稳定性，容量＜1.3SIL。

前述对功率传输能力的讨论表明，为实现长距离大功率传输电能，需要具有更高 SIL 水平的线路。参考式（1.1），可通过增加线路电压 U 或降低特性阻抗 Z_c 来实现。然而，对于实际输电线路，Z_c 变化范围极小，为 250～400Ω，较低值对应于较高的电压等级。因此，可通过增加线路电压 U 来获得较高的 SIL 值，为满足负荷增长的需要，输电电压等级急剧增加。

1.2.3　线路结构

实际中，架空输电线路由连接在金属塔结构上的支撑绝缘串和导线组成。典型的三相水平塔结构如图 1-1 所示。该结构用于高电压等级线路（≥500kV），可在给定走廊下进行大容量电能传输。三相导线 A、B、C 可按图示进行水平布置，也可三角形或垂直布置，并架设一条或两条接地线以防雷击。对于较低电压等级线路（100kV、220kV 和 330kV），同塔架设双回三相线路更为常见，主要为增加给定走廊内的输电容量。典型同塔双回路结构如图 1-2 所示。每回线路的三相导线在杆塔的一侧，可按图示垂直布置，也可直角三角形布置。应注意，除上述典型结构外也存在其他情况。如在给定走廊下需进行最大电力传输时，

500kV、750kV 甚至 1000kV 线路也采用同塔双回路结构。同样，对于低电压等级线路，亦会采用同塔双回或多回线路。

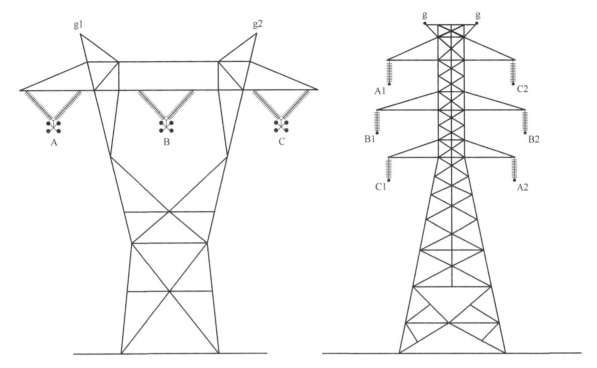

图 1-1　1000kV 同塔单回交流输电线路杆塔结构　　　图 1-2　同塔双回交流输电线路杆塔结构

1.3　高压直流输电线路[5]

1.3.1　发展史

三相交流系统在发、配、用，以及短距离至中等距离输电方面具有明显优势，这使得高压交流输电网快速发展。同时，与现有三相交流电力系统相比，高压直流输电仅使用两根导线，而非三相交流输电所需三根导线，高压直流输电（HVDC）的经济优势变得明显。高压直流输电的应用需研发可在非常高电压和大电流下运行的变换器（交流变直流）和逆变器（直流变交流）。

1939 年，乌诺·拉姆（Uno Lamm）发明了高压汞弧阀，在栅极和阳极间引入均压电极，以获得更均匀的电场分布。高压汞弧阀的发展使得 1954 年在瑞典建成第一条高压直流输电线路。这条 100kV 运行电压的线路通过海底电缆连接瑞典大陆和哥得兰岛，传输容量为 20 MW。20 世纪 60 年代中期，美国开发和建造了第一条采用架空输电线路的高压直流输电线路（伏尔加格勒-顿巴斯），运行电压±400kV、容量 720 MW。在北美，第一条主干高压直流输电线路为连接俄勒冈州达拉斯和加利福尼亚州西尔玛太平洋西北-西南的架空输电线路，长 1400km、容量 1440MW。

随着固态阀的发展，晶闸管串联可获得更高电压，并联可获得更高电流，推动了世界各地对高压直流输电的使用，目前运行电压高达±1100kV。

1.3.2　技术和经济考虑

技术和经济因素对现代电力系统高压直流输电的稳定增长起重要作用。两个交流系统间的直流线路的技术优势，在于提供了系统间的异步链接，因此其长度不受系统稳定性限制。由于直流线路本身并不需要无功功率，仅仅连接相邻交流系统的换流器需无功功率，因此直流线路对无功功率的需求低于相应的交流线路。高压直流输电的其他技术优势包括，在环境允许的情况下，可将大地用作回流线，从而提高运行的可靠性，使直流线路不会对相邻交流系统的短路电流产生影响。

从经济角度看，一方面直流输电线路的成本低于具有相同功率传输能力的交流输电线路。另一方面，直流线路终端设备成本高于交流线路终端设备成本，主要为换流设备的成本。这两个因素的综合效应是，对于一定的电力传输量，交流线路的成本较低，达到并超过一定的电力传输距离后，直流线路变得更经济。交叉点的距离被称为盈亏平衡距离。然而，由于输电线路和终端设备成本的变化，不可能精确计算这种盈亏平衡距离。这些变化主要是由于新的材料和技术及新的制造或施工工艺的引入。因此，必须为每个特定的输电项目确定盈亏平衡距离。而对文献的回顾表明，盈亏平衡距离主要在 $500\sim1500km$。

1.3.3　线路结构

直流线路有三种基本类型，每种类型都对应一个特定的输电线路结构。第一种为单极线路，如图 1-3 所示，仅有单（正或负）极性导线，大地作为回流线。由于负极性具有更优的电晕效应，通常为单极线路的首选。线路结构也非常简单，通常由单极导线或由适当结构支撑在地面上的分裂导线组成，也可选择在导线上方架设接地线，以防雷击。

图 1-3　单极直流线路

第二种为最常用的双极线路，如图 1-4 所示，共有两回导线，一回为正极，另一回为负极。线路两端的终端设备为由两个额定值相同的换流器在直流侧串联组成。换流器间的中性点通常在两端接地，使得两极可独立运行，并在其中一极发生故障时，另一极可以在短时间内承载双极线路的全部功率。正常工作条件下，两极线路电流几近相等，地面电流可以忽略不计。典型双极直流线路结构如图 1-5 所示，两极导线均悬挂在一个简单的带有横担的桅杆式结构上，出于防雷目的，接地线通常架设在两极导线上方，并在两极导线间对称布置。有时，接地线可以绝缘并用作金属接地回流导线。

第三种为特殊单极线路，如图 1-6 所示，与双极线路结构相似，但仅由极性相同的两根导线组成。因此，回流电流会流入大地，严重限制了其在电力系统中的使用，与单极线路一样，由于电晕效应，首选负极性。可采用类似于双极线的塔结构悬挂两根导线，也可采用两个间距较大的单极线路结构。

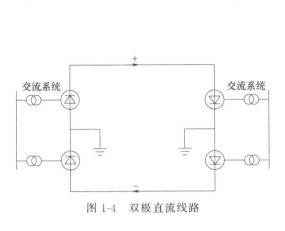

图 1-4 双极直流线路

图 1-5 双极直流输电线路结构

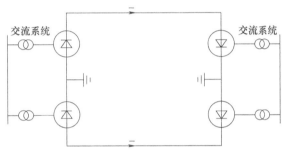

图 1-6 特殊单极直流输电线路

1.4 输电线路电磁建模

电磁建模是分析高压交/直流输电线路电晕效应必不可少的环节。本节简述适用于输电线路结构电磁建模的一般原理，这些方法将在后续章节中进一步讨论。所涉及的物理原理及方程式推导的详细信息，详见电磁理论的相关参考文献 [6，7]。

1.4.1 理想化线路结构

架空输电线路通常由一系列置于地面上方的圆柱导线组成，并连接由长距离隔开的两点。导线由输电杆塔机械支撑，如图 1-1、图 1-2 和图 1-5 所示，由钢、木材、混凝土等结构材料构成，间隔几百米。相邻杆塔间，导线呈悬链线状。为便于电磁建模，通常采用理想化传输线结构，其由许多无限长平行圆柱形导线组成，彼此平行并置于无限大的接地平面上方。输电杆塔结构在模型中通常被忽略，不平坦地面上方悬

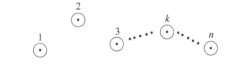

图 1-7 理想多导体传输线结构

链线状的导线被放置在地面平均高度不变的导线的几何形状所代替。图 1-7 所示为用于电磁建模的 n 导体传输线理想二维结构。不同类型交流和直流线路的导线数量 n 不同。

1.4.2　场论建模

麦克斯韦方程组可用于任意电气装置的电磁建模，其矢量微分形式为

$$\nabla \times \boldsymbol{H} = \boldsymbol{J} + \frac{\partial \boldsymbol{D}}{\partial t} \tag{1.3}$$

$$\nabla \times \boldsymbol{E} = -\frac{\partial \boldsymbol{B}}{\partial t} \tag{1.4}$$

$$\nabla \cdot \boldsymbol{D} = \rho \tag{1.5}$$

$$\nabla \cdot \boldsymbol{B} = 0 \tag{1.6}$$

式中，$\boldsymbol{H}$ 为磁场强度，A/m；$\boldsymbol{E}$ 为电场强度，V/m；$\boldsymbol{D}$ 是电通量密度，亦称为电位移矢量，C/m^2；$\boldsymbol{J}$ 为传导或运流电流密度，A/m^2；$\boldsymbol{B}$ 为磁通量密度，亦称为磁感应强度，T；ρ 为自由电荷体密度，C/m^3。此外，$\boldsymbol{H}$、$\boldsymbol{E}$、$\boldsymbol{D}$、$\boldsymbol{B}$ 和 $\boldsymbol{J}$ 为矢量，而 ρ 为标量。

式（1.3）为麦克斯韦修正的时变电场下安培定律的表述，亦称为全电流定律。为探寻普遍协调一致的电磁规律，麦克斯韦将电流连续性方程应用于时变电场时，发现安培定律的原式违背电荷守恒定律推得的电流连续性方程，特别是存在介质和电容器时。为修正这种情况，麦克斯韦将总电流密度定义为由电荷运动产生的传导或运流电流（$\boldsymbol{J}$）和电场变化引起的位移电流 $\frac{\partial \boldsymbol{D}}{\partial t}$ 密度之和。式（1.4）为法拉第电磁感应定律的表述。式（1.5）为高斯定律的表述，其表明电场线为起自于正电荷而终止于负电荷的有向曲线，式（1.6）为磁通连续性定理的表述，它表明磁力线为无头无尾的闭合曲线。

除上述四个场方程外，对任何电气装置或设备进行完整的电磁分析，还需给出三个有关场量与媒质性能参数关联性方程，亦称为媒质本构方程：

$$\boldsymbol{D} = \varepsilon \boldsymbol{E} \tag{1.7}$$

$$\boldsymbol{B} = \mu \boldsymbol{H} \tag{1.8}$$

$$\boldsymbol{J}_c = \gamma \boldsymbol{E} \tag{1.9}$$

式中，ε 为介电常数，μ 为磁导率，γ 为介质电导率，分别反映介质在电场作用下的极化性能、介质宏观的磁化性能及介质的导电性能。自由空间的介电常数和磁导率分别为：$\varepsilon_0 = 8.854 \times 10^{-12}$ F/m 和 $\mu_0 = 4\pi \times 10^{-7}$ H/m。任意介质中介电常数 ε 都可表示为 $\varepsilon = \varepsilon_r \varepsilon_0$，其中 ε_r 为大于 1 的无量纲常数，称为相对介电常数。同样，介质磁导率亦可写为 $\mu = \mu_r \mu_0$，其中 μ_r 为无量纲常数，称为相对磁导率。γ 为介质电导率，电阻率的倒数，S/m。

如图 1-7 所示结构输电线路相关的电磁场问题，可采用式（1.3）～式（1.9）及合适的边界条件构造边值问题进行定解。四个场方程（1.3）～（1.6）为对应空间和时间坐标的三维偏微分方程。前两个方程构成了一组时域间耦合的偏微分方程，为得到电场和磁场分量，必须同时求解。方程是描述场结构的定律，对应这些方程场的分析可在时域或频域进行。如采用傅里叶变换可将场从时域转换到频域，反之亦然。

考虑到无界自由空间中不含源量（电荷和传导电流）时电磁现象的特殊性，将式（1.3）和式（1.4）及式（1.7）和式（1.8）进行整理，即可得到描述场量 $\boldsymbol{H}$ 和 $\boldsymbol{E}$ 的两个独立方程：

$$\mathbf{V}^2\boldsymbol{E} = \mu_0\varepsilon_0\frac{\partial^2\boldsymbol{E}}{\partial t^2} \tag{1.10}$$

$$\mathbf{V}^2\boldsymbol{H} = \mu_0\varepsilon_0\frac{\partial^2\boldsymbol{H}}{\partial t^2} \tag{1.11}$$

式（1.10）和式（1.11）称为波动方程，描述了电场和磁场分量在空间域和时间域中的传播特性，光在自由空间中的传播速度 $v = 1/\sqrt{\mu_0\varepsilon_0} \approx 3\times10^8$ m/s，这也体现了电磁波物质性的属性。

从电磁场角度看，图 1-7 所示理想结构的典型传输线可被视为一种波导[6,7]，电磁能在其上以波的形式传播。在波导中，电磁传播以不同的模式进行，即横电波（TE）、横磁波（TM）和横向电磁波（TEM）模式。每种模式的名称都是基于传播方向上存在何种场分量，即电、磁，或电和磁，它们只存在于垂直于传播方向（横向）平面上。特定传播模式的出现或主要取决于波导的物理尺寸和电磁波的频率。

对于图 1-7 所示的理想结构，若忽略损耗，则实际交流和直流输电线路的物理尺寸应确保在 200MHz 以下的所有频率下仅能发生 TEM 传播模式。由于实际输电线路的导体（包括地面）中确实发生了功率损耗，因此电场和磁场沿传播方向会有小的分量。因此，严格地说，传播模式不是 TEM 波，而是 TE 和 TM 波的混合。然而，由于纵向场分量比横向分量小几个数量级，混合波通常近似为准瞬变电磁波。因此，传输线的电磁建模可假设为准瞬变电磁波传播，可采用场理论（即麦克斯韦方程）或电路理论进行分析。对于瞬变电磁波或准瞬变电磁波传播模式，电场和磁场分量相互关联，如下所示：

$$\left|\frac{E}{H}\right| = \sqrt{\frac{\mu_0}{\varepsilon_0}} = Z_0 \tag{1.12}$$

式中，Z_0 为自由空间的波阻抗。

通常在频域分析传输线上的电磁传播过程。考虑电场和磁场以角频率 ω 随时间正弦变化（对应于频率 f，$\omega = 2\pi f$），表示为

$$\boldsymbol{E} = \boldsymbol{E}_0\mathrm{e}^{\mathrm{j}\omega t} \tag{1.13}$$

$$\boldsymbol{H} = \boldsymbol{H}_0\mathrm{e}^{\mathrm{j}\omega t} \tag{1.14}$$

假定场量正弦变化，则相应波动方程为

$$\mathbf{V}^2\boldsymbol{E} = -\omega^2\mu_0\varepsilon_0\boldsymbol{E} \tag{1.15}$$

$$\mathbf{V}^2\boldsymbol{H} = -\omega^2\mu_0\varepsilon_0\boldsymbol{H} \tag{1.16}$$

这些方程描述了以光速和波长 $\lambda = v_0/f = 2\pi v_0/\omega$ 传播的正弦波。利用麦克斯韦方程和电路理论的一些概念，卡森[8] 分析了电磁波在多导体传输线上的传播。根据波的频率，也可采用改进的简化方法[9] 进行分析。

如前所述，式（1.3）和式（1.4）为一组耦合方程，这意味着磁场随时间的变化率贡献了部分电场，反之亦然。从频域看，磁场变化对电场的贡献比例随频率的增加而增大。在 0～100Hz 频率范围内，包括电源频率（直流和 50/60 Hz），两个方程式之间的耦合几乎可忽略[10]，此时可将场视为准静态场。也就是说，电场和磁场可以通过静电场和恒定磁场的方法分别独立确定。

如在计算输电线路附近的电场分布时，仅需求解式（1.5）及适当边界条件。将式（1.7）代入式（1.5）可得

$$\nabla \cdot \boldsymbol{E} = \frac{\rho}{\varepsilon} \tag{1.17}$$

或已知电势 φ，由 $\boldsymbol{E} = -\boldsymbol{\nabla}\varphi$，可得

$$\boldsymbol{\nabla}^2\varphi = -\frac{\rho}{\varepsilon} \tag{1.18}$$

在空间无自由电荷分布时，即 $\rho = 0$，此时式（1.18）可简化为

$$\boldsymbol{\nabla}^2\varphi = 0 \tag{1.19}$$

在静电场理论中，式（1.18）被称为泊松方程，而式（1.19）被称为拉普拉斯方程。

与交流和直流传输线相关的电场分布，无论在导线表面或导线周围空间，都可采用拉普拉斯方程和导线施加电位来确定。这种求解思路可行，但对于任何实际的线路结构而言求解将会非常复杂，而第 2 章所述的一些更简单的方法可能更适合。在第 7 章讨论的单极和双极直流输电线路空间电荷场的分析中，需求解泊松方程、电流连续性和离子运动方程。

1.4.3　多导体传输线建模

虽然将传输线视为波导，并采用电磁场理论可分析传输线上发生的准瞬变电磁波模式，但基于电路概念的建模和分析（扩展到涵盖分布参数）通常是工程师的首选[11]。电路理论，通常被称为传输线理论，本质上遵循麦克斯韦场方程。

在分析 n 导体传输线传播时，假定已知每单位长度电感 L、电阻 R、电容 C 和电导 G 的 $n \times n$ 矩阵。这些线路参数可用场概念求得。在角频率 ω 下，相应的线路阻抗和导纳矩阵可写为

$$\boldsymbol{Z} = \boldsymbol{R} + \mathrm{j}\omega\boldsymbol{L} \tag{1.20}$$

$$\boldsymbol{Y} = \boldsymbol{G} + \mathrm{j}\omega\boldsymbol{C} \tag{1.21}$$

描述正弦电压和电流波沿线路传播的耦合方程为

$$\frac{\mathrm{d}\boldsymbol{V}_x}{\mathrm{d}x} = -\boldsymbol{Z}\boldsymbol{I}_x, 0 < x < l \tag{1.22}$$

$$\frac{\mathrm{d}\boldsymbol{I}_x}{\mathrm{d}x} = -\boldsymbol{Y}\boldsymbol{V}_x, 0 < x < l \tag{1.23}$$

其中，$\boldsymbol{V}_x$ 和 $\boldsymbol{I}_x$ 由距线路 x 处电压和电流向量，l 为线路的总长度。假设线路两端连接合适的电压、电流源和阻抗网络。由式（1.22）和式（1.23）可得传输线频域中波动方程为

$$\frac{\mathrm{d}^2\boldsymbol{V}_x}{\mathrm{d}x^2} = -\boldsymbol{Z}\boldsymbol{Y}\boldsymbol{V}_x, 0 < x < l \tag{1.24}$$

$$\frac{\mathrm{d}^2\boldsymbol{I}_x}{\mathrm{d}x^2} = -\boldsymbol{Y}\boldsymbol{Z}\boldsymbol{I}_x, 0 < x < l \tag{1.25}$$

式（1.24）和式（1.25）类似于场论中波动方程式（1.15）和式（1.16）。

基于上述电路理论的传输线建模，将广泛用于第 5 章、第 8 章和第 9 章中分析长传输线和短传输线上的无线电干扰传播。

1.5　电气设计注意事项

架空交/直流输电线路的设计是一项复杂的工程，需考虑结构、机械和电气等因素。从

线路路径规划开始，到地基和塔架结构的设计和施工结束，这一过程需要高水平的结构和机械工程专业知识。导线或分裂导线、金具和绝缘子等组件的设计不仅需考虑电气方面，还应考虑机械方面如振动、热特性等。事实上，为实现输电线路的优化设计，从技术经济角度出发，在设计初期，应协调考虑所有这些不同的因素。

输电线路的电气设计主要包括三方面：空气间隙绝缘、绝缘子和电晕。第一个方面包括选择不同相（AC）或不同极（DC）导间气隙距离，以及导线与大地和接地金属结构之间的气隙距离。需掌握在正常工作电压及可能发生的不同过电压（如动态或工频过电压、开关和雷电浪涌）下所涉及的各种气隙结构的电气击穿和耐受特性。

第二个方面包括绝缘子类型、材质和数量，以及支撑导线所需绝缘子串长度。一般而言，在高压交/直流输电线路上，采用串接的瓷或玻璃盘形绝缘子。然而，在过去的二十年中，使用复合绝缘子的越来越多，复合绝缘子的可按要求的长度制造。瓷和非瓷绝缘子的设计都是基于对其在清洁、污染及不同天气条件下，在正常工作电压和不同类型的过电压下耐受特性的评估。

第三个方面是输电线路导线产生的电晕放电。对输电线路电晕效应的了解和研究，对于选择单导线直径或分裂导线子导线的数量和尺寸至关重要。对于交/直流输电线路，电晕效应指标主要包括电晕损耗（CL）、无线电干扰（RI）和可听噪声（AN）。有时，在宽频范围内的电磁干扰（EMI），包括电视干扰（TVI）和臭氧也作为效应指标。对于直流和交/直流混合输电线路，电晕在线路附近产生的离子电流和空间电荷环境也是设计需要考虑的另一个因素。有关交/直流输电线路电晕效应，将在本书第 4～10 章中进行论述。

1.6　气象条件影响和电晕效应统计描述

电晕效应，包括交/直流输电线路电晕放电产生 CL、RI 和 AN 及直流输电线路产生的离子流和空间电荷，受天气条件、环境因素影响较大。一般来说，雨、雪或雨夹雪形式的降水会使导线表面电晕放电活动增加 1～2 个数量级，进而显著影响电晕效应。因此，对电晕效应的描述需首先对主要天气条件进行准确描述。IEEE（电气与电子工程师协会）标准[12]已对天气术语进行定义，如下：

① 好天气。降水强度为零，对应输电线路导线干燥时的天气条件。

② 坏（恶劣）天气对应为降水或使导线表面潮湿的天气状况。值得注意的是，雾虽然不是降水的一种形式，但它却会使导线表面变湿。干雪虽为降水的一种形式，但它可能不会使导线表面潮湿。

③ 降雨强度。即单位时段内的降雨量（单位：mm/h）。由于降雨量一般不恒定，除非测定瞬时降雨量，一般采用小于 1 小时的一段时间内的平均值。

④ 以液态水滴形式呈现的降雨，雨滴直径一般大于 0.5mm，如果广泛分散在空间中，则直径更小。为便于分析，将任意给定时间和地点的降雨强度划分为：

　　a. 非常小、分散的水滴，不会完全打湿暴露的导线表面，且不考虑持续时间；

　　b. 小雨，≤2.5mm/h；

　　c. 中等降雨，2.6～7.6mm/h，且最大降雨量在 6min 内≤0.76mm；

　　d. 大雨，≥7.7mm/h。

⑤ 雾，悬浮在地表附近大气中小水滴呈现的雾状可见聚集体。雾在天气学上，指在接

近地表大气中悬浮的由小水滴或冰晶组成的水汽凝结物，是一种常见的自然现象。雾的外观通常呈半透明、模糊的白色。雾能影响能见度，对交通运输影响很大。根据国际上的定义，能见度<1km 称为雾，≥1km 称为轻雾霭。雾的小水滴和冰晶由饱和或过饱和空气中的水凝结形成，和云相仿，但雾不同于云，因为雾的底部在地表，而云在地表之上。

对雪、白霜、冻雨和冻雾标准中也给出了定义。

即使对应于一个明确定义的天气类别，如晴天或雨天，由于环境温度、气压、大气污染和降雨强度等参量的变化，电晕活动也可能发生很大的变化。因此，对输电线路导线电晕活动及其产生的效应随时间变化无法进行预测，也不可能用单一值来描述它们，将其视为随机变量并使用统计方法对其进行表征更为合适。对应某电晕效应变量的统计模型（概率模型）描述了该变量在一定值范围内的概率。

据概率密度分布函数或累积分布函数可定义随机变量 X 的统计模型[13]。连续随机变量 X 的概率密度分布函数 $f(x)$ 定义为

$$Pr.\left(x-\frac{x}{2}\leqslant X\leqslant x+\frac{x}{2}\right)=f(x)\mathrm{d}x \tag{1.26}$$

式中，$Pr.$ 为概率。同样，累积分布函数 $F(x)$ 定义为

$$F(x)=Pr.(x\leqslant X) \tag{1.27}$$

对于连续随机变量，

$$F(x)=\int_{-\infty}^{x}f(t)\mathrm{d}t \tag{1.28}$$

电晕效应统计建模通常采用累积分布函数表示。"概率分布函数"或"分布"也用于表示累积分布函数。

许多物理过程或物理现象服从正态分布或高斯分布：

$$F(x)=\frac{1}{\sqrt{2\pi}\sigma}\int_{-\infty}^{x}\mathrm{e}^{-\frac{(t-\mu)^2}{2\sigma^2}}\mathrm{d}t \tag{1.29}$$

式中，参数 μ 和 σ^2 分别为分布的平均值（期望值）和方差，分别决定分布的位置和幅值。参数 σ 也称为分布的标准差。

通常用概率曲线表示随机变量的正态分布函数。通过选择合适的纵坐标轴比例，可使正态分布图为一条直线。

通常描述电晕效应会对应某种特定的天气类型，如晴天和坏天气（有时仅特指雨天）。所有天气类型对应于描述在所有可能的天气条件下收集的数据集合。对于某个特定的天气类别，电晕效应通常遵循正态分布。例如，在晴天和坏天气条件下，在概率图上绘制的电晕效应（如 CL、RI 和 AN）强度/水平（单位：dB）分布，如图 1-8 中两条直线所示。全天候水平分布为两个单独晴天和坏天气分布的总和，在图中为倒 S 形曲线。可见，全天候分布并不是正态分布。一般来说，如果一个分布由两个及以上种群/分量组成时，每个种群都服从正态分布，那么总的分布为

$$F_c(x)=\sum_{i=1}^{n_\mathrm{d}}F_i(x;\mu_i,\sigma_i)T_i \tag{1.30}$$

式中，$F_c(x)$ 为组合分布，$F_i(x;\mu_i,\sigma_i)$ 对应为第 i 个种群分布，平均值为 μ_i，标准差为 σ_i，T_i 为每个种群的持续时间百分比，n_d 为种群分布的数量。

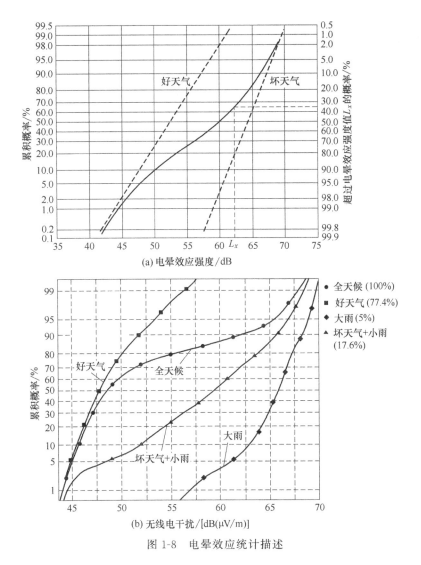

图 1-8　电晕效应统计描述

图 1-8（a）为电晕效应概率曲线图，左边纵轴为概率，表示等于或低于某个水平值的累积概率百分比，如式（1.26）。右侧纵轴为电晕效应的超标水平，表示超过横坐标 L_x 水平 $x\%$ 时间的值。因此累积概率和值 x 是互补的。图 1-8（b）为某线路下方无线电干扰长期实测概率曲线。

通常用超标水平来描述电晕效应，而非累积概率，亦简单地称为 L 水平。在这个表示法中，L_{50} 表示中值，等于正态分布的平均值。同样，L_5 或 L_1 值，即仅超过 5% 或 1% 时间的值，用于表示最大值。

参考文献

[1]　Ryder J D，Fink D G．Engineers & Electrons：A Century of Electrical Progress [M]．New York：The Institute of Electrical and Electronics Engineers，Inc．，1984．

[2]　Kundur P．Power System Stability and Control [M]．California：McGraw-Hill，Inc．，1993．

[3]　Clair HPS．Practical Concepts in Capability and Performance of Transmission Lines [J]．AIEE Trans-

actions，1953，1 (72)：1152-1157.

[4]　Dunlop R D，Gutman R，Marchenko P P．Analytical Development of loadability Characteristics for EHV and UHV Transmission Lines [J]．IEEE Trans PAS，1979，1 (98)：606-617.

[5]　Kimbark E W．Direct Current Transmission [M]．Toronto：Wiley-Interscience，Inc．，1971.

[6]　Jordan E C．Electromagnetic Waves and Radiating Systems [M]．New Jersey：Prentice-Hall，Inc．，1950.

[7]　Stratton J A．Electromagnetic Theory [M]．California：McGraw-Hill，Inc．，1941.

[8]　Carson J R．Wave Propagation in Overhead Wires with Ground Return [J]．Bell System Technical Journal：1926：539-554.

[9]　Olsen R G，Pankaskie T A．On the Exact，Carson and Image Theories for Wires at or Above the Earth's Interface [J]．IEEE Trans PAS，1983，102 (4)：769-778.

[10]　Olsen R G，Wong P．Characteristics of Low Frequency Electromagnetic and Magnetic Fields in the Vicinity of Electric Power Lines [J]．IEEE Trans PWRD，1992，7 (4)：2046-2055.

[11]　Djordjevic A R，Sarkar T K，Harrington R F．Time-Domain Response of Multiconductor Transmission Lines [J]．Proceedings of the IEEE，1987，75 (6)：743-764.

[12]　IEEE Standard Definitions of Terms Related to Corona and Field Effects of Overhead Power Lines：No. 539-1990 [S/OL]．[2021-03-05]．https：//ieeexplore．ieee、org/document/159300.

[13]　Bury K V．Statistical Models in Applied Science [M]．New York：John Wiley & Sons，Inc．，1975.

第2章

导线表面电场

影响输电线路导线电晕放电产生和特性最重要的因素为导线表面周围区域的电场分布。对电晕效应的分析首先需对导线表面及其周围空间电场分布进行准确计算。本章应用静电场理论,建立并阐述了多导体输电线路特别是分裂导线表面电场的精确计算方法。本章介绍了适用于高压交/直流输电线路结构的电场计算的不同方法,重点阐述了简化计算方法,这些方法可为实际输电线路分裂导线场分布提供足够准确的计算结果。

2.1 概述

输电线路的电晕效应如电晕损耗(CL)、无线电干扰(RI)和可听噪声(AN)主要取决于两方面因素:①线路设计;②环境天气条件。

线路设计主要考虑的因素有:导线类型和尺寸、导线对地高度及交流线路相间距和直流线路极间距。然而,影响电晕产生最重要的因素是导线表面及其周围空间的电场分布。电场分布决定电晕放电是否产生及电晕放电产生后的放电类型和强度。电晕放电对导线表面和周围空间(近似<2mm 薄空气层)电场的大小和空间变化非常敏感,其基本机理将在第3章中详细描述。

环境天气条件,以两种方式影响电晕效应:第一,环境空气温度、相对湿度和气压影响电晕放电所涉及的基本电离过程;第二,沉降物(如雨、雪)沉积在导线表面使周围空间电场产生畸变。

因此,准确计算导线表面及周围空间电场分布是评估输电线路电晕效应的重要前提。为此,采用准静态模型进行分析,由线路结构和导线表面电压可计算电场分布。对于直流线路,任意点的电场保持不变,但对于交流电压,场分布与电压同频率按时间呈正弦变化。

2.1.1 分裂导线

在高压交流输电发展初期,人们意识到导线电晕的产生主要归因于导线表面较高的场强值,很显然,最简单的解决办法即增大导线直径。由于导线表面电场仅与半径成反比减少,而导线横截面和材料使用量与半径的平方成正比增加,因此,在超过某一点时,这种解决方案变得不经济。为克服这一困难,人们曾尝试采用大直径空心导线,但由于制造和维护的复杂性,这些导线并没有成功。最终采用分裂导线的解决方案使得传输越来越高的电压成为可能。

　　分裂导线发展史相当引人入胜。1909 年，P. H. 托马斯（P. H. Thomas）[1] 为提高线路的输电能力，提出了输电线路分裂导线的概念。这是由于分裂导线线路的电容增大且电感减小，使得其特性阻抗 Z 较低，因此线路的 SIL 较高［式（1.1）］。几年后，J. B. 怀特黑德（J. B. Whitehead）获得了一项专利[2]，将分裂导线用作限制导线表面电场最大值的手段，但未提及将该专利用于提高传输容量。直到 Whitehead 获得专利 20 年后，欧洲和北美才开始对分裂导线产生兴趣。G. 马克特（G. Markt）和 B. 门格勒（B. Mengele）[3] 申请了减少导线表面电场和提高功率传输能力的第一项专利。

　　1950 年左右，瑞典的 380kV 输电线路，第一次采用 2 分裂导线。此后，在 1950 年至 1965 年间，在 220～735kV 的输电线路上采用了 2 分裂、3 分裂、4 分裂导线。20 世纪 70 年代人们考虑到交流输电可能采用更高电压等级（1000～1500kV），并为此开展了大量研究，甚至评估多达 16 分裂导线的可行性。

　　在几乎所有情况下，分裂导线均由一些圆柱形子导线组成，这些子导线围绕在一个大的圆周并等距排列。分裂导线特征通常包括子导线的数量、直径及分裂半径。有时，规定分裂导线中相邻子导线之间的间距即分裂间距作为特征，而非分裂半径。第二个重要的参数为分裂导线束的方向，主要针对 4 分裂及以下分裂导线，最常用的 2 分裂导线为垂直或水平，3 分裂导线为三角形或倒三角形，4 分裂导线为方形或菱形。

2.1.2　常用术语定义

　　在描述输电线路导线或分裂导线子导线周围电场分布时，定义了专门术语。为避免在使用中出现混淆，对常用术语给出了准确的定义[4]，如下：

　　① 场强亦称为电位梯度。在电晕放电中为规定在空间某点处等于电位梯度及电位空间变化率最大方向上的特性，将哈密顿算符 ∇ 应用于标量位函数 φ，得到负电位梯度作为矢量场。因此，假设在直角坐标系下 $\varphi = f(x, y, z)$，

$$\boldsymbol{E} = -\nabla \varphi = -\left(\boldsymbol{e}_x \frac{\partial \varphi}{\partial x} + \boldsymbol{e}_y \frac{\partial \varphi}{\partial y} + \boldsymbol{e}_z \frac{\partial \varphi}{\partial z} \right) \tag{2.1}$$

注：a. 电位梯度为电势梯度的同义词，通常简称"梯度"或"场强"。b. 对于交流电压，电位梯度通常为峰值除以 $\sqrt{2}$；对于正弦电压，即为有效值。

　　② 单根导线（或子导线）最大场强：$E(\theta)$ 在 $\theta = 0 \sim 2\pi$ 间取最大值，输电线路导线（子导线）场强 $E(\theta)$ 为角位置 θ 的函数。除非另有说明，否则场强为标称场强（见⑧）。

　　③ 单根导线（或子导线）最小场强：$E(\theta)$ 在 $\theta = 0 \sim 2\pi$ 间取最小值。

　　④ 单导线（或子导线）平均场强 E_{av}：

$$E_{av} = \frac{1}{2\pi} \int_0^{2\pi} E(\theta) \mathrm{d}\theta \tag{2.2}$$

　　⑤ 分裂导线平均场强。对于 2 分裂或多分裂导线，各个子导线平均场强的算术平均值。

　　⑥ 分裂导线平均最大场强，单根子导线最大场强的算术平均值。如对于单根子导线最大场强分别为 16.5kV/cm、16.9kV/cm 和 17.0kV/cm 的 3 分裂导线，平均最大场强为 $(16.5+16.9+17.0)/3 = 16.8kV/cm$。

　　⑦ 分裂导线最大场强，单根子导线最大场强值取最大值。如对于单根子导线最大场强为 16.5kV/cm、16.9kV/cm 和 17.0kV/cm 的 3 分裂导线，最大场强为 17.0kV/cm。

⑧ 导线标称场强，直径等于实际绞线外径的光滑圆柱导线确定的场强。

⑨ 输电线路通常采用导线为绞线结构，计算术语中导线表面场强通常指标称场强。

2.2　导线表面电场计算

输电线路导线上施加电压，会在导线表面产生电荷分布，从而在导线和地面之间的空间产生电场分布。在工频，即直流和 50/60Hz 交流，产生的电磁场可被视为准静态电磁场（见 1.4 节），因此电场和磁场分量可相互独立，根据静态场概念进行计算。

受输电线路架设的具体因素影响，如导线弧垂、杆架距离、地面不平整度、有限接地导电率等，使得计算导线表面附近及导线对地整个空间域内电场分布变得复杂。如第 1 章所述，为降低问题复杂性，有必要做一些简化假设。因此，假定传输线为由光滑的无限长圆柱导线组成的理想结构（如图 1-7 所示），导线间彼此平行，且与无限大的平面大地平行。以下为电场计算采用的假设：

① 每根导线的离地高度近似为（$H-2S/3$），其中 H 为导线悬挂点对地高度，S 为导线弧垂。

② 导线表面为等位面，施加电位已知，大地为零电位。

根据上述假设，可将确定输电线路导线表面电场的问题，转化为求解图 1-7 所示理想结构静电场问题，其中地面为零电位，导线施加已知电位。

这种情况下，基于物理定律对控制参数（如导线高度）采用"等效"值，电场为该参数的函数。但相同的等效准则不适用于计算另一个量，如磁场或电晕起始场强。

解决上述场问题的关键在于确定满足导线表面为等电位面边界条件下导线表面未知电荷分布。考虑地面影响时，可对导线进行镜像求解[5]。

2.2.1　孤立导线

在研究复杂的线路结构前，首先考虑一种最简单的情况。在自由空间中半径为 r_0（单位：m）的无限长直圆柱导线，其上施加电位 U（单位：V）。零电位接地点假定在距导线 D（单位：m）处。施加电位产生电荷将均匀分布在导线表面。因此，可用位于导线轴心的均匀线电荷来表征导线表面电荷分布，电荷线密度为 λ（单位：C/m）。需确定 U 和 λ 之间的关系，以及距离导线中心径向 r（单位：m）处任意点的电场向量 $\boldsymbol{E}$。可采用积分形式高斯定律求解：

$$\varepsilon_0 \oint_s \boldsymbol{E} \cdot \mathrm{d}\boldsymbol{s} = \int_v \rho \mathrm{d}v \tag{2.3}$$

式中，$\mathrm{d}\boldsymbol{s}$ 为面元向量，方向为闭合高斯面 s 的外法线方向，v 为 s 所包围的体积。式（2.3）表明，穿出闭合面电位移通量等于该体积中包含的电荷总量。

选取与导线同轴心、半径为 r、长度为 1 的圆柱体外表面为高斯面，由于 $\boldsymbol{E}$ 仅有径向分量，即 $\boldsymbol{E}=E\boldsymbol{e}_r$，因此两圆端面不参与积分，应用式（2.3），有

$$\varepsilon_0 E \times 2\pi r = \lambda$$

式中，E 为电场径向分量大小。即：

$$E = \frac{\lambda}{2\pi\varepsilon_0 r} \tag{2.4}$$

考虑 E 与 φ 的关系，

$$E=-\nabla\varphi=-\frac{\mathrm{d}\varphi}{\mathrm{d}r}\boldsymbol{e}_r \tag{2.5}$$

将式（2.4）代入式（2.5），并对 r 从 D 到 r_0 进行积分，则导线电位为

$$U=-\frac{\lambda}{2\pi\varepsilon_0}\int_{D}^{r_0}\frac{1}{r}\mathrm{d}r=\frac{\lambda}{2\pi\varepsilon_0}\ln\frac{D}{r_0} \tag{2.6}$$

应注意，导线电位取决于参考点 D 的距离。如导线同轴心位于半径为 R（单位：m）的无限长接地圆柱内，则导线电位的计算公式为

$$U=\frac{\lambda}{2\pi\varepsilon_0}\ln\frac{R}{r_0} \tag{2.7}$$

距导线中心径向 r 处的电场为

$$E=\frac{\lambda}{2\pi\varepsilon_0 r}=\frac{U}{r\ln\dfrac{R}{r_0}} \tag{2.8}$$

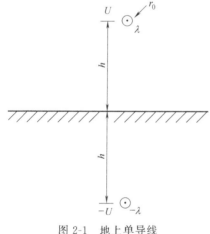

图 2-1　地上单导线

2.2.2　地面上方单根导线

第二种情况为无限长直圆柱导线，半径 r_0，距地高度 h，如图 2-1 所示。导线表面电位为 U 且 $h\gg r_0$，因此可假定导线上电荷近似均匀分布在导线表面，并由位于其轴心的线电荷 λ 表征。根据镜像法（见 2.5.1 节），地面边界条件可由位于地面下方 h 处同半径的镜像导线替代。镜像导线电位为 $-U$，由位于其轴心的线电荷 $-\lambda$ 表征。据式（2.6），导线电位可以用线电荷表示为

$$U=\frac{\lambda}{2\pi\varepsilon_0}\ln\frac{2h}{r_0} \tag{2.9}$$

式（2.9）中，导线电位 U 和线电荷 λ 的关联系数为 $\dfrac{1}{2\pi\varepsilon_0}\ln\dfrac{2h}{r_0}$，称为麦克斯韦电位系数。导线表面电场为

$$E=\frac{\lambda}{2\pi\varepsilon_0 r_0}=\frac{U}{r_0\ln\dfrac{2h}{r_0}} \tag{2.10}$$

2.3　单导线输电线路

从导线表面电场计算角度来看，每相单导线（AC）或每极单导线（DC）的输电线路需要简单地将单导线的情况扩展到上述无限大接地平面上。n 导体传输线由半径为 r_1、r_2、$\cdots$、r_n 的 n 根无限长直圆柱导线构成（类似于图 1-7 中的理想结构）。平行于地面且距地高度为 h_1，h_2，$\cdots$，h_n，如图 2-2 所示。对于任意正交坐标系，(x_1, y_1)、(x_2, y_2)、$\cdots$、(x_n, y_n) 为 n 根导线的中心坐标。导线表面电位分别为 U_1、U_2、$\cdots$、U_n，λ_1、λ_2、$\cdots$、λ_n 分别为置于 n 根导线中心的线电荷。根据镜像法，可用位于 $(x_1, -y_1)$、$(x_2, -y_2)$、$\cdots$、

$(x_n，-y_n)$ 的镜像电荷等效代替地面感应复杂的与导线电荷极性相反的面电荷分布，镜像导线电位分别为 $-U_1$、$-U_2$、$\cdots$、$-U_n$，镜像电荷分别用电荷量为 $-\lambda_1$、$-\lambda_2$、$\cdots$、$-\lambda_n$ 的线电荷来表征。

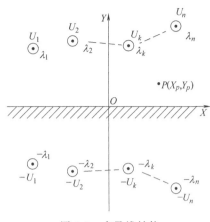

已知导线电位，通过求解下列矩阵方程，可求得线电荷：

$$P\lambda = U \qquad (2.11)$$

式中，U 和 λ 分别为导线电位和线电荷的列向量，P 为 $n \times n$ 阶麦克斯韦电位系数矩阵，电位系数矩阵元素由下式给出：

$$P_{kk} = \frac{1}{2\pi\varepsilon_0}\ln\frac{2h_k}{r_k}，\quad k=1,2,\cdots,n \qquad (2.12)$$

图 2-2　多导线结构

$$P_{km} = \frac{1}{2\pi\varepsilon_0}\ln\frac{2D_{km}}{d_{km}}，k=1,2,\cdots,n,k\neq m \qquad (2.13)$$

式中，$D_{km} = \sqrt{(x_k+x_m)^2+(y_k+y_m)^2}$ 和 $d_{km} = \sqrt{(x_k-x_m)^2+(y_k-y_m)^2}$。

上式中，P_{kk} 和 P_{km} 分别为方阵 P 的对角元素和非对角元素。求解式（2.11）可得对应任意电位导线电荷 λ，进而求得任意导线 k 上的导线表面电场 E_k 计算表达式为

$$E_k = \frac{\lambda_k}{2\pi\varepsilon_0 r_k} \qquad (2.14)$$

式（2.14）中，由于导线间距离通常比导线半径大得多，默认所有其他导线的线电荷和所有导线的镜像线电荷对 E_k 贡献不大，是合理的。

上述计算方法适用于交/直流输电线路。对于直流线路，施加电位 U_k 为常数，求解式（2.11）～式（2.14）可确定导线表面场强。对于交流线路，施加电位 $\hat{U}_k$ 为相量，且具有不同的初相位，甚至可能具有不同的有效值。电位 $\hat{U}_k$ 可表示为

$$\hat{U}_k = U_k\sin(\omega t+\theta_k),k=1,2,\cdots,n \qquad (2.15)$$

式中，U_k 为电位均方根值，θ_k 为初相位。对于三相输电线路，如 $\theta_1=0$、$\theta_2=-2\pi/3$、$\theta_3=-4\pi/3$，且通常表示为复数形式：

$$\hat{U}_k = U_{kr}+jU_{ki} \qquad (2.16)$$

式中，U_{kr} 和 U_{ki} 为相量 $\hat{U}_k$ 的实部和虚部，对比式（2.15）与式（2.16），可得

$$U_k = \sqrt{U_{kr}^2+U_{ki}^2},\theta_k = \arctan\frac{U_{kr}}{U_{ki}}$$

求解式（2.11）可得线电荷的实部分量和虚部分量：

$$P\lambda_r = U_r；P\lambda_i = U_i \qquad (2.17)$$

式中，U_r 和 U_i 分别为电位实部和虚部列向量，λ_r 和 λ_i 分别为线电荷实部和虚部列向量。根据式（2.14），可以求得导线表面场强 E_{kr} 和 E_{ki} 的实部和虚部分量。最后，可通过 $E_k = \sqrt{E_{kr}^2+E_{ki}^2}$ 求得导线表面场强 E_k 的均方根值。在计算远离交流输电线路导线表面空间中某点的电场强度时必须严格按照上述步骤进行求解。不包含方程实部和虚部的简化求解步骤，可用于计算导线表面场强。具体步骤如下：为计算 E_k，将 $\theta_k=0$ 时刻导线电位 rms 值作为列向量 U 代入式（2.11），求得 λ_k，然后求解式（2.14）。该步骤仅需求解一个矩阵方

程，但要对于线路的每根导线电场强度进行重复求解。例如：对于额定电压 500kV 的三相输电线路，为计算 A 相导线表面电场强度，电位列向量 $\boldsymbol{U}$ 的元素为，$U_A = 500/\sqrt{3}$；$U_B = U_C = -250/\sqrt{3}$。

2.4　孤立分裂导线

对输电线路分裂导线表面场强进行计算之前，首先考虑将分裂导线置于无线大自由空间中的理想情况。理论上，已知任意电位的 n 分裂导线电场分布可通过解拉普拉斯方程 [式（1.19）] 来确定。然而，对于分裂导线，一般情况则无法获得精确的解析解。这主要是由于难以找到合适的坐标系，需将分裂导线结构转换为坐标系下存在解析解的几何体。

通过采用保角变换[6] 或双极坐标系[7] 求解拉普拉斯方程，可获得孤立二分裂导线情况下的严格解析解。对于导线半径为 r 且中心间距为 D 的 2 分裂导线，根据双极坐标给出了电场分布的精确解，如下所示：

$$E_\alpha = \frac{\lambda}{\pi\varepsilon_0 c}\left[\frac{\sin\alpha}{2} + (\cosh\beta - \cos\alpha)\sum_{n=1}^{\infty}\frac{e^{-n\beta_0}}{\cosh(n\beta_0)}\cosh(n\beta)\sin(n\alpha)\right] \tag{2.18}$$

$$E_\beta = \frac{\lambda}{\pi\varepsilon_0 c}\left[\frac{\sinh\beta}{2} + (\cosh\beta - \cos\alpha)\sum_{n=1}^{\infty}\frac{e^{-n\beta_0}}{\cosh n\beta_0}\sinh(n\beta)\cos(n\alpha)\right] \tag{2.19}$$

式中，λ 为每根导线每单位长度的线电荷 [与式（2.11）施加到分裂导线表面电位有关]，及

$$c = r\sinh\beta_0; \frac{D}{2} = r\cosh(n\beta_0); \beta_0 = \ln\left(k + \sqrt{k^2 - 1}\right); k = \frac{D}{2r}$$

双极坐标 α 和 β 可用笛卡尔坐标 x 和 y 表示为

$$x^2 + (y - c\cot\alpha)^2 = \left(\frac{c}{\sin\alpha}\right)^2$$

$$(x - c\coth\beta)^2 + y^2 = \left(\frac{c}{\sinh\beta}\right)^2$$

采用式（2.18）和式（2.19）可计算所需精度 2 分裂导线周围空间电场分布。无穷级数收敛中所考虑高阶项的项数取决于 D/r 的值。随着 D/r 比值减小，达到收敛所需项数增加。上述精确计算方法也可用于检验所提出多分裂导线近似场强求解方法的准确性。

Markt 和 Mengele[8] 首次提出了孤立 n 分裂导线电场的近似解。该方法一种或另一种形式[9,10] 被广泛应用于计算实际输电线路分裂导线的表面电场强度。可对这一问题提出一种改进的求解方法[11]，其中，每根导线都由位于导线内部且距导线中心一小段距离上的线电荷来表征，而非 Markt 和 Mengele 方法那样位于导线中心，且距离取决于分裂导线几何结构（D/r）。保角变换方法被用于另一种方法中[12]，以获得孤立分裂导线问题的改进解。这两种方法虽然基于不同的数学技术，但得到的结果非常相似，比采用 Markt 和 Mengele 方法得到的结果更加准确。可通过与 2.5 节所述方法之一进行比较，评估各种计算方法的准确度。

为更好地了解分裂导线电场求解方法，下面给出了 Markt 和 Mengele 方法的推导过程，该方法也是最简单最常用的。假设为孤立 n 分裂导线，分裂导线总电荷将均匀分布在子导线之间，且每根子导线周围的电场分布将是相同的。在求解分裂导线情况前，首先需考虑由线电荷 λ 产生的电场，该线电荷 λ 位于半径为 r 的圆外围的点 A 处，如图 2-3 所示。λ 在 B

处产生的电场为

$$E = \frac{\lambda}{2\pi\varepsilon_0} \times \frac{1}{2R\sin\frac{\theta}{2}} e_r \quad (2.20)$$

式中，e_r 为沿 AB 方向的单位矢量。E 的 x 和 y 分量分别为

$$E_x = |E|\sin\frac{\theta}{2} = \frac{\lambda}{2\pi\varepsilon_0} \times \frac{1}{2R}; E_y = -|E|\cos\frac{\theta}{2} \quad (2.21)$$

式中，$|E|$ 为矢量 E 的模。

考虑到图 2-4 所示的 n 分裂导线，n 根子导线均匀分布在半径 R 的圆周上，且每根导线的半径 $r \ll R$。假定每根导线上的电荷由位于其轴心的线电荷 λ 表征，计算每根子导线周围空间电场分布。

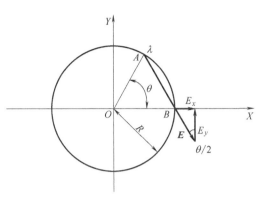

图 2-3　圆周上线电荷产生的电场

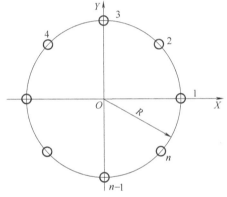

图 2-4　n 分裂导线

考虑到子导线 1，可假定其被置入由其余 $(n-1)$ 根导线产生的电场中。无论导线总数为偶数还是奇数，从式（2.21）可看出，由所有 $(n-1)$ 导线在 1 处的合成场 y 分量为零。因此，剩余 $(n-1)$ 导线在 1 处的合成场沿 x 轴方向，由式（2.21）得

$$E_x = (n-1)\frac{\lambda}{2\pi\varepsilon_0} \times \frac{1}{2R} \quad (2.22)$$

图 2-5 为 1 号子导线附近电场局部示意，线电荷 λ 位于导线轴心，并置于均匀的外电场中，通过求解拉普拉斯方程[13] 可得，1 号子导线表面上任意点 p 的电场为

$$E(\alpha) = E_a + 2E_x\cos\alpha \quad (2.23)$$

式中，α 为 p 点的方位角，E_a 为线电荷 λ 在导线表面产生的均匀径向场，因此，

$$\begin{aligned}
E(\alpha) &= \frac{\lambda}{2\pi\varepsilon_0 r} + 2(n-1)\frac{\lambda}{2\pi\varepsilon_0} \times \frac{1}{2R}\cos\alpha \\
&= \frac{\lambda}{2\pi\varepsilon_0 r}\left[1 + (n-1)\frac{r}{R}\cos\alpha\right] \\
&= E_a\left[1 + (n-1)\frac{r}{R}\cos\alpha\right] \quad (2.24)
\end{aligned}$$

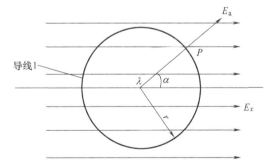

图 2-5　1 号子导线附近的电场

可以看出，E_a 为导线表面电场的平均值。式（2.24）表明，导线表面电场呈正弦变化，其最大值和最小值为：

$$E_{max}(\alpha=0) = E_a\left[1 + (n-1)\frac{r}{R}\right] \quad (2.25)$$

$$E_{min}(\alpha=\pi)=E_a\left[1-(n-1)\frac{r}{R}\right] \tag{2.26}$$

上述关于孤立分裂导线表面电场的推导和计算结果，可用于简单计算实际交/直流输电线路结构下导线表面电场。

2.4.1　分裂导线等效半径

在开展计算之前，有必要定义分裂导线等效半径的概念。如 2.2 节所述，任何等效参数的概念都需要被精确定义，并谨慎使用。等效半径定义为具有与分裂导线相同电容或给定外加电压下相同总电荷的单根导线半径。为确定分裂导线等效半径，考虑图 2-4 所示的 n 分裂导线在高度 h 处，h 远大于分裂导线几何尺寸，仍可以将其视为地面上方施加电位为 U 的孤立分裂导线。因此，任意子导线的电位仍可用每根子导线中心单位长度线电荷 λ 由式（2.11）～式（2.13）来计算得到：

$$U=\frac{\lambda}{2\pi\varepsilon_0}\left(\ln\frac{2h}{r}+\ln\frac{2h}{d_{12}}+\ln\frac{2h}{d_{13}}+\cdots+\ln\frac{2h}{d_{1n}}\right) \tag{2.27}$$

式中，d_{12}，d_{13}，$\cdots$，d_{1n} 分别为子导线 2、3、$\cdots$、n 与子导线 1 的轴心间距。式（2.27）表明 n 根子导线上线电荷对每根子导线电位都有贡献，进一步整理可得

$$U=\frac{\lambda}{2\pi\varepsilon_0}\ln\frac{(2h)^n}{(rd_{12}d_{13}\cdots d_{1n})} \tag{2.28}$$

子导线间距可用分裂导线分裂半径表示为

$$d_{12}=2R\sin\frac{\pi}{n};d_{13}=2R\sin\frac{2\pi}{n};\cdots;d_{1n}=2R\sin\frac{(n-1)\pi}{n}$$

将上式代入式（2.28），并使用恒等式关系（对于 $n=2$，3，$\cdots$，可证明该等式成立），

$$\left(2\sin\frac{\pi}{n}\right)\left(2\sin\frac{2\pi}{n}\right)\cdots\left[2\sin\frac{(n-1)\pi}{n}\right]=n$$

可得，

$$U=\frac{\lambda}{2\pi\varepsilon_0}\ln\frac{(2h)^n}{nr(R)^{n-1}} \tag{2.29}$$

因此，分裂导线的电容 C_b 为

$$C_b=\frac{\lambda_t}{U}=\frac{2\pi\varepsilon_0}{\ln\dfrac{2h}{\left[nr(R)^{n-1}\right]^{\frac{1}{n}}}} \tag{2.29}$$

式中，$\lambda_t=n\lambda$ 为分裂导线总电荷。

如果用半径为 R_{eq} 但具有相同电容 C_b 的单根导线替换分裂导线，则

$$C_b=\frac{\lambda_t}{U}=\frac{2\pi\varepsilon_0}{\ln\dfrac{2h}{r_{eq}}} \tag{2.30}$$

对比式（2.29）和式（2.30），可得分裂导线等效半径为

$$r_{eq}=\left[nr(R)^{n-1}\right]^{\frac{1}{n}} \tag{2.31}$$

2.4.2　实际线路中的应用

应用 Markt 和 Mengele 方法可以简单而合理准确地计算实际交/直流输电线路的导线表

面场强。计算流程总结如下：

步骤 1：用式（2.31）给出的半径为 r_{eq} 等效导线替换实际交流或直流线路每相或每极上使用的分裂导线；

步骤 2：对等效导线表示的分裂导线，根据式（2.11）～式（2.13），在不同相或极上施加相应电位，用麦克斯韦电位系数法可计算每根导线上的总线电荷 λ_t。接地线可通过将对应接地线施加零电位进行考虑；

步骤 3：已知分裂导线总线电荷 λ_t，则子导线平均场强为

$$E_a = \frac{\lambda_t}{n} \times \frac{1}{2\pi\varepsilon_0 r} \tag{2.32}$$

步骤 4：则分裂导线平均最大场强为

$$E_m = E_a \left[1 + (n-1)\frac{r}{R}\right] \tag{2.33}$$

需要注意的是，由于采用 Markt 和 Mengele 方法，即假定电荷均匀分布在 n 根子导线中，因此最大分裂导线场强也等于 E_m。通过对计算输电线路导线表面场强方法的延伸调查结果显示[14]，Markt 和 Mengele 方法用于分裂数 $n \leqslant 4$ 分裂导线时误差小于 2%，满足工程需求。对于更多分裂数的分裂导线，则需采用更精确的方法。

2.5　准确方法

电晕效应对导线表面场强极为敏感，因此有必要找到对采用分裂导线的实际输电线路电场强度更为精确的求解方法，尤其是对于分裂数 $n \geqslant 4$ 的情况。上一节中描述提高精度的解决方法为假定可独立地考虑大地和分裂导线的影响。然而，实际情况中这两种影响同时存在，其结果导致分裂导线的总电荷并不像上述方法中假定的那样在子导线中平均分配。因此，准确的方法应考虑整个输电线路结构，包括大地和分裂导线的影响。

多年来，为精确计算任意输电线路结构下导线表面电场，相关研究人员主要提出了三种不同的方法，分别为连续镜像法[15]、矩量法[16,17] 和模拟电荷法[18]。

2.5.1　连续镜像法

镜像法是解决静电、静磁和电磁场问题的一种非常有效的工具[19]。在静电场问题中，该方法基于唯一性定理，采用位于待求解场域外镜像（虚设）点电荷或镜像线电荷，使得求解域内的镜像电荷场与边界上感应电荷场相同。对于许多实际问题，镜像电荷概念的引入极大简化了静电场计算。

譬如，一根无限长的线电荷 λ（C/m），平行放置于一个无限长半径为 r 的圆柱导线旁，且轴心距为 D，如图 2-6 所示。常识性的结论为，可通过将镜像线电荷 $-\lambda$（C/m）放置于圆柱内且距离其轴心 $\delta = \dfrac{r^2}{D}$ 来模拟圆柱导线表面感应电荷分布的影响。仅需考虑线电荷 λ 和 $-\lambda$ 即

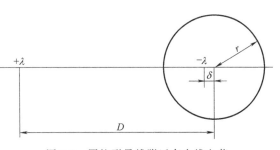

图 2-6　圆柱形导线附近存在线电荷

可计算圆柱导线外区域的场。

连续镜像法为镜像法的扩展，如计算有限半径施加电位已知的平行长直圆柱导线，方法为：①首先用一系列镜像线电荷代替导线表面的实际感应电荷分布；②而后计算由镜像电荷引起的场分布。

以孤立 2 分裂导线为例，阐明该方法的优越性。包括两个半径为 R 的孤立导线，间距为 D，如图 2-7 所示，导线施加等电位 U，且假定距离大地无限远。现假定每根导线上的净电荷为 λ，则两根导线的互补电荷 -2λ 位于无限远处。首先，假设 D/r 非常大，计算导线 A 附近的场时可假设导线 B 上的电荷 λ 集中于导线 B 的轴心，反之亦然。然后，通过以下线电荷系统使得导线 A 表面保持为等电位：无限远处的电荷 -2λ 及其在导线 A 轴心上的对应镜像电荷 2λ；导线 B 中心的电荷 λ 及其位于导线

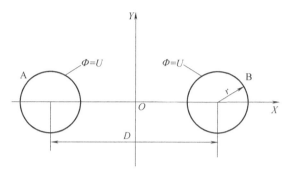

图 2-7 圆柱形导线附近存在线电荷

A 中的镜像电荷 $-\lambda$，如图 2-8（a）所示。导线 A 上的净电荷仍然保持为 λ。一组类似的电荷使导线 B 也保持等电位。位于每根导线中的两根线电荷 2λ 和 $-\lambda$ 之间的距离为 $\delta=r^2/D$。如果 D/r 非常大，则 $\delta\to0$，因此两根导线仍可用位于其轴心的单根线电荷 λ 表征。

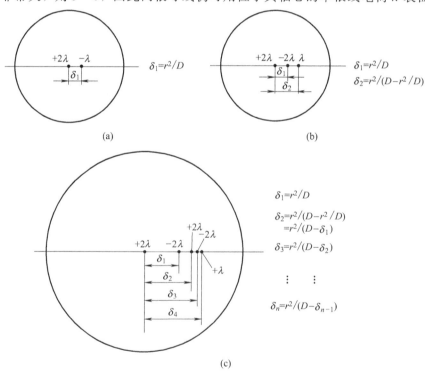

图 2-8 连续镜像法的第一步和第二步以及连续镜像过程
（［15］—图 4，IEEE ⓒ1969）

随着导线间距越来越小，D/r 减小，需要进一步确定每根导线中的镜像电荷如下：考虑导线 A，导线 B 现在由两个线电荷 2λ 和 $-\lambda$ 表征，如上所述，而非先前假定位于其轴心

的单根线电荷 λ。互补电荷 -2λ 的镜像电荷不受影响。每根导线中的镜像电荷系统将如图 2-8（b）所示。持续该步骤，直到导线上的电荷分布由一系列线电荷精确表示，如图 2-8（c）所示，通过连续镜像过程获得。当最后两个镜像之间的距离可忽略不计时，停止该步骤。

在确定上述镜像线电荷后，任意场点的电位 φ 和电场 E 可表示为

$$\varphi = \frac{1}{2\pi\varepsilon_0} \sum_{i=1}^{m} \lambda_i \ln \frac{|r_{gi}|}{|r_i|} \tag{2.34}$$

$$\boldsymbol{E} = \frac{1}{2\pi\varepsilon_0} \sum \frac{\lambda_i}{|r_i|^2} \boldsymbol{r}_i \tag{2.35}$$

式中，m 为镜像线电荷的总数，$\boldsymbol{r}_i$ 为对应第 i 个线电荷从源点到场点的位矢，r_{gi} 为每根线电荷至电位参考点的距离。

对具有不同 D/r 值 2 分裂导线的计算表明，连续镜像法可通过选择足够数量的镜像电荷来满足电场计算精度要求，且与式（2.18）~式（2.19）给出的精确解析解一致[15]。

上述孤立 2 分裂导线的连续镜像法也适用于多导线传输线。考虑到图 2-2 所示的理想结构，假设导线相对于地面的电位和其上的净表面电荷分别为 U_1、U_2、$\cdots$、U_n 和 λ_1、λ_2、$\cdots$、λ_n。地面的影响可通过设置镜像导线来模拟，如图所示，电压为 $-U_1$、$-U_2$、$\cdots$、$-U_n$，电荷为 $-\lambda_1$、$-\lambda_2$、$\cdots$、$-\lambda_n$。因此，原来的导线对地的几何结构被 $2n$ 根导线系统等效替代。

对于等效系统的任意导线，在第一次镜像时，所有其余导线均由位于其各自轴心的线电荷表征。然后，可通过对这些线电荷镜像，使所考虑的导线表面形成等电位。如考虑到第 k 根导线，第一次镜像产生的镜像电荷如图 2-9。导线中的镜像总数为 $(2n-1)$，包括 $(n-1)$ 个导线电荷和 n 个镜像电荷，净电荷仍等于 λ_r。如果对所有导线都继续此过程，则在一次镜像过程结束时，可用每个导线内的 $(2n-1)$ 根线电荷表示整个系统。

在任意导线镜像过程的下一次镜像中，其余导线中的每一根导线均由上一次镜像获得的 $(2n-1)$ 个镜像电荷表示。因此，在第二次镜像结束时，系统中的每根导线将由 $(2n-1)^2$ 个镜像电荷表示。镜像过程可以无限地持续下去直到所有的导线都满足任何给定的精度标准。如果所有导线的镜像次数都是一致的，则在第 k 次镜像后任意导线中的镜像数量将为 $(2n-1)^k$。在连续镜像过程中，由上一次镜像得到导线中每个镜像电荷都会形成 $(2n-1)$ 个新镜像电荷。这些 $(2n-1)$ 新镜像电荷与其替换镜像电荷之间距离的最大值 S_{max} 可用作判断是否继续后续镜像的判据。如果 S_{max} 值较大，则导线中的

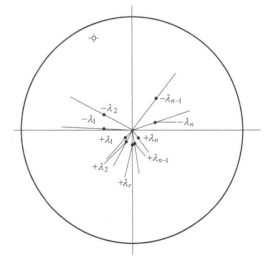

图 2-9　第 k 根导线中的镜像电荷

当前镜像电荷并不能准确地表示导线表面的电荷分布，需进一步做镜像来提高精度。

将连续镜像法应用于实际传输线时，采用几阶镜像取决于导线间相对接近度，可通过限制镜像次数来减少表征系统所需镜像电荷总数。对于大多数实际的线路结构，一阶镜像足以

得到较为精确的解。此外，为了确定任意给定相或极的分裂导线附近的场分布，每根其他分裂导线，包括代替地面影响的镜像导线，均可以用一个对应该分裂导线总电荷的单根线电荷来表征。使用这种近似的准确性取决于实际的线路几何结构。在确定表征给定线路结构所需的总镜像电荷后，可用式（2.34）～式（2.35）计算任意点的电势和电场。

2.5.2　矩量法

矩量法通常应用于求解问题的积分方程形式，是求解电磁场的一种常用方法[20,21]。可由电位 φ 满足泊松方程［式（1.18）］及适当的边界条件来定义，具有体电荷密度分布为 ρ 自由空间中静电场。

$$-\varepsilon_0 \nabla^2 \varphi = \rho \tag{2.36}$$

式（2.36）中的电荷分布既包括空间中的体电荷分布，也包括导线表面电荷分布。大多数相关问题的边界条件为一类边界条件，即给定导线表面电位。

上述问题的解可用下述积分方程表示为

$$\varphi(x,y,z) = \int \frac{\rho(x',y',z')}{4\pi\varepsilon_0 R} \mathrm{d}x'\mathrm{d}y'\mathrm{d}z' \tag{2.37}$$

式中，$R=\sqrt{(x-x')^2+(y-y')^2+(z-z')^2}$ 为源点（x'，y'，z'）至场点（x，y，z）的距离。若（x，y，z）取在电势已知的导线表面上，则式（2.37）变为已知导线表面电位而电荷分布未知的积分方程。矩量法为上述式（2.37）的通用求解方法。式（2.37）线性算子域中电荷分布 ρ 可以用一系列已知的正交函数 f_1、f_2、f_3、…表示为

$$\rho = \sum_{i=1}^{n} \alpha_i f_i \tag{2.38}$$

式中，α_i 为未知常量，称为电荷系数；函数 f_i 称为基函数。将式（2.38）代入式（2.37），并在导线表面选择多个点满足所得方程，可计算得到未知系数 α_i。这种求解式（2.37）的方法称为点匹配法。

如果在式（2.38）中，ρ 表示为无穷大级数，且函数 f 构成完备集，则上述过程给出了该问题的精确解。然而，仅考虑式（2.38）中的有限项，则可得到任何期望精度的近似解。因此，假定式（2.38）被截断为 n 项，则需要在导线表面选择 n 个测试点来确定电荷系数 α_i，$i=1,2,\cdots,n$。

将截断级数式（2.38）代入式（2.37），并在测试点（x_j，y_j，z_j），$j=1,2,\cdots,n$，满足以下方程组：

$$U_j = \varphi(x_j,y_j,z_j) = \sum_{i=1}^{n} l_{ji}\alpha_i, j=1,2,\cdots,n \tag{2.39}$$

式中，U_j 为导线表面 n 个测试点的电位，电位系数矩阵 l_{ji} 定义如下：

$$l_{ji} = \frac{1}{4\pi\varepsilon_0} \int \frac{f_i}{\sqrt{(x_j-x')^2+(y_j-y')^2+(z_j-z')^2}} \mathrm{d}x'\mathrm{d}y'\mathrm{d}z' \tag{2.40}$$

式（2.39）的解给出了电荷系数 α_i，$i=1,2,\cdots,n$，从而得到所有导线表面电荷分布。在确定区域内电荷分布 $\rho(x,y,z)$ 后，通过式（2.37）～式（2.38）可计算得到任意点电位 φ。同样，可通过式 $\boldsymbol{E}=-\nabla\varphi$ 求得任意点场强。

应用矩量法[16,17]可计算理想多导体传输线结构的静电场。这种情况下，场问题为二

维，电荷由导线表面电荷分布组成。可用傅里叶级数展开的正弦和余弦函数作为基函数，表示导线表面电荷分布。这种基函数的选择大大减少了给定精度下未知系数 α_i 的数量。在处理多导线结构前，首先研究单根孤立导线的简单情况。考虑半径为 r_c 的导线，其轴心位于坐标系原点，如图 2-10 所示。$\sigma(\theta)$ 为 θ 的函数，表示导线面电荷密度分布

$$\sigma(\theta) = A_0 + \sum_{i=1}^{n_h} [A_i cos(i\theta) + B_i \sin(i\theta)] \tag{2.41}$$

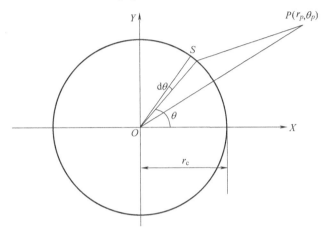

图 2-10 圆柱形导线表面电荷分布

式中，n_h 为最高次谐波分量，A_0、A_i、B_i 为未知电荷系数，cos（$i\theta$）和 sin（$i\theta$）为基函数。由极坐标 r_p 和 θ_p 可得 p 点的电位为

$$\varphi_p = -\frac{1}{2\pi\varepsilon_0} \int_0^{2\pi} \sigma(\theta)\ln(SP)r\mathrm{d}\theta \tag{2.42}$$

S 为无限长线电荷元 $\sigma(\theta)$ $r\mathrm{d}\theta$ 的位置。将 $SP = \sqrt{r_p^2 + r_c^2 - 2r_p r_c \cos(\theta - \theta_p)}$ 代入式（2.42），得

$$\varphi_p = -\frac{r_c}{4\pi\varepsilon_0} \int_0^{2\pi} \sigma(\theta)\ln[r_p^2 + r_c^2 - 2r_p r_c \cos(\theta - \theta_p)]r\mathrm{d}\theta \tag{2.43}$$

将式（2.41）中 $\sigma(\theta)$ 代入式（2.43）

$$\varphi_p = A_0 l_0 + \sum_{i=1}^{n_h} (A_i l_{ci} + B_i l_{si}) \tag{2.44}$$

式中，l_0、l_{ci} 和 l_{si} 分别为对应于电荷系数 A_0、A_i 和 B_i 的电位系数。电位系数计算涉及一些复杂定积分。利用这些积分的闭式解[22,23]，电位系数可以简化为[17]

$$l_0 = -\frac{r_c \ln r_p}{\varepsilon_0}, r_p \geqslant r_c \tag{2.45}$$

$$l_{ci} = -\frac{r_c^{i+1} \cos(i\theta_p)}{2i\varepsilon_0 r_p^i}, r_p \geqslant r_c \tag{2.46}$$

$$l_{si} = -\frac{r_c^{i+1} \sin(i\theta_p)}{2i\varepsilon_0 r_p^i}, r_p \geqslant r_c \tag{2.47}$$

通过选择导线表面的点 p（$r_c = r_p$），可得 l_0、l_{ci} 和 l_{si} 电位系数矩阵，求解式（2.39）

可得电荷系数 α_i。式（2.41）中未知电荷系数个数为 $N = 2 n_h + 1$。因此，需在导线表面选择 N 个测试点计算 N 个矩阵元素，对于每个测试点采用式（2.45）～式（2.47），以获得 $N \times N$ 电位系数矩阵。利用测试点已知电位 U_j 和如上述计算出的电位系数矩阵，可求解式（2.39）确定电荷系数 α_i，进而计算导线表面电荷分布。

已知导线表面电荷分布可计算导线表面及其周围空间电位和电场分布。导线表面电场仅有垂直于表面的法向分量为

$$E(\theta) = \frac{\sigma(\theta)}{\varepsilon_0} \tag{2.48}$$

代入坐标点 (r_p, θ_p) 计算元素 l_0、l_{ci} 和 l_{si}；并代入式（2.44）可计算远离导线的任意点电位 φ_p。该点的电场 E_p 为

$$\boldsymbol{E}_p(r_p, \theta_p) = -\boldsymbol{\nabla} \varphi(r_p, \theta_p) = -\frac{\partial \varphi}{\partial r} \boldsymbol{e}_r - \frac{\partial \varphi}{\partial \theta} \boldsymbol{e}_\theta \tag{2.49}$$

其中，$\boldsymbol{e}_r$ 和 $\boldsymbol{e}_\theta$ 分别为径向 r 和角度 θ 方向上的单位矢量。也可根据电场系数以闭合形式[17]获得电场如下：

$$E_p = A_0 g_0 + \sum (A_i g_{ci} + B_i g_{si}) \tag{2.50}$$

将式（2.49）代入式（2.45）～式（2.47），可求解场系数 g_0、g_{ci} 和 g_{si} 为

$$g_0 = \frac{r_c}{\varepsilon_0 r_p} \boldsymbol{e}_r \tag{2.51}$$

$$g_{ci} = \frac{\left(\dfrac{r_c}{r_p}\right)^{i+1}}{2\varepsilon_0} [\cos(i\theta_p) \boldsymbol{e}_r + \sin(i\theta_p) \boldsymbol{e}_\theta] \tag{2.52}$$

$$g_{si} = \frac{\left(\dfrac{r_c}{r_p}\right)^{i+1}}{2\varepsilon_0} [\sin(i\theta_p) \boldsymbol{e}_r - \cos(i\theta_p) \boldsymbol{e}_\theta] \tag{2.53}$$

上述对于单根孤立导线的详细计算结果可直接用于确定理想多导体传输线结构的电场，如图 2-9 所示。为将矩量法应用于该结构，对导线表面电荷密度分布进行傅里叶级数展开。假定第 k 根导线表面电荷密度分布为

$$\sigma_k(\theta) = A_{k0} + \sum [A_{ki} \cos(i\theta) + B_{ki} \sin(i\theta)] \tag{2.54}$$

镜像导线 k' 对应电荷分布为

$$\sigma_{k'}(\theta) = -\sigma_k(-\theta) = -A_{k0} - \sum [A_{ki} \cos(i\theta) - B_{ki} \sin(i\theta)] \tag{2.55}$$

因此，每根导线（包括其镜像）未知电荷系数个数为 $2n_h + 1$，从而 n 导线系统的未知电荷系数总数为 $N = n \times (2 n_h + 1)$。为确定所有未知电荷系数，每根导线表面上所需测试点数应 $\geq 2n_h + 1$。简单起见，可在每根导线表面选择 $2n_h + 1$ 等距测试点。利用式（2.45）～式（2.47），计算每个测试点电位系数矩阵元素。求解类似于式（2.39），得到电荷系数，从而得到所有导线的电荷分布。最后，采用式（2.48）确定任意导线表面电场分布。

2.5.3　模拟电荷法

模拟电荷法[18]为简化版的矩量法，可求解多导体系统电场近似解。导线上的电荷用均匀分布在导线内部圆周上的若干线电荷表征。然后选择与未知线电荷数量相等的测试点，通过导线表面上多个测试点上的电位边界条件来确定这些线电荷的大小。该方法的优点为线电

荷的数目和位置可任意选择，并通过数值计算确定了该方法的精度。缺点是导线仅在测试点保持等电位，而有可能在其余中间点偏离等电位。在给定的精度要求下，可用一些数值技术[24] 提高该方法的计算效率。

其他数值方法，如有限差分法（FDM）和有限元法（FEM），也被广泛用于计算导线表面场强。在这些方法中，计算误差一般与网格剖分精细程度有关。同时一些软件包如 Comsol、Ansys 等也可用于三维电场计算，主要用于确定输电线路设施的电场分布。

参考文献

[1]　Thomas P H. Output and Regulation in Long Distance Line [J]. Trans A. I. E. E，1909，28：615-686.

[2]　Whitehead J B. System of Electrical Transmission：US1078711 [P]. 1913-11-18.

[3]　Markt G，Mengele B. Elektrische Leitung mit Bundelleitern：German121704 [P]. 1931-7-15.

[4]　IEEE Standard Definitions of Terms Related to Corona and Field Effects of Overhead Power Lines：No. 539-1990 [S/OL]. [2022-01-06]. https：//ieeexplore. ieee、org/document/159300.

[5]　Maxwell J C. A Treatise on Electricity and Magnetism [M]. London：Clarendon Press，Inc.，1891.

[6]　Quilico G. The Electric Field of Twin Conductors（Rigorous Solution）[J]. Electrotecnica（Italy），1954，10：530-538.

[7]　Darevski A I. The Electrostatic Field of a Split-Phase [J]. Electrichestvo，1958，9：16-19.

[8]　Markt G，Mengele B. Drehstromfernubertragung mit Bundelleitern [J]. E u M，1932，20：293-298.

[9]　Miller C J. Mathematical Prediction of Radio and Corona Characteristics of Smooth，Bundled Conductors [J]. Trans AIEE，1956，75（3）：1029-1037.

[10]　PakalaW E，Taylor E R. A Method for Analysis of Radio Noise on High Voltage Transmission Lines [J]. IEEE Trans PAS，1968，87（2）：334-345.

[11]　King S Y. An Improved Solution for the Field Near Bundle Conductors [J]. Proc IEE，1959，110（6）：1044-1050.

[12]　Timascheff A S. Field Patterns of Bundle Conductors and their Electrostatic Properties [J]. Trans AIEE，1961，80：590-597.

[13]　Jordan E C. Electromagnetic Waves and Radiating Systems [M]. New Jersey：Prentice- Hall，Inc.，1950.

[14]　IEEE Radio Noise Working Group. A Survey of Methods for Calculating Transmission Line Conductor Surface Voltage Gradients [J]. IEEE Trans PAS，1979，98（6）：1996-2014.

[15]　Sarma M P，Janischewskyi W. Electrostatic Field of a System of Parallel Cylindrical Conductors [J]. IEEE Trans PAS，1969，88（7）：1069-1079.

[16]　Sarma M P. Application of Moment Methods to the Computation of Electrostatic Fields. Part I：Parallel Cylindrical Conductor Systems [C]. IEEE Conference，No. C72 574-2，1972.

[17]　Clements J C，Paul C R，Adams A T. Computation of the Capacitance Matrix for Systems of Dielectric-Coated Cylindrical Conductors [J]. IEEE Trans EMC，1975，17（4）：238-248.

[18]　Singer H，Steinbigler H，Weiss P. A Charge Simulation Method for the Calculation of High Voltage Fields [J]. IEEE Trans PAS，1974，93（4）：1660-1668.

[19]　Hammond P. Electric and Magnetic Images [J]. Proc IEE，1960，379（2）：306-313.

[20]　Harrington R F. Matrix Methods for Field Problems [J]. Proc IEEE，1967，55（2）：136-149.

[21]　Harrington R F. Field Computation by Moment Methods [M]. New York：IEEE Press，Inc.，1968.

［22］　Dwight H B. Tables of Integrals and Other Mathematical Data ［M］. New York：MacMillan，Inc.，1961.

［23］　Gröbner W，Hofreiter N. Integraltafel ［M］. New York：Springer-Verlag，Inc.，1965.

［24］　Yializis A，Kuffel E，Alexander P H. An Optimized Charge Simulation Method for the Calculation of High Voltage Fields ［J］. IEEE Trans PAS，1978，97 （6）：2434-2440.

电晕和间隙放电

在足够高的导线表面场强下，高压输电线路导线周围空气会发生复杂电离过程，并产生电晕放电现象。电晕放电物理特性非常复杂，必须了解所涉及的基本过程才能评估输电线路的电晕效应。本章简要阐述电离过程，以及交流和直流输电线路导线电晕放电产生机理与放电模式，讨论了在交流和直流电压下圆柱导线电晕起始临界场强的影响因素，阐述了导线中感应电流的产生、特性及电晕放电的其他物理和化学影响。最后，总结了输配电线路上间隙放电的产生及其可能的影响。

3.1 基本电离过程

空气为高压输电线路最重要的绝缘介质。除为导线提供结构支撑的绝缘子串外，大气是高压导线与接地金属支撑结构（塔架）、避雷线及大地之间主要的绝缘介质。因此，了解空气的物理、电气特性及维持或破坏其绝缘特性的条件至关重要。

空气主要成分包括各种成分的气体和水蒸气[1]。水蒸气体积分数取决于环境温度，在赤道附近最高，并向地球两极递减。然而，干空气中气体成分体积分数在地球上不同区域之间并没有显著变化。"干空气"主要成分为：氮（78.09%）、氧（20.95%）、氩（0.93%），以及微量二氧化碳、氖、氦、氪等。

在正常情况下，空气中的气态分子和水蒸气分子呈电中性，换言之，分子中既不会有电子被移除，也不会附着电子。然而，也有一些自然现象会破坏空气保持电中性，例如，土壤放射性衰变过程产生的伽马射线具有足够能量使气体分子电离，产生自由电子和正离子。然而，自由电子很快（$<1\mu s$）附着在氧气分子上，形成氧负离子。宇宙辐射也可作为附加电离源。紫外线亦可引起空气中的光电离，但其能量较低，一般对空气分子电离贡献不大。由于这些自然电离过程，海平面环境空气通常每立方厘米含 1000 个正离子和 1000 个负离子。即便如此低浓度带电粒子的存在，也会使空气微导电，因此空气并不是理想的绝缘介质，而是具有一定的电导率，这使得空气在适当的电场条件下容易发生诸如击穿和电晕等放电现象。为更好地理解电晕和其他气体放电现象的物理本质，下面简要阐述基本电离和其他相关过程[2-4]。

虽然现代原子理论本质上基于量子力学建立，但经典的玻尔原子模型更便于理解电晕和其他类型气体放电所涉及的各种过程。经典理论中，原子由中子和质子构成的原子核及围绕其做轨道运动的电子组成。不同元素电子的数量值不同，其等于原子核中质子的数量。原子核中的中子数决定了原子质量。电子占据不同的轨道，表现为不同的允许能量状态。原子的最低能量出现在离原子核最近的电子轨道，而最高能量出现在离原子核最远的轨道。在正常情况下，原子呈电中性，因为轨道电子携带负电荷与质子携带正电荷的总电荷平衡。若能量通过某种方式传递给原子，则最外层轨道上的电子受主要影响。

3.1.1　电离和激发

如果传递给原子足够的能量，使最外层轨道电子跃迁到下一个允许的更高能级，则称该原子被激发。原子只能吸收有限和量子化的能量，并且与两个允许态之间的能量差相对应。而后，原子中电子在很短的时间内（约 10^{-8} s）恢复至它原来的状态，以光子的形式辐射多余的能量。如果所传递的能量足够大，足以使一个轨道上的电子离原子足够远，使其不能恢复到原来的状态，则称该原子为电离态。原子失去电子，成为电正离子或正离子，因此电离过程产生一个自由电子和一个正离子。

原子激发或电离所需的能量可由多种不同方式提供。在粒子与原子碰撞过程中，运动粒子的动能可用来增加原子的内能（或势能）。碰撞中传递给原子的能量取决于粒子的相对质量。例如，碰撞的粒子为一个电子，其质量与原子质量相比非常小，那么几乎所有的动能都可能被转移以增加原子的内能。根据被转移能量的数量多少，原子可被激发或电离，见下式：

$$A + e \rightarrow A^* + e \qquad\qquad （激发）$$
$$A + e \rightarrow A^+ + e + e \qquad\qquad （电离）$$

上式表明，一个具有足够能量来激发或电离原子 A 的电子，会对被激发原子 A^* 或正离子 A^+ 和另一个电子产生影响，两种都为非弹性碰撞。如果电子能量不足以引起激发或电离，碰撞只会使原子的动能稍微增加一点，则称为弹性碰撞。

实际气体放电中，为估计通过电子碰撞引起的电离过程，须考虑电子能量分布。基于电子能量分布的考虑，汤森（Townsend）[5] 将电离系数 α 定义为，沿电场方向移动单位距离时，气体中单个电子产生的电子-离子对的数量。有时也将 α 称为 Townsend 第一电离系数。$n(x)$ 个电子沿电场方向迁移 $\mathrm{d}x$ 距离产生的电子数为

$$\mathrm{d}n = n(x)\alpha\,\mathrm{d}x$$

假定在 $x = 0$ 处 $n = n_0$，则

$$\ln\frac{n}{n_0} = \int_0^x \alpha\,\mathrm{d}x$$

在均匀场中，

$$n = n_0 \mathrm{e}^{\alpha x} \qquad\qquad (3.1)$$

在非均匀场中，α 随电场变化，即随 x 变化，

$$n = n_0 \mathrm{e}^{\int_0^x \alpha\,\mathrm{d}x} \qquad\qquad (3.2)$$

在带电粒子密度低的气体中，带电粒子的平均能量取决于其每个平均自由程的可用能量或 El_{m}，其中 E 为电场强度，l_{m} 为气体分子平均自由程。由于 l_{m} 与气压 p 成反比，因此，许多基本过程包括碰撞电离，都为 El_{m} 或 E/p 的函数。因此，通常将实验获得不同气体中电离系数的数据，采用以下经验公式形式来表示：

$$\frac{\alpha}{p} = f\left(\frac{E}{p}\right) \qquad\qquad (3.3)$$

除能量远高于在本书所讨论放电类型中可能遇到的能量外，正离子碰撞电离基本不可能发生。引起原子激发或电离所需的能量也可从以光形式存在的电磁能中获得，或者从具有 $h\nu$ 能量的光子中获得，其中 ν 为辐射频率，h 为普朗克常数。光激发（光的吸收）和光电离过程可表示为以下方程式：

$$A + h\nu \rightarrow A^*$$　　　　　（光激发或光子发射）

$$A + h\nu \rightarrow A^+ + e$$　　　　（光电离）

第一个方程反映了光激发过程及电子从高轨道返回原轨道时被激发原子光子发射的逆过程。第二个方程表示光电离过程。

电子碰撞和光吸收过程在电晕放电中都起着重要的作用。其他也可能发生在气体中的诸如热电离和冲击电离过程，对本书所研究的气体放电形式并不重要。

3.1.2　电子附着与脱附

一些在其外轨道上缺少一个或两个电子的原子或分子，容易倾向于捕获自由电子而成为负离子。具有这种倾向的气体被称为电负性气体。从负离子中移除一个电子恢复中性所需的能量称为原子的电子亲和势。负离子的形成过程称为电子附着，可表示为

$$A + e \rightarrow A^-$$　　　　　　（附着）

如氧气为电负性气体，其允许电子附着形成负离子。相反的过程，电子脱附也可发生，即负离子释放其电子恢复至中性状态。如上所述，电子脱附需要一定能量才能发生。在氧气中，脱附所需的能量可由碰撞原子的动能提供。

电子对中性分子附着可用吸附系数 η 来定义，类似于电离系数，为气体中单个电子沿外加电场方向移动单位距离而产生的负离子数。$n(x)$ 个电子沿电场方向迁移 dx 距离因附着而损失的电子数可表示为

$$dn = -n(x)\eta dx$$

同样，假定在 $x = 0$ 处 $n = n_0$，则可得到以下方程

$$n = n_0 e^{-\eta x}，均匀场中 \tag{3.4}$$

$$n = n_0 e^{\int_0^x -\eta dx}，非均匀场中 \tag{3.5}$$

与电离系数类似，利用实验数据得到了类似式（3.3）形式的吸附系数经验公式。由于电离和吸附通常同时发生，结合两种效应后得

$$n = n_0 e^{(a-\eta)x}，均匀场中 \tag{3.6}$$

$$n = n_0 e^{\int_0^x (a-\eta) dx}，非均匀场中 \tag{3.7}$$

3.1.3　复合

若在气体中有一组正/负带电粒子共存，则可能发生复合过程。复合一般可表示为

$$A^+ + B^- \rightarrow AB + h\nu$$　　　　　（复合）

复合过程中，B 可能为电子或负离子。上面所表示的复合辐射，在某些方面可被认为是光电离的逆过程，只发生在电子上。正负离子的复合是一个相当复杂的过程，由两个阶段组成：第一，两个离子在库仑力作用下，围绕它们共同质心在椭圆或双曲线轨道作随机运动；第二，轨道相遇的过程中电荷发生转移，导致电荷中和，中和后的粒子沿着远离彼此的轨迹

运动，通过正离子的电离能和负离子的电子亲和势之差来增加它们的动能。

复合系数 R_i 为每单位时间每单位密度正负离子的复合事件数。假如 n_1 为正离子浓度，n_2 为负离子浓度，则

$$\frac{\mathrm{d}n_1}{\mathrm{d}t} = \frac{\mathrm{d}n_2}{\mathrm{d}t} = -R_i n_1 n_2 \tag{3.8}$$

3.1.4　导线表面电子发射

导线表面电子发射为气体放电，尤其为空气中电晕放电的一个重要影响因素。金属表面原子外围层的电子可在金属内自由移动。然而，这些电子必须获得足够的能量才能从金属表面逸出，这种能量称为功函数。

促使导线表面电子发射所需的能量可由不同的物理机制提供，主要包括：

① 热电子发射；

② 正离子撞击电子发射；

③ 场致发射；

④ 光电子发射。

其中，热电子发射只有在非常高的温度下才能发生，如真空管中。场致发射在很高的表面电场值下才能发生，如在真空击穿现象中为主要的发射方式。这两种机制在常温常压下的气体放电中都不起作用。

正离子对金属表面的撞击会产生电子发射，发射的电子数随撞击正离子能量的增加而增加。为从表面产生净电子发射，每个离子必须拉出两个电子，其中一个电子为中和离子所必需。当金属表面被光照射，光子能量大于金属逸出功函数时，就会产生光电子发射。在气体放电中，光子可由在放电中产生的激发态原子退激时产生。

3.1.5　带电粒子的扩散和漂移

在电离气体中，带电粒子的浓度通常比中性气体分子的浓度低。可假设带电粒子仅与气体分子发生碰撞，但气体分子本身几乎不受带电粒子碰撞的影响。在这种混合物中，气体分子充当带电粒子的固定散射中心。带电粒子的质量流动原因包括：（a）密度梯度的存在产生扩散；（b）电场的存在产生漂移。这些扰动力只影响带电粒子的分布函数，而不影响气体分子的分布函数。在这种情况下，粒子流可以表示为

$$\boldsymbol{\Gamma} = -\boldsymbol{\nabla} Dn + \mu \boldsymbol{E}n \tag{3.9}$$

式中，$\boldsymbol{\Gamma}$ 为粒子流矢量，$\boldsymbol{E}$ 为电场矢量，n 为粒子密度。右边第一项为扩散项，第二项为漂移项。带电粒子的扩散系数和迁移率分别为 D 和 μ。

理论分析确定气体中电子和离子扩散系数和迁移率非常复杂。可通过实验方法来测定。通过精细的实验研究获得实验数据，拟合可得经验公式，特别是对于迁移率，形式为

$$\mu = f\left(\frac{E}{p}\right)$$

值得指出的是，对于离子，扩散系数和迁移率通过方程相互关联

$$\frac{D}{\mu} = \frac{kT}{e} \tag{3.10}$$

式中，k 为玻尔兹曼常数；e 为电子电荷；T 为气体温度，K。式（3.10）为爱因斯坦关系。数值化后变为

$$\frac{D}{\mu} = 0.864 \times 10^{-4} T \tag{3.11}$$

3.1.6　空气中基本放电参数

本书主要关注大气中的电晕放电，因此本节提供了一些有关描述空气中电离及其他过程参数的定量信息。空气主要成分为氮气和氧气，空气中的参数在某种程度上取决于这些成分的参数。

空气中的碰撞电离过程由电子与氮和氧分子的碰撞产生，可表示如下：

$$e + N_2 = N_2^+ + 2e$$

$$e + O_2 = O_2^+ + 2e$$

因此，空气的电离系数应考虑这两个过程。气体放电物理中，气压通常表示为 torr 或 mmHg，在国际单位制中，气压单位为 Pa（1Torr＝1mmHg＝133.3224Pa）。标准大气压 p_0 为 760torr 或 101325Pa）。在 $E/p \leqslant 60\mathrm{V/(cm \cdot torr)}$ 范围内，电子附着与电离相当，因此采用哈里森（Harrison）和格巴尔（Geballe）[6] 对于附着修正后的结果更为合适。然而，对于较高的 E/p 值，电子附着变得相对不重要，可采用忽略附着而获得的马施（masch）[7] 和桑德斯（Sanders）[8] 的电离数据。电离数据可用下述形式方程表示为

$$\frac{\alpha}{p} = A e^{-B \frac{E}{p}} \tag{3.12}$$

在两个范围内 E/p 条件下，可通过曲线拟合确定常数 A 和 B。

在空气中，负离子为电子在与氧分子的碰撞中附着而产生的。基本反应为

$$e + 2O_2 = O_2^- + O_2$$

$$e + O_2 = O^- + O$$

由 Harrison 和 Geballe[6] 获得的关于电子附着的数据可近似表示为

$$\frac{\eta}{p} = A_1 + B_1 \frac{E}{p} + C_1 \left(\frac{E}{p} \right)^2 \tag{3.13}$$

常数 A_1、B_1 和 C_1 同样可通过曲线拟合确定[21]。图 3-1 给出了 $25 \leqslant E/p \leqslant 60$ 时，空气中电离系数和附着系数的实验数据、经验公式及拟合曲线。在 $60 \leqslant E/p \leqslant 240$ 范围内，通过采用 Masch 和 Sanders 实验数据可拟合经验公式[21]

$$\frac{\alpha}{p} = 9.68 e^{-264 \frac{p}{E}}$$

一些实验研究人员已获得了关于电子在空气中漂移速度的实验数据，并拟合得到了下述经验方程式：

$$\nu_e = 1.0 \times 10^4 \frac{E}{p}^{0.715} \ \mathrm{(m/s)}, \frac{E}{p} \leqslant 100[\mathrm{V/(cm \cdot torr)}] \tag{3.14}$$

$$\nu_e = 1.55 \times 10^4 \frac{E}{p}^{0.62} \ \mathrm{(m/s)}, \frac{E}{p} > 100[\mathrm{V/(cm \cdot torr)}] \tag{3.15}$$

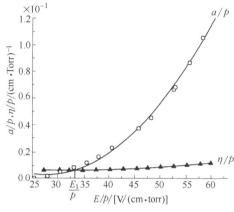

图 3-1 空气电离和附着数据
（$25 \leqslant E/p \leqslant 60$）（[21]-图2）

○，▲—Harrison 和 Geballe 的实验数据[6]

实线：$a/p = 4.7786 e^{-221p/E}$；

$\eta/p = 0.013 - 0.54 \times 10^{-3}(E/p) + 0.87 \times 10^{-5}(E/p)^2$

空气中的负离子包括 O^-、O_2^-，其至 O_3^- 离子，因此，负离子在空气中的迁移率取决于这些离子各自的迁移率和相对比例。同样，空气中的正离子包括 N_2^+、O_2^+ 和可能的 N_4^+ 离子，正离子在空气中的迁移率取决于这三种离子的迁移率和相对比例。研究表明，空气中离子迁移率受诸多因素影响，如任何杂质的存在、离子老化等。在实际应用中，用统计分布来表示离子的迁移率可能更为合适。关于空气中的离子迁移率将在第7章和第9章进行更多讨论。为简单起见，可假定空气中的正负离子平均迁移率为 1.5×10^{-4} $m^2/$（V·s）。电子和离子的扩散系数可由迁移率值代入爱因斯坦关系式（3.10）得到。

空气中主要的复合过程为负氧离子与可能存在的 N_2^+、O_2^+ 和 N_4^+ 离子碰撞中和。在标准大气压下的空气，可取值 $R_i = 2.2 \times 10^{-12}$ m^3/s。

3.2 放电现象

前述基本电离和其他过程有助于理解气体中产生的各种放电现象。下面从图 3-2 所示的均匀场结构开始讨论气体放电物理过程。假设两电极之间施加电压 U，极间距为 d，则电场 $E = U/d$。可通过自然电离过程或紫外线人工照射的方式在阴极处产生自由电子。由于电场的存在，这些电子将从 $x=0$ 处的阴极加速至 $x=d$ 处的阳极，并与中性气体分子发生碰撞。随着板间电压的增加，得到图 3-3 所示典型伏安特性曲线，该曲线可分为三个不同的区域，如下所示：

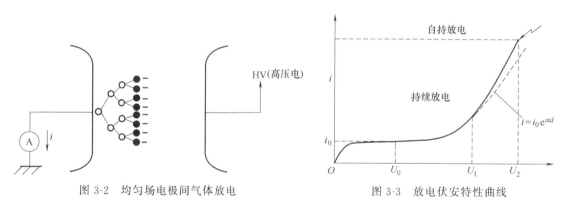

图 3-2 均匀场电极间气体放电   图 3-3 放电伏安特性曲线

① 当电压 $<U_0$ 时，开始时随电压增加电流近似线性增加，在接近 U_0 时逐渐饱和。在较低的电压下，由于间隙中存在电场，电流由自然或人为产生的自由电子运动产生。在这些场能级上自由电子的产生速率超过了它们穿过间隙的速率，从而产生了线性的电压电流关系。然而，当电压接近 U_0 时，电流达到"饱和"水平，因为产生的所有自由电子都被吸引到阳极中。

② 当电压增加到 U_0 以上时，电流开始呈指数增长。电流的增加是由于电子从间隙中较高的电场获得足够的能量，使中性气体分子电离并产生新的电子－正离子对。新产生的电子也能获得足够的能量使其他气体分子电离，从而产生一种称为累积电离的过程。正离子在这个过程中几乎保持静止，因为它们的质量比电子大得多。因此，根据式（3.1），如果初始时刻阴极处有 n_0 个电子，假定在 $x=0$ 处 $n=n_0$，则累积电离过程会在阳极处产生 $n_0 e^{ad}$ 个电子。考虑到任何一个电子从阴极开始，累积电离过程在阳极处产生 e^{ad} 个电子。电子数量的指数增长称为电子雪崩，如图 3-2 所示。

③ 当电压超过一定值 U_1 时，电流迅速增加，直至电压 U_2 发生闪络或电气击穿。电流的快速增加归因于二次电离过程，它在阴极产生附加电子能够引发新的电子雪崩。从阴极表面发射二次电子的最可能机制为正离子碰撞和光子碰撞。在第一种情况下，电子崩中产生的正离子向后移动并与阴极表面碰撞，而在第二种情况下，在雪崩中产生的激发原子在恢复正常状态时释放光子，其中一些光子撞击阴极表面。

若 n_c 为从阴极表面发射的电子总数，则（$n_c - n_0$）为二次电离过程发射的电子数。

在这种情况下，雪崩产生的电子总数为

$$n_t = n_c e^{ad}$$

若 γ 表征二次电子发射过程的效率，也称为二次电离系数，则二次电子的数目为

$$n_c - n_0 = \gamma n_t = \gamma n_c e^{ad}$$

或：$n_c = \dfrac{n_0}{1 - \gamma e^{ad}}$

在任意距离 x 处的雪崩中，电子数为

$$n(x) = n_c e^{ax} = \frac{n_0}{1 - \gamma e^{ad}} e^{ax} \tag{3.16}$$

式（3.16）提供了确定击穿电压 U_2 所需判据，为

$$1 - \gamma e^{ad} = 0 \tag{3.17}$$

该击穿判据的物理意义为，施加电压 U_2 时，雪崩产生的电子数量及由此产生的电流迅速增加，仅受外部电源电路的限制。当电压低于 U_2 时，如果一次自由电子源被移除，外部电路中的电流就会停止，这种放电称为持续放电。然而，在击穿电压 U_2 下，在阴极表面产生的二次电子的数量等于自由电子的初始数量 n_0，因此即使自由电子的来源被移除，放电也将继续发展，在这种情况下，放电称为自持放电。

如果考虑非均匀场间隙，而非图 3-2 中的均匀场间隙，如金属点和平面间的非均匀场间隙，则自持放电只能在点电极高场强附近的小区域内发展，而不会在整个间隙内发生击穿。这种自持放电通常被称为电晕放电，可发生在间隙击穿之前的一系列电压范围内。由于电场分布不均匀，电离系数 α 为离金属点电极距离 x 的函数。式（3.17）中所示的自持放电起始判据可修改为非均匀场隙的情况，如下所示

$$1 - \gamma e^{\int_0^{d_j} a\,\mathrm{d}x} = 0 \tag{3.18}$$

式中，积分区间为从高场强电极表面到距离电离停止的 d_j 处。

若气体（如空气）中电子附着比较活跃，可对电离系数 α 进行修正，如式（3.7）所示，包含附着系数，则电晕起始判据可写为

$$1 - \gamma e^{\int_0^{d_j} (\alpha - \eta)\,\mathrm{d}x} = 0 \tag{3.19}$$

这种情况下,积分上边界d_i对应于电离系数等于附着系数,即该边界处没有电离。

3.3　空气中圆柱形导线表面电晕放电

从输电线路电晕特性的角度出发,有必要理解空气中圆柱导线施加直流或交流电压时产生的电晕放电。据外加电压类型、幅值和极性,可确定不同的电晕放电模式。以下对电晕放电模式的完整描述引自参考文献 [9-12]。

以典型圆柱形导线对平板气隙为例,导线施加负极性直流高压,在气隙中产生不均匀电场。该间隙可分为两个区域,由一个边界隔开(称为有效电离边界),超出该边界电场不足以维持有效电离,即$\alpha-\eta=0$。空气为电负性气体,因此负离子携带负电荷比自由电子更稳定。由于两种极性的离子迁移率相对较低,在连续的电子雪崩中都倾向于在间隙中积累,形成准稳态的离子云,通常称为正负离子空间电荷。要合理解释空气中电晕放电的发展,必须考虑到空间电荷的贡献,虽然空间电荷在外加电场不断地扩散,但仍然会对局部电场强度产生很大的影响,进而影响电晕放电的发展。

3.3.1　负直流电晕模式

当高压电极(导线)处于负电位时,电子雪崩起始于阴极,并在不断减小的电场中向阳极发展。参见图 3-4,电子雪崩将在边界S_0处停止。由于自由电子在外加电场中的移动速度比离子快得多,它们集中在雪崩的尖端。因此,在阴极和边界面S_0的间隙区域形成了正离子的富集,自由电子则继续在间隙中迁移。因此,在界面S_0以外的间隙中,电子的迁移速度很低并聚集,很快附着在氧分子上形成负离子。因此,在第一次电子雪崩发展完成后,间隙中有两种离子空间电荷,如图 3-4 所示。

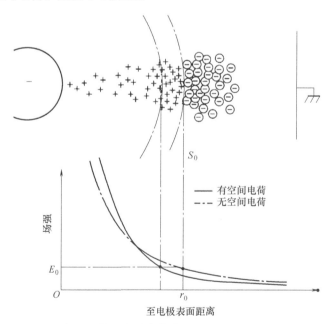

图 3-4　第一次雪崩完成后的空间电荷分布

间隙中空间电荷存在对局域场分布有直接影响。如图 3-4,在阴极附近产生的电场略有增加，而在朝向阳极方向电场相应减少。因此，后续的电子雪崩发生在场强稍高的区域，但延伸的距离比先前的要短。实际上离子空间电荷的影响使得它影响了放电的发展，产生了三种不同的电晕放电模式，具有明显的电、物理和视觉特性。按照场强增加的顺序，这些模式分别为：Trichel 脉冲放电、负极性无脉冲辉光放电、负极性流注放电。

（1）Trichel 脉冲放电

这种放电模式遵循一种规则的周期性脉冲模式，该模式下，流注被引发、发展并被抑制；在周期重复之前，会出现一个短暂的停滞（死区）时间。单个脉冲的持续时间很短，只有几百纳秒，而死区时间从几微秒到几毫秒甚至更长。由此产生的放电电流由小幅值和短持续时间的规则负脉冲序列组成，以每秒几千个脉冲的速率彼此相继。放电的外观特征如图 3-5（a）所示，Trichel 电流脉冲的典型波形如图 3-5（b）所示。由于电流波形可能受到所采用测量电路时间常数的影响，因此其持续时间可能长于实际放电持续时间。

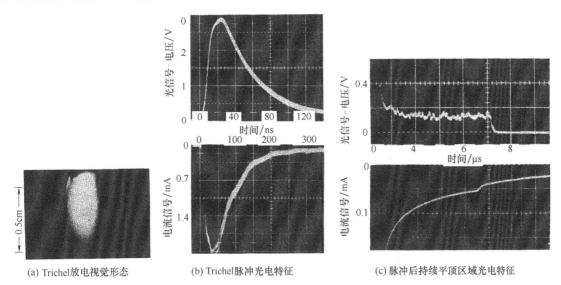

(a) Trichel 放电视觉形态　　(b) Trichel 脉冲光电特征　　(c) 脉冲后持续平顶区域光电特征

图 3-5　Trichel 脉冲放电的典型特征（[11]-图 2）

Trichel 脉冲机制解释了放电的脉动性质，这种放电基于一个非常活跃的附着过程，可在短时间周期内抑制电离活动。流注重复率实质上为外加电场的函数，随外加电压线性增加。然而，在高电场下，由于建立了短持续时间稳定放电区域，脉冲重复率降低，初始流注脉冲之后的电流平顶如图 3-5（c）所示。

（2）负极性无脉冲辉光放电

随着电压的进一步升高，Trichel 脉冲在达到临界频率后，转变为一种新的电晕模式，称为无脉冲辉光。这种转变伴随着放电视觉表现的变化。放电在阴极表面的漂移停止，并在某一点固定。整个发光区域缩小，见图 3-6。在物理上，无脉冲辉光电晕表现出辉光放电的典型特征（克鲁克斯暗区、负辉光、法拉第暗区、正柱区）：可以很容易地分辨出明亮的球形负辉光，然后是从点向外延伸的发光的锥形正柱，两个暗区将放电的不同部位隔开。产生的稳定电晕电流随着电压的升高而不断增大，直至接近击穿，再次变成负流注。

（3）负极性流注放电

如果进一步增加施加电压，则出现负极性流注，如图 3-7 所示。放电管柱收缩形成流注通道。在阴极观察到的辉光放电特性表明，这种电晕模式也很大程度上依赖离子轰击阴极

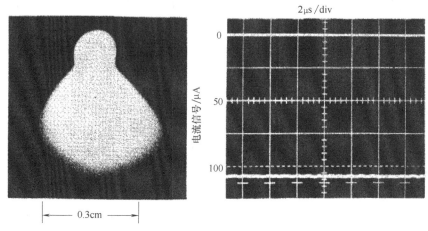

图 3-6 负极性无脉冲辉光放电（［11］-图 4）

的电子发射，而以强电离为特征的流注通道的形成则表明外加电场对空间电荷的去除作用更为有效。

3.3.2 正直流电晕模式

当高压电极为正极性时，如图 3-8 所示，电子雪崩起始于边界面 S_0 上的某一点，并在不断增加的场中向阳极发展。因此，最强的电离活动出现在阳极。同时，由于离子的低迁移率，正离子空间电荷在雪崩的发展过程中被留下。由于阳极附近的高电场强度，电子附着的效果没有负电晕明显，因而产生的大部分自由电子被阳极吸收。负离子主要形成于远离阳极的低场区。

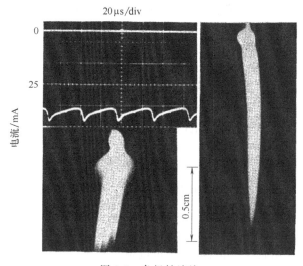

图 3-7 负极性流注

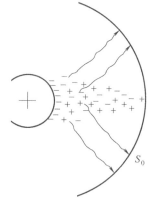

图 3-8 阳极附近的电子雪崩发展

阳极附近正离子空间电荷的存在导致间隙中电场增大，如图 3-9 所示。第一次（主）电子雪崩中激发态分子释放的光子产生二次电子，二次电子在强场区加速并产生二次电子雪崩，从而促使间隙放电沿流注通道的径向传播。与高场强阴极类似，阳极附近两种极性离子空间电荷的存在极大地影响了局部场分布，从而影响了电晕放电的发展。在间隙击穿之前，在阳极区域可以观察到四种具有明显的电、物理和视觉特性的不同电晕放电模式。按照场强增加的顺序，包括：

① 爆发性电晕；

② 起始流注放电；

③ 正极性辉光放电；

④ 击穿流注放电。

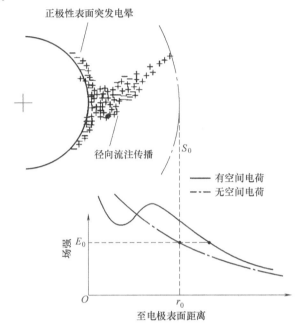

图 3-9　阳极附近雪崩发展的连续阶段

（1）爆发性电晕

该电晕放电模式由阳极表面电离活动引起，这种电离活动使高能电子在被阳极吸收之前失去能量。该过程中，紧挨着阳极的区域会产生正离子，这些正离子累积起来形成正的空间电荷并抑制放电。自由电子扩散然后移动到阳极别的部位。产生的放电电流由非常小的正脉冲组成，每个正脉冲对应于电离在阳极一小部分区域上的扩散及随后产生的正空间电荷对其的抑制。爆发电晕的外观和电流脉冲如图 3-10 所示。

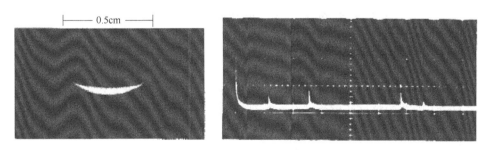

图 3-10　爆发电晕的典型特征（[9]-图 6 和图 7）

（2）起始流注放电

这种电晕放电模式为放电径向发展的结果。在阳极表面附近形成的正离子空间电荷导致其附近电场增强，并吸引随后的电子雪崩。因此，流注通道沿径向发展，产生起始流注放电。在流注发展过程中，在低场区形成了大量正离子空间电荷。连续电子雪崩累积效应和在阳极处自由电子的吸收，最终导致在阳极前面形成残余空间电荷。而后，阳极的局部电场降到电离临界值以下，导致流注放电被抑制。因此，为去除正离子空间电荷并恢复发展新流注，需外加电场死区时间。放电以脉冲模式发展，产生大幅值和较低重复率的正电流脉冲。图 3-11 给出了起始流注放电产生的视觉形态和电流脉冲。

├── 1.0cm ──┤

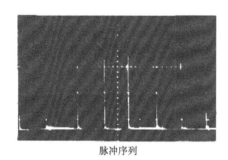

脉冲序列

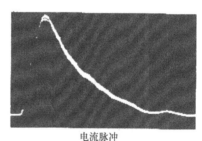

电流脉冲

图 3-11　正起始流注电晕的典型特征（[9]-图 6 和图 7，IEEE © 1995）

（3）正极性辉光放电

该模式下，阳极表面电离活动发展，使得紧邻阳极表面出现强烈电离活动的薄发光层。放电电流本质为直流电流叠加了一个具有高重复率的小脉冲电流分量，频率约在数百千赫兹范围。该模式的视觉形态和电流如图 3-12 所示。

正极性辉光放电的发展可被解释为间隙中正离子去除率和产生率特定组合的结果。电场使正离子空间电荷从阳极迅速更新，从而促进表面电离活动。同时，电场强度不足以使放电和流注形成径向发展。负离子的贡献主要是提供维持阳极电离活性所必需的触发电子。

（4）击穿流注放电

如果外加电压进一步增加，会再次观察到流注，并最终导致间隙击穿。这种放电与起始流注非常相似，但可以延伸到更远的间隙，放电形态和电流脉冲见图 3-12（b）。流注电流更大且具有高重复率。击穿流注的发展与高场强对正空间电荷的有效去除直

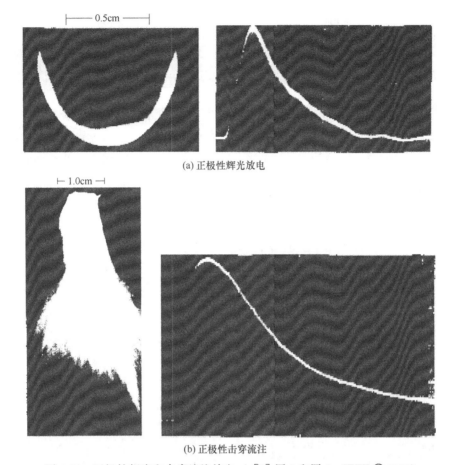

(a) 正极性辉光放电

(b) 正极性击穿流注

图 3-12　正极性辉光和击穿流注放电（[9]-图 6 和图 7，IEEE © 1995）

接相关。

3.3.3　交流电晕模式

在交变电压下，高压电极（导线）的电场强度和极性随时间不断变化。在同一电压周期内可观察到不同电晕模式。图 3-13 给出了随外加电压变化的不同电晕模式。通过放电电流很容易识别这些电晕放电模式。

对于短间隙，离子空间电荷在同一半个周期内被电极产生和吸附。在两个半周期内起晕电压附近，可观察到相同的电晕模式，即负极性 Trichel 脉冲、正极性起始流注和爆发电晕。对于长间隙，半个周期产生的离子空间电荷不能被电极吸收，而是在下半个周期被拉回到高场强区，进而影响放电发展。对于图 3-13 中所示的情况，起始流注被抑制更有利于辉光放电发展。然而，对于实际中的大直径导线，正半周更容易看到起始流注而非辉光放电。对于图中给出的情况，可看到有以下电晕模式：负极性 Trichel 脉冲、负极性辉光、正极性辉光和正极性击穿流注。由于负极性流注起始场强高于正击穿流注，因此负极性流注不会出现。结果表明，短间隙和长间隙的临界间隙长度为对应在半个交流周期中产生的空间电荷能否在同一半个交流周期内穿过该间隙。

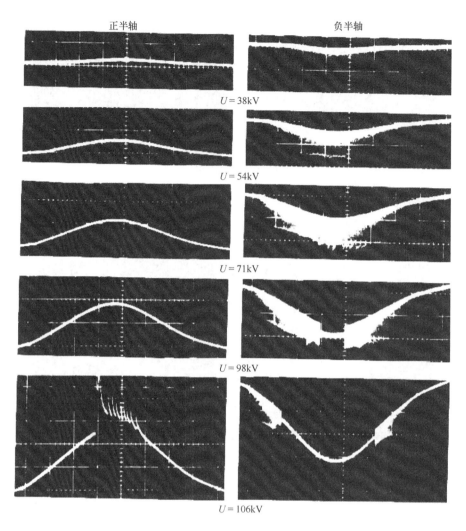

图 3-13　不同电压下的典型交流正、负电晕模式（电极由直径 7cm 球形电极上的圆锥形凸台组成，
锥角 30°；间隙 25cm；电阻为 10kΩ；坐标尺度：50μA/格、1.0ms/格）

（[10]-图 7，IEEE © 1968）

3.4　电晕放电电流

电晕放电中产生的所有带电粒子（电子、正离子和负离子）的运动均可归因于受到局部电场施加的电场力。因此，正离子沿电场方向向阴极移动，而电子和负离子则沿着相反的方向向阳极移动。所有带电粒子在电场中的运动会在电极（阴极、阳极和也可能是间隙结构一部分的任意其他电极）中产生诱导电流。电流从与电极相连的电源或者任意阻抗中流出。电晕放电产生的影响主要为能量损失和电磁干扰，取决于放电电流幅值及其随时间变化的特性。

3.4.1　Shockley-Ramo 定理

求解电晕放电电流需计算每个带电粒子在放电中的贡献，并应用叠加原理计算所有带电粒子产生的总电流。肖克利（Shockley）[13] 和拉莫（Ramo）[14] 独立地推导了由于带电粒子在电极间空间中任意方向的运动，在多电极结构的任意电极中产生的感应电流。推导结果主要是为了分析真空管的性能，通常被称为 Shockley-Ramo 定理。

考虑到一个由 n 电极组成的电极系统，所有电极都处于地电位，如图 3-14 所示，位于 P 点电荷量为 q 运动速度 v 的粒子，计算在电极中产生的诱导电流 i_1、i_2、$\cdots$、i_n。

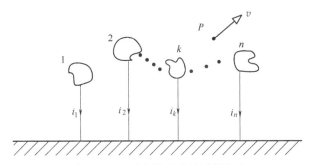

图 3-14 运动电荷产生的诱导电流

Shockley-Ramo 定理指出，在第 k 个电极中感应电流 i_k 如下：

$$i_k = qE_{pk} \cdot v \tag{3.20}$$

式中，E_{pk} 为在第 k 个电极施加单位电位，所有剩余电极施加零电位时，P 点的电场矢量。在任意给定时刻，已知所有粒子在电极间空间中的位置和电荷量，采用式（3.20），可通过将每个粒子的贡献叠加，计算得到在该时刻任意电极中感应的总电流。

若电极通过复阻抗接地而非直接接地，可通过修正后的 Shockley-Ramo 定理来计算感应电流[15]。然而，对于电晕放电研究中绝大多数电极结构，阻抗幅值足够低，采用原始的 Shockley-Ramo 定理足以获得较为精确的结果。

通过两种简单的电极结构，对式（3.20）的应用进行说明：

① 在平行板电极系统中，板间距为 d，忽略边缘效应即假定为均匀场，带电粒子携有元电荷 e（基本电子电荷），可位于板间任意位置，垂直于板以速度 v_e 移动，则采用式（3.20）可得由带电粒子产生的阳极电流为 ev_e/d，阴极中感应电流大小相同，但方向相反。

② 在图 3-15 所示同轴圆柱结构中，内外导线半径分别为 r_c 和 R，电荷量为 e 的带电粒子位于 P 处，径向距离 r_p，以径向速度 v_p 远离内导线运动，可采用式（3.20）计算由带电粒子产生的感应电流。为计算内导线中的感应电流 i_c，内导线施加电压 1V、外导线上施加电压 0V 或接地，则 P 点电场为

$$E_p = \frac{1}{r_p \ln \dfrac{R}{r_c}}$$

则电流 i_c 为

$$i_c = \frac{ev_p}{r_p \ln \dfrac{R}{r_c}} \tag{3.21}$$

外导线感应电流为 $-i_c$。

单个带电粒子产生感应电流随时间的变化特性取决于式（3.21）中的两个参数 v_p 和 r_p 随时间的变化。速度 v_p 为局部电场强度的函数，r_p 取决于粒子初始位置和速度。因此，总

电流取决于带电粒子整体的空间分布和速度。

式（3.21）也给出了电子和正/负离子感应电流的重要区别。由于在给定 E/p 下电子的迁移速度比离子大 2～3 个数量级，相应的，感应电流也成比例地高出 2～3 个数量级。同样，由电子运动产生的感应电流变化比离子运动引起的电流变化快得多，持续时间也短得多。

在直流和交流电压下，导线上电晕放电产生两种不同的电流机制。第一种电流机制为在雪崩过程中迅速产生的电子，在被氧分子捕获形成速度慢得多的负离子或与阳极接触被中和之前高速穿过空气分子，产生快速变化持续时间很短的电流脉冲。第二种电流机制为正负离子的缓慢运动而产生的，如直流电压下，电晕放电产生的离子稳定地远离导线而产生的直流电流为这种电流的特征。在交变电压下，离子被迫在交变电场中往返运动，从而产生交流电流。在随后的章节中将具体阐述产生短持续时间电流脉冲和直流或交流电流的过程。

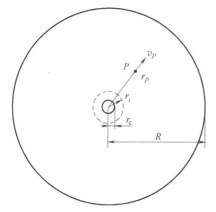

图 3-15　同轴圆柱形结构中的电子运动

3.4.2　同轴圆柱结构中的感应电流

对上述情形②的进一步分析有助于从新的视角理解输电线路电晕效应。首先考虑图 3-15 所示结构中电子在空气中的运动，导线施加负极性电位，导线处产生的电子迅速远离导线移动，直至附着到氧气分子上并形成负离子。由条件 $\alpha = \eta$ 可定义附着发生时半径 r_i，通常称为电晕层边界。在电晕层内电子的运动可用下式定义为

$$v_{ep} = \frac{\mathrm{d}r_p}{\mathrm{d}t}$$

式中，v_{ep} 为 p 点处电子的速度。将上式进行整理并在区间 r_c 至 r_i 积分，可得

$$\int_{r_c}^{r_i} \mathrm{d}r_p = \int_0^{t_i} v_{ep} \mathrm{d}t$$

其中 t_i 为电子从 r_c 到 r_i 所消耗的时间。该方程中的电子速度 v_{ep} 为 E/p 的函数，由经验公式（3.14）～（3.15）给出。由于电场随半径 r_p 变化，v_{ep} 也随时间变化。然而，若假定 v_{ea} 在从 r_c 至 r_i 短距离内为常数，并表征为平均速度 v_a，则

$$\int_{r_c}^{r_i} \mathrm{d}r_p = r_i - r_c = v_{ea} \int_0^{t_i} \mathrm{d}t = v_{ea} t_i$$

其中，

$$t_i = \frac{r_i - r_c}{v_{ea}} \tag{3.22}$$

定性分析起见，为了解所涉及幅值的数量级，考虑一种具体情况：$r_c = 1\mathrm{cm}$、$R = 100\mathrm{cm}$，导线施加电压 $U = 140\mathrm{kV}$。导线表面场强为 $E_c = 30.4\mathrm{kV/cm}$，在 760torr（1Torr = 133.3224Pa）大气压下，$E_c/p = 40$。根据 r_i 的定义由图 3-1 可得，当 $\alpha = \eta$ 时 $E_i/p = 32$，即 $E_i = 24.32\mathrm{kV/cm}$，$r_i = 1.25\mathrm{cm}$。与 $E_a/p = (40+32)/2 = 36$ 相对应的平均电子速度 v_{ea}［式（3.14）］为 $12.9 \times 10^6 \mathrm{cm/s}$。将这些值代入式（3.22），则 $t_i = 19.3 \times 10^{-9}\mathrm{s}$。该 t_i 值与空气中负电晕脉冲的上升时间具有相同的数量级，后者在数纳秒至数十纳秒之间变化。

离子运动定义为

$$v_{ip} = \frac{\mathrm{d}r_p}{\mathrm{d}t} = \mu E_p = \mu \frac{E_c r_c}{r_p} \tag{3.23}$$

式中，v_{ip} 为 p 处离子速度，μ 为其迁移率。空气中离子迁移率实际上与 E/p 无关。在极限 r_c 至任意半径边界 r_b 区间内对上式进行积分，

$$\int_{r_c}^{r_b} r_p \, \mathrm{d}r_p = \int_0^{t_b} \mu E_c r_c \, \mathrm{d}t$$

或

$$t_b = \frac{r_b^2 - r_c^2}{2\mu E_c r_c} \tag{3.24}$$

式（3.24）给出了离子从 r_c 运动至 r_b 所需时间。譬如，在上述特定情况下，由式（3.24）和 $\mu = 1.5 \, \mathrm{cm}^2/(\mathrm{V} \cdot \mathrm{s})$，可得离子从 r_c 运动至 r_i 所需时间 $t_b = 6.17 \, \mu\mathrm{s}$。比相同距离下电子运动时间高约 3 个数量级。

在交流电压下电晕放电时，离子运动受交流电场影响。计算离子运动时，可忽略电晕层的厚度，并假设离子在导线表面发射。离子运动定义为

$$v_{ip} = \frac{\mathrm{d}r_p}{\mathrm{d}t} = \mu E_p = \mu \frac{U(t)}{r_p \ln \dfrac{R}{r_c}} = \frac{\mu \hat{U}}{r_p \ln \dfrac{R}{r_c}} \sin(\omega t)$$

式中，$U(t) = \hat{U} \sin(\omega t)$ 为导线上施加的正弦电压，振幅为 $\hat{U}$，角频率为 ω。将该式在 t_1 至 t_2 间积分，对应于 r_1 至 r_2 的径向距离，

$$\int_{r_1}^{r_2} r_p \, \mathrm{d}r_p = \frac{\mu \hat{U}}{\ln \dfrac{R}{r_c}} \int_{t_1}^{t_2} \sin(\omega t) \, \mathrm{d}t$$

或

$$r_2^2 - r_1^2 = \frac{2\mu \hat{U}}{\omega \ln \dfrac{R}{r_c}} \left[\cos(\omega t_1) - \cos(\omega t_2) \right]$$

随正弦变化导线表面电场强度的振幅 $\hat{E}_c = \dfrac{\hat{U}}{r_c \ln(R/r_c)}$，则上式可用表示为

$$r_2^2 - r_1^2 = \frac{2\mu \hat{E}_c r_c}{\omega} \left[\cos(\omega t_1) - \cos(\omega t_2) \right] \tag{3.25}$$

若电压波形上电晕起始时刻 t_0 已知，则令 $\omega t_2 = \pi$，并代入式（3.25）可确定导线表面在 $t_1 = t_0$ 时发射的离子最大运动半径 r_m 为

$$r_m^2 = r_c^2 + \frac{2\mu \hat{E}_c r_c}{\omega} \left[1 + \cos(\omega t_0) \right] \tag{3.26}$$

通过假定 $\omega t_0 = 0$，可得到 r_m 的上限值为，

$$r_m^2 = r_c^2 + \frac{4\mu \hat{E}_c r_c}{\omega} \tag{3.27}$$

对于所考虑的结构，若导线表面施加 140kV、60Hz 的交流电压，采用式（3.27）计算得到 r_m 的上限为 22.02cm。该计算表明，当离子在交变电场中往返运动时，不会到达外导线表面 $R = 100\mathrm{cm}$ 处。

3.5　电晕起始场强

电晕起始定义为当导线表面场强达到临界值时，导线附近产生起始自持放电。电晕起始场强为导线直径、表面状况及环境温度和气压的函数。实验研究了圆柱导线电晕起始场强，并建立了交流和直流电压下的经验计算公式。一般而言，圆柱导线的电晕起始场强 E_c 为

$$E_c = mE_0\delta\left(1+\frac{K}{\sqrt{\delta r_c}}\right) \tag{3.28}$$

式中，E_0 和 K 为经验常数，且取决于外加电压的性质。交流电压下，Peek[16] 取值为：对于地面上方两条平行导线，$E_0 = 29.8\text{kV/cm}$（或 21.1kV/cm rms 值）、$K = 0.301$；对于同轴圆柱结构，$E_0 = 31.0\text{kV/cm}$（或 21.9kV/cm rms 值）、$K = 0.308$。直流电压下，Whitehead[17] 取值为：正极性 $E_0 = 33.7\text{kV/cm}$、$K = 0.24$；负极性 $E_0 = 31.0\text{kV/cm}$、$K = 0.308$。Whitehead 的负极性直流计算式中的常数与 Peek 交流计算式中的常数相同（两种情况均为同轴圆柱结构），这也表明，交流电晕起始于交流电压负半周。

δ 为相对空气密度因子，

$$\delta = \frac{273+t_0}{273+t} \times \frac{p}{p_0} \tag{3.29}$$

式中，t 为环境温度，p 为气压，t_0 和 p_0 为参考值。通常，$t_0 = 25℃$，$p_0 = 760\text{torr}$。r_c 为导线半径，cm；m 为导线表面粗糙系数。

上述经验公式是在实验室中直径远小于实际传输线的光滑圆柱导线上进行大量试验得出。同时，在该项实验室研究中，外圆柱导体直径也很小，这可能会影响交流电晕起始场强的测量结果。将这些经验公式外推到实际导线尺寸后，发现计算得到的电晕起始场强高于实际测量值。尽管可以开展附加的试验来推导获得适用于实际线路导线尺寸的起晕场强经验公式，但由于导线直径以外的许多因素，如导线表面粗糙系数和环境天气条件对实际导线的电晕起始场强也有较大影响，因而 Peek 和 Whitehead 基本公式仍被使用。

理想光滑清洁导线表面粗糙系数 m 值等于 1。即使导线表面有微观缺陷也会使 m 值小于 1[18]。实际的输电线路导线通常采用绞合结构，由几层小直径的圆柱导线绞合组成。有时采用具有梯形横截面的外层股获得更紧密导线。实验结果表明，对于绞合导线，m 值取决于外层股线与导线直径的比值，可能在 0.75～0.85 变化。实际绞线也可能有表面不规则度（粗糙度），如裂口、划痕等，m 值降低到 0.6～0.8 范围（见 4.4 节）。由于雨天或雾天会出现水滴及雪花、冰等原因，导致 m 值更低，在 0.3～0.6 范围。导线表面污染的极端情况，如昆虫和植物质沉积在导线表面，或土壤和水分累积在导线表面产生较厚且不均匀的土壤层，可能会使 m 值降低至 0.2 或更小。据报道，世界上一些地区出现了导致电晕损失非常高的极端情况。

式（3.28）表明，电晕起始场强与相对空气密度 δ 近似成正比。但是，应该提到的是，彼得森（Peterson）对实验室测试结果分析得出的结论为[19]，电晕起始场强变化与 $\delta^{2/3}$ 有关，而莱德维尔（Leadville）高海拔测试点获得的结果表明其还与 $\delta^{1/3}$ 有关[20]。在任一特定地点，大气压基本变化不大，但温度在不同的季节可能会在很大范围内变化，从而导致 δ

值有 10%～20% 的变化量。另一影响输电线路导线附近空气温度的可能因素为负载电流产生热量。由于电晕放电被限制在导线周围的一个狭窄区域内，因此加热导线及周围的空气层可能导致 δ 减小，进而使得电晕起始场强减小。这种现象对电晕损耗有直接影响，将在第 4 章中进一步讨论。

由于气压降低，δ 值在海平面以上的高海拔地区也会降低。随海拔高度增加气压下降可用经验公式近似求得，

$$p = p_0 \left(1 - \frac{A}{k} \right) \tag{3.30}$$

式中，p 为 A（km）高度处的气压，p_0 为海平面处气压（760torr），k 为经验常数。采用已发表的实验数据线性近似[1]，$k = 10.7$。如对于 5km 海拔高度，求解式（3.30）可得气压为 405torr，$t = 10℃$ 时，$\delta = 0.56$。因此，电晕起始场强值几乎降到对应海平面（平原地区）的一半。因此，海拔高度是评价输电线路电晕效应的一个重要因素。

相对湿度对电晕起始场强的影响尚不清楚。在高湿度条件下，水分子可能在导线表面凝结并形成小水滴，导致 m 值减小。在没有凝结的情况下，没有明显的证据表明随相对湿度增加电晕起始场强增加或减小。

利用式（3.19）给出的判据，可对导线电晕起始场强进行理论计算分析，即

$$1 - \gamma e^{\int_0^{d_i} (\alpha - \eta) dx} = 0$$

为计算特定结构导线的起晕场强，需以下信息：

① 导线周围空间电场强度 $E(x)$ 的变化；

② 作为 E/p 的函数，电离和附着系数 α 和 η 的变化数据；

③ 导线表面（负电晕）或空气中（正电晕）二次电离系数 γ 的数据。

在某些情况下，如在绞线附近，采用计算机的数值计算方法可用于确定场分布 $E(x)$。然而，对于其他类型的表面不规则度，如导线表面存在金属或电介质突起，计算场分布则要困难得多。空气中电离和附着系数的数据见图 3-1，图中可采用适当的 p 值来考虑空气密度的影响。目前尚无关于湿度对 α 和 η 影响的试验数据，因此无法评估其对电晕起始场强的影响。无论在导线表面还是空气中 γ 的试验数据都非常少。然而，可采用 γ 近似估计值，因为计算电晕起始场强值在 γ 值相当大的变化范围内并不敏感。尽管相关研究已经对简单情况进行了理论计算[21-23]，但实际输电线路导线的电晕起始场强和表面粗糙系数 m 值的大部分信息均从实验数据中获得。

3.6　间隙放电

由一个非常小的间隙（毫米量级或更小）隔开的两个电极之间空气绝缘的完全击穿被称为微间隙放电，或简单地称为间隙放电。当金具的两部分在电气上分离时，如螺栓和螺母，或将地线固定在木杆上的金属钉，高压输电线路上可能会形成微小间隙。间隙放电更可能发生在低压配电线路上，而非高压输电线路上。

由于电容耦合或电导耦合，在微间隙的电极上可能会出现足以引起击穿的电压。一旦发生击穿，通过间隙的电压将降为零，使得间隙绝缘恢复。绝缘击穿及其随后的恢复可连续重复，频率取决于间隙距离和电容或电导耦合参数。间隙放电已在实验室被广泛研究[24]，已

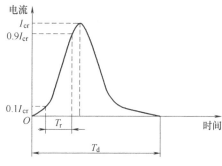

图 3-16　间隙放电产生的典型电流脉冲

探明间隙击穿的机理，并确定了所产生电流脉冲的幅值、波形和重复率等特性。间隙放电产生的典型电流脉冲见图 3-16，间隙放电产生的电流脉冲通常比电晕放电产生的电流脉冲具有更高的幅值和更短的持续时间，重复率也低于电晕放电。

间隙放电为配电线路主要的电磁干扰源[25]。高压输电线路上也可能发生特殊类型的间隙放电。如在雨天，靠近导线的雨滴带电，放电可能发生在水滴和导线间或两个雨滴间的小气隙上。

参考文献

[1]　Humphreys W J. Physics of the Air [M]. New York：Dover Publications，Inc.，1964.

[2]　Meek J M，Craggs J D. Electrical Breakdown of Gases [M]. London：Oxford University Press，Inc.，1953.

[3]　Cobine J D. Gaseous Conductors [M]. New York：Dover Publications，Inc.，1958.

[4]　Nasser E. Fundamentals of Gaseous Ionization and Plasma Electronics [M]. Toronto：Wiley-Interscience，Inc.，1971.

[5]　Townsend J S. Electricity in Gases [M]. London：Oxford University Press，Inc.，1915.

[6]　Harrison M A，Geballe R. Simultaneous Measurement of Ionization and Attachment Coefficients [J]. Phys Rev，1953，91（1）：1-7.

[7]　Masch K. Uber Elektronenionisierung von Stickstoff und Luft bei Geringen und Hohen Drucken [J]. Arch Elektotech，1932，16（1）：587-596.

[8]　Sanders F H. Measurement of the Townsend Coefficient for Ionization by Collision [J]. Phys. Rev.，1933，44（9）：1020-1024.

[9]　Trinh N G. Partial Discharges XIX：Discharges in Air-Part Ⅰ：Physical Mechanisms [J]. IEEE Electrical Insulation Magazine，1995，11（2）：23-29.

[10]　Trinh N G，Jordan J B. Modes of Corona Discharges in Air [J]. IEEE Trans.，1968，87：1207-1215.

[11]　Trinh N G，Jordan J B. Trichel Streamers and Their Transition to Pulseless Glow Discharge [J]. J Appl Phys，1970，41（10）：3991-3999.

[12]　Uhlig C A E. The Ultra Corona Discharge，a New Discharge Phenomenon Occurring on Thin Wires [C]. Proc. High Voltage Symposium.，National Research Council of Canada-15，1956：1-3.

[13]　Shockley W. Currents to Conductors Induced by a Moving Point Charge [J]. J Appl Phys，1938，9：635-636.

[14]　Ramo S. Currents Induced by Electron Motion [J]. Proceedings of the I R E，1939：584-585.

[15]　Pronin V P，Shectman L A. Currents Induced by a Moving Charge in a System of Conductors with Complex loads [J]. Soviet Physics-Technical Physics，1968，12（2）：1007-1009.

[16]　Peek F W. Dielectric Phenomena in High-Voltage Engineering [M]. California：McGraw-Hill，1929.

[17]　Whitehead J B. High Voltage Corona in International Critical Tables [M]. California：McGraw-Hill，1929.

[18]　Morrow R，Morgan V T. The Effect of Surface Roughness on the AC Corona Onset Voltage for Cylindrical Conductors in Air [C]. Proceedings of theSecond International Symposium on Gaseous Dielectrics，Knoxville，Tennessee，U. S. A.，March，1980：9-13.

[19] Discussion by Peterson W S in: Carrol J S, Cozzens B. Corona Loss Measurements for the Design of Transmission Lines to Operate at Voltages Between 220kV and 330kV [J]. AIEE Transactions, 1933, 52: 55-63.

[20] Robertson L M, Dillard J K. Leadville High-Altitude Extra-High-Voltage Test Project Part I-Report on 4 Years of Testing [J]. AIEE Trans, 1961, 8 (12): 715-725.

[21] Sarma M P, Janischewskyj W. DC Corona on Smooth Conductors in Air - Steady-State Analysis of the Ionisation Layer [J]. Proc IEE, 1969, 116 (1): 161-166.

[22] Vereschagin I P. Calculating Initial Strengths for Electrodes of Complex Shape [J]. Electrichestvo, 1973, 6 (2): 142-152.

[23] Hartmann G. Theoretical Evaluation of Peek's Law [J]. IEEE Industrial Application Society, 1984, 20 (6): 1647-1651.

[24] Arai K, Janischewskyj W, Miguchi N. Micro-Gap Discharge Phenomena and Television Inerference [J]. IEE Trans PAS, 1985, 104 (1): 221-232.

[25] Loftness M O. Power Line Interference: A Practical Handbook [M]. New York: National Rural Electric Cooperative Association, Inc., 1992.

第 2 部分

交流输电线路

第4章

电晕损失和臭氧

输电线路导线电晕放电产生的功率损耗，通常称为电晕损耗（Corona Loss），是高压交流输电发展初期首先观察到的电晕效应。事实上，电晕损耗会极大地降低输电效率，这反过来也促使了早期电晕放电的研究工作。本章阐述了交流电晕损耗产生的物理过程，给出了实际交流输电线路结构下电晕损耗计算的理论和经验方法，讨论了气象条件和导线表面粗糙度对电晕损耗的影响。最后，简要阐述了与电晕损耗相关联的臭氧和氮氧化物的产生。

4.1　交流电晕损耗的物理本质

第3章阐述了不同电晕模式下产生的复杂电离及相关过程。其中许多过程，诸如带电粒子的运动、带电粒子与中性气体分子之间碰撞，包括弹性和非弹性碰撞，都需要消耗能量。导线电晕放电时，能量由与导线相连的高压电源提供，这也创造了导线表面发生电晕放电所必需的高场强条件。大部分能量被转换成热能，用来加热导线周围的空气，只有很小一部分能量被转换成声音和电磁辐射，还有可见光以及产生臭氧和氮氧化物所需的电化学能。电源提供能量的速率即为功率，一般称为电晕功率损耗或电晕损耗。

如第3章所述，正、负离子的产生和运动为产生电晕损失的主要原因。电晕放电产生的电子寿命很短，其快速运动产生的电流脉冲对电晕损耗基本没有任何贡献。如第5章所述，这些电流脉冲主要产生电磁干扰。

为理解交流输电线路产生电晕损耗所涉及的物理过程，首先考虑一种最简单的结构，该结构为单根圆柱导线置于地面上方或接地同轴圆柱体内。若假定导线与地面间距远大于导线半径，则导线附近电场和空间电荷将近似均匀分布。此外，在交变电场中，推离导线表面的空间电荷的最大运动距离远小于导线对地距离。因此，空间电荷主要被限制在导线周围空间，无法到达地面或接地圆柱体。

采用电源在导线和接地电极之间施加较高的交流电压，会在导线周围产生不均匀的交流电场分布。如果施加在导线上的电压为 $U=\hat{U}\sin(\omega t)$，其中 $\hat{U}$ 为幅值，ω 为角频率，则在导线电晕起始前，电源提供的电流为 $I=\hat{U}\omega C\cos(\omega t)$，其中 C 为导线对地电容，这种情况下，电压和电流波形如图 4-1 所示。若持续增加施加电压直至导线表面场强高于电晕起始场强，则导线发生电晕放电，电流不再是纯电容性。在交流电压正负半周中产生的离子空间电荷的运动，会产生一个由电源提供的附加电流分量。与容性电流不同，该电流分量基本与电压同相，电源需要提供的功率即为电晕损耗，该电晕电流分量也可使导线对地结构电容小幅增加。下面对产生电晕电流分量的过程进行阐述。

通过一个完整的交流电压周期，可更好地理解产生电晕电流分量的物理过程[1]。导线电晕放电下电压和电流波形如图 4-2 所示，单个工频周期内空间电荷的运动轨迹见图 4-3（a）至图 4-3（f）。

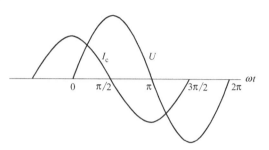

图 4-1　电晕起始前的电压和电流波形

周期从 a 时刻开始，此时导线施加电压为零，并在正半周期开始增加。如图 4-3（a）所示，在上个负半周期产生的剩余负空间电荷带位于距离导线的某一位置处。虽然此时导线施加电压为零，但由于存在残余的负空间电荷，导线表面会产生一个很小的电场。在 a 时刻和 b 时刻之间，随着正电压的增加，表面周围空间电场也增加，因此负离子加速趋向导线运动。在时刻 b，导线所加表面电场达到正极性临界起晕场强，导线表面出现正极性电晕放电，产生正离子并远离导线运动，而电子与导线碰撞并被中和，空间电荷的状态如图 4-3（a）所示。因此，导线产生正离子，剩余的负空间电荷向导线运动，与新产生的正离子混合，正、负离子间复合较少，大部分负离子与导线碰撞中和。

随着电压达到正极性峰值，持续产生正电晕放电，而后电压开始下降至 c 时刻，此时电晕熄灭。考虑到空间中大量正离子对导线表面电场具有一定的削弱作用，因此，电晕放电的终止电压要高于起始电压，见图 4-3（b）。从 c 至 d 时刻电压变为零，导线无电晕放电，亦无正离子发射。如图 4-3（c）所示，在时刻 d 或更早些剩余正离子运动到距导线最远距离处。

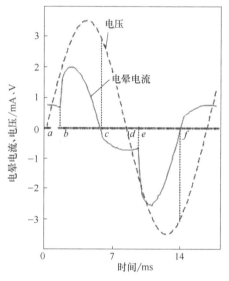

图 4-2　电晕起始后的电压和电流波形

在工频电压负半轴下离子的运动特性与正半轴相似，仅仅是改变了极性。负电晕放电起始于时刻 e，熄灭于时刻 f。相应的空间电荷运动轨迹见图 4-3（d）和图 4-3（e）。

单个周期内的电流由电容电流分量 I_c 叠加电晕电流 I_{cor} 组成，如图 4-2 所示。在 ab、ce 和 fg 期间，仅存在单极性的残余离子，而在 bc 和 ef 期间具有大量由连续电晕放电产生的与导线同极性的离子，极性相反的残余离子通过复合过程部分被中和，但主要通过与导线碰撞消散。在 bc 和 ef 期间产生的电晕电流远大于电压周期内其他时刻。

对电晕电流的谐波分析表明，电晕电流的基波分量与电压波形基本同相，从而产生电晕损耗。需要指出的是，只有电晕电流的基波分量才会产生电晕损耗，其他谐波分量在假定无对应谐波电压波形频率下不会产生任何功率损失。若电晕的产生和熄灭在正负半周对称，则电晕电流仅有同相分量。这些过程中任何不对称也会产生小的异相分量，从而导致电容的小幅度增加。在远高于电晕起始电压时由电晕产生的电容分量才会明显增加。

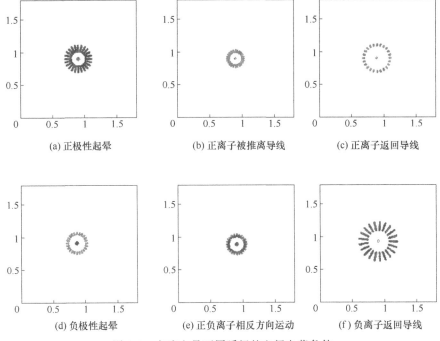

(a) 正极性起晕　　　　　(b) 正离子被推离导线　　　　(c) 正离子返回导线

(d) 负极性起晕　　　　　(e) 正负离子相反方向运动　　　(f) 负离子返回导线

图 4-3　交流电晕不同瞬间的空间电荷条件

如图 4-4 所示，等效电路能很好地表征上述电晕损耗和所考虑导线结构电容的物理过程。等效电路中表征导线电晕的并联元件有：C_0 为导线结构的几何电容，当导线几何结构方式确定后，其值基本为定值；C_c 为电晕放电产生的附加非线性电容；G_c 为表征电晕损耗的非线性电导。当导线表面施加电压低于电晕起始电压 $\hat{U}_0$ 时，$C_c=0$，$G_c=0$。电晕起始后，电导 G_c 急剧增加，而 C_c 增加缓慢。在任意高于电晕起始电压下，导线结构可等效为有损电容器（有漏电流存在），其电容为 $C_t=C_0+C_c$ 和表征电晕损耗的电导 G_c。

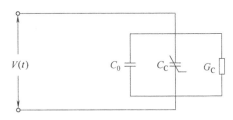

图 4-4　电晕起始后等效电路

4.2　电晕损耗理论分析

在理论发展初期，尚不能完全基于理论方法计算或预测电晕损耗，这主要是由于二维时变空间电荷场相关问题的复杂性。给出这一问题的数学描述，主要是为深入了解所涉及复杂物理现象的背后解析公式的推导过程。同时也给出了同轴圆柱结构下的一种一维求解方法。

首先给出了一般三维情况下交流电晕损耗问题的数学表达式。电晕放电中导线表面离子的产生及其在电极空间运动和复合满足连续性方程。对于正负离子，连续性方程为

$$\frac{\partial n_+}{\partial t}+R_i n_+ n_-+\mathbf{V}(n_+ \boldsymbol{v}_+)=0 \qquad (4.1)$$

$$\frac{\partial n_-}{\partial t}+R_i n_+ n_-+\mathbf{V}(n_- \boldsymbol{v}_-)=0 \qquad (4.2)$$

式中，n_+ 和 n_- 分别为正负离子数密度，m^{-3}；$\boldsymbol{v}_+$ 和 $\boldsymbol{v}_-$ 分别为正负离子迁移速度，

R_i 为复合系数。连续性方程基本阐明了粒子守恒原理，并适当考虑了粒子的产生和消失速率。在交流电晕的情况下，与电晕导线同极性的离子在导线表面产生，而相反极性的离子在与导线碰撞接触时被中和。当两种不同极性的离子存在于同一位置时，产生复合。将电荷密度 $\rho_+ = en_+$、$\rho_- = en_-$ 代入，连续性方程可改写为

$$\frac{\partial \rho_+}{\partial t} + \frac{R_i}{e}\rho_+\rho_- + \nabla(\rho_+ \boldsymbol{v}_+) = 0 \tag{4.3}$$

$$\frac{\partial \rho_-}{\partial t} + \frac{R_i}{e}\rho_+\rho_- + \nabla(\rho_- \boldsymbol{v}_-) = 0 \tag{4.4}$$

电极间空间电场分布满足泊松方程，

$$\nabla \boldsymbol{E} = -\frac{\rho_+ - \rho_-}{\varepsilon_0} \tag{4.5}$$

离子运动速度可用迁移率 μ_+ 和 μ_- 表示为

$$\boldsymbol{v}_+ = \mu_+ \boldsymbol{E} ; \boldsymbol{v}_- = \mu_- \boldsymbol{E} \tag{4.6}$$

此外，正、负离子和总电流密度 $\boldsymbol{j}_+$、$\boldsymbol{j}_-$ 和 $\boldsymbol{j}$ 为

$$\boldsymbol{j}_+ = \mu_+\rho_+\boldsymbol{E} ; \boldsymbol{j}_- = \mu_-\rho_-\boldsymbol{E} ; \boldsymbol{j} = \boldsymbol{j}_+ + \boldsymbol{j}_- \tag{4.7}$$

式（4.3）～式（4.7）控制方程的解，结合下述边界条件可计算确定空间电荷和电场的时间空间分布。而后，可用 Shockley-Ramo 定理计算电晕放电中与导线连接的电源提供的电晕电流。边界条件为：

① 导线表面施加电压大于电晕起始电压后，导线表面电场恒定为电晕起始场强；

② 在任意时刻，电极间的施加电压为 $U(t) = \hat{U}\sin(\omega t)$。

实验中建立了圆柱导线交流电晕采用第一边界条件的依据[2]，并给出了圆柱导线直流电晕下的理论证明[3]。第二边界条件为在任何时刻电极间电场积分等于施加电压。

上述理论分析适用于一般的三维情况，如针-板电极结构。然而，将上述分析应用于同轴圆柱结构就足以确定输电线路导线上的电晕损耗。如图 4-5 所示，该结构包括半径 r_c 的导线同轴置于半径为 R 的接地外导体圆柱内，由于角对称性，该结构下的控制方程可简化为一维形式。忽略电晕层的厚度，假设离子在导线表面发射。所作的附加假设为正负离子迁移率相等并用 μ 表示，离子复合忽略不计。在上述假设下，式（4.3）～式（4.7）简化为

$$\frac{\partial \rho_+}{\partial t} + \frac{\partial j_+}{\partial r} + \frac{j_+}{r} = 0 \tag{4.8}$$

$$\frac{\partial \rho_-}{\partial t} + \frac{\partial j_-}{\partial r} + \frac{j_-}{r} = 0 \tag{4.9}$$

$$\frac{\partial E}{\partial r} + \frac{E}{r} = -\frac{\rho_+ - \rho_-}{\varepsilon_0} \tag{4.10}$$

$$j_+ = \mu_+\rho_+\boldsymbol{E} ; j_- = \mu_-\rho_-\boldsymbol{E} ; \tag{4.11}$$

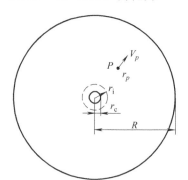

图 4-5　同轴圆柱结构
中导线电晕放电

将关于 r 的微分方程式（4.11）、式（4.10）代入式（4.8）和式（4.9），得到电荷密度微分方程为

$$\frac{\partial \rho_+}{\partial t} = \frac{\mu}{\varepsilon_0}\rho_+(\rho_+ - \rho_-) - \mu E \frac{\partial \rho_+}{\partial r} \tag{4.12}$$

$$\frac{\partial \rho_-}{\partial t} = \frac{\mu}{\varepsilon_0}\rho_-(\rho_+ - \rho_-) - \mu E \frac{\partial \rho_-}{\partial r} \tag{4.13}$$

考虑边界条件后,求解耦合非线性偏微分方程式 (4.10)、式 (4.12) 和式 (4.13) 可确定电荷 ρ_+ (r, t)、ρ_- (r, t) 和场 E (r, t) 的分布。采用求得的场分布,结合 Shockley-Ramo 定理可计算产生的电晕电流 I_{cor} (t)。

即便是最简单的结构,也无法获得这些方程的解析解。需要采用数值方法求解方程组,但计算过程比较复杂。考虑空间电荷在交变场中的产生和运动,可提出一种近似求解方法[4]。对于给定电压幅值,对连续的正负半周进行数值求解,直到获得稳定结果。该技术主要用于对交流电晕损耗的经验计算方法提供理论依据,而非纯分析方法。

4.3 电晕损耗激发函数

为分析实际输电线路的电晕损耗特性需引入激发函数的概念。考虑到理论方法建模的复杂性,一般采用在测试笼或试验线段上获得的试验数据来预测输电线路电晕损耗。因此,非常有必要定义一个独立于导线结构的电晕损耗参数,这样可很方便地将测试装置中获得的实验数据,推广应用于预测任意线路结构的电晕损耗。为此,再次对图 4-5 中所示的同轴圆柱结构进行分析。在任意给定时刻 t,导线上施加的相对于外圆柱的电压为 U_1,则导线表面电场为

$$E_c = \frac{U_1}{r_c \ln \dfrac{R}{r_c}}$$

对应径向距离为 r_p,P 点的电场为

$$E_p = \frac{U_1}{r_p \ln \dfrac{R}{r_c}} = \frac{E_c r_c}{r_p}$$

电荷量为 e 的离子在 P 处的速度为

$$v_p = \mu E_p = \mu \frac{E_c r_c}{r_p}$$

根据 Shockley-Ramo 定理,离子运动在导线中产生的电流为

$$i_c(t) = e \frac{1}{r_p \ln \dfrac{R}{r_c}} v_p = e \frac{1}{r_p \ln \dfrac{R}{r_c}} \mu \frac{E_c r_c}{r_p}$$

则瞬时功率损耗 $p(t)$ 为

$$p(t) = U_1 i_c(t) = e \frac{U_1}{r_p \ln \dfrac{R}{r_c}} \mu \frac{E_c r_c}{r_p} = e\mu \left(\frac{E_c r_c}{r_p}\right)^2 \tag{4.14}$$

式 (4.14) 表明,离子运动产生的瞬时功率损耗仅为导线表面场强及其附近电离参数的函数,与导线几何结构参数无关。换言之,若为导线对地结构,导线施加电压 U_2,导线表面场强 E_c,也进行上述推导,则位于导线径向距离 r_p 处离子运动产生的瞬时功率损耗也可由式 (4.14) 给出。这一结论可推广到由电晕放电产生的所有带电粒子运动引起的电晕损耗。然而,需要强调的是,只有当电晕产生的空间电荷被限制在导线表面周围空间区域时,结论才有效,这是由于该区域的电场分布几乎与导线结构无关。而当空间电荷区延伸到整个电极空间时该方法失效。

电晕损耗激发函数定义为单位长度电晕损耗功率(单位:W/m),仅为导线半径和导线

周围空间电场分布的函数。其产生的电晕损耗与实际的导线结构无关。采用这一概念的优点为，在试验装置（如电晕笼）中获得的导线或分裂导线的试验数据可直接用于预测采用相同导线类型实际输电线路结构下的的电晕损耗特性。

取决于天气条件，输电线路电晕损耗变化范围很大，变化幅值可达 2～3 个数量级，如下节所述。在这种情况下，电晕损耗量纲采用 dB 表示比 W/m 更为方便。用 dB 表示电晕损耗为

$$CL_d = 10 \lg \frac{CL_W}{1} \tag{4.15}$$

式中，CL_d 为 dB 表示的电晕损耗，以 1W/m 为基准；CL_W 为以 W/m 表示的电晕损耗反关系如下：

$$CL_W = 10^{\frac{CL_d}{10}} \tag{4.16}$$

如在大雨条件下，在试验笼中对半径为 r_c 的导线进行电晕损耗测量。产生的电晕损耗 CL_W 可表示为导线表面场强 E_c 的函数，如图 4-6 所示。若三相输电线路采用同一类型导线，则可根据线路电压等级和线路结构主要几何尺寸计算三相（E_a、E_b 和 E_c）导线表面场强。大雨条件下，输电线路三相电晕损耗 P_a、P_b 和 P_c 如图 4-6 所示。

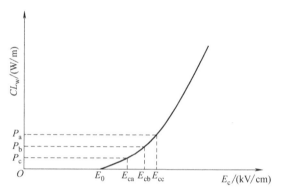

图 4-6　电晕笼中测量三相导线的电晕损耗

4.4　电晕损耗影响因素

实际输电线路的电晕损耗受诸多因素影响。从物理角度来看，在特定导线表面场强下运行的某种导线或分裂导线电晕损耗主要受两类因素影响：①电晕起始场强的改变，②电晕放电过程的改变。影响导线表面粗糙系数 m 值或相对空气密度 δ 的任何因素都属于第一类。经验公式如式（3.28）给出了粗糙系数 m 值和相对空气密度 δ 两个因素对电晕起始场强影响规律。第二类因素主要影响空气的基本电离特性，如电离系数 α、附着系数 η 和离子迁移率 μ 等参数。

如上所述，影响电晕损耗因素虽然有很多，但影响 m 值的因素为最主要因素（见 3.5 节）。输电线路大多导线为绞线形式，其电晕效应仅取决于外表面形状，而与导线内部结构细节无关。对于干净绞合导线，m 值为绞合导线最外层股线直径与导线总直径比值的函数。在输电线路导线制造、搬运和安装过程中，可能会对导线表面造成一定的损伤，使 m 值进一步降低。

环境因素和天气条件对 m 值影响最大。环境因素主要为导线表面产生的有机或无机沉积物。如昆虫、植物质、沙子、土壤和工业污染物为最常见的沉积物质。导致导线表面条件改变及 m 值降低的天气条件可能有：高湿度、雾、雨、雪、冰和霜等。在高湿度、雾等条件下，导线表面会形成小水滴。降雨也会在导线表面形成水滴。新近安装的导线表面，由于存在一层薄薄的润滑脂导致导线表面疏水，雨水产生的水滴会分布在整个导线表面。安装后运行几天或几周后，导线"老化"，在表面会形成一层薄的氧化层，此时导线表面变得亲水，水沿着导线表面流动，且在导线底部形成更大水滴。导线表面电场的存在使水滴发生形变，

水滴沿电场方向拉长[5,6]。受表面张力、重力和静电力的影响，水滴呈尖状，随后被拉长并在从导线表面脱落前分裂成较小的水滴。雨水继续补充水分，在导线表面底部形成新的水滴。因此，水滴的存在会导致电晕起始场强和 m 值显著降低。此外，水滴下落接近导线表面，会在水滴和导线表面之间产生微间隙放电，导致电晕损失和电磁干扰增加。输电线路上的电晕损耗通常随降雨率的增加而增加，在大雨条件下接近饱和。一般在大雨天气和雪天产生的电晕损失最大。

环境温度较低时，落下的干雪在导线表面沉积，导致 m 值降低。温度在0℃附近时，干雪转变为湿雪形态，附着在导线表面，甚至可能形成水滴。这种情况下，电晕损失很高，有时甚至接近大雨时的水平。冻雨天气下，导线表面覆冰，甚至可能会形成冰柱突起物，冰柱存在与水滴的存在一样，同样会使 m 值降低。虽然冰柱电晕可能没有水滴电晕严重，但依然会导致产生的电晕损耗高于常值。另一种类型的降水，称为白霜，是大气中的水蒸气在低于零度的表面温度下直接冻结在导线上形成[7]。在冰和霜条件下，m 值的降低和电晕损失的增加主要取决于环境温度。一些报道指出在白霜条件下产生的电晕损失最高。温度为零下时，冰和霜都会形成固体突起，当接近零下时，会形成水滴，产生更高的电晕损失。

影响导线电晕起始场强的第二个参数为相对空气密度 δ，为环境温度和气压的函数。在任意特定位置，气压基本变化不大。然而，如3.5节所述，气压随海拔高度的升高显著降低，使得 δ 降低。任意特定位置的环境温度都随时间变化，因此所有其他条件不变，冬季的相对空气密度比夏季高，冬季的电晕起始场强也高于夏季。

与上述各种因素对电晕起始场强的影响程度相比，影响空气基本电离特性的任何因素则显得不那么重要。如3.1节所述，参数 α、η 和 μ 受环境温度和气压的影响，然而，由此产生的对电晕起始场强和电晕损失的影响似乎并不大。

由于存在负载电流，输电线路导线的发热是影响电晕起始场强和电晕损耗的另一个重要因素。在空载情况下，导线温度与周围空气的温度基本相同。载流 I 时，导线电阻为 R，电流通过导线产生的功率损耗为 I^2R，导致导线发热，使其温度高于环境温度，使得导线周围产生电晕放电空气薄层的平均温度升高。这将导致该发热层中 δ 减小，从而导致电晕起始场强降低。导线至这一薄层空气的传热过程受电晕放电的影响。电晕放电产生的离子快速运动引起空气对流，通常称为电晕风。这种气流可能使得导线冷却，并使得电晕层中空气的平均温度降低。另一方面，电晕损耗所消耗的能量也会使环境空气温度升高。这两种相反的趋势同时存在，电晕层中的空气温度取决于这两种影响的相对重要性。针对这些现象 Morgan 和 Morrow[8] 在实验室对小直径（7.95mm）铜管进行了大量研究。然而，尚未对输电线路上通常使用的大直径（1～4cm）铝绞线进行类似的研究，以确定导线加热对上述现象的影响程度。

对于实际输电线路，在坏天气下观测了载流加热对导线电晕现象的影响，会导致水以不同的形式沉积在导线表面[9]。如在高湿度、雾、水汽条件下，导线加热会抑制导线表面水滴形成，导致导线载流时的电晕损失要低于空载情况。在晴好或大雨天气时，导线加热没有明显影响。然而，一旦雨停后，载流导线的电晕损失会迅速降低，这主要归因于热导线表面快速变干燥。由于导线加热干雪或冰会转变为液态水，导致电晕损失增大。实际中白霜融化导致电晕损失降低。

4.5　电晕损耗经验预测方法

输电线路设计场强值一般接近导线电晕起始场强，保证在晴天条件运行时不产生电晕放电，使得电晕效应在可接受范围。第 10 章对输电线路电晕的设计准则进行了全面讨论。标准（好）的设计结果为，在额定电压和晴天下，沿导线仅出现一些少量的电晕放电点。在恶劣天气条件下，如雨天或雪天，电晕放电点扩散，几近均匀地分布于导线全线。因此，晴天和恶劣天气下导线上的电晕可分别描述为"局部"和"全线"。

实际输电线路在大雨条件下的电晕损耗可达到与线路额定负载 I^2R 功率损耗同一数量级。晴天下，电晕损失一般比大雨下低 2~3 个数量级。其他天气条件下，如大雾、小雨或大雪，电晕损失略低于大雨，但与晴天相比仍然很高。因此，从实际角度来看，晴天电晕损失可忽略不计。然而，如果存在导线污染的异常情况，晴天的电晕损失可能会与恶劣天气一样大。

从线路设计的角度来看，最有用的电晕损耗参数为年平均电晕损耗 P_{ma}，定义为

$$P_{ma} = \frac{1}{T_a} \sum_{i=1}^{n} P_i T_i \tag{4.17}$$

式中，$i = 1, \cdots, n$，为不同天气类型。已知不同天气类型对应平均电晕损失为 P_i，T_i 为第 i 个天气类型年平均小时数，$T_a = 8760$ 为年总小时数。为确定位于给定区域输电线路 P_{ma}，需如下信息：①不同类型天气下，实际导线产生的电晕损耗，其为导线表面场强的函数；②线路所在地区的年天气类型。前者可通过导线试验或经验公式获得，后者可根据气象部门年度气象数据确定。

作为 400kV 以上输电线路技术研究的一部分，世界各地进行了一些试验研究，以便为今后高压输电线路的电气设计提供数据。这些研究中测量的参数之一为电晕损耗，其为分裂导线数、子导线半径及导线表面场强的函数。测量在不同的天气条件下开展，通常测试很长一段时间，以对这些试验数据进行统计分析为基础，发展了一些经验方法来预测不同输电线路设计的电晕损耗[10-14]。下面详细介绍两种最常用的方法。

第一种为半经验方法[11]，由法国电力研究实验室（EDF）开发，该方法考虑空间电荷产生和运动理论，结合不同天气条件下室外试验笼中若干分裂导线进行的电晕损耗大量测试数据，着重研究了降雨率对电晕损失的影响。获得了降雨率与导线表面粗糙系数 m 之间的经验关系，并将其应用于电晕损耗的计算方法中。采用这种方法计算电晕损耗需要提供损耗减少的图表，以及导线表面粗糙系数 m 与降雨率之间的相关性曲线。损耗为

$$P = KP_n \tag{4.18}$$

式中，P 为电晕损耗，W/m；P_n 为归一化（也称为折减）损耗，W/m；K 为折减系数，折减系数由下式给出，

$$K = \frac{f}{50}(nr\beta)^2 \frac{\lg \dfrac{R}{r_e} \times \lg \dfrac{\rho}{r_e}}{\lg \dfrac{R}{\rho}} \tag{4.19}$$

$$\beta = 1 + \frac{0.3}{\sqrt{r}}$$

$$\rho = 18\sqrt{r}\text{，单根导线}$$

$$= 18\sqrt{nr + 4}\text{，分裂导线}$$

式中，n 为分裂数；r 为子导线半径，cm；r_e 为分裂导线等效半径 [见式（2.31）]，cm；R 为等效零电位圆柱半径，cm；f 为施加电压频率，Hz。

对于线路每一相，通过计算分裂导线在同轴圆柱结构下与实际线路结构相同的电容可确定 R。线路的电容矩阵 C 可由其几何参数计算得到。若 C_p 为给定任意相位分裂导线电容，则等效零电位圆柱半径 R 为

$$C_p = \frac{2\pi\varepsilon_0}{\lg\dfrac{R}{r_e}}\text{，或 } R = r_e e^{\frac{2\pi\varepsilon_0}{C_p}} \tag{4.20}$$

图 4-7 给出了以 E/E_c 为函数变化的 P_n，m 为变化参数，其中 E 为导线表面平均场强（rms 值：kV/cm），E_c 由式（3.28）给出，其中 m 和 δ 等于 1。将大量试验数据与电晕损耗理论模型相结合，得到了 P_n 随 E/E_c 变化的归一化损耗图，见图 4-7。同样，图 4-8 给出了导线表面粗糙度系数 m 的变化曲线，为降雨率的函数。

基于大雨条件下户外试验笼中大量电晕损失测量结果，遵循 EDF 方法的理论原理，在特高压项目中提出了一种半经验计算方法[12]。魁北克水电研究所（IREQ）也基于大雨下户外试验笼中大量分裂导线的测量结果提出了另一种半经验计算方法，并将产生的电晕损耗作为导线平均场强的函数[13]。

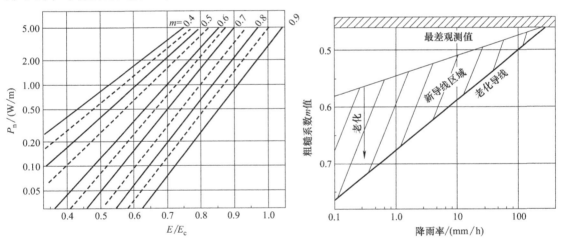

图 4-7　损耗减小图，为 E/E_c
函数（[11]-图 7，IEEE©1970）

图 4-8　导线表面粗糙度系数与降雨率
的关系曲线（[11]-图 7，IEEE©1970）

在邦维尔电力局（BPA）[14] 实验室研究中，根据在户外试验线段上的测量结果，并利用其他实验室研究获得的试验数据，开发了一种简单的交流输电线路电晕损耗的经验计算方法。利用已有试验数据，系统地分析了电晕损失激发函数与影响电晕损失各参数间的关系，提出了简单而较为准确的经验计算公式。该公式包含了降雨率和海拔高度的影响。电晕损耗 P（单位：dB，>1W/m）计算公式为

$$P = 14.2 + 65\lg\frac{E}{18.8} + 40\lg\frac{d}{3.51} + K_1\lg\frac{n}{4} + K_2 + \frac{A}{300} \tag{4.21}$$

采用式（4.16）可将电晕损耗换算为以 W/m 表示的数值。利用式（4.21）计算线路各

相电晕损耗并求和，可得到线路总电晕损耗。为计算雨季的平均损耗水平，假定平均降雨率为 1.676mm/h。当然，各个地区的情况各不相同。为计算晴天下平均损耗，从雨天平均损耗中减去 17dB。17dB 的差异是在 Apple Grove 测试基地进行了精细控制下晴天电晕损失测量，从试验数据[15] 中获得的。

4.6　臭氧

空气中电晕放电离子化学和臭氧产生的机理非常复杂，目前尚不完全清楚。一系列的反应涉及臭氧和氮氧化物的产生。在电晕放电中产生臭氧的主要途径很可能为氧的分解[16]，这需要吸收一定的能量。假定所有电晕损失能量都用于这一途径，即每千克臭氧消耗 1.422 千瓦时能量，则可获得臭氧产生上限估计值[17]。然而，实验室测量的单导线和分裂导线臭氧生成率[17,19] 表明，产生效率远低于该上限的 1%。研究发现，影响臭氧产生速率的因素有：导线表面场强、电晕放电模式和天气变量（即温度、湿度、沉降物和风等因素）。出现正极性流注放电可显著增加臭氧的产生。基于同样的机制，通过测量电晕产生氮氧化物，发现产生量可忽略不计，因为产生氮氧化物所需能量远高于臭氧。

为确定电晕产生的臭氧是否会构成环境危害，有必要确定不同天气条件下输电线路附近的臭氧浓度。考虑到传输线构成了一系列的臭氧线源，可采用色散理论，计算该污染物的浓度[17,18]。影响色散模型最重要因素为风速和风向、空气中的湍流和线路的相对方向，在输电线路附近的测量结果[17,18,20] 已表明，通过电晕线对环境臭氧水平的最大增量贡献仅为十亿分之几量级。美国北部环境法规定，80µg/L 水平作为每小时平均浓度的算术最大值，一年不得超过一次。因此，可以得出结论，输电线路因电晕而产生的臭氧不构成环境危害。

参考文献

[1]　Cobine J D. Gaseous Conductors [M]. New York：Dover Publications，Inc.，1958.

[2]　Waters R T，Rickard T E S，Stark W B. Direct Measurement of Electric Field at Line Conductors during AC Corona [J]. Proc IEE，1972，119（6）：717-723.

[3]　Sarma M P，Janischewskyj W. DC Corona on Smooth Conductors in Air [J]. Proc IEE，1969，116（1）：161-166.

[4]　J J Cladé，C H Gary，C A Lefèvre. Calculation of Corona Losses Beyond the Critical Gradient in Alternative Voltage [J]. IEEE Trans PAS，1969，88（5）：695-703.

[5]　English W N. Corona from a Water Drop [J]. Phys Rev，1948，74（1）：179-189.

[6]　Akazaki M. Corona Phenomena from Water Drops on Smooth Conductors under High Direct Voltage [J]. IEEE Trans PAS，1965，84（1）：1-8.

[7]　Lahti K，Lahtinen M，Nousiainen K. Transmission Line Corona Losses under Hoar Frost Conditions [J]. IEEE Transactions on Power Delivery，1997，12（4）：928-933.

[8]　Morgan V T，Morrow R. The Effect of Electrical Corona on the Natural Convective Heat Transfer from a Circular Cylinder in Air [C]. Second Australian Conference on Heat and Mass transfer，The University of Sydney，1977：79 83.

[9]　Chartier V L. Effect of Load Current on Conductor Corona [R]. CIGRÉ SC 36 Committee Report，1993.

［10］ Nigol O，Cassan J G. Corona Loss Research at Ontario Hydro Coldwater Project ［J］. AIEE Transactions，Power Apparatus and Systems，1961，80（8）：388-396.

［11］ Gary C H，Cladé J J. Predetermination of Corona Losses Under Rain. Influence of Rain Intensity and Utilization of a Universal Chart ［J］. IEEE Trans PAS，1970，89（7）：1179-1185.

［12］ Transmission Line Reference Book：345kV and Above/Second Edition ［M］. Palo Alto：Electric Power Research Institute（EPRI），1982.

［13］ Trinh N G，Sarma M P. A Method of Predicting the Corona Performance of Conductor Bundles Based on Cage Test Results ［J］. IEEE Trans PAS，1977，96（2）：312-325.

［14］ Chartier V L. Empirical Expressions for Calculating High Voltage Transmission Line Corona Phenomena ［C］. First Annual Seminar Technical Program for Professional Engineers，Bonneville Power Administration（BPA），1983.

［15］ Chartier V L，Shankle D F，Kolcio N. The Apple Grove 750kV Project：Statistical Analysis of Radio Influence and Corona Loss Performance of Conductors at 775kV ［J］. IEEE Trans PAS，1970，89（5）：867-881.

［16］ Lunt R W. The Mechanism of Ozone Formation in Electrical Discharges ［J］. Ozone Chemistry and Technology，1959：286-304.

［17］ Scherer H N，Ware B J，Shih C H. Gaseous Effluents due to EHV Transmission Line Corona ［J］. IEEE Trans PAS，1973，92（5）：1043-1049.

［18］ Roach J F，Chartier V L，Dietrich F M. Experimental Oxidant Production Rates for EHV Transmission Lines and Theoretical Estimates of Ozone Concentrations Near Operating Lines ［J］. IEEE Trans PAS，1974，93（3）：647-657.

［19］ Sebo S A，Heibel J T，Frydman M，Shih C H. Examination of Ozone Emanating from EHV Transmission Line Corona Discharges ［J］. IEEE Trans PAS，1976，95（3）：693-703.

［20］ Varfalvy L，Dallaire R D，Sarma M P，Rivest N. Measurement and Statistical Analysis of Ozone from HVDC and HVAC Transmission Lines ［J］. IEEE Trans PAS，1985，104（10）：2789-2797.

第5章

电 磁 干 扰

随着输电线路电压等级提高，导线电晕成为设计的主要考虑因素之一，不单因为电晕损耗及其对功率传输效率的影响，还由于电磁干扰（EMI）影响广播无线电接收，俗称无线电干扰（Radio Interference）。事实上，对于230kV以上电压等级的输电线路，电晕产生的RI成为导线设计的一个限制性因素，而电晕损耗为影响导线尺寸经济性选择的主要指标。随着500kV输电线路的广泛应用，电晕产生的电磁干扰可能会对广播电视造成干扰，也就是俗称的电视干扰（TVI）。然而，研究表明，通常在44kV及以下电压等级的配电线路上发生的间隙放电为TVI的主要来源，而非高压输电线路导线上的电晕。

本章从物理和理论两方面，阐述了输电线路导线电晕放电电磁干扰的产生和传播机理，分析了单个电晕点源产生的随机电流脉冲序列及沿导线的分布特性。同时还阐述了EMI在多导体传输线上传播的模态理论及经验和半经验计算技术。

5.1 概述

高压输电线路正常运行时，产生的电磁辐射频率范围很广，从50/60Hz的工频一直到约1GHz的超高频。这些电磁辐射可能会干扰传输线附近一些电磁装置正常工作，也可能对环境产生物理或生物影响。工频电磁场及其对环境的影响为输电线路设计中的重要考虑因素[1,2]，但这超出了本书的讨论范围，在本书中主要论述电晕放电产生的高频电磁辐射。在讨论电磁辐射的各方面及其对线路设计影响前，有必要了解电磁兼容的一些基本概念。

当今信息时代，各类电气和电子设备获得了广泛应用，如何保证这些设备在一定的电磁环境中正常运行，特别是确保不同设备之间的电磁兼容非常重要。电磁兼容研究中一些重要术语的标准定义如下[3,4]：

① 电磁环境（Electromagnetic environment）：存在于给定场所所有电磁现象的总和。

② 电磁辐射（Electromagnetic radiation）：从源辐射电磁能量的现象。

③ 电磁骚扰（Electromagnetic disturbance）：任何可能引起装置、设备或系统性能降低或对有生命或无生命物质产生损毁作用的电磁现象。

注：电磁骚扰可能为电磁噪声、无用信号或传播媒质本身的变化。

④ 电磁干扰（EMI）：由电磁骚扰引起的设备、传输通道或系统性能的降低。

⑤ 电磁兼容性（EMC）：指设备或系统在其电磁环境中符合要求运行并不对其环境中的任何设备产生无法忍受的电磁干扰的能力。

⑥ 抗扰度：指装置、设备或系统在电磁骚扰下不降低其性能的能力。

⑦ 敏感度：指装置、设备或系统在电磁骚扰下不能在不降低性能的情况下工作的能力。

输电线路导线电晕产生电磁辐射的主要频率在 3MHz 以下，主要干扰 0.535～1.605MHz 频带内调幅（AM）广播的无线电接收。这也是电晕产生的电磁辐射通常被称为"无线电噪声"或"无线电干扰"的原因。间隙放电主要由输电线路导线—雨滴电晕产生，电磁辐射频率范围在 0～1GHz，对 56～216MHz 频率范围内电视接收产生干扰，一般称为"电视干扰"（TVI）。尽管，如上文所列定义，"干扰"一词应严格用于对设备运行的影响，但传统电晕文献中使用该词来表示噪声或骚扰。因此，本书将采用通用术语电磁干扰（EMI）及特定术语无线电干扰（RI）和电视干扰（TVI）来区分噪声和干扰。

本章将分析传输线上电磁干扰的产生和传播机理，以及 RI 和 TVI 水平的计算方法，第 9 章将对测试和测量方面的问题进行阐述。无线电干扰接收机的敏感度、电磁兼容和 RI 的监管方面将在第 10 章中阐述。

5.2 电晕产生电磁干扰的物理描述

电晕放电点随机分布于输电线路导线表面。在晴好天气下，电晕放电源很少，且彼此相隔很远。然而，在雨雪等恶劣天气条件下，导线上出现了大量电晕放电源，且彼此非常接近。恶劣天气下，电晕放电的强度通常也较高。

如第 3 章所述，导线上每个电晕放电源具有不同放电模式。对于实际输电线路导线，导线表面在运行场强下，电压负半周和正半周内分别出现 Trichel 脉冲和起始流注模式。这两种电晕模式下都会产生上升时间很陡且持续时间短的电流脉冲。负电晕电流脉冲比正脉冲具有更快的上升时间和更短的持续时间，而正脉冲幅值通常比负脉冲振幅要高得多，最终使得正脉冲成为传输线 RI 的主要来源。负脉冲可能在更高的频率下作用更大，对 TVI 有很小部分的贡献。

每一次电晕放电都可视为电流源向导线中注入一系列随机的电流脉冲。注入电流脉冲可分为两个脉冲，每个脉冲的幅值为原始脉冲的一半，沿导线朝相反方向传播。传播过程中，两个方向的脉冲都会发生畸变和衰减，直到它们在离原点一定距离处变得忽略不计为止。因此，取决于线路的衰减特性，每个电晕源的影响仅有有限的观测距离。因此，在导线任意给定点处，合成电流由沿导线分布的不同源产生沿两个方向传播的脉冲组成，脉冲幅值随机变化，时间间隔随机分布。更复杂的是，多导体传输线中一根导线上的电晕源会在线路所有其余导线感应或注入电流脉冲，近距离不同相导线的存在，也会引起沿线电晕电流和相关电压的耦合电磁传播。

输电线路导线电晕放电时，高频电流和电压的产生、传播分析非常复杂，需应用高等数学相关知识。下文阐述了用于分析输电线路电晕产生电磁干扰的技术和工具。

5.3 电晕脉冲的频域分析

在数学上，对脉冲幅值和间隔随机变化的电流脉冲列的传播特性，可进行时域分析，但过程极为复杂繁琐。而在频域中分析则相对容易得多。在进行传输线电磁干扰特性传播分析和计算之前，首先需要掌握一些基本的概念和工具。

第 3 章介绍了电晕放电和间隙放电产生的电流脉冲的一般特性。尽管正负电晕及间隙放电产生脉冲参数差别很大，但电流脉冲的整体形状均类似，见图 3-16。不同脉冲形状主要参数见表 5-1。

表 5-1 电晕和间隙放电产生电流脉冲的典型参数

脉冲类型	脉冲幅值/mA	上升沿时间/ns	持续时间/ns	重复率/(Pulses/s)
正电晕	$10\sim50$	50	250	$10^3\sim5\times10^3$
负电晕	$1\sim10$	10	100	$10^4\sim10^5$
间隙放电	$500\sim2000$	1	5	$10^2\sim5\times10^3$

在时域中，类似于图 3-16 所示脉冲可用双指数[5] 表示为

$$i(t)=Ki_{p}(e^{-\alpha t}-e^{-\beta t}),\ t\geqslant0 \tag{5.1}$$

式中，i_p 为电流幅值，mA；K、α 和 β 为由波形确定的经验常数[6]。如正、负电晕放电以及间隙放电产生的典型电流脉冲为

正极性电晕： $i(t)=2.335\,i_{p}(e^{-0.01t}-e^{-0.0345t})$

负极性电晕： $i(t)=1.3\,i_{p}(e^{-0.019t}-e^{-0.285t})$

间隙放电： $i(t)=2.334\,i_{p}(e^{-0.51t}-e^{-1.76t})$ $\tag{5.2}$

式中，t 单位为 ns。

5.3.1 傅里叶分析

通过傅里叶变换，任意时域脉冲 $f(t)$ 和频域 $F(\omega)$ 可关联表示为

$$F(\omega)=\int_{-\infty}^{+\infty}f(t)e^{-j\omega t}\,dt \tag{5.3}$$

$$f(t)=\frac{1}{2\pi}\int_{-\infty}^{+\infty}F(\omega)e^{j\omega t}\,d\omega \tag{5.4}$$

式中，ω 为角频率，f 为频率，$\omega=2\pi f$。一般而言，$F(\omega)$ 为复函数。对于实函数 $f(t)$，有 $F(\omega)=F^{*}(\omega)$，其中 * 表示复共轭。这种情况下，$f(t)$ 可简化为

$$f(t)=\frac{1}{\pi}\int_{0}^{+\infty}|F(\omega)|\cos[\omega t+\alpha(\omega)]d\omega \tag{5.5}$$

式中，$|F(\omega)|$ 为幅值，$\alpha(\omega)$ 为频率 ω 时的相角。

对于由式 (5.1) 定义的电晕脉冲，采用傅里叶变换可在频域中描述为

$$F(\omega)=\int_{-\infty}^{+\infty}f(t)e^{-j\omega t}\,dt=\int_{-\infty}^{+\infty}Ki_{p}(e^{-\alpha t}-e^{-\beta t})e^{-j\omega t}\,dt$$
$$=Ki_{p}\frac{\beta-\alpha}{(\alpha+j\omega)(\beta+j\omega)} \tag{5.6}$$

频谱幅值 $|F(\omega)|$ 为

$$|F(\omega)|=Ki_{p}\frac{\beta-\alpha}{\sqrt{(\alpha^2+\omega^2)(\beta^2+\omega^2)}} \tag{5.7}$$

如图 5-1 所示，采用式 (5.7) 可计算由式 (5.2) 给出的脉冲形状，以及对应正负电晕

和间隙放电的典型电流幅值分别为 20mA、5mA 和 750mA 时的频谱。$|F(\omega)|$ 最大值出现在 $\omega=0$ 处，为脉冲幅值和持续时间的函数。从图 5-1 中可清楚地看到，在 $\omega=0$ 处，振幅为 20mA、持续时间为几百纳秒的正电晕脉冲与振幅为 750mA、持续时间仅为几纳秒的间隙放电具有相同数量级的 $|F(\omega)|$。检验式（5.7）并给出对脉冲频谱的一些附加理解。$|F(\omega)|$ 作为 ω 的函数，在不同区域变化如下：

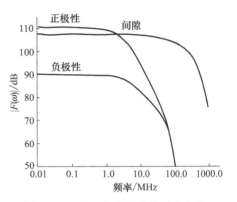

图 5-1　电晕和间隙放电脉冲的频谱

$$|F(\omega)| = Ki_p \frac{\beta-\alpha}{\alpha\beta}, \quad \omega \ll \alpha, \ \omega \ll \beta \tag{5.8}$$

$$|F(\omega)| = Ki_p \frac{\beta-\alpha}{\sqrt{2}\,\beta\omega}, \quad \omega = \alpha, \ \omega \ll \beta \tag{5.9}$$

$$|F(\omega)| = Ki_p \frac{\beta-\alpha}{\sqrt{2}\,\omega^2}, \quad \omega \gg \alpha, \ \omega = \beta \tag{5.10}$$

$$|F(\omega)| = Ki_p \frac{\beta-\alpha}{\omega^2}, \quad \omega \gg \alpha, \ \omega \gg \beta \tag{5.11}$$

式（5.8）给出的低频（包括零点）时 $|F(\omega)|$ 的值实际上等于式（5.1）给出脉冲波形在 0 至 ∞ 的区间积分。随着 ω 增加，频谱幅值始终保持在这个值，直到 $\omega \to \alpha$，然后开始下降，几乎与频率成反比，见式（5.9）。第二个临界点出现在 $\omega \to \beta$ 处，见式（5.10），幅值 $|F(\omega)|$ 开始随 ω^2 成反比减小。在高频时，振幅与 ω^2 成反比，见式（5.11）。因此，定义脉冲波形的常数 α 和 β 也定义了频谱的过渡点。

不同脉冲形状［式（5.2）］的临界频率 $f_\alpha = \alpha/(2\pi)$ 和 $f_\beta = \beta/(2\pi)$ 为

正极性电晕：$f_\alpha = 1.59\text{MHz}$；$f_\beta = 5.49\text{MHz}$

负极性电晕：$f_\alpha = 3.02\text{MHz}$；$f_\beta = 45.36\text{MHz}$

间隙放电：$f_\alpha = 81\text{MHz}$；$f_\beta = 280\text{MHz}$

低频下，如调幅广播频率，正极性电晕为主要的电磁干扰源，若存在间隙放电，其也可能成为低频下重要的电磁干扰源。由图 5-1 可知，低频下负极性电晕产生的电磁干扰比正极性电晕约低 20dB。在约 50MHz 以上，则负极性电晕产生的电磁干扰高于正极性电晕。电视干扰的主要电磁干扰源为间隙放电，而非正负极性电晕。

若电晕放电产生的为周期性脉冲，则脉冲序列的频谱可表示为[7]

$$G(\omega) = \frac{2\pi}{T} \sum_{n=-\infty}^{+\infty} F(n\omega_0)\delta(\omega - n\omega_0) \tag{5.12}$$

式中，$F(n\omega_0)$ 为单脉冲频谱；T 为周期；ω_0 为周期脉冲序列的角频率，$\omega_0 = 2\pi/T$（假定周期 T 一般大于脉冲持续时间，使得脉冲不重叠）；n 为谐波阶数；$\delta(\omega - n\omega_0)$ 为克罗内克尔（Kronecker）δ 函数，具有以下性质：$\delta(x-y)=1$，$x=y$；$\delta(x-y)=0$，$x \neq y$。需要注意的是，单脉冲产生连续频谱，而周期脉冲序列则产生离散频谱。

上述傅里叶分析在一定程度上简化了电晕脉冲序列在输电线路上的传播分析，以及产生电磁干扰的计算。然而，对于实际输电线路，电晕放电源产生的脉冲序列是随机的，而非周期性的，其脉冲幅值和脉冲间隔都是随机变量。直流电晕产生连续脉冲序列，而交流电晕产生几乎为周期性的随机脉冲序列，如图 5-2 所示。在交流电晕中，正脉冲和负脉冲产生于 T_{c+} 和 T_{c-} 区间且在交流电压的正、负峰值附近。在这两种情况下，正脉冲为主要的电磁干扰源。脉冲幅值一般呈高斯分布，脉冲间隔呈指数分布。这种随机信号一般采用功率谱密度概念来分析[7]。

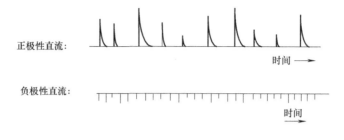

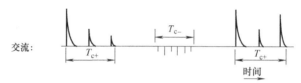

图 5-2　直流、交流电晕产生的电流脉冲序列

5.3.2　功率谱密度

对于电晕和间隙放电产生的随机信号，最适合的频域表示方法为功率密度谱，功率密度谱与信号的均方值有关，而与瞬时幅值无关。下面将解释功率密度谱的概念和一些性质。

对于随机信号 $f(t)$，信号的平均功率为

$$P = \lim_{T \to \infty} \frac{1}{T} \int_{-T/2}^{T/2} f^2(t) \mathrm{d}t \tag{5.13}$$

式（5.13）定义的 P 也对应于 $f(t)$ 的均方值，即 $\overline{f^2(t)}$。若假定 $f(t)$ 在 $|t| > T/2$ 之外被截断，则所得信号 $f_T(t)$ 的傅里叶变换为 $F_T(\omega)$。信号 $f_T(t)$ 的能量 E_T 为

$$E_T = \int_{-\infty}^{+\infty} f_T^2(t) \mathrm{d}t \tag{5.14}$$

应用 Parseval 定理，

$$E_T = \int_{-\infty}^{+\infty} f_T^2(t) \mathrm{d}t = \frac{1}{2\pi} \int_{-\infty}^{+\infty} |F_T(\omega)|^2 \mathrm{d}\omega \tag{5.15}$$

根据定义，

$$\int_{-\infty}^{+\infty} f_T^2(t) \mathrm{d}t = \int_{-T/2}^{+T/2} f^2(t) \mathrm{d}t \tag{5.16}$$

将式（5.15）和式（5.16）代入式（5.13），则平均功率为

$$P = \lim_{T \to \infty} \frac{1}{T} \int_{-T/2}^{T/2} f^2(t) \mathrm{d}t = \frac{1}{2\pi} \int \lim_{T \to \infty} \frac{|F_T(\omega)|^2}{T} \mathrm{d}\omega \tag{5.17}$$

从上式可以看出，随着 T 增加，$f_T(t)$ 的能量和 $|F_T(\omega)|^2$ 也随之增加。$T \to \infty$ 取极限，$\dfrac{|F_T(\omega)|^2}{T}$ 会逼近一个极限值。假设存在这样一个极限，则 $f(t)$ 的功率密度谱 $\Phi(\omega)$ 为

$$\Phi(\omega) = \lim_{T \to \infty} \frac{|F_T(\omega)|^2}{T} \tag{5.18}$$

信号的平均功率 P 为

$$P = \overline{f^2(t)} = \lim_{T \to \infty} \frac{1}{T} \int_{-T/2}^{T/2} f^2(t)\,\mathrm{d}t = \frac{1}{2\pi} \int_{-\infty}^{+\infty} \Phi(\omega)\,\mathrm{d}\omega = \int_{-\infty}^{+\infty} \Phi(f)\,\mathrm{d}f \tag{5.19}$$

式中，$\omega = 2\pi f$。需注意的是，由于 $|F_T(\omega)|^2 = F_T(\omega)F_T^*(\omega) = F_T(\omega)F_T(-\omega)$，$\Phi(\omega)$ 为 ω 的函数。式（5.19）可写为

$$P = \overline{f^2(t)} = \frac{1}{\pi} \int_0^{+\infty} \Phi(\omega)\,\mathrm{d}\omega = 2\int_0^{+\infty} \Phi(f)\,\mathrm{d}f \tag{5.20}$$

从式（5.18）可以看出，功率密度谱只保留了频谱 $F_T(\omega)$ 的幅值信息，而丢失了相位信息。式（5.20）中量值 $\Phi(f)$ 定义为功率谱密度，并清楚地表征了在频率 f 处信号 $f(t)$ 的平均功率。

功率密度谱的一些特性将在后续讨论中涉及，现总结如下：

① 功率谱密度为 $\Phi_i(\omega)$ 的随机信号 $f_i(t)$ 通过传递函数为 $H(\omega)$ 的线性滤波器，则输出信号的功率谱密度 $\Phi_o(\omega)$ 为

$$\Phi_o(\omega) = |H(\omega)|^2 \Phi_i(\omega) \tag{5.21}$$

② 若干随机信号 $f_1(t)$，$f_2(t)$，$\cdots$，$f_n(t)$，功率谱密度分别为 $\Phi_1(\omega)$，$\Phi_2(\omega)$，$\cdots$，$\Phi_n(\omega)$，通过传递函数为 $H(\omega)$ 的线性滤波器，输出信号功率谱密度为

$$\Phi_o(\omega) = \sum_{j=1}^{n} |H(\omega)|^2 \Phi_j(\omega) \tag{5.22}$$

③ 功率谱密度为 $\Phi_i(\omega)$ 的随机信号 $f_i(t)$ 通过具有单位增益和带宽 Δf 的理想带通滤波器，调频至 f_0，则输出信号的 rms 值（方均根值）U_{rms} 为

$$U_{\mathrm{rms}} = \sqrt{2\Phi_i(f_0)\Delta f} \tag{5.23}$$

式中，$\Phi_i(f_0)$ 为调频 f_0 处输入信号的功率谱密度。

上述③中描述的特性和式（5.23）给出了采用具有测量 rms 值功能的无线电噪声计（见第 9 章），随机信号功率谱密度的测量方法。

5.4　RI 激发函数

输电线路周围空间 RI 水平基本上取决于两个因素：①导线电晕的产生，②线路电晕电流的传播。电晕产生的适当表征极大简化了传播分析。从理论和实践的角度来看，非常有必要采用一个考虑电晕电流的随机性和脉冲特性，且仅与导线附近的空间电荷和电场分布有关，而与实际导线或线路结构无关的量来描述电晕激发量。

亚当斯（Adams）[8] 首先提出了这样一个量，并定义用于传播分析"生成密度"（Generation Density）的谱密度。随后，加里（Gary）[9] 对 Adams 的想法进行了改进，提出了激发函数（Excitaion Function）的概念，相关量可通过试验测量获得，并将其应用于实际输电线路结构的传播分析中。单导线和多导体传输线结构的激发函数推导如下。

对于如图 2-1 所示由置于地面上方的圆柱形导线构成的单导体传输线，电晕产生的电荷 ρ 在导线附近运动会在导线中产生感应电流。感应电流可采用 3.4 节中的 Shockley-Ramo 定理计算如下：

$$i = \rho \frac{C}{2\pi\varepsilon_0} \times \frac{1}{r} v_r \tag{5.24}$$

式中，C 为导线单位长电容，r 为电荷 ρ 所在点的径向距离，v_r 为其径向速度。可将式（5.24）重新整理为

$$i = \frac{C}{2\pi\epsilon_0}\left(\frac{\rho}{r}v_r\right) = \frac{C}{2\pi\epsilon_0}\Gamma \tag{5.25}$$

式（5.25）中，$\Gamma = (\rho/r)v_r$ 仅为导线周围空间电荷运动的函数。因此，导线中感应的电流基本上取决于两个因素：

① 仅取决于导线的结构的导线电容；

② 仅取决于导线周围空间的电场分布的空间电荷在导线周围空间的密度分布和运动特性。

式（5.25）中的 Γ 项定义为激发函数。研究 RI 激发量时，i 为导线中感应的随机电流脉冲序列，或为频域中给定频率下电流的 rms 值，可由无线电噪声计据式（5.23）测量得到。因此，激发函数 Γ 也可表示为谱密度形式。采用 RI 激发函数概念的主要优点为其独立于导线或线路的几何结构。因此，Γ 可在简单的几何结构（例如同轴圆柱试验笼）中测量，并用于预测实际传输线结构下的 RI 效应。

多导线结构下，如图 2-2 所示，k 号导线附近产生的电晕放电不仅在 k 号导线中产生感应电流，而且在所有其余导线中也会产生感应电流。利用 Shockley-Ramo 定理可计算导线 k 附近电晕产生的感应电流。设定 $U_k = 1.0$，$U_j = 0$，$j \neq k$，导线电荷密度为

$$\begin{bmatrix} q_1 \\ q_2 \\ \vdots \\ q_k \\ \vdots \\ q_n \end{bmatrix} = \begin{bmatrix} C_{11} & C_{12} & \cdots & C_{1k} & \cdots & C_{1n} \\ C_{21} & C_{22} & \cdots & C_{2k} & \cdots & C_{2n} \\ \vdots & \vdots & \vdots & \vdots & \vdots & \vdots \\ C_{k1} & C_{k2} & \cdots & C_{kk} & \cdots & C_{kn} \\ \vdots & \vdots & \vdots & \vdots & \vdots & \vdots \\ C_{n1} & C_{n2} & \cdots & C_{nk} & \cdots & C_{nn} \end{bmatrix} \begin{bmatrix} 0 \\ 0 \\ \vdots \\ 1.0 \\ \vdots \\ 0 \end{bmatrix} \tag{5.26}$$

式中，C_{jk} 为 j 号和 k 号导线间的部分电容。从式（5.26）可知

$$q_j = C_{jk}, \quad j = 1, 2, \cdots, n \tag{5.27}$$

k 号导线电晕产生的电荷为 ρ，导线 k 表面即径向距离 r 处的电场为

$$E(r) \approx \frac{q_k}{2\pi\epsilon_0} \times \frac{1}{r} = \frac{C_{kk}}{2\pi\epsilon_0} \times \frac{1}{r}$$

上述计算 $E(r)$ 时，忽略了除 k 号导线以外其余导线电荷的影响。如果电荷 ρ 以径向速度 v_r 运动，导线 k 中感应的电流为

$$i_k = E(r)\rho v_r = \frac{C_{kk}}{2\pi\epsilon_0} \times \frac{\rho}{r}v_r$$

$\frac{\rho}{r}v_r$ 为 k 号导线电晕产生的激发函数 Γ_k。因此

$$i_k = \frac{C_{kk}}{2\pi\epsilon_0}\Gamma_k \tag{5.28}$$

类似的，k 号导线电晕在 j 号导线中产生的感应电流为

$$i_j = \frac{C_{kj}}{2\pi\epsilon_0}\Gamma_k \tag{5.29}$$

将式（5.28）和式（5.29）进一步推广为

$$i = \frac{1}{2\pi\varepsilon_0}\boldsymbol{C}^{\mathrm{T}}\boldsymbol{\Gamma}$$

式中，i 为线路 n 根导线中感应电流列向量，$\boldsymbol{C}^{\mathrm{T}}$ 为线路电容转置矩阵，$\boldsymbol{\Gamma}$ 为激发函数列向量。由于 $\boldsymbol{C}^{\mathrm{T}}=\boldsymbol{C}$，因此

$$i = \frac{1}{2\pi\varepsilon_0}\boldsymbol{C}\boldsymbol{\Gamma} \tag{5.30}$$

RI 传播分析通常考虑某时刻某一根导线的电晕，即 $\Gamma_j = \Gamma_k$，$j = k$；$\Gamma_j = 0$，$j \neq k$。

5.5　传播分析

传播分析为计算由于导线电晕放电产生的沿线路各点的电流和电压，最终计算线路周围空间产生的电场和磁场。如 1.4 节所述，可对传输线进行电磁建模。在所有模态中电晕产生均可用激发函数表示，且在大多数情况下，在频域中传播分析可采用传输线模型 [式 (1.22) 和式 (1.23)]。也可直接采用麦克斯韦方程进行更严格地分析，本节后面将论述。

在阐述单导体线路的传播分析后，本节采用简化的传输线模型概述了多导体线路的模态分析。最后，讨论了基于传输线模型和麦克斯韦方程的更精确方法。

5.5.1　单导线

对于无限长单导体传输线，每单位长度均匀注入电晕电流 J。对于元长度线路，等效电路见图 5-3。图中给出的电压和电流，满足如下微分方程，

$$\frac{\mathrm{d}V}{\mathrm{d}x} = -zI \tag{5.31}$$

$$\frac{\mathrm{d}I}{\mathrm{d}x} = -yV + J \tag{5.32}$$

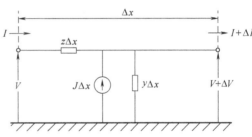

图 5-3　元长度线路等效电路

由于注入电晕电流 J 以脉冲序列形式存在，I 和 V 为给定频率下的 rms 值。z 和 y 分别为同频率下单位长度线路的串联阻抗和并联导纳。由传输线理论可知，$Z_c = \sqrt{z/y}$ 为线路特性阻抗，$\gamma = \sqrt{zy} = \alpha + \mathrm{j}\beta$ 为线路传播常数，α 为衰减常数，Np/m；β 为相位常数，rad/m。通常更多采用 dB 表示 α。如信号 S_0 经过距离 x 后衰减为 S，则

$$S = S_0 \mathrm{e}^{-\alpha x} \quad \text{或} \quad \alpha = \frac{1}{x}\ln\frac{S_0}{S} \tag{5.33}$$

在式 (5.33) 中，α 的单位为 Np/m。α 也可用 dB 表示为

$$\alpha = \frac{1}{x}20\lg\frac{S_0}{S}$$

而

$$20\lg\frac{S_0}{S} = 20\lg\mathrm{e}^\alpha = \alpha \times 20\lg\mathrm{e} = 8.69\alpha$$

因此

$$\alpha(\text{dB/m}) = 8.69\alpha(\text{Np/m}) \tag{5.34}$$

线路串联阻抗包括电阻和感抗，为 $z = r + j\omega L$，其中 r 和 L 分别为单位长线路电阻和电感，ω 为电压和电流角频率。r 和 L 值取决于导线、地面和传输线任意地线中电流的模态。本节后续将对这些内容进行更详细地讨论。并联导纳表示为 $y = G + j\omega C$，其中 G 和 C 分别为单位长线路电导和电容。只有当绝缘空气中或绝缘子表面出现泄漏电流时才会出现电导项 G，然而，在实际传输线上，两者均可忽略不计，可假定 $G = 0$。此外，对于实际输电线路，$r \ll \omega L$。因此，线路的特性阻抗为

$$Z_c = \sqrt{\frac{z}{y}} = \sqrt{\frac{r + j\omega L}{j\omega C}} \approx \sqrt{\frac{L}{C}} \tag{5.35}$$

电磁能量传播速度为

$$v = \sqrt{\frac{1}{zy}} \approx \sqrt{\frac{1}{LC}} \tag{5.36}$$

传播常数 γ 为

$$\gamma = \alpha + j\beta = \sqrt{zy} = \sqrt{(r + j\omega L)j\omega C} \approx \frac{r}{2Z_c} + j\frac{\omega}{v}$$

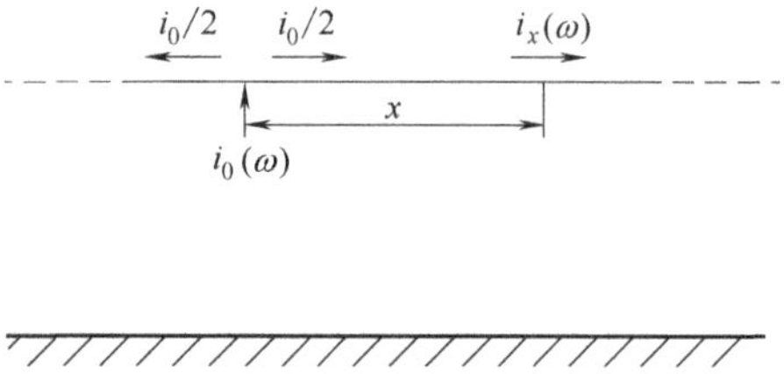

因此

$$\alpha = \frac{r}{2Z_c}, \quad \beta = \frac{\omega}{v} \tag{5.37}$$

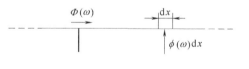

图 5-4　线路电晕电流的注入和传播

如图 5-4 所示，假定该线路在两侧无限延伸至无穷远，在传输线的特定等分点注入角频率 ω 的正弦电流 $i_0(\omega)$，并朝两个相反方向传播。则距离注入点两侧 x 处的电流 $i_x(\omega)$ 为

$$i_x(\omega) = \frac{1}{2}i_0(\omega)e^{-\gamma x} \tag{5.38}$$

因此，可定义传递函数 $g(x, \omega)$ 为

$$g(x,\omega) = \frac{i_x(\omega)}{i_0(\omega)} = \frac{1}{2}e^{-\gamma x} \tag{5.39}$$

由于注入电晕电流的随机性，均匀电晕产生的电流注入可用每单位长度谱密度 $\phi_o(\omega)$ 来表示。参考图 5-5，在 x 处注入 $\phi_o(\omega)dx$ 则在观测点 O 处产生的电流谱密度为

$$\Delta\Phi(\omega) = |g(x,\omega)|^2\phi_o(\omega)dx = \frac{1}{4}e^{-2\alpha x}\phi_o(\omega)dx \tag{5.40}$$

图 5-5　注入电晕电流谱密度

对整条线路长度上进行积分可得，流入 O 点的总电流谱密度 $\Phi(\omega)$ 为

$$\Phi(\omega) = \frac{\phi_o(\omega)}{4}\int_{-\infty}^{+\infty}e^{-2\alpha x}dx = \frac{\phi_o(\omega)}{2}\int_{0}^{+\infty}e^{-2\alpha x}dx = \frac{\phi_o(\omega)}{4\alpha} \tag{5.41}$$

对比式 (5.23)，则式 (5.41) 可用无线电噪声计测量电流 I 和 J 相应 rms 值表示为

$$I = \frac{J}{2\sqrt{\alpha}} \tag{5.42}$$

式（5.42）为式（5.31）和式（5.32）的解。上述结果虽然看起来简单，但对分析多导体传输线 RI 传播非常重要，这将在后面进行讨论。应注意的是，在式（5.40）和式（5.41）中，电流谱密度单位为 A^2/m（单位长导线电流的平方）。因此，注入电流 J 单位为 $A/m^{1/2}$，导线电流 I 单位为 A。在分析实际输电线路的 RI 时，J 和激发函数 Γ 常用单位 $\mu A/m^{1/2}$ 表示，即电流 I 常用单位为 μA。严格讲，采用无线电噪声计测量的激发函数 Γ 应考虑带宽，根据式（5.23）其单位应为 $\mu A/(m^{1/2} \cdot Hz^{1/2})$。然而，通常做法是指定所采用无线电接收机的类型，而非在 Γ 的单位中包含带宽。I、J 和 Γ 这三个量也常用单位 dB 表示，对任意通用参数 A 定义为

$$A = 20 \lg \frac{A}{A_r}$$

式中，A_r 为参考基准值。因此，J 和 Γ 参考值为 $1\mu A/m^{1/2}$，而 I 参考值为 $1\mu A$。

单导体传输线 RI 传播分析的最后一步为根据式（5.42）中获得的电流计算地面上方的电场和磁场分量，参考图 5-6，假定大地为理想导体，采用安培定律可计算得到地面 P 点磁场为

$$H_x = \frac{I}{2\pi} \times \frac{2h}{h^2 + x^2} \qquad (5.43)$$

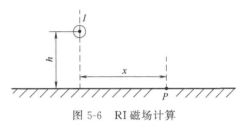

图 5-6　RI 磁场计算

式中，h 为导线对地高度。假设波传播为准 TEM 模式，如 1.4 节所述，则对应电场为 $E_y = Z_0 H_x$，Z_0 为自由空间波阻抗，$Z_0 = \sqrt{\mu_0/\varepsilon_0} = 374.7 \approx 120\pi$。电场为

$$E_y = 60 I \frac{2h}{h^2 + x^2} \qquad (5.44)$$

RI 电场 E_y 以 $\mu V/m$ 或 dB（参考 $1\mu V/m$）为单位。上述计算方法的精度取决于两个因素：①衰减常数 α 值的精度，②波传播准 TEM 模式假设的有效性，即采用式 $E_y = Z_0 H_x$ 的有效性。为准确测定 α，必须考虑到所有损耗，包括导线集肤效应和有限电导率的大地损耗。准 TEM 波假设为利用传输线模型进行传播分析的固有假设，而采用麦克斯韦场方程直接进行求解分析则可消除该假设。

5.5.2　多导体传输线：简化分析

由于涉及式（5.31）和式（5.32）中耦合微分方程组求解，实际多导体传输线的传播分析非常复杂。方程组数等于传输线上导线数。矩阵方法[10] 和自然模态理论[11] 常用于获得解耦方程组。为便于理解多导体传输线传播分析，附录 5A 简要回顾了向量、矩阵算子及矩阵算子的模态分解。

一种简化多导体传输线的传播分析方法，假设如下：

① 电晕产生的谱密度沿线路均匀分布，每根导线的谱密度幅值可能都不相同；

② 利用无损传输线模型和自然模态理论，已知 RI 激发函数计算不同导线中电晕电流注入分量；

③ 引入损耗衰减来计算导线中的电流分量；

④ 大地为理想导体情况下，计算地面磁场，波为准 TEM 模式传播，得到相应的电场。

类似式（5.31）和式（5.32），多导体传输线 RI 的传播，包括线路电晕产生，可写为

矩阵的形式，

$$\frac{\mathrm{d}}{\mathrm{d}x}\boldsymbol{V}=-z\boldsymbol{I} \tag{5.45}$$

$$\frac{\mathrm{d}}{\mathrm{d}x}\boldsymbol{I}=-y\boldsymbol{V}+\boldsymbol{J} \tag{5.46}$$

式中，$\boldsymbol{V}$、$\boldsymbol{I}$ 为线路任意点 x 处的电压和电流列向量，$\boldsymbol{J}$ 为注入导线电晕电流密度列向量，z 和 y 为单位长线路串联阻抗和并联导纳方阵。阻抗和导纳方阵包含固有项和互有项。式（5.45）和式（5.46）为 n 导体传输线上电压和电流的 n 组方程。由于导线间电感和电容的耦合，使得方程组也是耦合的，因此，直接求解这些方程比较困难。

自然模态理论，通常也称为模态分析，可用于对式（5.45）和式（5.46）化简解耦为多个非耦合的方程组，对应于每个方程组都可采用上述单导线方法求解。由于在分析的第一步假定为无损传输线，因此阻抗矩阵和导纳矩阵都由无功元件组成，可采用实矩阵而非复矩阵进行分析。为简化分析，用 $\boldsymbol{G}$ 表示线路"几何矩阵"，元素定义为

$$g_{ii}=\ln\frac{2h_i}{r_i}\,;\ i=1,2,\cdots,n\,;\ g_{ij}=\ln\frac{D_{ij}}{d_{ij}}\,;\ i\neq j \tag{5.47}$$

式中，h_i 为第 i 根导线对地高度，r_i 为第 i 根导线半径，D_{ij} 为第 i 根导线与第 j 根镜像导线间的距离，d_{ij} 为第 i 根导线与第 j 根导线间的距离。因此，阻抗和导纳矩阵可写为

$$z=\omega L=\frac{\omega\mu_0}{2\pi}\boldsymbol{G} \tag{5.48}$$

$$y=\omega C=\omega\times2\pi\varepsilon_0\boldsymbol{G}^{-1} \tag{5.49}$$

式中，ω 为电压和电流角频率，$\boldsymbol{L}$ 和 $\boldsymbol{C}$ 分别为线路的电感和电容矩阵。另外，由式（5.30）可得

$$\boldsymbol{J}=\frac{1}{2\pi\varepsilon_0}\boldsymbol{C}\boldsymbol{\Gamma}=\boldsymbol{G}^{-1}\boldsymbol{\Gamma} \tag{5.50}$$

式中，$\boldsymbol{\Gamma}$ 为多导线激发函数列向量。

对于交流输电线路，由 5.3 节分析的正负电晕脉冲特性差异性可知，正半周期内电晕放电为 RI 的主要来源。并且，正电晕产生的 RI 并非同时出现在线路所有导线上，而是某一时刻仅出现在一相导线，且彼此相隔几毫秒。因此，对仅由一个非零输入 Γ_i 的激发函数列向量 $\boldsymbol{\Gamma}$ 进行传播分析，i 为发生电晕的导线。对线路各相导线进行电晕分析后，将分析结果进行适当组合，可得到线路的整体 RI 效应。将式（5.48）～式（5.50）代入式（5.45）和式（5.46），可得

$$\frac{\mathrm{d}}{\mathrm{d}x}\boldsymbol{V}=-\frac{\omega\mu_0}{2\pi}\boldsymbol{G}\boldsymbol{I} \tag{5.51}$$

$$\frac{\mathrm{d}}{\mathrm{d}x}\boldsymbol{I}=-\omega2\pi\varepsilon_0\boldsymbol{G}^{-1}\boldsymbol{V}+\boldsymbol{G}^{-1}\boldsymbol{\Gamma} \tag{5.52}$$

可通过模态变换将式（5.51）和式（5.52）中的 n 个耦合微分方程转换为非耦合方程，并可类似于上述单导线情况进行求解分析。假定 $\boldsymbol{M}$ 为 $\boldsymbol{G}$ 的模态变换矩阵，即

$$\boldsymbol{M}^{-1}\boldsymbol{G}\boldsymbol{M}=\boldsymbol{\lambda}_{\mathrm{d}},\boldsymbol{M}^{-1}\boldsymbol{G}^{-1}\boldsymbol{M}=\boldsymbol{\lambda}_{\mathrm{d}}^{-1} \tag{5.53}$$

式中，$\boldsymbol{\lambda}_{\mathrm{d}}$ 为 $\boldsymbol{G}$ 的对角谱矩阵，即该矩阵的对角线元素为 $\boldsymbol{G}$ 的特征值。电压、电流和激发函数的模态分量可由矩阵 $\boldsymbol{M}$ 定义如下：

$$\boldsymbol{V}=\boldsymbol{M}\boldsymbol{V}^{\mathrm{m}} \tag{5.54}$$

$$I=MI^{\mathrm{m}} \tag{5.55}$$

$$J=MJ^{\mathrm{m}} \tag{5.56}$$

$$\Gamma=M\Gamma^{\mathrm{m}} \tag{5.57}$$

此时对上面定义的模态转换应该有一个清晰的物理概念。例如，对于电流 I 列向量，I_1、I_2、…、I_n 分别为线路 n 根导线中的电流。列向量 I^{m} 为 n 个虚构模态分量 I_1^{m}、I_2^{m}、…、I_n^{m}，有点类似于三相电路分析中使用的对称分量。其中每个模态分量 I_j^{m}，$j=1$，2，…，n，在线路所有 n 根导线中流动，其幅值可由矩阵 M 的第 j 列或第 j 个特征向量得到（见附录 5A）。换言之，因模态 j 所有导线中的电流分别为 $M_{1j}I_j^{\mathrm{m}}$、$M_{2j}I_j^{\mathrm{m}}$、…、$M_{nj}I_j^{\mathrm{m}}$。同样，在导线 k 中总电流为流过导线 k 的所有模态分量和。因此，电流 $I_k=M_{k1}I_1^{\mathrm{m}}+M_{k2}I_2^{\mathrm{m}}+\cdots+M_{kn}I_n^{\mathrm{m}}$。同样的定义也适用于电压 V、注入电流 J 和激发函数 Γ。

将式（5.54）～式（5.57）及式（5.50）代入式（5.51）和式（5.52），可得

$$\frac{\mathrm{d}}{\mathrm{d}x}MV^{\mathrm{m}}=-\frac{\omega\mu_0}{2\pi}GMI^{\mathrm{m}} \tag{5.58}$$

$$\frac{\mathrm{d}}{\mathrm{d}x}MI^{\mathrm{m}}=-\omega2\pi\varepsilon_0 G^{-1}MV^{\mathrm{m}}+G^{-1}M\Gamma^{\mathrm{m}} \tag{5.59}$$

将上式重新整理可得

$$\frac{\mathrm{d}}{\mathrm{d}x}V^{\mathrm{m}}=-\frac{\omega\mu_0}{2\pi}M^{-1}GMI^{\mathrm{m}} \tag{5.60}$$

$$\frac{\mathrm{d}}{\mathrm{d}x}I^{\mathrm{m}}=-\omega2\pi\varepsilon_0 M^{-1}G^{-1}MV^{\mathrm{m}}+M^{-1}G^{-1}M\Gamma^{\mathrm{m}} \tag{5.61}$$

利用式（5.53），上式可简化为

$$\frac{\mathrm{d}}{\mathrm{d}x}V^{\mathrm{m}}=-\frac{\omega\mu_0}{2\pi}\lambda_{\mathrm{d}}I^{\mathrm{m}} \tag{5.62}$$

$$\frac{\mathrm{d}}{\mathrm{d}x}I^{\mathrm{m}}=-\omega2\pi\varepsilon_0\lambda_{\mathrm{d}}^{-1}V^{\mathrm{m}}+\lambda_{\mathrm{d}}^{-1}\Gamma^{\mathrm{m}} \tag{5.63}$$

由于 λ_{d} 和 $\lambda_{\mathrm{d}}^{-1}$ 为对角阵，式（5.62）和式（5.63）表示 n 组非耦合微分方程。上述模态分析将 n 导体传输线转换为 n 根独立的等效"单导体"传输线，在数学上，式（5.62）和式（5.63）与式（5.31）和式（5.32）相似，主要区别在于式（5.62）和式（5.63）中每种模式下等效"单导体"实际上包括了线路所有 n 根导线的叠加。换言之，由本节阐述的本征向量 G 可知，每种模态的电压和电流分布在 n 根导线中，导线间无相互耦合，特定模态的电压和电流传播为所有导线一致作用。

每种传播模式都有单独的特征阻抗值。由于在简化分析中忽略了 z 的电阻分量，所有模态的传播速度均相同，$v=1/\sqrt{\mu_0\varepsilon_0}$。采用更精确的分析方法时，$z$ 中含电阻分量会使得不同模态下的传播速度不同。将式（5.62）和式（5.63）与式（5.31）和式（5.32）比较，可得线路的模态特性阻抗矩阵为

$$z_{\mathrm{c}}^{\mathrm{m}}=\sqrt{\frac{\omega\mu_0}{2\pi}\times\frac{1}{2\pi\omega\varepsilon_0}}\lambda_{\mathrm{d}}=\frac{1}{2\pi}\sqrt{\frac{\mu_0}{\varepsilon_0}}\lambda_{\mathrm{d}}=60\lambda_{\mathrm{d}} \tag{5.64}$$

给定激发函数 Γ 的值，利用式（5.50）和式（5.57）可计算电晕电流注入的模态分量为

$$J^{\mathrm{m}}=M^{-1}G^{-1}\Gamma \tag{5.65}$$

对比式（5.42），可得导线中电流的模态分量为

$$\boldsymbol{I}^{\mathrm{m}} = \begin{bmatrix} J_1^{\mathrm{m}}/(2\sqrt{\alpha_1}) \\ J_2^{\mathrm{m}}/(2\sqrt{\alpha_2}) \\ \vdots \\ J_n^{\mathrm{m}}/(2\sqrt{\alpha_n}) \end{bmatrix} \tag{5.66}$$

式中，α_1，α_2，$\cdots$，α_n 为模态衰减常数。本节后续将阐述确定这些常数的方法。

上述计算的每个模态电流分量流入线路所有的 n 根导线。如由式（5.55）计算对应模态 k 线路中所有导线中的电流为

$$\begin{bmatrix} I_{1k} \\ I_{2k} \\ \vdots \\ I_{nk} \end{bmatrix} = \begin{bmatrix} M_{1k} \\ M_{2k} \\ \vdots \\ M_{nk} \end{bmatrix} I_k^{\mathrm{m}} \tag{5.67}$$

已知对应任意模态 k 线路中所有导线电流，类比式（5.43），参考沿地面 x 轴和任意 y 轴，可计算地面上任一点 $P(x, 0)$ 磁场对应水平分量为

$$H_k^{\mathrm{m}}(x) = \sum_{i=1}^n F_i(x) I_{ik} \tag{5.68}$$

式中，I_{ik} 为式（5.67）计算得到的电流，$F_i(x)$ 为每根导线的场系数。假设大地为理想导体，可由安培定律得到场因子为

$$F_i(x) = \frac{1}{2\pi} \times \frac{2y_i}{y_i^2 + (x_i - x)^2} \tag{5.69}$$

式中，(x_i, y_i) 为第 i 根导线坐标。假定准 TEM 模式传播，相应电场垂直分量为

$$E_k^{\mathrm{m}}(x) = Z_0 H_k^{\mathrm{m}}(x) \tag{5.70}$$

式中，自由空间波阻抗为 $Z_0 = 120\pi$。

获得每个模态下 P 处的电场分量后，则所有模态下的合成电场为

$$E(x) = \left\{ \sum_{i=1}^n \left[E_i^{\mathrm{m}}(x) \right]^2 \right\}^{\frac{1}{2}} \tag{5.71}$$

由于假定所有模态的传播速度相等，即模态电流彼此同相，因此式（5.71）中模态分量 rms 值可以相加。

采用式（5.65）～式（5.71），可对线路各相导线上的电晕进行计算。在计算获得由每根导线电晕在 P 点产生的电场分量后，最后将这些分量叠加，求解线路所有相导线上由于电晕产生的 RI 场。当然，分量的叠加方法取决于所采用的 RI 测量仪器的性质。第 9 章将阐述 RI 测量仪器及方法。若仪器测量 rms 值，则不同导线电晕产生场分量的谱密度可直接相加，此时，最终的场值为场分量 rms 值的和。然而，若仪器测量准峰（QP）值，可对分量采用 CISPR 加法[12]，在这种方法中，如果某相产生的最高场分量比其他相高出 3dB 以上，则总场等于该相产生的最高场分量，否则，则为

$$E_{\mathrm{t}} = \left(\frac{E_1 + E_2}{2} \right) + 1.5 \tag{5.72}$$

式中，E_t 为总场，E_1 和 E_2 分别对应第一和第二高的相分量。

5.5.3 带地线的输电线路

输电线路通常采用架空接地线，以防直击雷。通常用一根或两根地线，按图 1-1 和图 1-2 所示对称架设于相导线上方，并与塔架结构进行电气连接。在上述模态传播分析中，存在地线时可将地线看作与其他导线类似正常考虑。除矩阵阶数增加一阶或两阶外，由于和塔结构电气连接，存在接地线会使分析复杂化。为此，采用以下数学技术来保持矩阵的阶数等于导线的总数，计算等效阻抗和导纳矩阵。

若传输线由 n_c 根导线和 n_g 根地线组成，则流入导线的电流和电压可通过特性阻抗矩阵关联，表示为

$$\begin{bmatrix} Z_{cc} & \cdots & Z_{cg} \\ \vdots & \vdots & \vdots \\ Z_{gc} & \cdots & Z_{gg} \end{bmatrix} \begin{bmatrix} I_c \\ \vdots \\ I_g \end{bmatrix} = \begin{bmatrix} V_c \\ \vdots \\ 0 \end{bmatrix} \tag{5.73}$$

式中，$\boldsymbol{Z}_{cc}$ 和 $\boldsymbol{Z}_{gg}$ 分别对应为导线组和地线组的阻抗子矩阵，$\boldsymbol{Z}_{cg}$ 和 $\boldsymbol{Z}_{gc}$ 分别对应导线和地线间互阻抗的子矩阵，$\boldsymbol{I}_c$ 和 $\boldsymbol{I}_g$ 为导线和地线电流的列向量，$\boldsymbol{V}_c$ 为导线电压的列向量。假定地线电压为零，由式（5.73）可得以下两个联立矩阵方程，

$$\boldsymbol{Z}_{cc} \boldsymbol{I}_c + \boldsymbol{Z}_{cg} \boldsymbol{I}_g = \boldsymbol{V}_c \tag{5.74}$$

$$\boldsymbol{Z}_{gc} \boldsymbol{I}_c + \boldsymbol{Z}_{gg} \boldsymbol{I}_g = 0 \tag{5.75}$$

式（5.75）中，$\boldsymbol{I}_g$ 可用 $\boldsymbol{I}_c$ 表示为

$$\boldsymbol{I}_g = -\boldsymbol{Z}_{gg}^{-1} \boldsymbol{Z}_{gc} \boldsymbol{I}_c \tag{5.76}$$

将式（5.76）代入式（5.74）可得

$$(\boldsymbol{Z}_{cc} - \boldsymbol{Z}_{cg} \boldsymbol{Z}_{gg}^{-1} \boldsymbol{Z}_{gc}) \boldsymbol{I}_c = \boldsymbol{V}_c \tag{5.77}$$

可以看出，尽管式（5.73）包含了 $n_c + n_g$ 个联立方程，但式（5.77）仅简化为 n_c 个方程。简化系统的等效阻抗矩阵为

$$\boldsymbol{Z}_{eq} = (\boldsymbol{Z}_{cc} - \boldsymbol{Z}_{cg} \boldsymbol{Z}_{gg}^{-1} \boldsymbol{Z}_{gc}) \tag{5.78}$$

假定导纳矩阵仅由容电组成，因此可采用类似方法将其降为 n_c 阶。对于无损传输线，简化矩阵 $\boldsymbol{G}$ 可用于计算 z 和 y 矩阵。

5.5.4 模态衰减常数

由式（5.66），模态衰减常数 α_1，α_2，$\cdots$，α_n 主要用于计算注入电晕电流 J_m 时导线电流 I_m。若分析有损传输线模型，包括复阻抗矩阵、复导纳矩阵和复模态变换矩阵，可自动计算衰减常数。这种严格分析将在本节后续阐述。然而，对于我们提出的简化分析，衰减常数可分别通过计算或测量得到。

由于传输线有损耗，电磁波传播时会产生一定的衰减。事实上，对于单导体线路，由于导线电阻产生损耗，可利用式（5.37）计算得到衰减常数。然而，对于实际的多导体传输线，损耗的计算则比较复杂，目前认为主要有三个产生损耗的源：

① 电流在导线电阻材料中产生的损耗；

② 电流流入地线产生的损耗，这是由于地线材料的电阻率和磁导率通常比相导线高；

③ 电流流入大地产生的损耗，通常由电阻率、磁导率和介电常数变化的均匀或非均匀

材料层组成。

因此，任何特定传播模态下的衰减常数 α_i，$i=1$，2，$\cdots$，n，主要由三个分量构成，

$$\alpha_i = \alpha_{ci} + \alpha_{gwi} + \alpha_{gi} \tag{5.79}$$

式中，α_{ci}、α_{gwi} 和 α_{gi} 分别为 i 模态下导线、接地线和大地损耗引起的衰减常数。基于一些简化假设，文献 [13-15] 中给出了计算这三种不同分量的方法，为

$$\alpha_{ci} = \frac{1}{4\pi nr Z_{ci}} \sqrt{\frac{\mu_c \pi f}{\sigma_c}} \tag{5.80}$$

式中，n 为分裂数，r 为子导线半径，Z_{ci} 为模态 i 的特性阻抗，f 为频率，μ_c 和 σ_c 为导线材料的磁导率和电导率。一般 $\mu_c = \mu_0$。

$$\alpha_{gwi} = \frac{R_g}{2Z_{ci}} \sum_{i=1}^{n_g} I_{gi}^2 \tag{5.81}$$

式中，R_g 为频率 f 时地线电阻，n_g 为地线数量，I_{gi} 为采用式（5.76）计算得到的地线电流。

$$\alpha_{gi} = \frac{1}{2Z_{ci}} \sqrt{\frac{\mu \pi f}{\sigma_s}} \int_{-\infty}^{+\infty} [H_i^m(x)]^2 \mathrm{d}x \tag{5.82}$$

式中，σ_s 为大地材料的电导率，假定处处均匀，$H_i^m(x)$ 是由式（5.68）给出的模态 i 产生沿地面分布的磁场分量。

显然，衰减常数近似计算依然非常复杂。法国、美国和加拿大研究人员对衰减常数的大量测量与上述计算结果吻合较好。测量也表明，衰减常数在不同的线路结构下没有明显的变化。文献 [14] 中给出了一种简单计算模态衰减常数的经验方法。表 5-2 给出了三相水平和三角形线路结构下衰减常数的平均值，适用于地面电阻率 $\rho_0 = 100\Omega \cdot \mathrm{m}$、频率 $f_0 = 0.5\mathrm{MHz}$。对与 ρ 和 f 的其他值，常采用因子 $(\rho/\rho_0)^{0.5}$ 和 $(f/f_0)^{0.8}$ 对衰减常数 α（Np/m）值进行校正。

表 5-2　单回输电线路的平均模态衰减常数 $\rho_0 = 100\Omega \cdot \mathrm{m}$；$f_0 = 0.5\mathrm{MHz}$（[14]-表 1，1972ⓒIEEE）

模态号	线路结构			
	水平		三角形	
	$\alpha/(\mathrm{dB/km})$	$\alpha/(\mathrm{Np/m})$	$\alpha/(\mathrm{dB/km})$	$\alpha/(\mathrm{Np/m})$
1	0.1	11.1×10^{-6}	0.2	21.5×10^{-6}
2	0.5	54×10^{-6}	0.2	21.5×10^{-6}
3	3	342×10^{-6}	3	342×10^{-6}

5.5.5　多导体传输线：更精确方法

对于实际输电线路，上述多导体传输线传播分析简化方法并不是总能和 RI 测量结果吻合较好，尤其在距离线路较远处 RI 横向分布曲线计算和测量结果严重不符。导致差异较大的原因可能为采用了假设：①磁场计算中假设大地为理想导体；②准 TEM 模式传播。

采用传输线理论，可提出一种多导体传输线瞬态和高频电压、电流传播的精确分析方法，并考虑了导线的复串联阻抗，包括任何电流流入有限电阻率值的大地。基于复矩阵算子的模态分析，文献 [16-18] 给出了几种评估输电线路 RI 效应的方法。文献 [18] 给出的方

法在下文中进行阐述。

在给定频率下多导体传输线电压和电流的传播，包括导线产生电晕，满足式（5.45）和式（5.46），重复如下：

$$\frac{\mathrm{d}}{\mathrm{d}x}V = -zI$$

$$\frac{\mathrm{d}}{\mathrm{d}x}I = -yV + J$$

整理获得以下关于电压和电流传播的微分方程：

$$\frac{\mathrm{d}^2 V}{\mathrm{d}x^2} = zyV \tag{5.83}$$

$$\frac{\mathrm{d}^2 I}{\mathrm{d}x^2} = yzI \tag{5.84}$$

式（5.83）和式（5.84）给出了 n 组耦合微分方程，通常采用自然模态理论进行求解。与前面小节中阐述的无损传输线的情况不同，一般情况有损传输线 $zy \neq yz$，需要定义各自单独的模态变换矩阵 M 和 N，以便用模态分量 V^{m} 和 I^{m} 来表示电压和电流

$$V = MV^{\mathrm{m}} \tag{5.85}$$

$$I = NI^{\mathrm{m}} \tag{5.86}$$

将式（5.85）和式（5.86）代入式（5.83）和式（5.84），可用模态分量表示传播方程为

$$\frac{\mathrm{d}^2 V^{\mathrm{m}}}{\mathrm{d}x^2} = M^{-1}zyMV^{\mathrm{m}} \tag{5.87}$$

$$\frac{\mathrm{d}^2 I^{\mathrm{m}}}{\mathrm{d}x^2} = N^{-1}yzNI^{\mathrm{m}} \tag{5.88}$$

式（5.87）和式（5.88）为 n 组非耦合微分方程条件为

$$M^{-1}zyMV^{\mathrm{m}} = P_{\mathrm{d}}^{\mathrm{m}} \tag{5.89}$$

$$N^{-1}yzNI^{\mathrm{m}} = Q_{\mathrm{d}}^{\mathrm{m}} \tag{5.90}$$

式中，$P_{\mathrm{d}}^{\mathrm{m}}$ 和 $Q_{\mathrm{d}}^{\mathrm{m}}$ 为对角矩阵。

虽然模态变换矩阵不同，但可证明 $P_{\mathrm{d}}^{\mathrm{m}}$ 和 $Q_{\mathrm{d}}^{\mathrm{m}}$ 相同，为

$$P_{\mathrm{d}}^{\mathrm{m}} = Q_{\mathrm{d}}^{\mathrm{m}} = \gamma_{\mathrm{d}}^2 \tag{5.91}$$

式中，γ_{d} 为模态传播常数的对角矩阵。每个模态传播常数 γ_i 都可用衰减常数 α_i 和相位常数 β_i 表示，如在单导体线路的情况下，为

$$\gamma_i = \alpha_i + \mathrm{j}\beta_i \tag{5.92}$$

结果表明，在某特定模态下电压和电流以相同的速度传播，衰减也相同，尽管不同的模态具有不同的传播速度及不同的衰减。模态转播由模态特性阻抗矩阵定义为

$$Z_{\mathrm{cd}}^{\mathrm{m}} = \gamma_{\mathrm{d}}^{-1}M^{-1}zN \tag{5.93}$$

下一步分析在给定 RI 激发函数下，计算线路上所有导线中的电流。作为简化分析，某个时刻电晕仅发生在一相导线上。激发函数的列向量 Γ 仅有一个非零输入项 Γ_i，其中 i 为产生电晕放电的导线。文献［19］表明，同样的模态变换适用于电流 I 和电流注入 J。因此，

$$J = NJ^{\mathrm{m}} \tag{5.94}$$

如图 5-7 所示，在 x 点注入电晕电流 $\boldsymbol{J}_k^{\mathrm{m}}(x)$，类比式（5.39），线路上 O 点模态 k 电流的列向量 $\boldsymbol{i}_k^{\mathrm{m}}(x)$ 为

$$\boldsymbol{i}_k^{\mathrm{m}}(x)=g_k^{\mathrm{m}}(x)\boldsymbol{J}_k^{\mathrm{m}}(x) \tag{5.95}$$

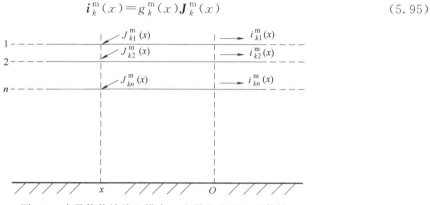

图 5-7　多导体传输线上模态 k 电晕电流注入和传播

式中，$g_k^{\mathrm{m}}(x)$ 为模态传递函数的对角矩阵 $\boldsymbol{g}^{\mathrm{m}}(x)_{\mathrm{d}}$ 的第 k 个元素，对应无线长线路为

$$\boldsymbol{g}^{\mathrm{m}}(x)_{\mathrm{d}}=\frac{1}{2}\boldsymbol{e}_{\mathrm{d}}^{-\gamma x} \tag{5.96}$$

式（5.91）和式（5.92）给出了模态传播常数 γ。采用式（5.86）、式（5.94）、式（5.95）和式（5.50），导线电流可用激发函数表示为

$$\boldsymbol{i}(x)=\boldsymbol{N}\boldsymbol{i}^{\mathrm{m}}(x)=\boldsymbol{N}\boldsymbol{g}^{\mathrm{m}}(x)_{\mathrm{d}}\boldsymbol{N}^{-1}\boldsymbol{G}^{-1}\boldsymbol{\Gamma} \tag{5.97}$$

式（5.97）可写为简洁形式：

$$\boldsymbol{i}(x)=\boldsymbol{T}(x)\boldsymbol{\Gamma} \tag{5.98}$$

其中，

$$\boldsymbol{T}(x)=\boldsymbol{N}\boldsymbol{g}^{\mathrm{m}}(x)_{\mathrm{d}}\boldsymbol{N}^{-1}\boldsymbol{G}^{-1} \tag{5.99}$$

需要注意的是，在这些式子中，$\boldsymbol{i}(x)$、$\boldsymbol{\Gamma}$ 分别为相电流和激发函数的 n 维列向量，$\boldsymbol{T}(x)$ 为 $n\times n$ 矩阵算子。

现在仅考虑在相导线 i 上发生电晕，则式（5.98）可简化为

$$\boldsymbol{i}_{\mathrm{i}}(x)=\Gamma_{\mathrm{i}}\cdot\boldsymbol{T}_{\mathrm{i}}(x) \tag{5.100}$$

式（5.100）中，向量 $\boldsymbol{i}_{\mathrm{i}}(x)$ 的元素 $i_{1\mathrm{i}}(x)$，$i_{2\mathrm{i}}(x)$，$\cdots$，$i_{n\mathrm{i}}(x)$ 分别表示由于导线 i 的激发函数 Γ_{i} 流入线路 n 根导线中的电流。同样，$\boldsymbol{T}_{\mathrm{i}}(x)$ 的元素为 $T_{1\mathrm{i}}(x)$，$T_{2\mathrm{i}}(x)$，$\cdots$，$T_{n\mathrm{i}}(x)$。假设沿导线 i 电晕均匀产生，则沿线长度上 Γ_{i} 为常值，导线中电流谱密度为

$$\boldsymbol{\Phi}_{\mathrm{i}}=\Gamma_{\mathrm{i}}^2\boldsymbol{S}_{\mathrm{i}} \tag{5.101}$$

式中，$\boldsymbol{S}$ 矩阵元素为

$$S_{\mathrm{ji}}=\int_{-\infty}^{+\infty}|T_{\mathrm{ji}}(x)|^2\mathrm{d}x=2\int_{0}^{+\infty}|T_{\mathrm{ji}}(x)|^2\mathrm{d}x \tag{5.102}$$

导线 j 中电流 I_{ji} 的 rms 值可用谱密度 Φ_{ji} 表示为 $I_{\mathrm{ji}}=\sqrt{\Phi_{\mathrm{ji}}}$。因此由矩阵元素 S_{ji} 可计算所有导线中的 RI 电流，

$$I_{\mathrm{ji}}=\sqrt{S_{\mathrm{ji}}}\Gamma_{\mathrm{i}} \tag{5.103}$$

为计算矩阵元素 S_{ji}，出于紧凑性定义如下矩阵：

$$\boldsymbol{\Omega}=\boldsymbol{N}^{-1}\boldsymbol{G}^{-1} \tag{5.104}$$

将式（5.104）代入式（5.99）

$$T(x) = Ng^{\mathrm{m}}(x)_{\mathrm{d}}\boldsymbol{\Omega} \tag{5.105}$$

等式右边中间项为对角矩阵，T 矩阵通项可写为

$$T_{ji} = \sum_{k=1}^{n} g_k^{\mathrm{m}}(x) N_{jk} \Omega_{ki} \tag{5.106}$$

式中，$g_k^{\mathrm{m}}(x)$ 为对应模态 k 的传递函数。

为计算式（5.102）中的矩阵元素 S_{ji}，首先需要计算 $|T_{ji}(x)|^2$，然后进行积分。式（5.96）给出的函数 $g_k^{\mathrm{m}}(x)$ 和矩阵元素 N_{jk} 和 Ω_{ki} 均为复函数和复量，具有实部和虚部。因此，$T_{ji}(x)$ 也为复函数，积分项可表示为 $|T_{ji}(x)|^2 = T_{ji}(x) T_{ji}^*(x)$，其中 $T_{ji}^*(x)$ 为 $T_{ji}(x)$ 的复共轭。已知复函数 $T_{ji}(x)$，所涉及积分可用解析方法求得。然而，所涉及的代数运算和积分计算非常繁琐，这里将不进行讨论。经计算获得矩阵元素 S_{ji}[18]：

$$S_{ji} = \sum_{m=1}^{n} \frac{|N_{jm}\Omega_{mi}|^2}{4\alpha_m} + \sum_{k=1}^{n}\sum_{l=k+1}^{n} [F(N\Omega)_{kl}] \frac{\alpha_k + \alpha_l}{(\alpha_k + \alpha_l)^2 + (\beta_k - \beta_l)^2} \tag{5.107}$$

其中，

$$F(N\Omega)_{kl} = \mathrm{Re}(N_{jl}\Omega_{li})\mathrm{Re}(N_{jk}\Omega_{ki}) + \mathrm{Im}(N_{jk}\Omega_{ki})\mathrm{Im}(N_{jl}\Omega_{li}) \tag{5.108}$$

将矩阵元素 S_{ji} 代入式（5.103）可给出一般情况下由于导线 i 电晕放电在线路所有导线中的 RI 电流 I_{ji}，激发函数为 Γ_i。计算过程考虑了每种模态传播速度的影响，且由于矩阵 M 和 N 为复量，也就考虑了不同模态沿线路传播时的相对相位差。

求得所有导线中的电流后，采用类似于式（5.69）磁场因子可计算在地面产生的磁场。然而，更精确地表达接地电流可修正这些场因子。简化分析情况下，假设准 TEM 传播模式，可计算相应的电场分量。对线路每相导线电晕重复计算，并采用前述的 rms 加法或 CISPR 加法可求得最终产生的场分量。

除上述复矩阵方程的模态分析外，精确计算方法还需：①计算串联复阻抗矩阵 z，考虑适当损耗；②计算地面感应电流产生的水平磁场分量。这两种计算都需分析，在有损均匀大地上方，高频电流沿理想线路结构中圆柱导线的传播。Carson[20] 通过经典"复"分析引入修正因子来计算有损大地的 z 矩阵元素。矩阵 z 可表示为四个矩阵之和[11]，

$$z = \boldsymbol{R}_{\mathrm{cd}} + \boldsymbol{R}_{\mathrm{g}} + \mathrm{j}\omega(\boldsymbol{L}_0 + \boldsymbol{L}_{\mathrm{g}}) \tag{5.109}$$

其中，$\boldsymbol{R}_{\mathrm{cd}}$ 为导线电阻的对角阵，$\boldsymbol{R}_{\mathrm{g}}$ 为反映大地损耗的自阻和互阻矩阵，$\boldsymbol{L}_0$ 为有损传输线的串联阻抗矩阵［见式（5.48）］，$\boldsymbol{L}_{\mathrm{g}}$ 为反映大地损耗的自感和互感矩阵。对于输电线路常用的 n 分裂铝导线，类似于式（5.80）中推导 α_{ci}，可求得电阻为

$$R_{\mathrm{ci}} = \frac{1}{2\pi nr}\sqrt{\frac{\mu\pi f}{\sigma_{\mathrm{c}}}} \tag{5.110}$$

也可用每根导线的直流电阻 R_{0i} 表示，假定 $\mu = \mu_0$：

$$R_{\mathrm{ci}} = \sqrt{R_{0i}\pi f \times 10^{-7}} \tag{5.111}$$

矩阵 $\boldsymbol{R}_{\mathrm{g}}$ 和 $\boldsymbol{L}_{\mathrm{g}}$ 仅取决于有限的大地电阻率，可写为

$$\boldsymbol{R}_{\mathrm{g}} = \frac{\mu_0 \omega}{\pi}\boldsymbol{P}_{\mathrm{c}} \tag{5.112}$$

$$\boldsymbol{L}_{\mathrm{g}} = \frac{\mu_0}{\pi}\boldsymbol{Q}_{\mathrm{c}} \tag{5.113}$$

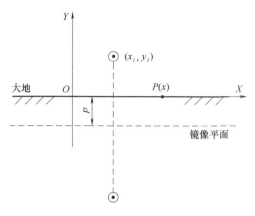

图 5-8　有损大地情况下的 RI 磁场计算

矩阵 $\boldsymbol{P}_c$ 和 $\boldsymbol{Q}_c$ 元素为卡森校正因子。文献［21, 22］中给出了求取这些校正因子的简化方法。

计算有限电阻率大地中感应电流产生的磁场分量时，还需求得有损大地上导波传播电磁场方程的解。文献［16］给出了一种考虑了镜像载流导线的简化方法，其不同于理想导体大地在地平面上镜像，而是在地面下方的平面进行镜像，镜像深度取决于地面电阻率和电流频率。镜像平面在地面下方的深度（和透入深度数值相等）为

$$p = \sqrt{\frac{2}{\mu \omega \sigma_g}} \tag{5.114}$$

镜像平面如图 5-8 所示，将式（5.69）中给出的场因子修正为

$$F_i(x) = \frac{1}{2\pi} \left[\frac{y_i}{y_i^2 + (x_i - x)^2} + \frac{y_i + 2p}{(y_i + 2p)^2 + (x_i - x)^2} \right] \tag{5.115}$$

通过求解电磁场方程并考虑合适的边界条件，对大地电流影响进行了更严格地分析[23]。该分析改进了卡森的工作，充分考虑了有限大地电阻率，给出了串联阻抗矩阵 z 的元素和地面磁场分量积分形式的表达式，可以很容易地用数值方法计算。

上述精确传播分析方法包括对本节前面介绍的简化方法的一些改进。然而，受传输线理论固有的局限性，传输线理论本质上以电路理论为基础，所涉及的假设，包括准 TEM 传播模式的假设，可能会产生比较大的误差，特别是在所研究的频率下，距离超过波长的十分之一左右时。为了克服这些局限性，可提出一种直接基于电磁场理论的精确分析方法[24,25]，该方法摒弃了准 TEM 模式假设，计算了导线和大地电流产生的电场和磁场分量。这种方法所涉及的数学技术相当复杂，并且需要对电磁理论有更高层次的理解，这超过本书讨论的范围。但是，应该提到的是，这种方法能够对于具有任意导线间距和横向距离的线路给出准确的结果。

5.6　输电线路 RI 特性的影响因素

输电线路导线电晕产生的 RI 受诸多因素影响，包括线路设计和外部因素如气象条件、地面电阻率等。

因此，输电线路 RI 效应的准确表征需多方面描述。对输电线路 RI 效应的完整描述通常包括三方面特征：①频谱，②横向曲线，③统计分布。

RI 频谱描述 RI 频域的变化特性。给定频率下，线路附近任意点 RI 水平主要取决于如 5.3 节所述和表 5-1 所示的电晕电流脉冲形状，导线中电流为无线电干扰源。电流在线路上的传播和衰减也会影响频谱。因此，在靠近线路某点处测量的频谱可能与电晕脉冲的频谱有所不同。典型频谱如图 5-9 所示。

横向曲线给出了特定频率下，电晕产生的 RI 水平沿垂直于传输线方向随距离的变化特性，通常剖面选择在两塔之间的中跨处。RI 水平随距线路距离的增加而降低，降低的速率

取决于线路结构、大地电阻率和 RI 频率等因素。评估 RI 水平是否满足标准规定值，横向曲线变化的形状尤其在距离线路很远处时的形状非常重要。横向曲线 RI 水平计算的准确性在很大程度上取决于传播分析中有损大地表征的准确性和 RI 的电场和磁场分量计算方法的准确性。传输线的典型 RI 横向曲线如图 5-10 所示。

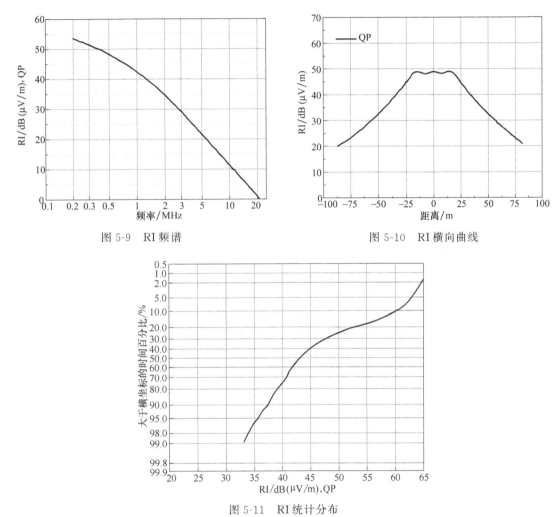

图 5-9　RI 频谱　　　　　　　　　　　图 5-10　RI 横向曲线

图 5-11　RI 统计分布

第三个参数为统计分布，描述了传输线 RI 效应在时间域中的变化特性，为所有天气条件下，在线路附近的某特定位置对应某一频率下长期测量（通常为一年）的 RI 水平累积概率分布（通常简称为分布）。典型 RI 分布如图 5-11 所示。分布曲线取决于每种天气类型的持续时间占总持续时间的百分比。一般情况下，可认为该分布主要由两个独立的分布组成，分别对应于晴天和恶劣天气条件。图 5-11 所示的分布曲线拐点表示，分布曲线在好天气和恶劣天气之间的过渡。

上述三个参数为传输线的 RI 效应的全面评估的必需参数。影响电晕损耗的许多因素（见 4.4 节）以类似的方式影响线路的 RI 效应。此外，影响 RI 传输和衰减的因素对描述 RI 效应参数也非常重要。其中大地电阻率为最重要的参数。大地通常由电阻率和介电常数值变化范围很大的材料构成。除了存在某些含铁磁性材料，如矿体，特别是金属结构，否则可假定大地与自由空间磁导率相同。大地也可由多个不同的材料层组成，每层具有不同的电阻率。土壤含水量的不同，在不同的天气条件下，地面的有效电阻率也可能随时间而变化。因此，地面电阻率的变化可能会导致描述 RI 效应的三个参数变化。

5.7　评估 RI 的经验和半经验方法

几乎不可能完全基于分析方法来确定 RI 效应，然而，5.4 节所述理论分析的基本原理对于开发和计算输电线路电晕产生 RI 的工程实用方法非常重要。同时，随着理论方法的发展，研究人员在过去五十年中开展了大量的试验，获得了不同天气条件下不同电压等级输电线路的 RI 水平的海量试验数据，提出了用于计算 RI 效应的经验和半经验方法。

应明确区分经验计算方法和半经验计算方法。经验方法，也称为比较法，根据运行输电线路和全尺寸试验线段上获得的试验数据求得。半经验法，也称为半分析法，将试验确定的 RI 激发函数与 RI 传播分析技术相结合，来预测新输电线路结构下的 RI 效应。通常是从较短的全尺寸试验线段或室外试验笼试验数据获得 RI 激发函数经验公式。第 9 章阐述了这些试验方法的理论和实践。

5.7.1　经验方法

对 RI 的试验数据进行统计回归分析，可获得与导线直径、导线表面电场强度、线路横向距离等变量有关的经验公式或比较公式。好的试验数据，未受环境干扰污染，是获得经验公式的必要前提，可用于准确预测新输电线路结构下的 RI 水平。经验公式一般针对世界上某一特定气候区域的线路及该区域特有的特定天气条件（晴天、恶劣天气、雨天等）提出。电晕效应评估中不同天气类型定义见 1.6 节。根据在世界某一地区获得的数据得出的经验公式并不总能准确地预测另外一个地区的 RI 水平，天气条件的年分布也可能不同。一般而言，经验公式的有效性和准确性仅限于获得原始试验验数据的参数范围内。例如，根据 2～4 分裂导线（子导线的直径在 1～2cm 范围内）和 15～25kV/cm 场强的分裂导线试验数据提出的经验公式，可能无法准确预测 6 分裂导线（子导线直径为 3cm）或一种单导线以 12kV/cm 场强运行紧凑的线路结构。同样，在有降雪的寒冷地区得到的线路公式可能不适用于热带地区的线路。

对输电线路 RI 水平开展世界范围的调研[26]，并将计算结果与所有测量数据进行比较，获得了预测 RI 的不同经验方法[27]。比较表明，对于所用的经验方法，计算和测量值间的差异可达 5～10dB。当一个国家提出的经验公式应用于另一个国家的线路设计时，则差异更大。

以下讨论 CIGRÉ 和 BPA 提出的两种最常用的经验方法。计算输电线路任意相导线电晕产生 RI 的比较或经验公式一般形式为

$$RI = RI_0 + RI_g + RI_d + RI_D \qquad (5.116)$$

式中，RI 为对新设计输电线路计算以 dB 表示的无线电干扰值（以 $1\mu V/m$ 为基准），RI_0 为参考线路结构下的相应值。其余项为对应考虑导线表面场强 g、导线直径 d 和距相导线或分裂导线横向距离 D 影响的调整因子。这些因子通常用参考线路参数 g_0、d_0 和 D_0 表示。许多 RI 经验公式中，无对应于导线分裂数的修正项，可能由于其影响很小或可忽略不计。经验公式通常对特定的天气类型有效。式（5.116）中也可加入其他修正项，以考虑测量频率、海拔高度和天气条件的差异。也可添加与测量仪器差异有关的项，如带宽和检波器

函数（见第 9 章）。通常采用 CISPR（带宽为 9kHz，测量频率为 0.5MHz）或 ANSI（带宽为 5kHz，测量频率为 1MHz）仪器测量 RI 准峰值（Quasi-Peak）。近期测量中，ANSI 技术规范被修改，采用与 CISPR 相同的规范，然而，一些经验公式仍采用基于旧 ANSI 规范的测量数据。对于三相传输线，可采用式（5.116）计算每相产生的 RI 水平，并如 5.4 节所述将所有三相的贡献叠加。

CIGRÉ 公式[28] 适用于 CISPR 规范和大雨条件，如下：

$$RI = -10 + 3.5g_m + 6d - 33\lg\left(\frac{D'}{20}\right) \tag{5.117}$$

式中，g_m 为分裂导线平均最大场强，rms 值：kV/cm；d 为导线直径，cm；D' 为导线或分裂导线与地面测量点间的距离。RI_0、g_0、d_0 的参考值已在式（5.117）中隐含，而 $D_0' = 20m$。距离 D' 可用导线对地高度 h 和横向距离 D 表示，即 $D' = \sqrt{h^2 + D^2}$。

BPA 经验公式[29] 适用于旧 ANSI 规范和平均晴好天气下，计算横向距离 15m 处任意给定相的 RI 水平，如下所示：

$$RI = 48 + 120\lg\left(\frac{g_m}{17.56}\right) + 40\lg\left(\frac{d}{3.51}\right) \tag{5.118}$$

若要将旧的 ANSI 值转换为 1MHz 时的 CISPR 值，可将式（5.118）RI 计算值减去 2dB。对运行线路的大量测量结果表明，在式（5.118）计算值上增加 25dB，可获得平均稳定恶劣天气条件下的 RI 水平。稳定恶劣天气的类别为从全部恶劣天气类型中除去使导线湿润而无任何降水的薄雾、雾等条件获得。某种程度上，稳定的好天气类型定义类似于大雨条件（降雨率＞1mm/h）。需指出的是，这与 1.6 节中的定义不同，用于电晕笼试验的模拟大雨的降雨率通常远高于该阈值。

式（5.118）中也可添加其他修正项，如不同于参考值的测量频率、海拔高度和横向距离。若测量频率 $f \neq 1MHz$，添加修正项如下：

$$RI_f = 10\{1 - [\lg(10f)]^2\} \tag{5.119}$$

需在式（5.118）计算值上增加 3.1dB，可应用此修正项项获得 0.5MHz 下的值。因此，下面公式可将旧 ANSI 规范（带宽 5kHz 和频率 1MHz）下的值转换为 CISPR 规范（带宽 9kHz 和频率 0.5MHz）下的 RI 为

$$RI(CISPR) = RI(ANSI) + 3.1 \tag{5.120}$$

式（5.118）中的参考海拔为海平面。任意海拔高度 $A(km)$ 的修正项为

$$RI_A = \frac{A}{0.3} \tag{5.121}$$

最后，考虑 RI 频率和大地电导率，提出了不同于横向距离 $D = 15m$ 的修正项。基于天线理论推导，该项可表示为

$$RI_D = -C_1 + C_2 \tag{5.122}$$

式中，C_1 为基准线路常数，C_2 为对应待计算的 RI 新线路的常数。C_1 和 C_2 值由下式给出：

$$C_i = 10\lg(DW^2 + ESU^2 + EIND^2), i = 1,2$$

式中，DW（direct wave）为直达波分量，ESU（surface wave）为表面波分量，EIND（induction field）为感应场分量。三个分量计算如下：

$$DW = \frac{h_c}{KD}, \quad D \leqslant \frac{12 h_c h_a}{\lambda} \tag{5.123}$$

$$= \frac{h_c}{KD} \times \frac{12 h_c h_a}{\lambda D}, \quad D > \frac{12 h_c h_a}{\lambda}$$

$$ESU = \frac{f(\rho) h_c}{KD} \tag{5.124}$$

$$EIND = \frac{h_c}{(KD)^2} \tag{5.125}$$

式中，h_c 为导线高度，m；h_a 为天线高度，m；D 为导线与天线间的径向距离，m；f 为频率，MHz；λ 为波长，m；$K = \frac{2\pi}{\lambda}$；$f(\rho) = \frac{2+0.3\rho}{2+\rho+0.6\rho^2}$；$\rho = \frac{52.5 D}{\delta \lambda^2}$；$\delta$ 为大地电导率，mS/m。计算 C_1 的基准参数为

$$D_1 = 21.04 \qquad DW_1 = \frac{31.1}{f}$$

$$EIND_1 = \frac{70.55}{f^2} \qquad \rho_1 = \frac{276.16}{\lambda^2}$$

$$f(\rho_1) = \frac{2+0.3\rho_1}{2+\rho_1+0.6\rho_1^2} \qquad ESU_1 = \frac{31.1 f(\rho_1)}{f}$$

5.7.2　半经验方法

一些研究机构在大量试验数据的基础上，提出了 RI 激发函数经验公式。这些试验大多是在人工降雨条件（1～20mm/h）下进行的，通常会产生较高的 RI 水平。下文将给出一些经验公式。在所有公式中，Γ 为 RI 激发函数，dB（以 $1\mu A/m^{1/2}$ 为基准值），根据 CISPR 规范，g_m 为分裂导线平均最大场强，rms 值：kV/cm。

EDF[28] 给出的大雨下 RI 激发函数公式如下：

$$\Gamma = \Gamma'(g_m, r) + Ar - B(n) \tag{5.126}$$

式中，$A = 11.5 + \lg n^2$，n 为分裂数，r 为子导线半径。表 5-3 给出了作为 n 的函数 A 和 B 的值。激发函数的 $\Gamma'(g_m, r)$ 部分如图 5-12 所示。

表 5-3　EDF RI 激发函数中常数 A 和 B

分裂数 n	1	2	3	4	6	8
$A/(dB/cm)$	11.5	12.1	12.5	12.7	13.0	13.3
$B(n)/dB$	0	5	7	8	9	9.5

IREQ[30] 在大量分裂导线试验基础上，给出了在大雨下的经验公式，为

$$\Gamma = \frac{C_s}{C_b} \left[\sum_1^n \frac{1}{2\pi} \int_0^{2\pi} \Gamma_s^2(g, d) \, d\Phi \right]^{\frac{1}{2}} \tag{5.127}$$

式中，Γ_s 为直径 d 的单根导线在导线表面场强 g 下的 RI 激发函数。对于 n 分裂导线，分裂导线表面电场强度 g 随着子导线角度 Φ 变化。C_s、C_b 分别为单根导线、分裂导线单位长电容值。对于单根导线，Γ_s 由经验公式给出为

$$\Gamma_s = -90.25 + 92.42 \lg(g) + 43.03 \lg(d) \tag{5.128}$$

由于激发函数取决于单根导线的 g 和 d，因此，沿每根子导线表面积分和所有子导线总和给出了分裂导线的激发函数，见式（5.128）。通过数值积分，可得到 Γ 的简化表达式[29,31]：

$$\Gamma = \Gamma_s(g_m, d) - B(n, s) \quad (5.129)$$

式中，函数 $B(n,s)=0, n=1$；$B(2,s)=3.7\text{dB}$；$B(n,s)=6\text{dB}, n \geq 3$。

EPRI[32] 推导的经验公式，也是基于分裂导线在大雨下的大量试验结果为

$$\Gamma = 81.1 - \frac{580}{g_m} + 38\lg\left(\frac{d}{3.8}\right) + K_n \quad (5.130)$$

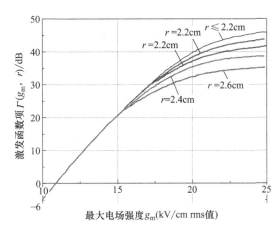

图 5-12　大雨下 RI 激发函数
（[13]-图 5，IEEE©1972）

式中，$K_n = 0$，$n \leq 8$；$K_n = 5$，$n > 8$。

在半经验方法中，评估给定传输线结构 RI 的步骤包括：首先，采用上述公式之一计算 RI 激发函数；其次，采用 5.4 节中所述的任意可用方法进行 RI 传播分析。

文献［31］对 RI（CIGRE 和 BPA）经验公式及上述 RI 激发函数经验公式进行了全面的评估。通过与在 230～735kV 电压等级下运行的多条输电线路的长期实测数据进行比较，获得了优化的经验公式。采用 RI 计算值和测量值间的均方误差最小化进行优化。将不同的 RI 激发函数方法对应的优化经验公式转换为共同的单导线基准（即对分裂数不做任何修正），在地面上、频率 0.5MHz、海拔 0m CISPR 的测量结果如下：

CIGRE（大雨）：

$$\Gamma = -40.69 + 3.5g_m + 6d \quad (5.131)$$

BPA（平均稳定坏天气下）：

$$\Gamma = 37.02 + 120\lg\frac{g}{15} + 40\lg\frac{d}{4} \quad (5.132)$$

EDF（大雨）：

$$\Gamma = -7.24 + \Gamma(g_m, r) + Ar \quad (5.133)$$

IREQ（大雨）：

$$\Gamma = -93.03 + 92.42\lg g + 43.02\lg d \quad (5.134)$$

EPRI（大雨）：

$$\Gamma = 76.62 - \frac{580}{g_m} + 38\lg\frac{d}{3.8} \quad (5.135)$$

评估结果还表明，平均稳定坏天气（大致为大雨）和平均晴天测量的平均差值为 21.6dB，rms 差值为 5.1dB。

5.8　电晕放电 TVI 预测

晴好和大雨条件下，输电线路导线电晕会在其高频（VHF）和特高频（UHF）电视信号频段内产生非常强烈的电磁干扰，从而引起 TVI。在更高的电视频率（56～216MHz）

下，电磁波的波长与塔的尺寸和其他有关距离具有相同的量级。TVI 传播特性的理论分析与预测极其复杂，很难定义类似于 RI 激发函数的 TVI 激发函数。通过求解电磁场方程，可对输电线路上电晕放电引起的 TVI 的传播和辐射进行分析[33]。然而，限于目前认知水平，还未建立一种用于预测 TVI 的分析方法，甚至是半分析方法。

在非常有限的试验数据基础上，提出了经验方法[28,31]，可用于预测实际传输线结构下的 TVI。这里主要讨论 BPA 经验公式[28]，以 ANSI 接收机准峰值（QP）$1\mu V/m$ 为基准，接收机带宽为 120kHz、参考频率为 75MHz、线路每相导线产生的 TVI（dB）为：

$$TVI = 10 + 120\lg \frac{g_{\mathrm{m}}}{13.6} + 40\lg \frac{d}{3.04} + 20\lg \frac{75}{f} + F_2(x) + K_A \tag{5.136}$$

式中，

$$F_2(x) = 20\lg \frac{x_0}{x}, \qquad\qquad x \leqslant x_c, x_0 \leqslant x_c$$

$$= 20\lg \frac{x_0}{x_c} + 40\lg \frac{x_c}{x}, \qquad x \geqslant x_c, x_0 \leqslant x_c$$

$$= 20\lg \frac{x_c}{x} + 40\lg \frac{x_0}{x_c}, \qquad x \leqslant x_c, x_0 \geqslant x_c$$

$$= 40\lg \frac{x_0}{x}, \qquad\qquad x \geqslant x_c, x_0 \geqslant x_c$$

$x_0 = 61$m，参考横向距离；

$$x_c = \frac{12h_a h_c}{\lambda};$$

$K_A = \dfrac{A}{0.3}$（dB），$A \leqslant 0.3$km 时海拔修正项。

式中，h_a 为天线高度，m；h_c 为导线高度，m；λ 为波长，m；f 为频率，MHz。应注意的是，不考虑类似与 RI 分析时由于不同相导线而增加的 TVI，仅取所有相中的最高值作为线路的 TVI。

附录 5A

向量和矩阵算子[10,11]

三维空间中的向量可由其沿正交坐标系坐标轴 x_1、x_2、x_2 三个分量完整表示。因此，向量 $\boldsymbol{A}$ 可由沿三个坐标轴的三个分量 a_1、a_2 和 a_3 表示。向量也表示为列矩阵形式，

$$\boldsymbol{A} = \begin{bmatrix} a_1 \\ a_2 \\ a_3 \end{bmatrix} \tag{5A1}$$

与空间向量一样，列向量 $\boldsymbol{A}$ 也可由长度和角度通过三个方向余弦来表示。向量长度为 $\|A\| = \sqrt{a_1^2 + a_2^2 + a_3^2}$。列向量 $\boldsymbol{A}$ 转置后可写为行向量，

$$\boldsymbol{A}^{\mathrm{T}} = [a_1, a_2, a_3] \tag{5A2}$$

矩阵形式的两个向量 $\boldsymbol{A}$ 和 $\boldsymbol{B}$ 标量积为

$$\boldsymbol{A} \cdot \boldsymbol{B} = \boldsymbol{A}^{\mathrm{T}} \boldsymbol{B} = \boldsymbol{B}^{\mathrm{T}} \boldsymbol{A} = a_1 b_1 + a_2 b_2 + a_3 b_3 \tag{5A3}$$

若两个向量标量积为零，则称它们正交。对于空间矢量，这意味着它们之间的夹角为 $90°$。若两个向量 $\boldsymbol{A}$ 和 $\boldsymbol{B}$ 可表示为

$$\boldsymbol{A} = \alpha \boldsymbol{B} \tag{5A4}$$

若式中 α 为标量，则 $\boldsymbol{A}$ 和 $\boldsymbol{B}$ 线性相关。在这种情况下，向量 $\boldsymbol{A}$ 与 $\boldsymbol{B}$ 方向相同，但其幅值为 $\boldsymbol{B}$ 的 α 倍。

尽管不可能从物理空间的角度进行可视化，但上面描述基本概念可扩展到 n 维空间情况。n 维空间中向量沿 n 个坐标轴的 n 个分量表示为

$$\boldsymbol{A} = \begin{bmatrix} a_1 \\ a_2 \\ \vdots \\ a_n \end{bmatrix} \tag{5A5}$$

这种情况下向量长度为 $\|A\| = \sqrt{a_1^2 + a_2^2 + \cdots + a_n^2}$。

在 n 维空间中，两向量的标积与式（5A3）相似：

$$\boldsymbol{A} \cdot \boldsymbol{B} = \boldsymbol{A}^{\mathrm{T}} \boldsymbol{B} = \boldsymbol{B}^{\mathrm{T}} \boldsymbol{A} = a_1 b_1 + a_2 b_2 + \cdots + a_n b_n \tag{5A6}$$

此外，若 $\boldsymbol{A} \cdot \boldsymbol{B} = 0$，则 $\boldsymbol{A}$ 和 $\boldsymbol{B}$ 正交，若可表示为 $\boldsymbol{A} = \alpha \boldsymbol{B}$，则它们线性相关，其中 α 为标量。

n 维空间中向量 $\boldsymbol{A}$ 被 $n \times n$ 阶方阵 $\boldsymbol{T}$ 前乘，可将其转换为不同的向量 $\boldsymbol{B}$，如下：

$$\boldsymbol{T} \boldsymbol{A} = \boldsymbol{B} \text{ 或 } \boldsymbol{A} = \boldsymbol{T}^{-1} \boldsymbol{B} \tag{5A7}$$

式中，$\boldsymbol{T}^{-1}$ 为矩阵 $\boldsymbol{T}$ 的逆。变换矩阵 $\boldsymbol{T}$ 由 n 个线性无关的非零列向量组成。在数学上，这些向量为 n 维空间中坐标轴的基础和定义。向量 $\boldsymbol{A}$ 到向量 $\boldsymbol{B}$ 的线性变换通常产生长度和方向的变化，因此矩阵 $\boldsymbol{T}$ 可称为线性算子。

考虑一种上述变换的特殊情况，矩阵 $\boldsymbol{T}$ 仅影响向量的大小，而不影响向量 $\boldsymbol{T}$ 的方向，即

$$\boldsymbol{T} \boldsymbol{A} = \lambda \boldsymbol{A} \tag{5A8}$$

式中，λ 为乘标。式（5A8）通常称为特征向量方程，可应用于多导体传输线的传播分析。在该方程中，标量常数 λ 和 $\boldsymbol{A}$ 称为矩阵 $\boldsymbol{T}$ 的特征值和特征向量。

式（5A8）可重写为

$$\boldsymbol{T} \boldsymbol{A} = \lambda \boldsymbol{A} = \lambda \boldsymbol{U} \boldsymbol{A} \tag{5A9}$$

式中，$\boldsymbol{U}$ 为 n 阶单位矩阵，

$$\boldsymbol{U} = \begin{bmatrix} 1 & 0 & 0 & \cdots & 0 \\ 0 & 1 & 0 & \cdots & 0 \\ \vdots & \vdots & \vdots & \cdots & \vdots \\ 0 & 0 & 0 & \cdots & 1 \end{bmatrix}$$

重新整理式（5A9），

$$(\boldsymbol{T} - \lambda \boldsymbol{U}) \boldsymbol{A} = 0 \tag{5A10}$$

式（5A10）有非常值正稳定解，若行列式

$$p(\lambda) = |\boldsymbol{T} - \lambda \boldsymbol{U}| = 0 \tag{5A11}$$

矩阵 $\boldsymbol{K}(\lambda) = \boldsymbol{T} - \lambda \boldsymbol{U}$ 称为 $\boldsymbol{T}$ 的特征矩阵，多项式 $p(\lambda)$ 称为特征多项式。式（5A11）为

T 的特征方程。通常，式 (5A11) 中 n 阶多项式的解会产生 n 个不同的特征值 λ_1、λ_2、$\cdots$、λ_n。对于每个特征值 λ_i，对应一个列向量 A_i，称为特征向量，满足方程：

$$K(\lambda_i)A_i = 0 \tag{5A12}$$

式 (5A12) 表示为 n 个未知量的 n 个齐次线性方程组，由于行列式 $|K(\lambda_i)| = 0$，因此具有非常值正稳定解。然而，由于这些方程中只有 $n-1$ 项为线性无关，因此仅有 $n-1$ 特征向量值是唯一确定的。换言之，仅 A_i 的方向已知，称为本征方向，其大小仅对任意乘因子已知。求解不同值 $i=1，2，\cdots，n$ 的一组线性方程 (5A12)，给出了 n 个特征方向和 n 个特征向量，每个特征向量在任意常数内。通常选择任意常数来规范化特征向量，例如单位长度。

如上所述，确定的 n 个特征向量可整理为方阵 M 的列，

$$M = [A_1, A_2, \cdots, A_n] \tag{5A13}$$

方阵 M 称为 T 的模态变换矩阵。如果矩阵 T 被模态变换矩阵 M 后乘，

$$
\begin{aligned}
TM &= T[A_1, A_2, \cdots, A_n] \\
&= [TA_1, TA_2, \cdots, TA_n] \\
&= [\lambda_1 A_1, \lambda_2 A_2, \cdots, \lambda_n A_n] \\
&= M\lambda_d
\end{aligned} \tag{5A14}
$$

其中 λ_d 为 n 个特征值的对角矩阵，也称为谱矩阵，

$$
\lambda_d = \begin{bmatrix}
\lambda_1 & 0 & \cdots & \cdots & 0 \\
0 & \lambda_2 & \cdots & \cdots & 0 \\
\vdots & \vdots & \cdots & \cdots & \vdots \\
0 & 0 & \cdots & \cdots & \lambda_n
\end{bmatrix} \tag{5A15}
$$

重新整理 (5A14)，有

$$M^{-1}TM = \lambda_d \tag{5A16}$$

式 (5A16) 为矩阵 T 的对角化。应用上述对角化方法可对多导体传输线上的电磁能量传播方程进行解耦。

上面讨论的向量和线性算子均指 n 维空间，其坐标由实数定义。但是，在作以下概括后，可扩展到复数的情况：

复坐标中矢量长度为

$$\|A\| = \sqrt{a_1^* a_1 + a_2^* a_2 + \cdots + a_n^* a_n} \tag{5A17}$$

其中 $*$ 表示复共轭。

两个复向量 A 和 B 的标量积定义为

$$A \cdot B = a_1^* b_1 + a_2^* b_2 + \cdots + a_n^* b_n \tag{5A18}$$

$$= A^{*\mathrm{T}}B \neq B^{*\mathrm{T}}A = A \cdot B$$

对于正交向量，

$$A^{*\mathrm{T}}B = A^{\mathrm{T}}B^* = 0 \tag{5A19}$$

复矩阵的模态变换矩阵、特征值和特征向量的定义类似于实数向量和线性算子。然而，计算涉及变量实部和虚部方程的求解。本附录中所述的关于实向量、复向量和线性算子概念，可用于简化和更精确的传播分析方法中。

参考文献

[1] Carstensen E L. Biological Effects of Transmission Line Fields [M]. Portland：Elsevier Science Publishing Co，Inc.，1987.

[2] Electric Power Transmission and the Environment：Fields，Noise and Interference [R]. CIGRÉ Brochure No. 74，1993.

[3] International Electrotechnical Vocabulary：IEC Standard 50 (161) [S/OL]. [2022-01-09]. https：// webstore. iec. ch/preview/info_iec60050-161％7Bed1. 0％7Dt. img. pdf.

[4] The IEEE Standard Dictionary of Electrical and Electronics Terms：IEEE Std. 100-1996 [S/OL]. [2022-01-10]. https：//standards. ieee. org/iecc/100/256/.

[5] Rakoshdas B. Pulses and Radio Influence Voltage of Direct Voltage Corona [J]. IEEE Trans PAS，1964，83 (5)：483-491.

[6] Bewley LV. Traveling Waves on Transmission Systems [M]. New York：Dover Publications，Inc.，1951.

[7] Papoulis A. Signal Analysis [M]. California：McGraw Hill，2018.

[8] Adams G E. The Calculation of Radio Interference Level of Transmission Lines Caused by Corona Discharges [J]. AIEE Trans，1956：411-419.

[9] Gary C H. The Theory of Excitation Function：A Demonstration of its Physical Meaning [J]. IEEE Trans PAS，1972，91 (1)：305-310.

[10] Jennings A. Matrix Computation for Engineers and Sientists [M]. New York：John Wiley，Inc，.1977.

[11] Perz M C. Propagation Analysis of HF Currents and Voltages on Lossy Power Lines [J]. IEEE Trans PAS，1973，92 (11)：2032-2043.

[12] CISPR Publication No 1. Specifications for CISPR Radio Interference Measuring Apparatus for the Frequency Range 0. 15 to 30 MHz：CISPR1-1972 [S/OL]. [2022-2-4]. https：//m. antpedia. com/standard/1252647010. html.

[13] Moreau M R，Gary C H. Predetermination of the Interference Level for High Voltage Transmission Lines：I-Predetermination of the Excitation Function [J]. IEEE Trans PAS，1972，91 (1)：284-291.

[14] Moreau M R，Gary C H. Predetermination of the Interference Level for High Voltage Transmission Lines：Ⅱ-Field Calculating Method [J]. IEEE Trans PAS，1972，91 (1)：292-304.

[15] Barthold L O，Cladé J. Propagation of High Frequencies on Overhead Lines [R]. CIGRÉ Report 420，1964：21-41.

[16] Gary C H，Moreau M R. L'efet Couronne en Tension Alternative [M]. Paris：Eyrolles，Inc.，1976.

[17] Juette G W，Roe G M. Modal Components in Multi Phase Transmission Line Radio Noise Analysis [J]. IEEE Trans PAS，1971，90 (3)：808-813.

[18] Dallaire R D，Sarma P M. Analysis of Radio Interference from Short Multi Conductor Lines. Part 1. Theoretical Analysis [J]. IEEE Trans PAS，1981，100 (4)：2100-2108.

[19] Wedepohl L M，Saha J N. Radio Interference Fields in Multi Conductor Overhead Transmission Lines [J]. Proc IEEE，1969，116 (11)：1875-1884.

[20] Carson J R. Wave Propagation in Overhead Wires with Ground Return [J]. Bell Systems Technical Journal，1926，5 (10)：539-554.

[21] Headman D E. Propagation on Overhead Transmission Lines. 1-Theory of Modal Analysis；Ⅱ-Earth Conduction Effects and Practical Results [J]. IEEE Trans PAS，1965，84 (3)：200-211.

［22］ Galloway R H，Sharrocks W B，Wedepohl L M. Calculation of Electrical Parameters for Short and Long Polyphase Transmission Lines ［J］. Proc IEEE，1964，111 (11)：2051-2059.

［23］ Perz M C，Raghuveer M R. Generalized Derivation of Fields，and Impedance Correction Factors of Lossy Transmission Lines Part Ⅱ. Lossy Conductors Above Lossy Ground ［J］. IEEE Trans PAS，1974，93 (11)：1832-1841.

［24］ Olsen R G. Radio noise due to corona on a multiconductor power line above a dissipative earth ［J］. IEEE Trans PWRD，1988，3 (1)：272-287.

［25］ Schennum S D，Olsen R G. A Method for Calculating Wide Band Electromagnetic Interference from Power Line Corona ［J］. IEEE Trans PWRD，1995，10 (7)：1535-1540.

［26］ IEEE Committee Report. CIGRE /IEEE Survey on Extra High Voltage. Transmission Line Radio Noise ［J］. IEEE Trans PAS，1973，92 (5)：1019-1028.

［27］ IEEE Radio Noise Committee Report. Comparison of Radio Noise Prediction Methods with CIGRÉ/ IEEE Survey Results ［J］. IEEE Trans PAS，1973，92 (5)：1029-1042.

［28］ Interferences Produced by Corona Effect of Electric Systems：Description of Phenomena，Practical Guide for Calculation ［R］. CIGRÉ Brochure No 20，1974；Addendum to CIGRÉ Document No. 20 (1974) ［R］. CIGRÉ Brochure No 61，1996.

［29］ Chartier V L. Empirical Expressions for Calculating High Voltage Transmission Line Corona Phenomena ［R］. First Annual Seminar Technical Program for Professional Engineers，Bonneville Power Administration (BPA)，1983.

［30］ Trinh N G，Sarma P M. A Method of Prediting the Corona Performance of Conductor Bundles Based on Cage Test Results ［J］. IEEE Trans PAS，1977，96 (1)：312-325.

［31］ Olsen R G，Schennum S D，Chartier V L. Comparison of Several Methods for Calculating Power Line Electromagnetic Interference Levels and Calibration with Long-term Data ［J］. IEEE Trans PWRD，1992，7 (2)：903-913.

［32］ Transmission Line Reference Book：345 kV and Above/ Second Edition ［M］. Palo Alto：Electric Power Research Institute (EPRI)，1982.

［33］ Olsen R G，Stimson B O. Predicting VHF/UHF Electromagnetic Noise from Corona on Power Line Conductors ［J］. IEEE Trans EMC，1988，30 (2)：13-22.

第6章

可听噪声

尽管从电晕研究初期不同电晕放电模式下的声发射特性就得到观察和报道，但仅在500kV 及以上的电压等级下输电线路设计时才将可听噪声（Audible Noise）作为限制因素。公众对这些高压输电线路产生的电晕可听噪声担忧促使研究人员对其进行大量研究，以获得噪声特性，开发用于预测不同线路设计可听噪声效应的方法，并评估人类对此类环境噪声的反应。本章阐述了交流输电线路可听噪声的特性和预测方法。

6.1 概述

现代社会发明一些新技术后也一定程度增加了环境噪声源的数量。为将车辆、飞机和其他工业噪声等常见环境噪声降低到公众可接受的水平，研究人员开展了大量科学研究。然而，在过去几十年中，随着噪声源的数量和整体环境噪声水平的增加，公众对任何新噪声源的意识和反应变得更加强烈。正是在这种情况下，500kV 和 750kV 输电线路投入运行后，20 世纪 60 年代后期，生活在输电线路走廊附近的人们对电晕噪声产生了批评声音。

输电线路产生的电晕噪声与其他环境噪声，特别是交通噪声和飞机噪声有很大不同，其噪声水平一般较低，但频域内覆盖的频带要宽得多。此外，由于电晕放电很大程度取决于周围的天气条件，产生的可听噪声也会明显随时间变化。因此，公众对这类噪声的感知和接受标准不同于其他环境噪声，有必要对输电线路可听噪声进行理论和试验研究，以获得其产生和传播特性机理，开发并提出适当的预测方法，进而辅助输电线路设计。

6.2 电晕产生可听噪声的物理描述

与 5.2 节讨论 RI 产生一样，实际交流输电线路导线上最常出现的电晕放电模式为电压正半周的起始流注和负半周的 Trichel 脉冲。如第 3 章所述，这两种电晕模式都为一系列重复的瞬态放电，其中快速电离和空间电荷运动发生在非常短的时间间隔内，约几百纳秒量级。电荷以非常高的速度运动，尤其是放电中产生的电子运动，通过碰撞使动能转移至中性空气分子。这种短时间内能量的突然转移相当于在电晕放电点发生爆炸，产生一个瞬态声波，实际上，电晕放电为重复瞬态声脉冲的球面波源。

因此，每一次瞬态电晕放电都会在导线中产生感应电流脉冲及在空气中传播的声脉冲。距离源 1m 处采用传声器测量单个正电晕源产生的声脉冲见图 6-1[1]。与感应电流脉冲一样，声压脉冲具有明确定义的形状参数，主要为电压极性的函数。与负极性 Trichel 脉冲对应的声脉冲在时域上具有非常相似的波形，但其幅值比正极性低约 1 个数量级。这也清楚地表明，与 RI 类似，对于交流或直流输电线路而言，正极性电晕为主要的"AN"源。正/负极性电晕产生的双极声压脉冲在形式上与点爆炸（快速集中能量释放）产生的冲击波相似[2]。图 6-1 所示的声脉冲频谱覆盖了脉冲噪声的典型频率范围。

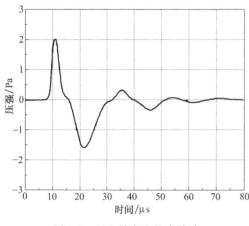

图 6-1　正电晕产生的声脉冲

输电线路导线每个电晕源都可看作一个点声源（很小的球形声源），发射具有随机幅值和随机时间间隔的声脉冲序列。电晕源沿输电线路每根导线随机分布。在晴天条件下，导线单位长声源平均数通常很低，在恶劣天气条件下，如雨、雪天气，声源数迅速增加。对于交流输电线路，在雨、毛毛雨或雾天下下，导线表面形成水滴，此时电晕产生的噪声超过环境噪声。

导线上不同电晕源产生的声压波在空气中传播不同距离，到达接近地面的观测点。然而，由于电晕放电的产生在空间和时间上具有随机性，这些波到达观测点时具有完全随机的相位关系。因此，引入声功率术语对 AN 的产生和传播进行分析，声功率不包含任何关于相位的信息，类似于 RI 的功率谱密度。

在交流输电线路上，每相导线的可听噪声主要在电压正半轴峰值附近的短时间间隔 T_{c+} 内产生（见图 5-2）。因此，对于三相线路，不同相可听噪声的产生周期被对应 $\omega t=2\pi/3$ 的时间间隔隔开，其中 ω 为交流角频率。观测点的声功率为线路三相的贡献和。在交流输电线路上，AN 通常包括除了相导线产生的声脉冲以外的附加分量，该分量由离子空间电荷在电压正半周和负半周中趋向导线和远离导线的振荡运动产生。这种空间电荷的运动，反过来通过碰撞将能量传递给空气分子，产生一种纯音，其频率 2 倍频于电源电压频率（即 60Hz 系统为 120Hz），也被称为"嗡嗡声"，类似于电力变压器铁芯磁致伸缩力产生的噪声。高次谐波（240Hz、360Hz 等）也可能存在，但通常很小。因此，交流传输线的噪声频谱包括宽频带噪声分量，其上叠加纯音分量。

6.3　可听噪声传播的理论分析

输电线路导线电晕放电产生的可听噪声传播可用声学基本定律来分析。首先考虑单根导线对地结构下导线电晕放电的情况。在分析中需作一些简化假设，这些假设对所得结果准确性的影响将在后面讨论。假设为：

① 电晕放电沿导线长度方向（轴向）均匀分布，任意频率 f 下可听噪声激发量可用均匀分布的单位长声功率 $\alpha(f)$ 来表征；

② 用于可听噪声测量的麦克风为理想传声器，在方向上对声压波的响应相等，与入射

角无关；

③ 声压波在空气中传播时不会损失任何能量（即没有衰减）；

④ 声波在地面上的反射可以忽略不计，即地面完全吸收与其撞击的任何能量。

如图 6-2 所示的单根导线，声功率密度为 $\alpha(f)$（W/m）沿导线均匀分布，需计算距导线径向距离 R 的观测点 P 处的声压级。以最接近 P 点导线 O 点为坐标原点，导线两侧延伸至 $-l_1$ 和 l_2。图中所示导线元长度 Δx 产生的声功率为 $\alpha(f)\Delta x$。该元长度可近似为声发射的点源，从该声源传播球面声波。该声源在 P 点处产生的声功率密度 $\Delta J(f)$ 为

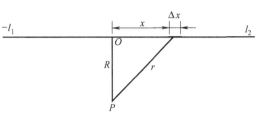

图 6-2　线路声源声压级计算

$$\Delta J(f) = \frac{\alpha(f)\Delta x}{4\pi r^2} \tag{6.1}$$

式中，r 为点源至 P 点的距离，满足 $r^2 = R^2 + x^2$。沿导线全线电晕放电在 P 处产生的声功率率密度为

$$J(f) = \frac{\alpha(f)}{4\pi}\int_{-l_1}^{l_2}\frac{\mathrm{d}x}{R^2 + x^2} = \frac{\alpha(f)}{4\pi R}\left(\arctan\frac{l_2}{R} + \arctan\frac{l_1}{R}\right) \tag{6.2}$$

若观测点 P 位于导线中垂面上，则 $-l_1 = l_2 = l/2$，其中 l 为线路总长度，且

$$J(f) = \frac{\alpha(f)}{2\pi R}\arctan\frac{l}{2R} \tag{6.3}$$

对于无限长线路，式（6.3）可简化为

$$J(f) = \frac{\alpha(f)}{4R} \tag{6.4}$$

由声学理论可知，传声器感测到的声压 $p(f)$ 为

$$p(f) = \sqrt{c\delta J(f)} \tag{6.5}$$

式中，c 为声波在空气中的传播速度，δ 为空气密度。海平面空气密度随环境温度而变化，夏季约为 $1.22\mathrm{kg/m^3}$，冬季约为 $1.28\mathrm{kg/m^3}$ [3]。因此，可假定 δ 平均值为 $1.25\mathrm{kg/m^3}$。对于标准大气，可假定 $c = 331\mathrm{m/s}$。

噪声测量，即麦克风感测到的声压通过若干个具有特定特性的带通滤波器中的一个，也称为加权网络，然后汇集。有四种类型的加权网络，称为 A、B、C 和 D，通常用于噪声测量。第 9 章对 AN 测量的仪器和方法进行了更完整的阐述。不过需指出，在测量仪器中最常用的是模拟人耳对低水平噪声平均响应的 A 加权网络，加权综合值称为声压级（Sound Pressrure Level），测量仪器称为声级计（Sound Level Meter）。若 $W_A(f)$ 表征 A 加权网络的幅值特性，则声压级 p 为

$$p = \int_0^\infty W_A(f)p(f)\mathrm{d}f \tag{6.6}$$

将式（6.5）代入式（6.6），可得

$$p = \sqrt{c\delta}\left[\int_0^\infty W_A(f)J(f)\mathrm{d}f\right]^{\frac{1}{2}} \tag{6.7}$$

对于短线路，且观测点位于中垂面上，将式（6.3）代入式（6.7）

$$p = \sqrt{\frac{c\delta}{2\pi R}\arctan\frac{l}{2R}}\left[\int_0^\infty W_A(f)\alpha(f)\mathrm{d}f\right]^{\frac{1}{2}} \tag{6.8}$$

式（6.8）中括号内表达式可写为

$$A = \int_0^\infty W_A(f)\alpha(f)\mathrm{d}f \tag{6.9}$$

式中，A 为 A 加权声功率密度。上面定义的量值 A 仅取决于在导线附近产生的电晕活动，与线路的结构无关。因此，可看作可听噪声的激发量。术语 A 通常称为电晕产生的声功率密度，与 CL 和 RI 激发量相似。对于短线路，将式（6.9）代入式（6.8），得

$$p = \sqrt{\frac{c\delta A}{2\pi R}\arctan\frac{l}{2R}} \tag{6.10}$$

对于无限长直线路，将式（6.4）代入式（6.7）和式（6.9），可得

$$p = \sqrt{\frac{c\delta A}{4R}} \tag{6.11}$$

声压级 p 单位为 Pa，声功率密度 A 单位为 W/m。通常均以 dB 表示：

$$p = 20\lg\frac{p}{p_{\mathrm{ref}}}; A = 10\lg\frac{A}{A_{\mathrm{ref}}} \tag{6.12}$$

式（6.12）中参考值为 $p_{\mathrm{ref}} = 20\mu\mathrm{Pa}$，$A_{\mathrm{ref}} = 1\mathrm{pW/m}$。式（6.10）和式（6.11）可以用 dB 重新表示为

短直线路：

$$p = A - 10\lg R + 10\lg\left(\arctan\frac{l}{2R}\right) - 7.82 \tag{6.13}$$

无限长线路：

$$p = A - 10\lg R - 5.86 \tag{6.14}$$

上述传播分析可容易地扩展至三相（甚至多相）输电线路的情况。若三相导线产生的声功率密度分别为 A_1、A_2、A_3，且观测点 P 与三相导线的径向距离分别为 R_1、R_2、R_3，根据式（6.11），则三导线对声压级的贡献可表示为

$$p_i = \sqrt{\frac{c\delta A_i}{4R_i}}, i = 1,2,3 \tag{6.15}$$

观测点 P 处的合成声压级 p_t 为

$$p_t = \sqrt{\sum_{i=1}^3 p_i^2} \tag{6.16}$$

与 CL 和 RI 类似，不可能完全基于理论方法计算得到输电线路电晕产生的可听噪声。对于任意给定的传输线结构，应用上述方法来评估可听噪声需已知激发声功率密度。

此时有必要讨论上述所作假设对所得结果准确性的影响。第一个假设，电晕均匀分布可采用统计平均功率密度的概念来理解。严格讲，若激发量 A 已知为 x 的函数，则分析中没必要作此假设。但是，对于一组给定的稳定天气条件，均匀分布的假设是合理的。关于第二个假设麦克风响应特性将在第 9 章详细讨论。已知传声器的响应特性，可将修正系数应用于声压级的计算。

第三个假设忽略了空气对声能的吸收。然而，在现实中，声波在空气中传播时，分子吸收会导致损失一定数量的能量。吸收能量为声波频率、温度、相对湿度的复杂函数。由于涉及变量太多，在传播分析中很难将空气吸收引起的衰减考虑在内。式（6.14）表明，在忽略空气吸收的情况下，导线源的可听噪声减小为 $10\lg R$。输电线路 A 计权声压级测量结果表

明[4-6]，横向衰减项的系数在 $10.3 \sim 12.3$ 之间变化，而非理论值 10。声能的空气吸收在该衰减系数中占比较高。因此，文献［7］建议通过将该项修正为 $11.4 \lg R$ 来考虑空气吸收引起的衰减。

第四种假设地面为一种良好的吸收介质，但是，根据地面的性质和组成，撞击地面的声波可能会受到一定程度的反射，传声器可同时感知直达波和反射波。假设反射系数为 K，则对于无限长线路式（6.4）可修正为

$$J(f) = \frac{\alpha(f)(1+K)}{4R} \tag{6.17}$$

对应全反射地面，$K=1$；对应全吸收地面，$K=0$。对应实际地面，K 值介于 $0 \sim 1$ 之间。在高频段，地面具有非常强的吸收能力，因此，对于短线路或无线长线路，反射对 A 加权声压级的整体影响几乎可以忽略不计。

对纯音亦即二次谐波"哼声"的分析与上述宽带噪声的分析有所不同。产生纯音有两种可能机制：

① 电晕放电产生的离子空间电荷在导线附近往返运动；

② 交变电压波形对产生声脉冲的调制。

两种机制的相对重要性依然为一个非常有争议的问题[8,9]，因此这里未对该现象进行理论分析。纯音噪声具有特殊性，因此在确定合成声压级时，应考虑来自线路不同相导线声波的相位关系。另外，由于哼哼声是一种低频现象，所以对于正常的地面，反射系数 $K \approx 1$，需考虑直达波分量和反射分量。两者的综合作用在横向曲线产生驻波形式，出现零点和峰值。

6.4 输电线路的可听噪声特性

输电线路可听噪声特性与 5.5 节中讨论的 RI 具有一定的相似性。电晕产生可听噪声的完整表征，需在频率、空间和时间域中进行描述，即频谱、横向曲线和统计分布。

图 6-3 给出了淋雨下交流输电线路可听噪声典型频谱。频谱由宽频分量组成（"噼啪声"），通常描述为在宽频成分上叠加纯音（由电压频率的偶数次谐波组成，"哼声"）。频谱的幅值和形状与电晕产生的声脉冲幅值和波形及所用麦克风的频响特性有关。因此，尽管电晕产生的噪声远超出可听声频率范围，但仪器中滤波器的加权特性可通过抑制更高频率分量来改变测量频谱。

A 计权声压级的横向曲线随距离增加单调下降，与 RI 情况类似。但是，与 RI 相比，AN 随距离增加减少率较低。纯音的横向曲线，如二次谐波的哼声分量，并没有随着距离的增加而单调减少，而遵循零点和峰值的驻波模式。图 6-4 所示为二次谐波"嗡嗡声"的典型横向曲线，波峰和零点的位置和幅值为声波波长和线路几何尺寸的函数。

AN 统计分布与 RI 统计分布非常相似，为倒 S 形曲线，曲线高水平分布段对应为恶劣天气条件，低水平分布段对应于晴好天气。拐点的位置取决于一年中晴天和恶劣天气的相对持续时间。

与 CL 和 RI 一样，影响电晕起始和产生的因素直接影响输电线路的 AN 效应。相比 RI 情况，由于对观测点线路两侧而言，对该点 AN 有贡献的导线长度相对较短，因此对于设计较好的输电线路，晴天下 AN 水平非常低。在大雾、薄雾、毛毛雨、雨水和融雪等天气下会产生较高水平的 AN，所有这些天气类型都会在导线上形成水滴[10]。干雪和其他类型的沉降物也会使线路可听噪声水平升高，但基本都低于导线附着水滴的情况。

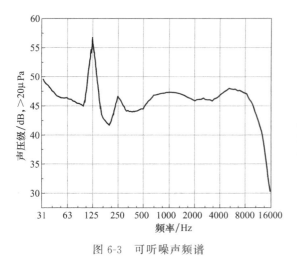

图 6-3　可听噪声频谱

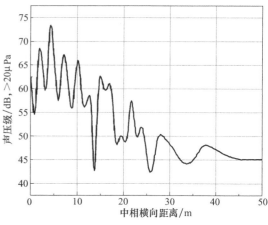

图 6-4　二次谐波横向曲线

6.5　输电线路可听噪声预测

前几章中已反复强调，由于电晕放电过程的复杂性和影响因素众多，实际上不可能完全基于理论分析来确定诸如 CL 和 RI 等电晕效应，AN 效应也类似。因此，有必要开发经验和半经验方法来预测新输电线路结构下的 AN 效应。经验预测方法通常适用于特定线路设计类型、特定场合及特定电压等级。因此，这些方法不能应用于任意通用线路的结构。半经验方法在本质上更通用，适用于不同线路设计和电压等级。这些方法提供了经验公式，可用于确定各种线路设计参数下的激发声功率密度。对于任意给定的线路设计，首先采用经验公式计算线路每相的 AN 激发量，然后在任意指定点或多个点采用分析方法计算线路产生的整体 AN，获得横向曲线。

半经验方法可通过在三相或单相试验线段、户外试验笼，或在某些情况下，在运高压输电线路上获得的试验数据推导求得。输电线路每相的声压级［单位：dB（A）］通常表示为一些主要参数的函数，即导线表面场强 g、分裂数 n、子导线直径 d 和导线与测量点间的径向距离 R，如：

$$AN = k_1 f_1(g) + k_2 f_2(d) + k_3 f_3(n) + k_4 f_4(R) + AN_0 + K \qquad (6.18)$$

式中，$k_1 \sim k_4$ 为经验常数，$f_1 \sim f_4$ 分别为 g、d、n 和 R 的函数，AN_0 为 AN 参考水平，K 为取决于参数值的调整因子。

计算得到每相在观测点的噪声水平后，根据式（6.16）对所有贡献求和，可得到线路总的噪声水平为

$$SPL = 10 \lg \left(\sqrt{\sum_{i=1}^{3} 10^{\frac{AN_i}{10}}} \right) \qquad (6.19)$$

式中，SPL 为观测点的合成声压级［单位：dB（A）］，AN_i 为根据式（6.18）计算的第 i 相产生的噪声水平。这种计算方法也适用于总相数为 6 的双回线路。

在文献［7、9、11、12］中给出了与式（6.18）形式相似的一些经验公式，并在 IEEE 会议论文[13] 中，通过与几个在运线路上获得的试验结果进行比较评估。大多数公式都很相似，计算结果与试验结果吻合较好。BPA 公式[7] 通过对系数 $k_1 \sim k_4$ 进行优化，同时考虑

到理论和试验数据，提出最广泛采用的公式，如下：

雨天，输电线路任意相 AN 平均值或 L_{50} 值为

$$AN = 120\lg g + k\lg n + 55\lg d - 11.4\lg R + AN_0 \tag{6.20}$$

式中，g 为分裂导线平均最大场强，kV_{rms}/cm；n 为分裂数；d 为子导线直径，cm；R 为相导线至观测点的径向距离，m。

$$k = 26.4, n \geqslant 3$$
$$= 0, n < 3$$
$$AN_0 = -128.4, n \geqslant 3$$
$$= -115.4, n < 3$$

采用式（6.19）可计算多相线路总的噪声水平。应用上述 BPA 方法时，给出了一下推荐：

① 雨天 AN L_{50} 值减去 25dB，可得到晴天 AN L_{50} 值；

② 雨天 AN L_{50} 值加上 3.5dB，可得到雨天 AN L_5 值（大雨条件）。

③ 考虑海拔影响的修正，在式（6.20）中加上 $A/0.3$ 修正项，其中 A 为海拔高度，km。

参考文献

[1] Heroux P, Trinh N Giao. A Study of Electrical and Acoustical Characteristics of Pulsative Corona [C]. IEEE/PES Winter Meeting, New York, 1976, IEEE Paper no A 76 122-2：25-30 .

[2] Okubo J, Matuyama E. On the Wave-form of a Sound Produced by a Spark [J]. Phys Rev, 1929, 34 (12)：1474-1482.

[3] Humphreys W J. Physics of the Air [M]. New York：Dover Publications, Inc. , 1964.

[4] Perry D E. An Analysis of Transmission Line Audible Noise Levels Based upon Field and Three Phase Test Line Measurements [J]. IEEE Trans PAS, 1972, 91 (5)：857-864.

[5] Kolcio N, Ware B J, Zagier R L, Chartier V L, Dietrich F M. The Apple Grove 750 kV Project：Statistical Analysis of Audible Noise Performance of Conductors at 775kV [J]. IEEE Trans PAS, 1974, 93 (5)：831-840.

[6] Trinh N G, Sarma P M, Poirier B. A Comparative Study of the Corona Performance of Conductor Bundles for 1200 kV Transmission Lines [J]. IEEE Trans PAS, 1974, 93 (5)：940-949.

[7] Chartier V L, Stearns R D. Formulas for Predicting Audible Noise from Overhead High Voltage AC and DC Lines [J]. IEEE Trans PAS, 1981, 100 (1)：121-130.

[8] Trinh N G. Analysis of the Second Harmonic (120 Hz) Audible Noise Generated by Line Coronas [C]. IEEE/PES Summer Meeting, 1975 July, San Francisco, CA, IEEE Paper No A 75 501-7：20-25.

[9] Transmission Line Reference Book：345kV and Above/Second Edition [M]. Palo Alto：Electric Power Research Institute (EPRI), 1982.

[10] Lanna F, Wilson G L, Bosack D J. Spectral Characteristics of Acoustic Noise from Metallic Protrusions and Water Droplets in High Electric Fields [J]. IEEE Trans PAS, 1974, 93 (11)：1787-1795.

[11] Trinh N G, Sarma P M. A Semi-empirical Formula for Evaluation of Audible Noise from Transmission Line Corona [C]. IEEE Canadian Communications and EHV Conference, 1972 Novembe, Montreal, 9-10：166-167.

[12] Trinh N G, Sarma P M. A Method of Predicting the Corona Performance of Conductor Bundles Based on Cage Test Results [J]. IEEE Trans PAS, 1977, 96 (1)：312-325.

[13] IEEE Committee Report. A Comparison of Methods for Calculating Audible Noise of High Voltage Transmission Lines [J]. IEEE Trans PAS, 1982, 101 (10)：4090-4099.

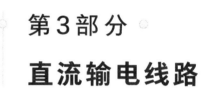

第3部分

直流输电线路

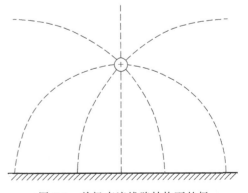

第7章

空间电荷与电晕损耗

随着近五十年来高压交/直流电能变换技术的进步，汞弧阀（水银整流器）、晶闸管及其他更先进的固态器件出现，现代电力系统中高压直流输电的应用也在稳步推进。由于施加在直流输电线路导线的电压不像交流线路随时间变化，因此产生的电场分布也不随时间变化。正如第3章所论及，交流和直流线路导线附近不同的电场条件使得电晕放电模式差异很大，也会使得空间电荷在线路不同导线间及导线对地间分布差异很大，导致产生电晕损耗物理过程的差异性。由于可能的环境影响因素，空间电荷稳态流动产生的电流和电场也是直流线路设计重要考虑因素。本章阐述了分析和预测单极/双极直流输电线路空间电荷环境和电晕损耗的方法。

7.1 单极直流输电线路

高压直流输电的三种基本运行模式已在1.3节中述及，即单极、特殊单极（同极）和双极运行模式。然而，从电晕效应的角度来看，单极和特殊单极输电线路之间没有本质的区别。因此，以下讨论仅限于单极和双极直流线路结构。

7.1.1 单极电晕放电的物理描述

根据运行电压等级，单极直流输电线路可由置于地面上方的单导线或分裂导线组成，且可相对于地在正/负极性运行。如第3章所述，正/负极性导线电晕会产生正/负离子，然而，与导线极性相反的离子被吸引向导线并在接触时被中和。因此，正极性导线电晕作为正离子源，反之亦然。

对于图7-1所示的单导线单极直流输电线路，在电晕起始前，可采用第2章所述的方法计算导线和地面的空间电场分布。当电压足够高，导线产生电晕放电，与导线同极性的离子空间电荷充满整个电极空间。离子在电场中发生迁移，迁移速度由离子迁移率和电场共同决定，电场分

图 7-1 单极直流线路结构下的场分布（[19]-图 1，CIGRE©1982）

布由导线施加电压和空间电荷分布确定，电场与空间电荷分布之间存在明显的非线性相互作用。离子从导线流向地面，大致沿着电场分布的通量线流动，见图 7-1。受离子空间电荷影响的电场分布有时被称为"电离场"。然而，由于对"电离"一词的解释可能会产生一些混淆，本书将这种场分布称为"空间电荷场"。

电晕产生的离子在电极间区域的连续迁移形成电流（运流电流），并产生功率损耗，由连接导线的电源提供。迁移离子除引起电晕功率损耗外，还可能会对线路附近的人或物体产生感应电场效应。

7.1.2　单极电晕控制方程

如上所述，单极电晕产生空间电荷场的特征为离子流与电场之间相互作用：空间任一点的离子电流密度为该点电场的函数，其不仅取决于电极上施加的电位，还取决于电极间区域的空间电荷分布。空间电荷场的数学描述涉及耦合的非线性偏微分方程。在描述空间电荷场的传统方法中，通常采用以下几个简化假设：

① 整个电极间区域充满空间电荷（即忽略电晕电离层的厚度）；

② 离子迁移率为常数（与电场幅值无关）；

③ 离子扩散可忽略不计；

④ 忽略风、湿度、气溶胶等的影响。

对这些假设的有效性或合理性进行讨论非常有必要。由于电晕层的厚度与导线半径数量级相同，与导线和大地间的距离相比，可忽略不计，因此第 1 个假设对于大多数实际线路结构是合理的，这个假设即为离子在导线表面发射。

第 2 和第 4 个假设主要为了简化数学处理，而正常空气温度和电极施加的高电压下第 3 个假设也是合理的（见 3.1 节）。空气中电晕放电产生的离子主要来源为氧气和氮气分子。这些离子的平均迁移率约为 1.5×10^{-4} m^2/(V·s) 量级。除引起离子迁移的电场力外，若环境空气非完全静止且有一定的速度，离子也会受到机械力的作用。在这种情况下，离子运动的特征为电场方向上的迁移速度和任意给定点上的风速和。因此，忽略风速的影响降低了分析处理的复杂性。

在大气中，电晕产生的分子离子可能会与空气中的水分子形成团簇，从而产生具有较低迁移率的重离子。同样，大气中的气溶胶颗粒可能在电晕产生的空间电荷场中荷电，使得荷电气溶胶的迁移率比分子离子的迁移率小 2～3 个数量级。重离子或荷电气溶胶的存在对空间电荷场的特性有着重要的影响。尽管可以考虑变化离子迁移率及风、湿度和气溶胶的影响，但忽略这些影响后会使得分析简化并更好地理解空间电荷场的基本特性。

在上述假设下，单极直流空间电荷场满足以下方程：

$$\mathbf{\nabla} \cdot \mathbf{E} = \frac{\rho}{\varepsilon_0} \tag{7.1}$$

$$J = \mu \rho \mathbf{E} \tag{7.2}$$

$$\mathbf{\nabla} \cdot \mathbf{J} = 0 \tag{7.3}$$

式中，E 和 J 为空间任点的电场和电流密度矢量，ρ 为空间电荷密度，μ 为离子迁移率，ε_0 为自由空间介电常数。第一式为 Poisson 方程，第二式给出电流密度矢量和电场矢量间的关系，第三式为离子连续性方程。

式（7.1）～式（7.3）描述了一般三维电极结构下的单极直流空间电荷场。这组耦合偏微分方程的解，结合适当的边界条件，可给出整个电极间区域的电场和空间电荷密度分布。而后，可采用式（7.2）计算任意点的电流密度。很明显边界条件为施加在电极结构下不同导线上的电位，该电位已知。然而，为求解式（7.1）～式（7.3），还需给出另一个边界条件，该边界条件通常确定为电极表面电场的幅值或电极表面发射的空间电荷密度。

从纯数学的角度看，费利西（Felici）[1] 研究证明，选择电极表面发射的电荷密度会使问题变得"适定"。然而，对于由导线电晕而产生电荷发射的具体情况，提供精确估计的电荷密度作为边界条件几乎不可能。电晕放电所涉及的物理过程非常复杂，如第 3 章所述，产生电荷发射的电离过程对导线表面电场分布的微小变化极为敏感。因此，对于由导线电晕产生的空间电荷场，在发射电极上选择电场而非电荷密度更合适。

为求取导线表面电场表示的边界条件，有必要将导线周围的电晕电离层考虑为等效稳态。当导线电压高于电晕起始电压后，电晕层中会产生大量的空间电荷，导致产生电离的电场和净空间电荷减少的电场间存在内在的相互作用。利用这两种相反现象间的平衡可计算导线表面电场。通过对直流电晕层内电场的近似理论分析，卡普佐夫（Kap zow）[2] 得出结论，电压高于起晕电压后，导线表面电场始终维持在起晕场强值。该分析中采用了空气中的电离系数数据，但由于当时没有关于空气中电子附着数据，因此采用近似的方法来考虑负离子空间电荷。

利用空气中电离系数和附着系数的实验数据，对正、负直流电晕放电电离层在等效稳态条件下电场分布进行严格分析[3]。结果表明，在实际输电线路的电晕电流正常范围内，电晕起始后，导线表面电场始终维持在起晕场强值。

7.1.3 简单结构分析

在最简单的电极结构下，场可简化为一维形式，进而求得由式（7.1）～式（7.3）和上述边界条件描述单极直流空间电荷场问题的解析解。因此，计算获得了平行板、同轴圆柱和同心球电极下的解[4]。然而，从直流电晕的角度来看，仅同轴圆柱电极结构具有实际意义。

Townsend[5] 首先获得了同轴圆柱结构的解析解，如图 7-2 所示，内导线和外圆柱体的半径分别为 r_0 和 R。假定随导线电压增加，导线表面电场始终维持在起晕场强值，且单极空间电荷从导线表面发射（即忽略电晕层的厚度），对此进行求解。

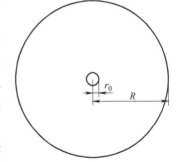

图 7-2 同轴圆柱结构

假定同轴圆柱结构无限长，因此无需考虑导线长度的变化。由于该结构下场固有的角对称性，仅求解一维（即沿径向坐标方向上）场即可。式（7.1）～式（7.2）在柱坐标系中可简化为

$$\frac{\mathrm{d}E}{\mathrm{d}r}+\frac{E}{r}=\frac{\rho}{\varepsilon_0} \tag{7.4}$$

$$\boldsymbol{J}=\mu\rho\boldsymbol{E} \tag{7.5}$$

将式（7.2）代入式（7.3）中，可得

$$\mu(\rho\,\boldsymbol{\nabla}\cdot\boldsymbol{E}+\boldsymbol{E}\cdot\boldsymbol{\nabla}\rho)=0 \tag{7.6}$$

用柱坐标表示，代入式（7.4）中的 ρ，式（7.6）为

$$\left(\frac{\mathrm{d}E}{\mathrm{d}r}+\frac{E}{r}\right)^2+E\ \frac{\mathrm{d}}{\mathrm{d}r}\left(\frac{\mathrm{d}E}{\mathrm{d}r}+\frac{E}{r}\right)=0$$

可进一步简化为

$$E\ \frac{\mathrm{d}^2E}{\mathrm{d}r^2}+3\ \frac{E}{r}\times\frac{\mathrm{d}E}{\mathrm{d}r}+\left(\frac{\mathrm{d}E}{\mathrm{d}r}\right)^2+\left(\frac{E}{r}\right)^2=0 \tag{7.7}$$

为计算 E 及随后的 ρ 和 j，对式（7.7）求解，采用式 $E=-\mathbf{V}\varphi$ 及下述边界条件：

① $r=r_0$ 处电位 $\varphi=U$；

② $r=R$ 处电位 $\varphi=0$；

③ $r=r_0$ 处电场 $E=E_0$，其中 E_0 为导线电晕起始场强；

同轴圆柱结构导线电晕起始电压为

$$U_0=E_0r_0\ln\frac{R}{r_0} \tag{7.8}$$

边界条件 3 表明，当 $U\geqslant U_0$ 时，在 $r=r_0$ 处 $E=E_0$。求得满足式（7.7）解 E 的形式为

$$E=\frac{\sqrt{Ar^2+B}}{r} \tag{7.9}$$

可将式（7.9）代入式（7.7）进行验证。常数 A 和 B 由单位长度总电晕电流 I（A/m）计算，由边界条件 3 可得

$$E_0=\frac{\sqrt{Ar_0^2+B}}{r_0} \tag{7.10}$$

由于

$$I=2\pi r_0 j_e \tag{7.11}$$

其中 j_e 为导线（发射电极）表面的电晕电流密度。采用式（7.5），

$$j_e=\mu\rho_e E_0 \tag{7.12}$$

式中，ρ_e 为导线表面电荷密度。将式（7.12）代入式（7.11），

$$I=2\pi r_0\mu\rho_e E_0 \tag{7.13}$$

采用式（7.4）可计算得到 ρ_e 值如下：

$$\rho_e=\varepsilon_0\left(\frac{\mathrm{d}E}{\mathrm{d}r}+\frac{E}{r}\right),r=r_0 \tag{7.14}$$

由式（7.9），

$$\frac{\mathrm{d}E}{\mathrm{d}r}=\frac{A}{\sqrt{Ar^2+B}}-\frac{\sqrt{Ar^2+B}}{r^2}$$

将 $\mathrm{d}E/\mathrm{d}r$ 和 E/r 的表达式代入式（7.14），并化简，

$$\rho_e=\varepsilon_0\ \frac{A}{\sqrt{Ar_0^2+B}} \tag{7.15}$$

将式（7.15）代入式（7.13）并重新整理，则常数 A 为

$$A=\frac{I}{2\pi\mu\varepsilon_0}$$

考虑圆柱电极结构进行归一化，定义无量纲电流为

$$\zeta=\frac{I}{2\pi\mu\varepsilon_0}\times\frac{R^2}{E_0^2r_0^2} \tag{7.16}$$

常数 A 可写为

$$A = \frac{E_0^2 r_0^2}{R^2} \zeta \tag{7.17}$$

将常数 A 代入式（7.10），可得常数 B 为

$$B = E_0^2 r_0^2 \left(1 - \frac{r_0^2}{R^2} \zeta \right) \tag{7.18}$$

将式（7.17）和式（7.18）代入式（7.9），得到关于 r 电场分布函数为

$$E = \frac{E_0 r_0}{r} \left(1 - \frac{r_0^2}{R^2} \zeta + \frac{r^2}{R^2} \zeta \right)^{\frac{1}{2}} \tag{7.19}$$

式（7.19）以归一化总电晕电流为参数，给出了电场 E 与 r 的函数关系。当电压低于起晕电压时，$\zeta = 0$，电场简化为空间无电荷静电场。将式（7.19）从 $r = R$ 积分至 $r = r_0$ 可得电压和电晕电流之间的关系，其结果等于外施电压 U，并重新整理（假设 $\frac{r_0^2}{R^2} \zeta \ll 1$，该假设对于实际输电线路电晕强度成立）为

$$\frac{U - U_0}{U_0} \ln \frac{R}{r_0} = (1 + \zeta)^{1/2} - 1 + \ln \frac{2}{1 + (1 + \zeta)^{1/2}} \tag{7.20}$$

上述分析给出了求解一维单极空间电荷场问题的一般步骤。采用同轴圆柱几何结构的实验研究表明了由式（7.20）给出的电压-电流关系对于光滑圆柱导线电晕的有效性[6]。影响理论和实验结果一致性的关键参数为电晕起始场强 E_0，通常低于式（3.28）所示经验公式预测的值。在非常高的电晕强度下，例如在静电除尘器的情况下，$\frac{r_0^2}{R^2} \zeta \ll 1$ 可能不再有效，需采用比式（7.20）更为精确的表达式。

7.1.4　导线-平面结构的简化分析

如图 7-3 所示，导线-平面结构由置于无限大接地平面上方，并平行于该接地平面的无限长圆柱导线组成，与实际单极直流输电线路结构极为相似。由于不涉及其他对称性，导线平面为二维几何结构，获得直流单极空间电荷场的解析解非常困难。然而，出于实际需要，一些研究人员已经尝试获得其近似解析解。多伊奇（Deutsch）[7] 首次尝试将分析扩展到导线-平面结构，但做了以下假设：

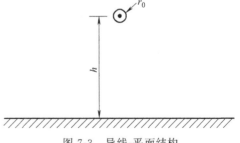

图 7-3　导线-平面结构

① 空间电荷只影响电场的大小而不影响电场的方向；

② 电极场域空间内空间电荷密度恒定；

③ 未起晕电极的电场不受空间电荷影响。

Deutch 第一假设最关键，它将二维问题简化为一维问题。然而，Deutch 采用的另外两个假设严重限制了其分析的有效范围，即使对于地面上单根导线的情形。第二和第三个假设仅适用于接近消失的小电晕电流。Popkov[8] 提出了一种改进的导线-平面几何结构分析方

法，保留了 Deutsch 第一个假设，但舍弃了另外两个假设。然而，他作出了另一个假设，即根据实验室测量，地面上电晕电流分布的形状与电极几何结构参数或电晕强度无关，Popkov 在同轴圆柱几何结构的 Townsend 方程［式（7.20）］中引入了经验常数，使其适用于导线-平面结构，并给出了电压-电流特性方程如下：

$$0.41P\frac{U-U_0}{U_0}\ln\frac{2h}{r_0}=(1+\zeta)^{1/2}-1+\ln\frac{2}{1+(1+\zeta)^{1/2}} \tag{7.21}$$

式中，r_0 为导线半径，h 为导线对地高度，且

$$\zeta=\frac{PI}{2\pi\mu\varepsilon_0}\times\frac{h^2}{E_0^2r_0^2} \tag{7.22}$$

Popkov 引入经验常数 P，以考虑沿地面的非均匀电流分布，并将户外试验线电晕电流的精确测量结果与 Popkov 公式［式（7.21）］计算结果进行了比较[6]。结果表明，只有将 P 值从 1.65 提高到 5 左右，理论结果才能与实验较为吻合。结果还表明，与 Popkov 假设相反，P 值随电晕强度和线路参数的变化而变化。

Felici[9] 对直流空间电荷场从数学角度进行了详细地研究，证明了求取静电除尘器中复杂问题数值解的可能性。其发现了两种极限情况，即导线电晕强度非常弱（即接近电晕起始）或非常强，在这两种极限情况下可以更好地理解空间电荷场的一般性质。

7.1.5　一般单极输电线路结构分析

实际单极输电线路通常由地上单根或分裂导线组成，通常也包括用于防雷的架空地线。非常有必要对这种实际线路结构的单极直流空间电荷场求解，并用于计算电晕损耗及线路附近的空间电荷和电场环境。基于明确的假设，马如瓦达（Maruvada）和贾尼舍夫斯基（Janischewskyj）[10] 提出了一种适用于任何一般输电线路结构的分析方法，阐述如下。

分析方法采用以下两个假设：

① 空间电荷只影响电场的大小而不影响电场的方向；

② 电压高于电晕起始电压，电晕放电时导线表面电场维持在电晕起始场强。

第一个假设为 Deutsch 第一假设，使得一个本质为二维的问题转化为一个等价一维问题。从物理角度来看，这个假设意味着电场分布的几何形态不受空间电荷的影响，等位线移动时通量线不变。即使在导线表面电晕放电强度很大、产生的空间电荷密度非常高的情况下，这种假设对于对称结构如同轴圆柱电极结构显然成立。然而，对于实际的导线－平面结构，特别是对于高电晕强度的情况，则该假设不成立。输电线路通常在晴天条件下接近电晕起始电压下运行，即使在恶劣的天气条件下，导线上的电晕放电通常也不像静电除尘器那样剧烈。另外，在传输线的情况下，导线附近的地面的场分布则相当对称。基于这些原因，这一假设对于分析实际直流输电线路上电晕产生的空间电荷场是合理的。第二个假设从理论角度[3] 甚至某种程度上从实验角度[11] 都是合理的，尤其对于分析直流输电线路产生的电晕电流范围。

根据第一个假设，存在空间电荷的情况下，电极间区域任意点无空间电荷电场矢量 $\boldsymbol{E}'$ 与含空间电荷电场矢量 $\boldsymbol{E}$ 的关系为

$$\boldsymbol{E}=\xi\boldsymbol{E}' \tag{7.23}$$

式中，ξ 为空间坐标的标量点函数，取决于区域内的电荷分布。矢量场 $\boldsymbol{E}$ 和 $\boldsymbol{E}'$ 可用相应

的空间电势 Φ 和 ϕ 表示，

$$E = -\nabla \Phi \quad E' = -\nabla \phi$$

另外，由于假设电场通量线在空间电荷时保持不变，这两种情况下，电场幅值可表示为

$$E = -\frac{\mathrm{d}\Phi}{\mathrm{d}s} E' = -\frac{\mathrm{d}\phi}{\mathrm{d}s} \tag{7.24}$$

式中，s 为无空间电荷时沿场通量线的测量距离。沿通量线各点的坐标可直接用距离 s 表示，也可以间接用沿通量线的无空间电荷电势 ϕ 表示。因此，采用式（7.24），式（7.23）化简为

$$\frac{\mathrm{d}\Phi}{\mathrm{d}\phi} = \xi \tag{7.25}$$

将式（7.23）代入式（7.1）中并化简（注意 $\nabla \cdot E' = 0$ 表示无空间电荷自由场），

$$E' \cdot \nabla \xi = \frac{\rho}{\varepsilon_0}$$

$E' \cdot \nabla \xi$ 表示向量 $\nabla \xi$ 在 E' 方向上的投影，所以两个向量的点积可用标量 $E'\frac{\mathrm{d}\xi}{\mathrm{d}s}$ 代替。因此，前述方程可简化为

$$E'\frac{\mathrm{d}\xi}{\mathrm{d}s} = \frac{\rho}{\varepsilon_0}$$

将自变量改为 ϕ，根据关系式 $\frac{\mathrm{d}\xi}{\mathrm{d}s} = \frac{\mathrm{d}\xi}{\mathrm{d}\phi} \times \frac{\mathrm{d}\phi}{\mathrm{d}s} = -E'\frac{\mathrm{d}\xi}{\mathrm{d}\phi}$，可将上述方程转化为

$$\frac{\mathrm{d}\xi}{\mathrm{d}\phi} = -\frac{\rho}{\varepsilon_0 (E')^2} \tag{7.26}$$

空间电荷密度 ρ 沿通量线分布的方程可用类似的方法推导。将式（7.2）和式（7.23）代入式（7.3）并化简，

$$\frac{\mathrm{d}\rho}{\mathrm{d}\phi} = \frac{\rho^2}{\varepsilon_0 \xi (E')^2} \tag{7.27}$$

式（7.25）～式（7.27）描述了电场和电荷密度沿通量线的分布。导线施加电压和导线产生电晕时表面电场幅值，即为求解这些方程所需的边界条件。如果导线施加对地电压为 U，且线路几何结构对应电晕起始电压为 U_0，则根据第二个假设，导线表面 $\xi = \frac{U_0}{U}$。因此，完整的边界条件可写为

$$\Phi = U，\phi = U \text{ 处} \tag{7.28}$$

$$\Phi = 0，\phi = 0 \text{ 处} \tag{7.29}$$

$$\xi = \frac{U_0}{U}，\phi = U \text{ 处} \tag{7.30}$$

式（7.25）～式（7.27）和边界条件式（7.28）～式（7.30）描述了两点非线性边值问题。边值问题的通量线可假定起始于导线表面，对应于自变量 $\phi = U$，终止于地面，对应于 $\phi = 0$。为了获得解需三个边界条件，其中两个边界条件由 $\phi = U$ 确定，另一个边界条件由 $\phi = 0$ 确定。在 $\phi = 0$ 处 Φ、ξ 已知，该边界处的未知量 ρ 可给定猜测值，同时，通过求解式（7.25）～式（7.27）描述的初值问题可获得沿通量线以 ϕ 为函数的参数 Φ、ρ 及 ξ 的值，以及其他边界处如在 $\phi = 0$ 处的相应值。如果 Φ 的结果值满足边界条件式（7.29），如在 $\phi = 0$

处 $\Phi=0$，则猜测的初始值 ρ 在 $\phi=U$ 处正确。由于在大多数情况下很难猜测 ρ 的正确值，因此采用称为割线法[12] 迭代计算满足边界条件式（7.29）且达到所需精度要求在 $\phi=U$ 处的 ρ 值。

上述分析方法可用于计算任何一般电极结构的单极空间电荷场，包括计算单个或多个电极上发生电晕放电时的静电场分布。特别是直流输电线路，该方法可计算单极单根或分裂导线线路、同极线路和单极含架空地线线路在电极间区域的电场、空间电荷密度及电晕损耗。

该方法可适用于任意给定的线路结构，首先需求得无空间电荷电场通量线。通量线通常起始于其中某根产生电晕的导线，并终止于地面。对于含架空地线的线路，起始于导线的通量线可终止于地面或接地线。对于所选取的每条通量线，电场 E' 的分布为沿通量线 ϕ 的函数。沿通量线方向，对描述空间电荷场分布的边值问题进行迭代求解，以计算电荷密度 ρ_e，进而计算通量线起始处导线表面点的电流密度 j_e。在计算得到 ρ_e 的正确值后，可对式（7.25）~式（7.27）进行积分，以获得空间电荷环境参数（即 E 和 ρ）在沿通量线任意点的分布。详细阐述分析单极和双极直流空间电荷场，求解给定线路结构下无空间电荷时电场通量线，计算 E（为沿通量线 ϕ 的函数）及求解两点非线性边值问题的数值方法，见附录 7A。

在导线表面选取一组均匀分布的点作为通量线起始点，可计算导线周围的电晕电流分布，然后通过对电流分布积分，计算导线的电晕电流。如果线路结构由多根导线组成，如在单极线路多分裂导线或同极线路的情况下，则总电晕电流为每根导线电流和。最后，通过对所选通量线的方程进行求解，可得 E 和 ρ 在电极间区域和地面及接地线上（若线路结构中含地线）的分布。

7.2　双极直流输电线路

在高压直流输电中，双极性线路比单极性线路有一些明显的优点。最重要的优点为，在双极直流线路的正常平衡运行期间，大地回流可忽略不计；其他优点包括灵活性更高和运行可靠性增加。因此双极直流线路电晕效应的评估具有较大的实际意义。

7.2.1　双极电晕的物理描述

最简单的双极直流输电线路由安装在同一杆塔上的两根极性相反的导线组成，如图 7-4 所示。导线对地高度及导线水平间距通常根据绝缘要求选择，但电晕效应也是导线选型的关键因素。根据电压等级不同，实际双极高压直流输电线路可能还需采用分裂导线，而非单导线，这主要是为了获得比较满意的电晕效应。

对于双极直流线路，电晕可同时存在于正/负极性导线，每根导线发射出与各自极性相同的离子。每根导线电晕产生的离子要么向极性相反的导线漂移，要么向地面漂移。因此，这种情况下，主要由三个不同的空间电荷区域组成：正导线和接地平面之间的正单极区域、负导线和接地平面之间的负单极区域及两根导线之间的双极区域。两个单极区域与单极直流线下的区域非常相似，空间电荷场可用

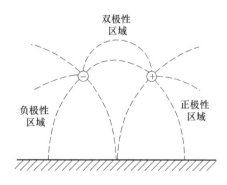

图 7-4　双极线结构的场分布
（[19]-图 2，CIGRE©1982）

前述方法进行分析。

在导线之间的双极区域，两种极性的离子混合，首先使得有效或净空间电荷减少，其次存在离子的复合和中和。在单极电晕的情况下，存在于电极间区域的空间电荷通过降低导线附近的电场，从而降低电离强度，对导线产生屏蔽效应。因此，它可以起到稳定放电活动和限制电晕电流的作用。然而，在双极电晕的情况下，相反极性的离子混合并复合降低了有效空间电荷，同时也降低了屏蔽效应。因此，在双极性情况下，平衡态电晕电流的幅值将高于相应的单极性放电，因为必须发射更多总数的正电荷和负电荷才能产生相同的屏蔽效果。

7.2.2　双极电晕控制方程

双极电晕产生的空间电荷场的数学描述比单极电晕更为复杂，这主要是由于存在两种极性离子和离子复合现象。前面描述单极空间电荷场的四个简化假设也适用于双极空间电荷场的情况。

区域内任意一点的电场受净空间电荷分布控制，并满足泊松方程，

$$\nabla \cdot E = \frac{\rho_+ - \rho_-}{\varepsilon_0} \tag{7.31}$$

式中，ρ_+ 和 ρ_- 为正/负极性空间电荷密度，$\rho_+ - \rho_-$ 为研究点的净空间电荷密度。电极间区域任意点的离子电流密度为

$$J_+ = \mu_+ \rho_+ E \tag{7.32}$$
$$J_- = \mu_- \rho_- E \tag{7.33}$$

式中，μ_+ 和 μ_- 分别为正离子和负离子迁移率，应注意，尽管正离子和负离子的运动方向相反，但电流密度矢量都与 E 的方向相同。因此，在任何点上的总电流密度 J 为

$$J = J_+ + J_- = (\mu_+ \rho_+ + \mu_- \rho_-)E \tag{7.34}$$

正离子和负离子的连续性方程可分别表示为

$$\nabla \cdot (n_+ v_+) + \frac{\partial n_+}{\partial t} = G_+ \tag{7.35}$$

$$\nabla \cdot (n_- v_-) + \frac{\partial n_-}{\partial t} = G_- \tag{7.36}$$

由于仅考虑离子的稳态流动，$\frac{\partial n_+}{\partial t} = \frac{\partial n_-}{\partial t} = 0$。上式中 G_+ 和 G_- 为离子产生或消失的速率。假设电离过程仅限制在导线表面附近，离子不会在电极间的空间产生。但是，由于体积复合过程[13]，它们会消失。离子复合速率为

$$G_+ = G_- = -R_i n_+ n_- \tag{7.37}$$

式中，R_i 为离子复合系数。复合系数随气压变化，在标准大气压下达到最大值。对于标准大气压下空气中的离子，复合系数约为 $2.2 \times 10^{-12}\,\mathrm{m^3/s}$。将式（7.37）代入式（7.35）和式（7.36），并用各自的电流密度和电荷密度表示，并注意到负离子的迁移速度与电场 E 的方向相反，以电场 E 方向作为参考正方向，则电流连续性方程变为

$$\nabla \cdot J_+ = -\frac{R_i n_+ n_-}{e} \tag{7.38}$$

$$\nabla \cdot J_- = \frac{R_i n_+ n_-}{e} \tag{7.39}$$

式中，e 为电子电荷量。总电流的连续性方程仍为 $\mathbf{\nabla} \cdot \mathbf{J} = 0$。

式（7.31）～式（7.33），式（7.38）、式（7.39）定义了双极直流电晕的空间电荷场。这些方程结合适当的边界条件可求解获得电场和电荷分布，进而求取电晕电流和电晕损耗。类似于单极电晕的情况，该方程也为非线性方程，并且由于引入附加变量进一步增加了问题的复杂性。

7.2.3   简化分析

由于问题复杂度增加，对于双极性空间电荷场的分析，尤其是计算双极性直流输电线路的电晕损耗方面目前尝试较少。早期实验研究表明，在其他条件相同的情况下，双极电晕损耗比单极电晕损耗大得多。双极电晕中损耗的增加，既可归因于电极间区域相反极性电荷的互补，也可归因于导线电晕起始场强的降低，这是由于相反极性的离子穿入每根导线周围的电晕电离层。

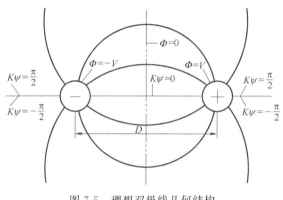

图 7-5   理想双极线几何结构

分析双极电晕损耗的简化方法通常基于图 7-5 中所示的理想线路几何结构，其中假设导线对地高度远大于极间距。也就是说，忽略了地面和两个单极区域的影响，仅考虑导线间的双极区域。Popkov[14] 对理想结构下双极性电晕进行了近似的定量分析，其中基于双极性空间电荷场的实验探针研究，采用了许多简化假设，以获得电压－电流特性的半解析方程。Popkov[15] 后来对简化分析进行了扩展，以考虑地面的影响。Tsyrlin 起初忽略了离子的复合[16]，随后又将其考虑在内[17]，提出了理想电极结构下双极电晕的更精确分析处理方法。

7.2.4   一般双极传输线结构分析

与大多输电线路电磁建模类似，可采用二维表述来分析双极直流线路结构下的空间电荷场。假设与单极电晕的情况一样，空间电荷不会改变电场的几何形态，然而，二维双极空间电荷场问题可进一步简化为等效的一维形式[18]。下面阐述的分析适用于双极线的理想和正常几何结构。尽管与单极空间电荷场分析中采用的方法相似，但非常有必要重复两个基本假设，使分析双极情况变得可能：

① 空间电荷只影响电场的大小而不影响电场的方向；

② 电压高于电晕起始电压，电晕放电时导线表面电场维持在电晕起始场强。

由于双极情况下的净空间电荷密度通常低于单极性空间电荷场中的净空间电荷密度，因此第一个假设对于实际双极性直流线路在正常运行电压范围内成立。第二个假设的依据与单极电晕的情况相同。

根据第一个假设，存在空间电荷情况下，无空间电荷电场矢量 $\mathbf{E}'$ 与含空间电荷电场矢量 $\mathbf{E}$ 的关系为

$$E = \xi E'$$

$$(7.40)$$

式中，ξ 为空间坐标的标量点函数，由上述单极情况下的分析可知，空间电荷存在时的空间电位 Φ 表示为沿通量线的无空间电荷电位 ϕ 的函数，为

$$\frac{\mathrm{d}\Phi}{\mathrm{d}\phi} = \xi \tag{7.41}$$

将式（7.40）代入式（7.31），将自变量换为 ϕ，得到沿通量线 ξ 随 ϕ 变化的微分方程，

$$\frac{\mathrm{d}\xi}{\mathrm{d}\phi} = -\frac{\rho_+ - \rho_-}{\varepsilon_0 (E')^2} \tag{7.42}$$

ρ_+ 和 ρ_- 沿通量线分布的方程也可用类似方法确定。将式（7.32）代入式（7.38），将自变量变为 ϕ，将式（7.42）中的 $\frac{\mathrm{d}\xi}{\mathrm{d}\phi}$ 代入，并进行化简，得到 ρ_+ 的表达式为

$$\frac{\mathrm{d}\rho_+}{\mathrm{d}\phi} = \frac{1}{\varepsilon_0 \xi (E')^2} \left[\rho_+^2 - \rho_+ \rho_- \left(1 - \frac{\varepsilon_0 R_i}{\mu_+ e} \right) \right] \tag{7.43}$$

类似地，ρ_- 的表达式可由式（7.33）和式（7.39）得到，为

$$\frac{\mathrm{d}\rho_-}{\mathrm{d}\phi} = \frac{1}{\varepsilon_0 \xi (E')^2} \left[\rho_+ \rho_- \left(1 - \frac{\varepsilon_0 R_i}{\mu_- e} \right) - \rho_-^2 \right] \tag{7.44}$$

式（7.41）～式（7.44）描述了沿无空间电荷场任意通量线的电场分布和正负电荷密度分布。

根据导线施加电压和正负导线表面电场的幅值，给出了求解这些方程所需的边界条件。若 ξ_+ 和 ξ_- 分别表示正负极性导线表面标量点函数 ξ 的值，则根据上述两个假设，$\xi_+ = \frac{U_{0+}}{U}$、$\xi_- = \frac{U_{0-}}{U}$，其中，$\pm U$ 为导线施加的双极电压，U_{0+} 和 U_{0-} 分别为正负极性导线的电晕起始电压。因此，根据四个微分方程式（7.41）～式（7.44）结合边界条件可给出对于任意特定通量线的边值问题的完整描述，边界条件为

$$\Phi = U, \quad \phi = U \text{ 处} \tag{7.45}$$

$$\Phi = -U, \quad \phi = -U \text{ 处} \tag{7.46}$$

$$\xi_+ = \frac{U_{0+}}{U}, \quad \phi = U \text{ 处} \tag{7.47}$$

$$\xi_- = \frac{U_{0-}}{U}, \quad \phi = -U \text{ 处} \tag{7.48}$$

由非线性微分方程式（7.41）～式（7.44）和相应边界条件式（7.45）～式（7.48）定义的边值问题可用数值方法求解。考虑到任意特定的通量线，起始于正导线表面，终止于负导线，可对方程式（7.41）～式（7.44）积分，以获得沿该通量线的场和电荷分布。不管从正导线还是负导线开始积分，积分方程组所需的四个初始条件中仅有两个已知。两种极性导线表面电荷密度 ρ_+ 和 ρ_- 值未知。

例如，从正导线（即 $\phi = U$）处开始，Φ 和 ξ 的初始值由式（7.45）和式（7.47）给出。求解边值问题的步骤包括：首先假定任意猜测的 ρ_+ 和 ρ_- 初始值，然后对式（7.41）～式（7.44）积分。在 $\phi = -U$ 处 Φ 和 ξ 的结果值与式（7.46）和式（7.48）给出的值进行比较。然后适当调整 ρ_+ 和 ρ_- 的假定初始值，直至计算边界条件与给定值一致。因此，必须采用迭代法来确定 ρ_+ 和 ρ_- 的正确值。

用所述方法求解边值问题，可给出沿任意给定通量线的完整电场和电荷密度分布。随后

可采用式（7.32）～式（7.33）计算电流密度。任意导线周围的电流分布可通过考虑从导线表面均匀分布的点起始的多条通量线来确定。最后，通过积分求解得到电流分布，获得与给定外施电压相对应的总电晕电流，进而求得双极电晕损耗。对于实际的双极直流输电线路结构，总电晕损耗为双极分量和单个正/负单极分量之和。因此，有必要求解图 7-4 所示的两个单极区和双极区的空间电荷场，以获得整个电极间空间的电场和电荷密度分布，并确定线路的总电晕损耗。附录 7A 给出了该计算程序不同阶段所涉及数值技术的详细信息。

7.3　改进分析方法

前面章节中对一般的单极和双极输电线路几何结构下空间电荷场的分析方法进行了阐述，这些方法受到所采用的一些理想化的数学模型，以及为求取这些模型的解而作出的假设的限制。为求取解而作出的假设中，最重要的为 Deutsch 第一假设。这一假设意味着空间电荷只影响电场的大小，而不影响电场的方向，是将二维甚至三维复杂问题简化为一维问题的必要条件。上述方法使得计算实际直流输电线路结构下的空间电荷环境和电晕损耗成为可能。用这些方法得到的计算结果与电晕损耗、地面电场和地面离子电流分布的实验数据吻合较好[10,18,19]。然而，为获得与上述相同理想化数学模型的改进解，进行的许多尝试中，可以不必引用 Deutsch 第一假设，但所有这些方法都涉及一组二维非线性偏微分方程的数值解。

这些改进方法中的第一种为有限差分法（FDM）[20]，主要用于研究静电除尘器电极结构的单极空间电荷场。虽然没有采用 Deutsch 第一假设，但是在分析中假设导线表面的电荷密度而非电场为已知的边界条件。由于电荷密度先验未知，用这种方法无法得到用电极电压表示的预测解。仅可获得适用于静电除尘器符合实际需要的解，因为静电除尘器通常以单极电晕模式运行，并且具有非常高的电晕强度。相反，高压直流输电线路通常在起晕电压附近运行。

利用保角变换方法可得到导线-平面结构下单极电晕问题的解析解[21]，无需作 Deutsch 第一假设。然而，这种方法不能推广到实际的单极直流线路结构下采用分裂导线和双极直流线的情况。在某些情况下，舍弃 Deutsch 第一假设未必会获得改进解，因为在这个过程中会做出更多甚至更简化的假设[22]。

杰拉（Gela）和贾尼舍夫斯基（Janischewskyj）[23] 首次采用有限元方法（FEM）解决导线—平面结构的空间电荷场问题，而没有采用 Deutsch 第一假设。用这种改进的分析方法得到的结果表明，对于实际的线路结构和实际导线的电晕强度，采用 Deutsch 第一假设所引起的误差可忽略不计。随后，应用有限元法求解了单极和双极输电线路结构的空间电荷场[24,25]。这些方法采用的是电荷而非导线表面电场的边界条件，这限制了这些方法预测实际直流线路电晕效应的能力。

7.3.1　与实验比较

采用 FDM 或 FEM 的改进分析方法已证明，在某些电极结构和高电晕强度的情况下，采用 Deutsch 第一假设会产生较大的误差。然而，对于实际的单极和双极直流线路结构及正常运行条件，基于此假设并采用 7.1 节和 7.2 节中阐述的导线表面电场边界条件的分析方法可给出足够精确的结果。下面的例子给出了采用这些方法计算值和测量值之间的比较结果。

第 1 个例子，图 7-6 中比较了正极性单极导线电晕电流计算值和测量值，单根导线半径为 1.02cm，平均对地高度为 9.22m，计算中假设导线表面粗糙系数为 $m=0.7$，正离子迁移率为 $1.5 \times 10^{-4}\,m^2/(V \cdot s)$。第 2 个例子，图 7-7 给出了双极直流线路的总电晕损耗电流（包括单极和双极分量）的计算值和测量值之间的比较，双极直流线路的单极导线半径为 1.02cm，极间距为 10.36m，导线平均对地高度为 9.15m，假定导线表面粗糙系数 $m=0.7$，正负离子迁移率为 $1.5 \times 10^{-4}\,m^2/(V \cdot s)$。在上述两种情况下，计算结果与在短试验线段的测量结果相当吻合[26]。

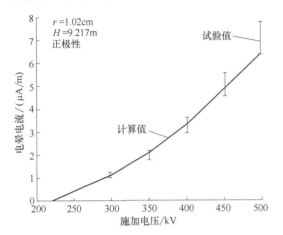

图 7-6　单极线路电晕电流计算值与测量值的比较（[19]-图 6，CIGRÉ©1982）

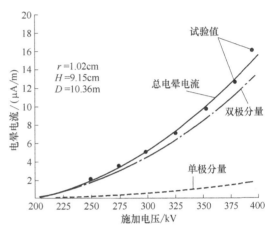

图 7-7　双极线路电晕电流计算值和测量值的比较（[19]-图 7，CIGRÉ©1982）

在第 3 个例子中，对在运双极直流输电线路[27]下测量的地面电场和离子电流密度与计算结果进行了比较。线路结构包括每极为 2 分裂导线，子导线半径为 2.032cm，分裂间距为 45.72cm，极间距为 13.41m，导线平均对地高度为 15.3m。计算结果与测量结果比较见图 7-8。计算中假定正负离子迁移率为 1.5×10^{-4} $m^2/(V \cdot s)$。然而，为在理论和实验之间获得良好的一致性，有必要假设一个低得多的导线表面粗糙系数值 $m=0.4$。运行线路电晕起始的实验观测部分地证明了低值 m 的合理性。m 值变化较大可能是由于导线尺寸、分裂型式、导线上污染（沉积物）类型及程度的变化引起。

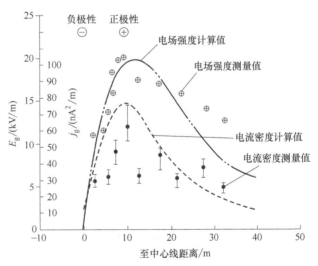

图 7-8　在运双极直流线电场和离子电流密度计算和测量结果比较（[19]-图 8，CIGRÉ©1982）

7.3.2　改进方法的局限性

在求取单极和双极直流线路空间电荷场的改进解方面，大多数工作都集中在将更精确的数值技术应用于相同的理想化数学模型。然而，理论计算的准确性可能更多地受到所提出模型本身所涉及假设的限制，而非基于这些模型获得实际线路结构的解。在全尺寸试验或在运行线路上的测量和理论计算之间观察到的许多差异[10,18,19]实际上可能归因于理想化模型所涉及的一些假设。这些假设包括将输电线路近似为二维几何形状，忽略塔和其他结构，假定导线为光滑的圆柱体，并且电晕产生沿导线长度均匀分布。实际输电线路导线为绞合结构，正负极导线上的电晕表现为沿导线随机分布的单个放电点。在晴天，导线单位长度的平均放电点数量一般较低，在雨雪条件下迅速增加，在晴天，放电点主要产生于昆虫或植物物质沉积在导线表面的位置。

对计算结果和测量结果进行比较时，一个重要的影响因素为计算中采用的一些基本参数的准确度。所有计算方法所需参数为导线正/负极性电晕起始场强、正/负离子迁移率和离子复合系数。在建立数学模型时忽略了风、湿度和荷电气溶胶的影响，这也会导致计算结果和测量结果之间的差异。

导线正/负极性电晕起始场强一般采用经验公式（3.28）计算。对于实际的输电线路导线，计算电晕起始场强需导线表面粗糙系数 m 和相对空气密度 δ 等信息。m 值通常是在不同导线表面条件下通过实验测定。由于空间电荷场的理论计算对所采用电晕起始场强值非常敏感，因此正确选择 m 值就显得尤为重要。即使在更复杂的双极电晕情况下，也可考虑不相等的正/负极性电晕起始场强值[18]。

电极空间任意点电晕电流密度及输电线路总电晕电流与计算中采用的离子迁移率值成正比。这些离子通常由电晕放电中空气分子电离产生的小离子和带电气溶胶组成。然而，在靠近输电线路的区域，小离子占主导地位。由于小离子由不同种类的氮气和氧分子组成，因此用离子迁移率值的分布而非单一值来表征它们的迁移率更为合适。计算中通常使用平均离子迁移率值。此外，正离子和负离子的迁移率谱也不同，主要是由于正离子与 NO_2 和 NO 等分子交换电荷[28]，产生了大量 $NO_2^+(H_2O)_n$ 和 $NO^+(H_2O)_n$ 形式的水合物络合物离子，这些络合物正离子比相应的负离子络合物 $O_2^-(H_2O)_n$ 和 $O^-(H_2O)_n$ 质量更重。根据环境温度和湿度，这些复合离子中的 H_2O 分子数 n 从 3～5 不等取值。空气小离子的平均迁移率值：正离子在 $1.3 \times 10^{-4} \sim 1.4 \times 10^{-4} \, m^2/(V \cdot s)$ 范围、负离子在 $1.7 \times 10^{-4} \sim 1.8 \times 10^{-4} \, m^2/(V \cdot s)$ 范围。数值研究[18] 表明，假设正负离子迁移率相等，为 $1.5 \times 10^{-4} \, m^2/(V \cdot s)$，而非 $1.3 \times 10^{-4} \, m^2/(V \cdot s)$（正离子）和 $1.7 \times 10^{-4} \, m^2/(V \cdot s)$（负离子），计算得到的电晕电流误差可忽略不计。

通常大量气溶胶粒子存在于大气中，当这些粒子处于直流输电线路附近存在的单极空间电荷区域时，小空气离子扩散到它们的表面并使其荷电。由于气溶胶粒子的质量比空气小离子大 1000 倍以上，荷电气溶胶粒子的迁移率比小离子低 3～4 个数量级。由于荷电气溶胶粒子质量较重、迁移率较低，大气中的风力对带电气溶胶的运动和分布的影响要远大于输电线路产生的电场的影响[29]。

在前面几节描述的分析空间电荷场的一般方法中，忽略了荷电气溶胶和风的影响。任何明显的风的存在，特别是相对输电线路为横风的情况，都将施加机械力并改变离子轨迹。假定为层流且具有恒定风速 $\boldsymbol{W}$，单极性空间电荷场任意点电流满足的式（7.2）可修正为

$$\boldsymbol{J} = \rho(\mu\boldsymbol{E} + \boldsymbol{W}) \tag{7.49}$$

电场和风速协同作用使得离子轨迹向风向偏移。风对导线表面影响最小，在导线表面处电场强度幅值最大，且随着离子向地面的迁移，风速影响逐渐增大。已知风速幅值，通常假

定仅有一个垂直于传输线的分量，可计算从导线表面至地面的修正离子轨迹。类似地，通过对式（7.32）和式（7.33）的修正可考虑风对双极空间电荷场的影响，

$$J_+ = \rho_+(\mu_+ E + W) \tag{7.50}$$

$$J_- = \rho_-(\mu_- E + W) \tag{7.51}$$

如果采用 Deutsch 第一假设，并应用于沿修正后离子的轨迹，即存在空间电荷的情况下离子轨迹保持不变，则 7.1 节和 7.2 节所述的一般分析方法可用于计算存在风时的空间电荷场[30]。在空间电荷场的有限元解中，更严格地考虑了风的影响[24,25]。最近还发展了一种基于有限元法的计算技术[31]，其中考虑了荷电气溶胶和风速的影响，计算地面离子和荷电气溶胶密度的横向分布。分析中还采用了导线表面的电荷边界条件，而非电场边界条件。

7.4　影响空间电荷场和电晕损耗的因素

与交流输电线路情况类似，直流线路的电晕效应在很大程度上受影响导线电晕起始场强因素的影响。相比于交流线路，风、湿度和气溶胶等大气变量对直流电晕效应的影响相对更大。

经验公式（3.28）表明，对于光滑清洁导线，负极性电晕起始场强幅值略低于正极性。然而，对于实际输电线路上常用的绞合导线，电晕起始场强更多取决于导线表面粗糙度因子，而非外加电压的极性。实验研究表明[32]，在晴天条件下，绞合铝导线的 m 值在 0.6～0.7 范围内变化。导线表面沉积物，如灰尘、昆虫等，可将 m 值降低至 0.6 以下，而雨雪可将 m 值降低到 0.3～0.4 之间。另一个对导线电晕起始场强有重要影响的因素为相对空气密度 δ，其为海拔高度的函数，与交流电晕情况类似。

对于单极线路可用的实验数据有限，但试验线段研究[32]表明导线极性对空间电荷场和电晕损耗的影响并不大。相对而言，对双极直流试验线段和运行线路开展了较多的电晕研究。试验线段研究[32,33]表明，双极直流线路的正负电晕损耗间的平均差别非常小。晴天和降雪时负电晕损耗大于正电晕损耗，雨天时正电晕损耗大于负电晕损耗。在试验线段下，地面电晕电流分布也相当对称，负极性导线下方的电晕电流值略高于正极导线下方的电晕电流值。

相反，运行双极直流输电线路测量结果[34]明显表明，在晴朗和恶劣天气条件下，地面电流密度分布主要由负极性导线电晕控制，但这种情况下没有测量电晕损耗。由于负载电流的加热效应和正/负极性放电物理特性的固有差异，被认为是观察到电流分布不对称分布的原因[35]。然而，一项关于光滑铜线和绞合铜导线的实验室研究[36]得出结论为，由于负载电流的存在，导线发热导致正/负极性电晕损耗增加。因此，对于所观察到的不对称性，目前还没有找到令人满意的解释。

在大气变量中，垂直于线路的横风对地面电晕电流分布的影响最大，特别是在双极直流线路下。风洞中双极直流线路缩尺模型的实验室研究[37]表明，电晕损失随风的垂直分量的幅值而增加。然而，在全尺寸试验线段上进行的测量结果[33]并未显示出风对电晕损失的任何明显影响。对缩尺模型[38]、全尺寸试验线段[33]和运行线路[34]研究清楚地确定了风的垂直分量对地面离子电流分布具有非常显著的影响。

图 7-9 给出了在试验线段上获得的风速对地面电流分布影响的结果[39]。结果表明，在不同的风速范围，风对离子流密度剖面的位移和峰值的减小有一定的影响。

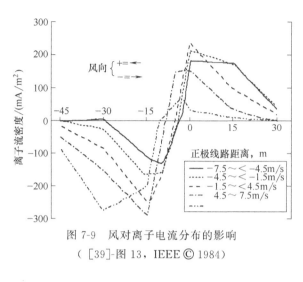

图 7-9　风对离子电流分布的影响
（[39]-图 13, IEEE © 1984）

温度、气压和湿度的季节变化影响直流输电线路的晴天电晕效应。在一项双极直流试验线段的早期研究[40]中，观测到晴天电晕损耗与空气绝对含水量之间的相关性。最近一项关于双极直流试验线段的长期研究[32,33]表明，电晕损耗有明确的季节性变化，最高值出现在夏季，然后从秋季/春季到冬季逐渐减少。对这些研究结果的分析表明，电晕损失与相对空气密度 δ 的相关性很好，但与相对湿度的相关性很差。电晕损耗随 δ 的增大而减小，这可用电晕起始场强随 δ 的增大而增大来解释。对运行线路长期实测结果进行分析[35]表明，负极性导线下方的电场和离子电流密度随 δ 的增大而减小，然而，正极性导线下方的电场和离子电流密度与 δ 的相关性很小。

7.5　经验方法

由于电晕产生的空间电荷被限制在交流输电线路导线附近周围空间，CL、RI 和 AN 的激发量（产生量）与实际导线的结构无关，使得根据 CL、RI 和 AN 的激发量来表征电晕效应成为可能，这也允许在电晕笼或试验线段上对给定导线进行测试，采用获得的结果来确定激发量，并应用它们来评估采用相同导线任何传输线结构下的电晕效应。相反，由于直流输电线路导线电晕产生的空间电荷弥散在导线和接地平面之间的整个空间，尽管两种不同的导线结构（例如导线－平面和同轴圆柱），导线表面的标称场强可能相同，在这两种情况下，充满整个电极间区域的空间电荷将在导线附近产生不同的电场分布，使得定义独立于导线结构的激发量变得更加困难。因此，从电晕笼结构中测试获得的 CL、RI 和 AN 的激发量可能与在试验线段上获得的激发量显著不同[41]，然而，从试验线段获得的激发量可用于预测其他输电线路结构的电晕效应。由于难以采用电晕笼来获得激发量，加上缺乏足够多的来自试验线段和运行线路的良好实验数据，因此开发直流输电线路的经验和半经验方法变得异常困难。

基于合理精确的数学模型，对电晕效应进行参数化研究，有助于了解线路各种几何参数对电晕效应的影响。这些分析研究的结果也可能有助于规划实验研究，并为开发经验公式提供指导。基于 7.1 节和 7.2 节所述的一般分析方法，开展了数值参数研究[42,43]，以确定实际单极和双极直流输电线路的电晕损耗特性。这两项研究的主要结论总结如下。

对于单极直流线路，导线对地高度变化对电晕损耗的影响要比相应导线尺寸变化大得多。导线表面粗糙系数在确定损耗时几乎与导线尺寸一样重要，因此在解释任何实验结果时都应考虑到这一点。对于采用分裂导线的单极线路，损耗变化为 n^k，其中 n 为分裂数，k 为经验常数，为等于且略小于 2 的值。架空地线对单极直流线路的电晕损耗影响非常大。在选择地线直径时，应注意确保空间电荷引起的电场增强作用不会导致地线表面电场大于电晕

起始场强。如果地线产生电晕，导线和地线之间将建立双极模式，导致线路的 CL、RI 和
AN 急剧增加。

双极直流线结构下的参数化研究得出了与单极线导线表面粗糙度因子相同的结论。导线
对地高度和极间距的变化引起线路电晕损耗特性的变化主要有两个原因：一是由于线路无空
间电荷电场分布的变化；二是由于电晕损耗单极和双极分量的相对比例的变化。双极直流线
路的总电晕损耗随导线高度或极间距的减小而增大。在单极情况下，电晕损耗随分裂数 n^k
而变化，其中 $k \approx 2$。基于早期研究[40,44] 得出的经验公式表明，双极直流线路的电晕损失
随 E_m^j 而变化，其中 E_m 为分裂导线最大标称场强，j 为经验常数。在参考文献［40］中，
j 的建议值为 5.6，而在参考文献［44］中，j 值在 6～7 之间变化。对数值研究结果的分
析[43] 表明，对于所考虑的不同线路结构，j 值变化范围内相当大，在 3.8～7.3 之间。

基于在瑞典试验线段上进行测量的结果，首次尝试推导单极和双极直流线路电晕损耗的
经验公式[45]。单极线路的公式为

$$P = U k_c nr \times 2^{0.25(g-g_0)} \times 10^{-3} \tag{7.52}$$

式中，P 为电晕损失，kW/km；U 为线路电压，kV；n 为分裂数；r 为子导线半径，
cm；g 为分裂导线最大电场强度，kV/cm；g_0 为 g 的参考值；k_c 为经验常数。参考值
$g_0 = 22\delta$ kV/cm，其中 δ 为相对空气密度。在晴天条件下，对于光滑清洁导线，$k_c = 0.15$；
如果导线表面有划痕或沉积物，$k_c = 0.35$。计算一年内所有天气下的损耗则采用 $k_c = 2.5$。
对于双极性直流线路，考虑双极性电流分量的修正因子，公式为

$$P = 2U \left(1 + \frac{2}{\pi} \arctan \frac{2H}{S}\right) k_c nr \times 2^{0.25(g-g_0)} \times 10^{-3} \tag{7.53}$$

式中，U 为双极线路施加电压，kV；H 为平均导线高度，m；S 为极间距，m。

根据对不同分裂导线在 ± 600kV 至 ± 1200kV 范围运行电压的深入研究[33]，提出了双
极直流线路电晕损耗的经验公式。该公式可用于计算晴天和恶劣天气条件及一年中不同季节
的电晕损耗，如下：

$$P = P_0 + k_1(g - g_0) + k_2 \lg \frac{n}{n_0} + 20 \lg \frac{d}{d_0} \tag{7.54}$$

式中，P 为以 1W/m 为基准的并用 dB 表示的电晕损耗值；g 为分裂导线最大场强，
kV/cm；d 为子导线直径，cm；n 为分裂数。k_1 和 k_2 为经验常数，取决于天气条件和一年
中的不同季节，P_0、g_0、n_0 和 d_0 分别为参考值。表 7-1 给出了不同天气条件和不同季节
的 k_1、k_2 和 P_0 值，其中参考值 $n_0 = 6$、$d_0 = 4.064$ cm、$g_0 = 25$kV/cm。

表 7-1　双极电晕损耗经验公式（7.54）中的参数

季节	天气状况	P_0/dB	k_1	k_2
夏季	晴好天气	13.7	0.80	28.1
	坏天气	19.3	0.63	9.7
秋季/春季	晴好天气	12.3	0.88	36.9
	坏天气	17.9	0.72	12.8
冬季	晴好天气	9.6	1.00	44.3
	坏天气	14.9	0.85	10.2

采用在 ± 150kV 至 ± 1200kV 电压范围内试验线段和在运线路，获得的关于双极直流电

晕损耗的大多数可用实验数据，获得了晴天和恶劣天气条件下的经验公式[46]。晴天下损耗为

$$P = P_0 + 50 \lg \frac{g}{g_0} + 30 \lg \frac{d}{d_0} + 20 \lg \frac{n}{n_0} - 10 \lg \frac{HS}{H_0 S_0} \tag{7.55}$$

恶劣天气下，损耗为

$$P = P_0 + 40 \lg \frac{g}{g_0} + 20 \lg \frac{d}{d_0} + 15 \lg \frac{n}{n_0} - 10 \lg \frac{HS}{H_0 S_0} \tag{7.56}$$

式中，P 为以 1W/m 为基准的并用 dB 表示的电晕损耗值；线路参数 g、d、n、H 和 S 与前述定义一致，参考值假定为 $g_0 = 25\mathrm{kV/cm}$，$d_0 = 3.05\mathrm{cm}$，$n_0 = 3$，$H_0 = 15\mathrm{m}$，$S_0 = 15\mathrm{m}$。通过回归分析得到相应的 P_0 参考值，使得计算和测量损耗间的算术平均值差异最小化。获得的数值为：晴天为 $P_0 = 2.9\mathrm{dB}$，恶劣天气为 $P_0 = 11\mathrm{dB}$。这些公式在恶劣天气下比好天气下给出的结果更好。由于其基于大量的实验数据，相比单一研究得出的经验公式，经验公式（7.55）～式（7.56）可更准确地预测双极直流输电线路的电晕损耗。

附录 7A　单极和双极空间电荷场的一些计算问题

7.1 节和 7.2 节中描述的单极和双极空间电荷场的一般分析方法，需沿所研究的直流线路结构下无空间电荷电场分布的通量线，求解两点非线性边值问题。本附录概述了无空间电荷自由场的通量线轨迹、将电场 E' 作为沿通量线电位 ϕ 的函数进行计算和求解边值问题的方法。

7A.1　无空间电荷电场的通量线轨迹

第 2 章中描述的连续镜像法或其他类似方法，可用于获得任意给定传输线结构下的导线表面及电极空间的无空间电荷电场分布的精确解。第一步为将导线系统（包括地面中的镜像）替换为镜像线电荷系统，其由线路结构几何参数和导线施加电压幅值计算获得。对于任意选择的坐标系，以地平面为 x 轴，计算得到用于表征线路结构在坐标点 (x_1, y_1)，(x_2, y_2)，$\cdots$，(x_m, y_m) 的所有 m 个线电荷 λ_1，λ_2，$\cdots$，λ_m 值。假设需计算从任意导线流出的电晕电流，首先计算导线周围多个点处的电流密度，并将其在导线表面积分。若需计算确定导线表面任意特定点 (x_p, y_p) 的电流密度，则需从该点开始追踪通量线，并沿通量线获得 E' 随 ϕ 的变化特性。

若 (x, y) 为沿通量线的任意点，则可通过考虑等效系统中所有线电荷来计算该点的电场。合成电场的 x 和 y 分量如下，

$$E'_x = \sum_{i=1}^{m} \frac{\lambda_i}{2\pi\varepsilon_0} \times \frac{x - x_i}{(x - x_i)^2 + (y - y_i)^2} \tag{7A1}$$

$$E'_y = \sum_{i=1}^{m} \frac{\lambda_i}{2\pi\varepsilon_0} \times \frac{y - y_i}{(x - x_i)^2 + (y - y_i)^2} \tag{7A2}$$

在该点，合成电场沿着通量线的切线方向。电场的幅值和方向由式（7A1）和式（7A2）可确定为

$$E' = \sqrt{(E'_x)^2 + (E'_y)^2} \tag{7A3}$$

$$\angle E' = \arctan(E'_y / E'_x) \tag{7A4}$$

因此，由式（7A1）、式（7A2）和式（7A4），可得出描述通量线的微分方程为

$$\frac{\mathrm{d}y}{\mathrm{d}x} = \tan \angle E' = \frac{E'_y}{E'_x}$$

$$= \frac{\displaystyle\sum_{i=1}^{m} \frac{\lambda_i}{2\pi\varepsilon_0} \times \frac{y - y_i}{(x - x_i)^2 + (y - y_i)^2}}{\displaystyle\sum_{i=1}^{m} \frac{\lambda_i}{2\pi\varepsilon_0} \times \frac{x - x_i}{(x - x_i)^2 + (y - y_i)^2}} \tag{7A5}$$

通过求解一阶微分方程（7A5）可得到通量线轨迹，初始条件为 $x = x_p$，$y = y_p$。求取通量线轨迹时，根据式（7A3）可计算得到每点的电场 E' 的幅值，电位 ϕ 为

$$\phi = \sum_{i=1}^{m} \frac{\lambda_i}{2\pi\varepsilon_0} \times \ln \frac{|y_i|}{[(x - x_i)^2 + (y - y_i)^2]^{\frac{1}{2}}} \tag{7A6}$$

求解式（7A1）～式（7A6），可得到沿通量线 E' 随 ϕ 的变化特性。

7A.2　非线性两点边值问题的数值解

如 7.1 节和 7.2 节所述，单极和双极空间电荷场的分析已转化为，沿给定导线结合结构下无空间电荷电场通量线的一组两点非线性边值问题的求解。本附录讨论了边值问题的理论方面以及用于求解边值问题的数值迭代技术。

若用一个 n 阶微分方程描述系统，解中会有 n 个任意常数。任意常数必须由 n 个关联条件确定，这些条件必须与微分方程一起指定。如果所有条件都是指定在某个单点上，则系统可作为初值问题来求解。但是，如果条件指定在了两个或多个点，则系统必须作为边值问题进行求解。对于描述单极电晕和双极电晕的方程组，条件在两个端点处指定，因此称为两点边值问题。

两点边值问题可作为初值问题来求解，方法是在一个端点处猜测到足够多的条件，然后调整这些条件，直到在另一端点处满足所需的关系为止[47]。如果用一个 n 阶微分方程来描述系统，可退化为 n 个一阶方程

$$\frac{\mathrm{d}y_i}{\mathrm{d}x} = f_i(y_1, y_2, \cdots, y_n, x), i = 1, \cdots, n \tag{7A7}$$

考虑到 $x = 0$ 和 $x = L$ 对应的端点，可在这些点中的任一点指定所需的 n 个条件。例如，在 $x = 0$（初点条件）和 $x = L$（终点条件）处指定的条件的数目可分别为 $n - k$ 和 k 个。因此，为对式（7A7）对应的系统进行积分，有必要猜测问题中未指定的 k 个初点条件，然后对它们进行调整，以获得与指定的终点条件相一致的情况。

给定的终点条件 β_1，β_2，$\cdots$，β_k 可表示为参数 α_1，α_2，$\cdots$，α_k 的函数（表征要计算的正确初点条件），为

$$\beta_i = g_i(\alpha_1, \alpha_2, \cdots, \alpha_k), i = 1, \cdots, k \tag{7A8}$$

式中，g_1，g_2，$\cdots$，g_k 是参数 α_1，α_2，$\cdots$，α_k 的可计算函数，因为对于这些参数的任何选定集合，可对系统微分方程（7A7）进行数值求解，以获得函数 g_1，g_2，$\cdots$，g_k 的相应值。因此，将原边值问题转化为非线性方程（7A8）的联立解，迭代技术非常适合于求解该方程。

单极空间电荷场边值问题仅需求解单个非线性方程，

$$\beta = g(\alpha) \tag{7A9}$$

参考式（7.28）～式（7.30）中单极问题的边界条件，由 α 表示的未知初点条件为导线表面的电荷密度 ρ，由 β 表示的已知条件为地面的电位 $\Phi = 0$。单个非线性方程可采用迭代技术来求解，例如弦截法[12]。迭代技术本质上是稳定的，通过选择合适的初点猜测，可快速收敛到真解[10]。

双极性空间电荷场的边值问题需求解两个非线性联立方程组，方程组的形式可写为

$$\beta_1 = g_1(\alpha_1, \alpha_2) \tag{7A10}$$
$$\beta_2 = g_2(\alpha_1, \alpha_2) \tag{7A11}$$

式中，α_1 和 α_2 为表示两个未知初点条件的参数，β_1 和 β_2 为已知的终点条件。参考式（7.45）～式（7.48）中双极性问题的边界条件，未知的初点条件为正极性导线表面电荷密度 ρ_+ 和 ρ_-，已知的终点条件为负极性导线表面的 Φ 和 ξ 值。由于四个条件中只有两个在每根导线表面已知，所以初点和终点的选择不会改变所得到的非线性方程的类型。若假设正/负极性电晕起始场强和离子迁移率相同，则问题关于导线之间的零电位中心平面对称，因此只能从导线至对称平面求解。

两个非线性联立方程的迭代求解比单个方程的迭代求解要复杂得多，而且收敛到真解也要困难得多。根据对未知初点条件的初点猜测的选择，微分方程的解可能变得不稳定和发散。修正弦割法[48] 可用于求解联立非线性方程，精细初点猜测选择可获得实际双极线路结构的解[18]。

参考文献

[1] Felici N. Conditions aux Limites et Détermination des Solutions Régulières de l'Équation des Champs Électriques Ionisés [J]. C R Acad Sci, 1963, 256 (1): 3254-3256.

[2] Kapzow N A. Elektrische Vorgänge in Gasen und im Vakuum VEB Deutscher Verlag der Wissenschaften [M]. Berlin: Langenscheidt, Inc., 1955.

[3] Sarma M P, Janischewskyj W. D C Corona on Smooth Conductors in Air: Steady-state Analysis of the Ionization Layer [J]. Proc IEE, 1969, 116 (1): 161-166.

[4] Dupuy J. Effet de Couronne et Champs Ionisés [J]. RGE, 1958, 67 (2): 85-104.

[5] Townsend J S. The Potentials Required to Maintain Currents Between Coaxial Cylinders [J]. Phil Mag, 1914, 28 (6): 83-90.

[6] Simpson J H, Morse A R. Corona on Direct Current Transmission Lines [J]. Bulletin of the Radio and Electrical Engineering Division, National Research Council of Canada, 1964, 14 (1): 18-30.

[7] Deutsch W. Über die Dichtverteilung Unipolarer Ionenströme [J]. Ann Physik, 1933, 5 (1): 589-613.

[8] Popkov V I. On the Theory of Unipolar DC Corona [J]. Elektrichestvo, 1949, 25 (1): 33-48.

[9] Felici N. Recent Advances in the Analysis of DC Ionized Fields [J]. Direct Current, 1963, 1 (9): 252-260, 278-287.

[10] Sarma M P, Janischewskyj W. Analysis of Corona Losses on DC Transmission Lines: I-Unipolar Lines [J]. IEEE Trans PAS, 1969, 88 (5): 718-731.

[11] Waters R T, Rickard T E, Stark W B. Electric Field Measurements in DC Corona Discharges [J]. IEE Conf Publ, 1972, 90 (1): 188-190.

[12] Conte S D. Elementary Numerical Analysis [M]. New York: McGraw-Hill, Inc., 1965.

［13］ Loeb L B. Basic Processes in Gaseous Electronics ［M］. California：University of California Press，Inc.，1955.

［14］ Popkov V I. On the Theory of Bipolar Corona on the Wires ［J］. Izv Akad Nauk SSSR，Old Tekn Nauk，1948，4（1）：433-448.

［15］ Popkov V I，Ryabaya S. On the Theory of DC Corona，I：the Influence of the Ground Plane on the Corona Phenomena in Parallel Wires ［J］. Izv Akad Nauk SSSR，Old Tekn Nauk，1950，6（12）：1795-1801.

［16］ Tsyrlin L E. On the Theory of Bipolar Corona ［J］. J Tekhn Phys，1953，23（10）：1788.

［17］ Tsyrlin L E. The Theory of Bipolar Corona in Gases ［J］. J. Tekhn. Phys，1959，29（6）：763.

［18］ Sarma M P，Janischewskyj W. Analysis of Corona Losses on DC Transmission Lines. Part Ⅱ-Bipolar Lines ［J］. IEEE Trans PAS，1969，88（10）：1476-1491.

［19］ Janischewskyj W，Sarma M P，Gela G. Corona Losses and Ionized Fields of HVDC Transmission Lines ［J］. CIGRÉ，1982，Paper No 36-09.

［20］ Atten P. Méthode Général de Résolution du Problème du Champ Électrique Modifié par une Charge d'Espacc Unipolaire Injectée ［J］. Rev Gen Del'Électricité，1974，83（3）：143-153.

［21］ Usynin G T. The Calculation of Field and Characteristics of Unipolar Corona Discharge（Wire Parallel to Plane）［J］. Izv Akad Nauk SSSR，Energetica I Transport，1966，22（4）：56-70.

［22］ Khalifa M，Abdel-Salam M. Improved Method for Calculating DC Corona Losses ［J］. IEEE Trans PAS，1974，93（1）：720-726.

［23］ Janischewskyj W，Gela G. Finite Element Solution for Electric Fields of Coronating DC Transmission Lines ［J］. IEEE Trans PAS，1979，98（3）：1000-1016.

［24］ Takuma T，Ikeda T，Kawamoto T. Calculation of Ion Flow Fields of HVDC Transmission Lines by Finite Element Method ［J］. IEEE Trans PAS，1981，100（12）：4802-4810.

［25］ Takuma T，Kawamoto T. A Very Stable Calculation Method for Ion Flow Field of HVDC Transmission Lines ［J］. IEEE Trans PWRD，1987，2（1）：189-198.

［26］ Morris R M，Morse A R. HVDC Corona Losses and Radio Interference from Two-bundle and Three-bundle Conductors ［R］. CIGRÉ Study Committee10，Rome，1967.

［27］ Sarma M P，Dallaire R D，Norris-Elye O C，Thio C V，Goodman J S. Environmental Effects of the Nelson River HVDC Transmission Lines RI，AN，Electric Field，Induced Voltage and Ion Current Distribution Tests ［J］. IEEE Trans PAS，1982，101（1）：951-959.

［28］ Discussion by L. B. Loeb in Reference 18.

［29］ Hoppel W A. Study of Drifting Charged Aerosols from HVDC Lines ［R］. Electric Power Research Institute，Palo Alto，California，EPRIEL-1327，1980.

［30］ Collins H L，Olsen R G. HVDC Transmission Line Generated Corona Behavior and Characteristics ［R］. Dept. of Electrical and Computer Engg.，Washington State University，Pullman，WA；Submitted to Bonneville PowerAdministration under Contract ＃DE-AI-85BP24408，1988.

［31］ Suda T，Sunaga Y. Calculation of Large Ion Densities Under HVDC Transmission Lines by the Finite Difference Method ［J］. IEEE Trans PWRD，1995，10（4）：1896-1905.

［32］ Sarma M P，Trinh N G，Dallaire R D，Rivest N，Héroux P. Bipolar HVDC Transmission System Study Between ±600kV and ±1200 kV：Corona Studies. Phase 1 ［R］. Electric Power Research Institute，Palo Alto，California，EPRI EL-1170，1979.

［33］ Sarma M P，Dallaire R D，Héroux P，Rivest N. Bipolar HVDC Transmission System Study Between ±600kV and ±1200kV：CoronaStudies Phase II ［R］. Electric Power Research Institute，Palo Alto，California，EPRI EL-2794，1982.

[34]　Chartier V L，Stearns R D，Burns A L. Electrical Environment of the Uprated Pacific NW/SW HVDC Intertie [J]. IEEE Trans PWRD，1989，4 (2)：1305-1317.

[35]　Chartier V L，Stearns R D. Examination of Grizzly Mountain Data Base to Determine Effects of Relative Air Density and Conductor Temperature on HVDC Corona Phenomena [J]. IEEE Trans PWRD，1990，5 (3)：1575-1582.

[36]　Pedrow P D，Qin B L，Wang Q W. Influence of Load Current on Bipolar DC Corona [J]. IEEE Trans PWRD，1993，8 (1)：1440-1450.

[37]　Khalifa M M，Morris R M. A Laboratory Study of the Effects of Wind on DC Corona [J]. IEEE Trans PAS，1967，86 (3)：290-298.

[38]　Hara M，Hayashi N，Shiotsuki K，Akazaki M. Influence of Wind and Conductor Potential on Distributions of Electric Field and Ion Current Density at Ground Level in DC High Voltage Line to Plane Geometry [J]. IEEE Trans PAS，1982，101 (4)：803-814.

[39]　Sarma M P，Dallaire R D，Héroux P，Rivest N. Long-term Statistical Study of the Corona，Electric Field and Ion Current Performance of a ±900kV Bipolar HVDC Transmission Line Configuration [J]. IEEE Trans PAS，1984，103 (1)：76-83.

[40]　Hirsch F W，Schäffer E. Progress Report on the HVDC Test Line of the 400kV-Forschungsgemeinschaft：Corona Losses and Radio Interference [J]. IEEE Trans PAS，1969，88 (7)：1061-1069.

[41]　Dallaire R D，Sarma M P，Rivest N. HVDC Monopolar and Bipolar Cage Studies of the Corona Performance of Conductor Bundles [J]. IEEE Trans PAS，1984，103 (1)：84-91.

[42]　Sarma M P，Janischewskyj W. Corona Loss Characteristics of Practical HVDC Transmission Lines. Part I -Unipolar Lines [J]. IEEE Trans PAS，1970，89 (3)：860-867.

[43]　Sarma M P，Janischewskyj W. Corona Loss Characteristics of Practical HVDC Transmission Lines. Part II -Bipolar Lines [J]. IEEE Trans PAS，1971，90 (3)：1055-1062.

[44]　Morris R M，Morse A R，Griffin J P，Norris-Elye O C，Thio C V，Goodman J S. The Corona and Radio Interference Performance of the NelsonRiver HVDC Transmission Lines [J]. IEEE Trans PAS，1979，98 (11)：1924-1936.

[45]　Knudsen N，Iiceto F. Contribution to the Electrical Design of HVDC Overhead Lines [J]. IEEE Trans PAS，1974，93 (1)：233-239.

[46]　Corbellini U，Pelacchi P. Corona Losses on HVDC Bipolar Lines [J]. IEEE Trans PWRD，1996，11 (3)：1475-1480.

[47]　Fox L. Numerical Solution of Ordinary and Partial Differential Equations [M]. New York：Pergamon，Inc.，1965.

[48]　Kuo M C Y. Solution of Nonlinear Equations [J]. IEEE Transactions on Computers，1968，9：897-898.

第8章

无线电干扰与可听噪声

交流和直流输电线路附近空间电荷分布的差异也会导致这些线路的 RI 和 AN 电晕效应的差异。直流线路的其他明显特征包括：更简单的导线几何结构、在双极线路的情况下最多仅有两极导线、正极性导线作为 RI 和 AN 的主要产生源。这些区别特征使得对直流线路下 RI 和 AN 的分析比对交流线路分析简单得多。本章将阐述直流线路 RI 和 AN 电晕效应的分析和预测方法。

近年来，研究人员正在严格论证将交流和直流输电线路在同塔或在同走廊彼此相邻架设的可行性。本章还讨论了分析混合交流/直流输电线路电晕效应的方法。

8.1 概述

除空间电荷场环境和电晕损耗外，定义直流输电线路电晕效应还包括 RI 和 AN 特性。如第 3 章所述，交流或直流线路导线的脉冲电晕模式，产生 RI 和 AN 效应。对脉冲特性检验研究还表明，正极性电晕脉冲比负极性电晕脉冲产生的 RI 或 AN 幅值高 1 个数量级。导线施加直流电压，正极性电晕和负极性电晕都会产生具有振幅和脉冲间隔随机分布的连续电流脉冲序列，如图 5-2 所示。然而，由于正脉冲比负脉冲幅值更高，直流线路的正极性导线被认为是产生 RI 和 AN 的主要源。这与直流线路产生电晕损耗形成鲜明对比。如第 7 章所述，正极性和负极性导线的电晕损耗可能因环境天气条件和线路负载电流的不同而不同，但两种极性导线的长期平均值具有相同的数量级。因此，从宏观整体电晕效应的角度来看，有利的方案为将单极性直流线路负极性运行，并将双极性直流线路架设为使负极性导线更靠近人类居住环境，以减少 RI 和 AN 的影响。

交流和直流线路 RI 和 AN 电晕效应的另一个重要区别在于雨或湿雪的影响，这两种情况都会在导线上形成水滴。在交流线路上，电晕放电产生最高水平的 CL、RI 和 AN 均出现在雨天。事实上，与雨天相比，晴朗的天气电晕效应水平几乎可以忽略不计。然而，在直流输电线路上，雨天时电晕损失增加，但 RI 和 AN 水平降低。直流线路晴天和阴雨天气下 CL、RI 和 AN 的平均值之间的差异也比交流线路的要小。这些特性上的基本差异可体现在直流线路长期统计的电晕效应数据中，并可能影响合适设计准则的制定。

基于对直流电压下导线水滴电晕现象的实验室研究[1]，对直流电晕的异常行为给出了以下初步解释。在高直流电压下，相比于正常干燥条件，导线存在雨滴时产生的电晕电流脉冲幅值相对较低，但重复率更高。由于 RI 和 AN 可能更多地依赖于电流脉冲的幅值，而非重复频率，因此在雨天下更低。然而，脉冲重复率的增加使得即使在脉冲幅值减小的情况下，平均电晕电流也增加，从而导致 CL 增加。在交流线路的情况下，雨天时脉冲幅值和重复率都高于晴天，因此雨天时 CL、RI 和 AN 都较高。水滴在交流和直流导线上产生的电晕脉冲中所观察到的差异，其可能的物理机制之一为恶劣天气电晕产生的空间电荷增加对直流导线电晕的抑制作用。然而，为了充分了解在恶劣天气条件下交流和直流线路电晕效应的差异，还需进行更多的研究。

如 7.5 节所述，由于空间电荷充满了直流线路的整个电极空间区域，因此很难定义独立于导线结构的电晕效应的产生量（激发量）。因此，采用在电晕笼试验中获得的 RI 激发函数和 AN 声功率密度来预测实际直流输电线路结构下的 RI 和 AN 效应是不可能的。为确定直流输电线路电晕效应的激发量，进而对其进行预测，非常有必要进行全尺寸试验线段或运行线路测量。除激发量的使用受到限制外，交流线路中提出的 RI 和 AN 的理论分析方法也可应用于直流线路。

8.2 RI 分析及特点

5.5 节中的方法可用于分析直流输电线路 RI 的传播，然而，分析应该考虑到前述直流线路产生 RI 的特殊特征。因此，只有当单极线路正极性运行时，单极线 RI 的传播分析才有必要。在双极直流线路中，仅考虑在正极性导线产生 RI，但传播分析包括正极性导线和负极性导线。

5.5 节所述的 RI 简化传播分析应用于下述单极和双极直流线路的讨论，在此主要说明所涉及的步骤。

8.2.1 单极线

式（5.31）和式（5.32）定义了单极线路单导线 RI 的传播。沿导线每单位长度均匀注入电晕电流 J，从式（5.42）中获得导线电流 I 为

$$I = \frac{J}{2\sqrt{\alpha}} \tag{8.1}$$

式中，α 为线路的衰减常数。采用式（5.25），电晕电流注入可用 RI 激发函数 Γ 表示为

$$J = \frac{C}{2\pi\varepsilon_0}\Gamma \tag{8.2}$$

式中，C 为单位长线路电容。将式（8.2）代入式（8.1），

$$I = \frac{1}{2\sqrt{\alpha}} \times \frac{C}{2\pi\varepsilon_0}\Gamma \tag{8.3}$$

对于大地为理想导体和准 TEM 传播模式，可用式（5.44）得到地面上与线路横向距离 x 点处合成 RI 电场，为

$$E_y = 60 \times \frac{2h}{h^2 + x^2} \times \frac{1}{2\sqrt{\alpha}} \times \frac{C}{2\pi\varepsilon_0}\Gamma \tag{8.4}$$

式中，h 为导线对地高度。已知 RI 激发函数 Γ，采用式（8.4）可计算线路 RI 的横向曲线。

8.2.2　双极线

用于 RI 传播分析的双极直流输电线路如图 8-1 所示，正/负极性导线半径为 r_c，极间距为 s，导线对地高度 h。在这种情况下，根据式（5.51）和式（5.52），定义 RI 传播方程可用矩阵形式表示为

$$\frac{\mathrm{d}}{\mathrm{d}x}\boldsymbol{V}=-\frac{\omega\mu_0}{2\pi}\boldsymbol{G}\boldsymbol{I} \qquad (8.5)$$

$$\frac{\mathrm{d}}{\mathrm{d}x}\boldsymbol{I}=-\omega\times 2\pi\varepsilon_0\boldsymbol{G}^{-1}\boldsymbol{V}+\boldsymbol{G}^{-1}\boldsymbol{\Gamma} \qquad (8.6)$$

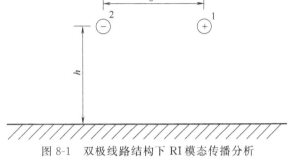

图 8-1　双极线路结构下 RI 模态传播分析

式中，$\boldsymbol{V}$ 和 $\boldsymbol{I}$ 为线路电压和电流列向量，$\boldsymbol{\Gamma}$ 为导线 RI 激发函数的列向量，$\boldsymbol{G}$ 为线路结构的几何矩阵。对于仅由两根导线的双极直流线路，$\boldsymbol{G}$ 的元素可写为

$$\boldsymbol{G}=\begin{bmatrix} a & b \\ b & a \end{bmatrix} \qquad (8.7)$$

其中，$a=\ln\dfrac{2h}{r_c}$、$b=\ln\dfrac{\sqrt{4h^2+s^2}}{s}$。由于正极性导线为 RI 的唯一源，所以向量 $\boldsymbol{\Gamma}$ 可表示为

$$\boldsymbol{\Gamma}=\begin{bmatrix} \Gamma_+ \\ 0 \end{bmatrix} \qquad (8.8)$$

为在该情况下进行模态分析，定义几何矩阵 $\boldsymbol{G}$ 的模态变换矩阵 $\boldsymbol{M}$ 为

$$\boldsymbol{M}^{-1}\boldsymbol{G}\boldsymbol{M}=\boldsymbol{\lambda}_{\mathrm{d}}$$

其中，$\boldsymbol{\lambda}_{\mathrm{d}}$ 为对角谱矩阵，其元素为 $\boldsymbol{G}$ 的特征值。对于式（8.7）中定义的矩阵，特征值为

$$\lambda_1=a-b;\lambda_2=a+b \qquad (8.9)$$

对应的归一化模态变换矩阵为

$$\boldsymbol{M}=\frac{1}{\sqrt{2}}\begin{bmatrix} 1 & 1 \\ -1 & 1 \end{bmatrix} \qquad (8.10)$$

由式（5.65），可得电晕电流注入的模态分量为

$$\boldsymbol{J}^{\mathrm{m}}=\boldsymbol{M}^{-1}\boldsymbol{G}^{-1}\boldsymbol{\Gamma} \qquad (8.11)$$

根据式（8.7）和式（8.10）可确定 $\boldsymbol{G}^{-1}$ 和 $\boldsymbol{M}^{-1}$，并代入式（8.11），得到模态分量 J_1^{m} 和 J_2^{m} 为

$$J_1^{\mathrm{m}}=\frac{1}{\sqrt{2}}\times\frac{\Gamma_+}{a-b} \qquad (8.12)$$

$$J_2^{\mathrm{m}}=\frac{1}{\sqrt{2}}\times\frac{\Gamma_+}{a+b} \qquad (8.13)$$

利用式（5.66），可求得导线电流的相应模态分量，为

$$I_1^m = \frac{J_1^m}{2\sqrt{\alpha_1}} = \frac{1}{2\sqrt{2}} \times \frac{\Gamma_+}{(a-b)\sqrt{\alpha_1}} \qquad (8.14)$$

$$I_2^m = \frac{J_2^m}{2\sqrt{\alpha_2}} = \frac{1}{2\sqrt{2}} \times \frac{\Gamma_+}{(a+b)\sqrt{\alpha_2}} \qquad (8.15)$$

最后，采用 $I = MI^m$，可求得导线电流为

$$\begin{bmatrix} I_1 \\ I_2 \end{bmatrix} = \frac{1}{4} \begin{bmatrix} 1 & 1 \\ -1 & 1 \end{bmatrix} \begin{bmatrix} \dfrac{1}{(a-b)\sqrt{\alpha_1}} \\ \dfrac{1}{(a+b)\sqrt{\alpha_2}} \end{bmatrix} \Gamma_+ \qquad (8.16)$$

每根导线中的电流为两个模态分量之和。对式（8.16）的另一种理解为，每种模态电流在输电线路的两根导线中流动。在模态 1（也称为线对线模态）中，电流 $I_1^m/\sqrt{2}$ 流入导线 1 并通过另一根导线返回，如图 8-2（a）所示。在模态 2（称为线对地模态）中，电流 $I_2^m/\sqrt{2}$ 沿同一方向在两根导线中流动，并通过大地返回，如图 8-2（b）所示。由于电流流过有损大地，模态 2 传播的衰减常数比模态 1 传播的衰减常数大。由图 8-2 所示的两个模态电流分布产生的合成 RI 电场的横向曲线可用式（5.71）计算。双极直流线路中线对线和线对地模态与三相交流线路水平结构下的相应模态类似。因此，α_1 和 α_2 的值分别与模态 2 和 3 的衰减常数具有相同的数量级，如表 5-2 所示。

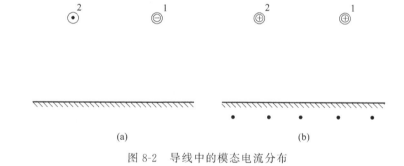

图 8-2　导线中的模态电流分布

如有必要，5.5 节所述的多导体传输线路的 RI 传播分析的更精确方法，也可应用于双极直流输电线路的情况。

8.2.3　RI 特性

类似于交流输电线路，完整描述直流线路的 RI 效应涉及三个特征：①频谱，②横向曲线，③统计分布。直流输电线路的 RI 频谱与图 5-9 所示的交流输电线路的 RI 频谱非常相似，因为两种情况下的电晕电流脉冲特性几近相同。然而，直流线路和交流线路的 RI 的横向曲线和统计分布却有显著的不同。双极直流线路的典型 RI 横向曲线如图 8-3 所示。由于在正极性导线上产生的 RI 占主导地位，因此横向曲线不对称。非对称横向曲线的形状取决于两个模态电流分量的相对幅值，而这又取决于线路几何和模态衰减常数。

由于直流输电线路在恶劣天气（如雨、雪天气）下的 RI 水平低于晴天，因此其统计分布与交流输电线路有很大不同。图 8-4 给出了直流线路 RI 的典型统计分布。一般而言，由

于一年中的好天气条件持续时间占总时间比例远大于雨天，因此好天气成分的分布在 RI 年度统计分布中占主导地位。

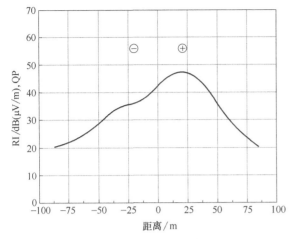

图 8-3　双极直流线路 RI 横向曲线

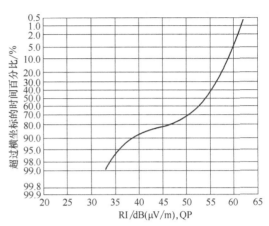

图 8-4　双极直流线路 RI 统计分布

8.3　可听噪声分析及特性

　　与交流线路类似，导线表面电晕放电产生的声脉冲是直流输电线路的噪声源。交变电压下，在正半周期的峰值附近产生声脉冲。交流电压的调制效应影响导致交流线路情况下产生纯音，其频率对应于工频的偶数次谐波。直流线路 AN 的频谱延伸至很宽的频率范围，反映了电晕产生的声脉冲的持续时间短，但由于没有电压的任何调制影响，因此不具有任何纯音成分。

　　直流输电线路 AN 的传播分析遵循与 6.3 节中述及的交流输电线路相同的步骤。如上所述，在分析中仅需考虑单极或双极直流输电线路的正极性导线电晕可听噪声激发量。因此，可通过将直流线路产生的 AN 视为单极线路进行理论分析，不同于 RI，负极性导线在 AN 的传播中不起任何作用。根据产生的声功率密度 A，可采用式（6.13）和式（6.14），计算直流线路 AN 的声压级 p，为

　　短线路：

$$p = A - 10\lg R + 10\lg\left(\arctan\frac{l}{2R}\right) - 7.82 \tag{8.17}$$

　　长线路：

$$p = A - 10\lg R - 5.86 \tag{8.18}$$

　　式中，l 为短线路的长度，R 为观测点与正极性导线的径向距离。

　　对直流输电线路的完整描述，与 RI 类似，需在频谱、横向曲线和统计分布方面进行表征。AN 的频谱与交流线路的频谱不同，主要是因为没有纯音成分。图 8-5 所示为直流线路的典型频谱。直流线路的横向曲

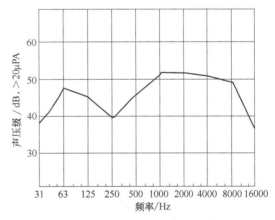

图 8-5　双极直流线典型频谱

线关于正极性导线对称，且随距离单调下降。由于在晴天时，直流线路产生的 AN 通常高于雨天，因此统计分布与 RI 相似，如图 8-4 所示。

8.4　RI 和 AN 经验计算方法

与交流线路相比，用于推导直流输电线路所有电晕效应经验公式的实验数据量相对有限。由于缺乏数据，对于直流线路下，推导 RI 和 AN 经验公式的尝试相对较少。

8.4.1　无线电干扰

早期实验研究之一发现[2]，以 dB 表示的 RI 值（以 $1\mu V/m$ 为基准）随 $k(g-g_0)$ 变化，其中 g 为分裂导线最大场强，g_0 为参考值，k 为经验常数。根据研究结果，得到 k 的平均值为 $k=2.4$。该项研究中还发现，RI 相对于导线和仪器天线间的径向距离 D（单位：m）及测量频率 f（单位：MHz）的变化为

$$RI = RI_0 - 29.4\lg\frac{D}{D_0} - 20\lg\frac{1+f^2}{1+f_0^2} \tag{8.19}$$

式中，RI_0、D_0 和 f_0 为参考值。根据瑞典一条试验线段的测量结果[3] 获得了另一个经验公式为

$$RI = 25 + 10\lg(n) + 20\lg(r) + 1.5(g-g_0) - 40\lg\frac{D}{D_0} \tag{8.20}$$

式中，n 为导线分裂数；r 为子导线半径，cm；g 为分裂导线最大场强，kV/cm；D 为从正极性导线至测量点的径向距离，m。参考值 $D_0 = 30m$ 和 $g_0 = 22\delta$，其中 δ 为相对空气密度。BPA[4] 利用 Dalles 直流试验点获得的试验数据，提出了 RI 经验公式。双极直流输电线路晴天平均 RI 水平 BPA 公式（用 CISPR 准峰值检波器测量）在形式上，与 5.7 节中述及交流线路的 BPA 公式相似，给出如下：

$$RI = 51.7 + 86\lg\frac{g}{g_0} + 40\lg\frac{d}{d_0} \tag{8.21}$$

式中，g 为分裂导线最大场强，kV/cm；d 为导线直径，cm。参考值 $g_0 = 25.6kV/cm$，$d_0 = 4.62cm$。式（5.119）～式（5.125）中给出的频率、海拔和横向距离修正因子也可添加至直流式（8.21）中。

IREQ 利用 $\pm600 \sim \pm1200kV$ 电压范围内开展的研究数据[5]，建立了一年中不同季节、晴朗及恶劣天气条件下 RI 激发函数的经验公式，为

$$\Gamma = \Gamma_0 + k_1(g-g_0) + k_2\lg\frac{n}{n_0} + 40\lg\frac{d}{d_0} \tag{8.22}$$

式中，Γ 为以 dB 表示的 RI 激发函数（以 $1\mu A/m^{1/2}$ 为基准值）；g 为分裂导线最大场强，kV/cm；n 为分裂数；d 为子导线直径，cm；k_1 和 k_2 为经验常数；Γ_0、g_0 和 d_0 为参考值。表 8-1 给出了不同季节和不同天气条件下的 k_1、k_2 和 Γ_0 值，参考值为 $n_0 = 6$、$d_0 = 4.064cm$ 和 $g_0 = 25kV/cm$。从经验公式（8.22）获得的 RI 激发函数可用于 8.2 节中述及的 RI 传播分析，进而计算任何给定线路结构下的 RI 横向曲线。

表 8-1 RI 激发函数经验公式（8.22）中的参数

季节	天气状况	Γ_0/dB	k_1	k_2
夏季	晴好天气	27.0	1.83	45.8
	坏天气	20.4	1.39	48.0
秋季/春季	晴好天气	23.4	1.68	29.0
	坏天气	19.8	1.68	63.5
冬季	晴好天气	18.7	1.63	19.7
	坏天气	19.5	1.47	10.0

IREQ 研究的结果还表明，对于直流线路，平均雨天下的 RI 水平比平均晴天低 3dB，而大雨下则低 6dB。

8.4.2 可听噪声

在直流输电线路上，可用的 AN 试验数据甚至少于 RI。直流输电线路 AN 的 BPA 公式[6]与交流输电线路式（6.20）相似。直流线路好天气下可听噪声水平 L_{50} 值 ［单位：dB（A）］ 为

$$AN = AN_0 + 8\lg g + k\lg n + 40\lg d - 11.4\lg R \tag{8.23}$$

式中，g 为分裂导线平均最大场强，kV/cm；n 为分裂数；d 为导线直径，cm；R 为从正极性至观测点的径向距离，m；及

$$k = 25.6; \quad n > 2$$
$$= 0; \quad n = 1, 2$$
$$AN_0 = -100.62; \quad n > 2$$
$$= -93.4; \quad n = 1, 2$$

好天气 AN 最大值为在上述获得的好天气下 L_{50} 值加上 3.5dB，而雨天下 AN 值为在上述获得好天气 L_{50} 值减去 6dB。

IREQ RI 经验公式与前节给出的 AN 经验公式相似[5]。在一年中的不同季节、好天气和恶劣天气条件下，直流线路产生的声功率密度为

$$A = A_0 + k_1(g - g_0) + 40\lg\frac{d}{d_0} + 10\lg\frac{n}{n_0} \tag{8.24}$$

式中，A 为产生的以 dB（A）表示的声功率密度值（以 $1\mu W/m$ 为基准）；g 为分裂导线最大场强，kV/cm；n 为分裂数；d 为子导线直径，cm；k_1 为经验常数。表 8-2 给出了不同季节、好天气和恶劣天气条件下的 A_0 和 k_1 值，参考值 $n_0 = 6$、$d_0 = 4.064\text{cm}$ 和 $g_0 = 25\text{kV/cm}$。然后，采用式（8.24）获得的声功率密度 A，代入式（8.18）可确定线路的 AN 水平。

表 8-2 声功率密度经验公式（8.24）中的参数

季节	天气状况	A_0/dB	k_1
夏季	好天气	4.30	1.54
	恶劣天气	1.48	1.52

季节	天气状况	A_0/dB	k_1
秋季/春季	好天气	4.43	0.84
	恶劣天气	4.06	0.84
冬季	好天气	1.84	0.51
	恶劣天气	5.65	1.04

8.5　交/直流混合输电线路

在已有的交流电网中采用直流输电线路，会导致交流和直流输电线路相互平行运行并共享同一走廊，甚至为同塔架设。有时，对已有的双回路交流输电线路，将其中的一回替换为直流，以增加给定走廊下的电力传输容量。尽管采用如上所述混合交/直流输电线路没有严重的技术障碍，但有必要考虑到交流和直流系统间的所有可能的相互作用。两个系统间的电磁耦合产生了一些更重要的相互作用。直流回路中基频电压的稳态感应，会对系统性能造成严重不利影响[7]，包括换流变压器铁芯的不对称饱和、不可接受的非特征谐波及变压器产生的可听噪声等。如果交流和直流线路同塔架设，则应考虑直流极和交流相之间发生接触故障的可能性[8]。交流回路和直流回路间的电磁耦合也可能会对直流线路故障排除产生干扰[9]。

8.5.1　电场和空间电荷环境

从环境影响的角度来看，电场对混合线路中交流和直流回路的电晕效应，以及地面电场和离子电流分布的相互影响非常重要。交流和直流回路的电晕效应主要取决于导线表面电场所达到的最大值。静电感应使两个回路的导线表面电场，都由叠加在直流分量上的交变分量组成。交流回路中的交流分量占主导地位，直流回路中的直流分量占主导地位。两种情况下的净效应都使得导线表面电场的最大值增加，并因此导致电晕活动的强度增加。地面任何一点的电场也由叠加在一个直流分量上的交流分量组成，这两个分量的相对大小取决于该点相对于交流和直流回路的位置。

电晕产生的空间电荷对混合线路相互作用的影响需严格考虑。由于交流电晕产生的空间电荷仅限于交流回路导线附近，因此对直流导线附近或地面的有关电的环境影响可忽略不计。然而，由于直流回路导线的电晕产生的空间电荷会漂移，并充满导线和地面间的整个空间。因此，混合线路地面电磁环境除了电场的交流和直流分量外，还包括漂移的空间电荷，由任意给定点的电荷和电流密度值表征。由于空间电荷的存在，修正了电场自身的直流分量。漂移的空间电荷也会对交流导线产生影响，其一在导线中注入直流电流分量，其二修正导线表面电场的直流分量。交流导线表面和地面电场的直流分量，存在空间电荷的情况下通常高于静电值。由于导线表面电场的直流分量增强，交流导线的电晕强度及交流回路的 CL、RI 和 AN 水平也会增大。

BPA[10] 开展了实验和分析研究，来计算混合线路结构下的导线表面电场和地面电场。然后将导线表面电场计算值代入经验公式，获得 RI 和 AN 水平，并将其与测量值进行比较。在计算地面电场直流分量的增强时，考虑了电晕产生的空间电荷对直流回路导线的影响。然而，在交流回路导线表面上没有考虑类似的增强效应。

两点非线性边值问题分析直流空间电荷场的一般方法[11,12]，如第 7 章所述，可用来计算混合线路空间电荷相关的相互作用[13]。基于此方法的混合线路电晕效应评估如下所述。

8.5.2　电晕效应评估

为评估电晕效应，考虑了两种不同的混合线路结构：第一种为交流回路和直流回路为相邻架设，为同走廊但不同塔；第二种为交流回路和直流回路同塔架设。这两种线路结构，称为邻塔和同塔架设，如图 8-6 和图 8-7 所示。这两种结构都由水平三相交流和双极直流线路组成。

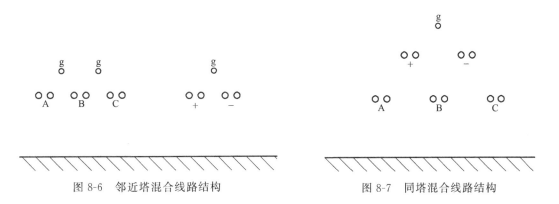

图 8-6　邻近塔混合线路结构　　　　图 8-7　同塔混合线路结构

混合线路的空间电荷场包括两个区域：①极性相反的直流导线间的双极性区域；②两种极性的直流导线与地面、存在的任一架空地线及交流导线间的单极性区域。

由于存在交变电场分量，混合线路结构的空间电荷场分析变得复杂。然而，若能够证明交变场分量的存在对离子轨迹影响可忽略不计，那么一般的分析方法[11,12] 就可应用于混合线路，假设交流导线为零电位。

直流导线电晕放电产生的离子漂移由以下一般方程描述为，

$$v = \mu E \tag{8.25}$$

式中，E 为空间任意点的电场矢量；v 为离子在该点的漂移速度；μ 为离子迁移率，通常假定为常数。在混合线路的二维结构下，式（8.25）可用 x 和 y 分量表示为

$$v_x = \frac{\mathrm{d}x}{\mathrm{d}t} = \mu E_x \tag{8.26}$$

$$v_y = \frac{\mathrm{d}y}{\mathrm{d}t} = \mu E_y \tag{8.27}$$

式中，t 为离子离开导线表面所经过的时间。对于混合线路，E_x 和 E_y 都可能由直流分量和交流分量组成。如果 E_1 和 E_2 分别表示直流分量和交流分量的大小，则

$$v_x = \frac{\mathrm{d}x}{\mathrm{d}t} = \mu E_x = \mu [E_{1x} + E_{2x} \cos(\omega t + \alpha)] \tag{8.28}$$

$$v_y = \frac{\mathrm{d}y}{\mathrm{d}t} = \mu E_y = \mu [E_{1y} + E_{2y} \cos(\omega t + \beta)] \tag{8.29}$$

式中，ω 为交变场的角频率，α 和 β 为两个场分量的相对相位角。如果 $\alpha = \beta$，交变场为一个振荡的线性矢量，而若 $\alpha \neq \beta$，交变场为一个旋转的椭圆矢量。

从直流导线表面发射点开始，对式（8.28）和式（8.29）积分可给出离子轨迹。由于 E_1 和 E_2 均为随空间坐标变化的函数，因此有必要对这些方程进行数值积分，来确定轨迹。利用叠加原理可得到混合线路结构下，静电场或无空间电荷场的直流分量和交流分量。假定直流导线为零电位，计算交流分量，反之亦然。在这两种情况下，可采用第 2 章中描述的连续镜像法精确计算导线表面场强。然后，通过将在每个点计算的交流场分量和直流场分量相加，得到合成静电场。在计算直流分量 E_1 时，不考虑空间电荷的影响，从而得到离子的运动轨迹。这类似于在直流空间电荷场中的假设，即空间电荷不会改变电场的通量线。

对典型混合线路结构计算表明，交变场分量对离子轨迹的影响可忽略不计。因此，可假设交流导线处于零电位，计算单极区和双极区域的离子轨迹。数值研究还表明，交变场的存在有效地增加了离子沿轨迹的运动时间，最大增加量为 5% 的量级。这可以解释为有效离子迁移率的轻微减小。然而，这种减小比计算中通常使用的离子迁移率值的固有不确定性要小得多。

分析单极区和双极区空间电荷场的第一步为确定静电场的通量线轨迹，也是离子的运动轨迹，直流导线施加特定电压，交流导线施加零电位。通过求解式（7.25）～式（7.27）和边界条件式（7.28）～式（7.30）定义的边值问题，可计算单极区沿通量线的空间电荷场。类似的，通过求解式（7.41）～式（7.44）和边界条件式（7.45）～式（7.48）定义的边值问题，可确定双极区通量线沿线的空间电荷场。计算得到的两种区域中直流导线周围电晕电流分布结果，可用于计算直流电晕损耗的单极分量和双极分量。

混合线路空间电荷场的分析还提供了地面直流电场和离子电流分布，以及混合线路交流导线最大表面电场直流分量 E_{dc} 等信息。如上所述，这些直流场分量通常高于静电场的相应值。直流场分量的增强因子，定义为存在空间电荷时的场幅值与不存在空间电荷时的场幅值之比，取决于实际线路结构和直流导线电晕强度。电场沿地面的交变分量及交流和直流导线表面的交变分量，不受整个电极间区域内直流空间电荷分布的影响。

如上所述对交流和直流回路计算得到，导线表面的交流和直流电场分布的组合峰值，可用于确定混合线路的电晕效应（CL、RI 和 AN）。由空间电荷场的解可直接求得直流回路的 CL。交流回路的 CL、RI 和 AN 可分别采用 4.5 节、5.6 节和 6.5 节中给出的经验和半经验方法计算。在将经验公式应用于混合线路的交流回路之前，必须对其进行修正，导线表面电场采用峰值而非 rms 值。直流回路的 RI 和 AN 水平可采用 7.5 节中给出的经验公式计算。这些公式已用导线表面电场的峰值表示。

对一些典型线路结构进行的分析研究[13] 得出了以下关于混合线路电晕效应的一般结论。对于邻近塔结构，电场、电流密度和电荷密度的横向曲线，与分别单独计算的交流和直流回路的情况下的值相比，没有显著差异。然而，在计算导线表面电场、RI 和 AN 时，交流线路和直流线路之间的相互作用不可忽略。对于同塔结构，交/直流回路间的相互作用对电场、电流密度和电荷密度曲线的影响非常大。由于交流回路位于直流回路的下方，因此对地面的电场、离子电流和电荷密度有显著的屏蔽效应。然而，对于该结构，交流导线表面上最大电场显著增加，导致 RI 和 AN 增加。对于临近塔结构，注入交流导线的直流分量很小，但对于同塔结构，直流分量会有非常大的幅值。

参考文献

[1] Akazaki M. Corona Phenomena from Water Drops on Smooth Conductors under High Direct Voltage

　　　　　［J］. IEEE Trans PAS，1965，84（1）：1-8.

［2］　Hirsch F W，Schäffer E. Progress Report on the HVDC Test Line of the 400kV-Forschungsgemein-schaft：Corona Losses and Radio Interference ［J］. IEEE Trans PAS，1969，88（7）：1061-1069.

［3］　Knudsen N，Iliceto F. Contribution to the Electrical Design of EHVDC Overhead Lines ［J］. IEEE Trans PAS，1974，93（1）：233-239.

［4］　Addendum to CIGRÉ Document No. 20（1974）［R］. CIGRÉ Brochure No 61，1996：106.

［5］　Sarma M P，Trinh N G，Dallaire R D，Rivest N，Héroux P. Bipolar HVDC Transmission System Study Between ±600 kV and ±1200 kV：Corona Studies. Phase 1 ［R］. Published by Electric Power Research Institute，Palo Alto，California，EPRI EL-1170，1979.

［6］　Chartier V L，Sarkinen S H. Formulas for Predicting Audible Noise from Overhead High Voltage AC and DC Lines ［J］. IEEE Trans PAS，1981，100（1）：121-130.

［7］　Larsen E V，Walling R A，Bridenbaugh C J. Parallel AC/DC Transmission Lines Steady-state Induc-tion Issues ［J］. IEEE Trans PWRD，1989，4（1）：667-673.

［8］　Nakra H L，Bui L X，Lyoda I. System Considerations in Converting One Circuit of a Double Circuit AC Line to DC ［J］. IEEE Trans PAS，1984，103（10）：3096-3103.

［9］　Woodford D. Secondary Arc Effects in AC/DC Hybrid Transmission ［J］. IEEE Trans PWRD，1993，8（2）：704-711.

［10］　Chartier V L，Sarkinen S H，Stearns R D，Burns A L. Investigation of Corona and Field Effects of AC/DC Hybrid Transmission Lines ［J］. IEEETrans PAS，1981，100（1）：72-80.

［11］　Sarma M P，Janischewskyj W. Analysis of Corona Losses on DC Transmission Lines：Ⅰ-Unipolar Lines ［J］. IEEE Trans PAS，1969，88（5）：718-731.

［12］　Sarma M P，Janischewskyj W. Analysis of Corona Losses on DC Transmission Lines. Part Ⅱ-Bipolar Lines ［J］. IEEE Trans PAS，1969，88（10）：1476-1491.

［13］　Sarma M P，Drogi S. Field and Ion Interactions of Hybrid AC/DC Transmission Lines ［J］. IEEE Trans PWRD，1988，3（3）：1165-1172.

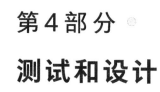

第 4 部分

测试和设计

第9章

电晕效应评估的测量方法和试验技术

电晕现象的复杂性，加上影响电晕效应的因素众多，使得试验研究对评价交/直流输电线路的电晕效应至关重要。对于决定输电线路电晕效应的各种参数，仪表和测量技术的选择对试验研究的规划和实施具有重要意义。可采用不同的试验方法，从实验室试验笼中的试验到运行输电线路上的测量，以获得必要的试验数据。

第4章至第8章阐述了评估交/直流输电线路电晕效应的分析和经验技术，介绍的各种经验和半经验方法实际上是基于从电晕试验装置或运行输电线路获得的试验数据提出。本章重点阐述用于获取此类数据的仪器和测量方法。

9.1 概述

理论考量，可对发生在输电线路导线上的电晕现象和由此产生的电晕效应有一定基础性的认识，非常有必要。然而，试验研究，对于计算实际交/直流输电线路结构的电晕效应，也是必要的。与其他高压现象一样，了解理论背景有助于电晕效应试验研究的优化部署与实施。良好的试验数据是发展精确的经验和半经验计算方法的必要前提。

影响导线电晕放电的因素众多，其中最重要的为导线表面状况和天气变化，进而影响输电线路产生的 CL、RI 和 AN 水平。这些电晕效应及影响它们的因素，只能用统计术语来进行有意义地描述。因此，电晕试验研究的一个重要指标为获得足够多的长期数据，并利用这些数据进行统计分析。由于任何地理位置的主要天气变量在一年内会经历一个完整的周期，因此有必要获得涵盖所有季节变化的长期数据。

9.2 电晕试验方法

导线电晕试验研究的主要目标为：①了解电晕放电的物理机制及由此产生的电晕效应；②获得试验数据，用于开发输电线路电晕效应的预测方法。在输电线路发展的早期阶段发现，导线尺寸不仅对载流容量有影响，而且对电晕损耗也有影响，因此利用实验室和户外试验方法对不同的电晕效应进行了研究。所采用的主要电晕试验方法及每种方法可研究的电晕效应如下所述。

9.2.1　实验室电晕笼

为研究电晕放电物理特性，实验室研究采用各种电极几何结构，如点-平面、球-平面、同心球面等。但是，大多数实验室电晕研究都在圆柱导线上进行，也就是通常所说的"笼"形结构，该结构由同轴放置在另一个金属圆柱体内的测试导线组成，该金属圆柱体半径比金属导线半径大得多。外圆柱体可由薄金属片制成，但是通常由某种形式的金属丝网制成。鉴于此，通常将其称为电晕笼结构。

在导线和笼壁之间施加足够的电压可产生电晕研究所需的较高导线表面场强。一般而言，导线施加高压，笼壁通过直接接地保持零电位，或通过一个小的测量阻抗将其接地保持在非常接近零电位水平。在涉及测量快速上升的电晕电流脉冲的特殊情况下，可通过向笼壁施加高电压并将导线保持在地电位。电晕笼试验装置的主要优点为，已知所施加电压和试验结构尺寸，可快速准确地确定导线表面电场分布。均匀分布的导线表面场强 E（单位：kV/cm），采用式（2.8），可精确计算为

$$E = \frac{U}{r_c \ln \dfrac{R}{r_c}} \tag{9.1}$$

式中，r_c 为导线半径，cm；R 为电晕笼内半径，cm；U 为导线施加电压，kV。通过改变导线施加电压，可获得不同表面场强值。

早期电晕研究主要在实验室电晕笼中进行。事实上，式（3.28）中给出的计算光滑和绞合导线电晕起始场强的经验公式，主要通过电晕笼试验获得。实验室电晕笼也被用来研究交流和直流电压下圆柱形导线电晕放电的基本物理特性。实验室研究的电晕特性包括不同交流和直流电晕模式的产生条件、电晕脉冲特性（如幅值、脉冲形状、重复率等）、电晕损失、RI、AN 及臭氧的产生[1-3]。

对于有限长的电晕笼，其纵向电场分布在导线的中心部分是均匀的，而在两端由于端部效应变得不均匀。如图 9-1 所示，通过在电晕笼两端增加一个"防护"段，以获得在电晕笼中心段沿导线长度方向相当均匀的电场分布。然后，通过适当的测量阻抗将电晕笼的中心部分连接到地面，用于电晕测量，而两个防护端直接接地。

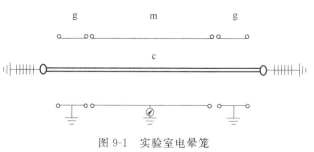

图 9-1　实验室电晕笼

g—防护部分；m—测量部分；c—导线

实验室或户外电晕笼试验装置设计的主要准则为，在击穿电压和电晕起始电压之间有足够的裕度。对于要测试的最大导线或分裂导线，电晕笼直径应足够小，以便在足够低的电压下产生电晕放电。同时，导线或分裂导线与电晕笼之间的气隙应足够大，使击穿电压高于电晕起始电压。这两种电压之间至少存在 50% 的裕度，以允许在电晕起始后的不同导线表面场强下进行研究。对于实验室研究，电晕笼的长度不是关键参数。如果在电晕笼两端没有设置防护段，则需 3~5 倍于电晕笼直径的长度，以便沿导线的中心段获得均匀的场分布。对于带有防护段的电晕笼，应选择防护段和中心测量段的长度，以便在导线的中心段上达到所需的场均匀度。

光滑导线和绞合导线可在实验室电晕笼中进行测试。导线表面的缺陷和水滴可用不同形状的金属突起来模拟，还可利用人工降雨进行模拟研究[4,5]。通常由薄层油脂和沙粒组成的人工污秽有时被用来模拟导线表面粗糙度因子的低值，研究被污染导线的电晕效应。

对于通常在输电线路上使用的单导线和分裂导线结构，有必要采用户外电晕笼或试验线段来确定电晕损耗特性。采用这些装置进行试验的主要目的为获得可用于设计未来输电线路的试验数据。CL、RI 和 AN 的激发函数由电晕笼和试验线段上获得的试验数据确定，用于计算任意给定输电线路结构的电晕效应。

9.2.2　户外大电晕笼

为测试实际输电线路上普遍采用的导线结构，电晕笼的尺寸必须比实验室电晕笼的尺寸大得多，这也是将它们建在户外的主要原因。电晕笼在户外的位置还需允许在某些自然天气条件下获得试验数据。

户外电晕笼的布置基本由放置在圆形或正方形横截面的金属丝网外壳中央的导线结构组成。通常优选为正方形横截面，因为难以制造大直径的圆柱形电晕笼外壳。在某些情况下，笼壁可能仅由两个垂直的围栏组成，地面充当下面板[6]，而上部开口。与实验室小电晕笼一样，室外电晕笼通常由带绝缘的中心测量段和两个防护段组成。

室外电晕笼的长度取决于所进行电晕测量的类型。由于好天气下电晕源在输电线路上的分布较稀疏，因此需采用长度在 100m 或更长数量级的导线，才能正确地模拟电晕笼或试验线段上的晴天电晕效应。较短的导线长度在 10～100m 范围内就足以模拟恶劣天气下的电晕效应，因为在雨、雪等环境中电晕源的密度要高得多。户外电晕笼通过配备人工淋雨装置，通常用于确定在大雨条件下的电晕效应[6,7]。

冬季，所在地区可能在地面上会出现积雪的问题，有必要将电晕笼置于地面上方一定的高度。如果电晕笼长度超过 10m，则应使电晕笼的笼壁遵循导线的悬链线形状，以使导线沿其整个长度位于电晕笼的中心。图 9-2 给出了 IREQ[7] 户外电晕笼，可用于对多达 16 分裂导线进行交流和直流电晕研究。

户外电晕笼的一项重要指标为准确计算分裂导线表面场强。对于圆柱形或方形电晕笼中的任何常规分裂导线结构，要准确计算导线表面电场，都需使用复杂的方法，如 2.5 节中介绍的矩量法[8]。但是，对于圆柱形电晕笼中心处的对称分裂导线的特殊情况，可采用 2.4 节中所述的 Markt 和 Mengele 方法进行计算。对于电晕笼中的 n 分裂导线，每单位长度的总电荷 λ_t 为

图 9-2　IREQ 户外电晕笼

$$\lambda_t = \frac{2\pi\varepsilon_0 U}{\ln\dfrac{R}{r_{eq}}} \tag{9.2}$$

式中，U 为分裂导线施加电压，R 为电晕笼半径，r_{eq} 为根据式（2.31）给出的分裂导线等效半径为

$$r_{eq} = (nrR_b^{n-1})^{\frac{1}{n}} \tag{9.3}$$

式中，R_b 为分裂导线半径，r 为子导线半径。分裂导线平均场强为

$$E_a = \frac{\lambda_t}{n} \times \frac{1}{2\pi\varepsilon_0 r} \tag{9.4}$$

分裂导线最大场强为

$$E_m = E_a \left[1 + (n-1)\frac{r}{R_b} \right] \tag{9.5}$$

对于对称分裂导线，上述计算方法的精度与矩量法相同。这种简化的方法也可应用于方形截面电晕笼中对称分裂导线的情况。研究已发现[9]，方形电晕笼中圆柱形导线的电容等于直径 D_e 的等效圆柱形笼中导线电容，近似为

$$D_e = 1.08 L_c \tag{9.6}$$

式中，L_c 为方形截面电晕笼的宽度。因此，可用直径为 D_e 的等效圆柱体代替方形电晕笼，并用式（9.2）～式（9.5）计算分裂导线的表面电场。

9.2.3　户外试验线段

尽管户外电晕笼（主要在大雨天气）提供了一种相对快速且便宜的方法来评估导线结构的电晕效应，但其不能用于获得全天候统计的电晕效应。只能在户外试验线段上获得在晴天和恶劣天气条件下的统计数据。

室外试验线段本质上为全尺寸输电线路的一小部分。对于交流电晕研究，可采用三相或单相试验线段。三相试验线段可准确再现正常输电线路的电场条件，因此，大多数的电晕研究都是在三相试验线段上进行的，主要为新的更高电压水平的输电线路提供设计数据[10-14]。但是，与单相试验线段相比，三相试验线段的缺点为其制造和操作成本较高，且难以解释试验数据，尤其是 RI。根据在短的三相试验线段上获得的结果来预测长线路的效应非常复杂。单相试验线段的建造成本相对较低，使用测试结果预测较长的三相线路的效应相对较容易。

直流输电线路中由于填充在整个电极间区域的空间电荷对电晕效应具有重要影响，单导线试验线段可用来研究单极电晕，而双导线试验线段则是研究双极电晕的必要条件。根据在单极试验线段上获得的结果，来预测双极直流输电线路的电晕效应会不准确。

在选择用于交流或直流电晕研究的试验线段的长度时，应考虑两个因素。首先，线路应足够长以模拟足够的好天气电晕效应。其次，线路应足够长以允许在 AM 无线电广播频段内的频率下进行 RI 测量。还需考虑到成本和可用土地来限制线路长度。9.5 节讨论了短试验线段的 RI 传播特性及其对 RI 测量的影响，试验线段长度在 300 米到几千米之间[10-14]。IREQ[15] 试验线段，可用于单相交流和双极直流线路结构的电晕研究，如图 9-3 所示。

长期电晕实测研究，不仅要测量定义电晕效应的参数，而且还需测量表征环境天气条件的参数。在电晕测试装置附近应测量主要的天气变量为：温度、气压、相对湿度、风速、风向及降雨率。测量其他降水（例如

图 9-3　IREQ 户外试验线段

雪）和检测导线表面的水分沉积也很有用。对于直流电晕测量，气溶胶的测量也非常有用。

在试验线段的情况下，由于导线高度的变化，导线表面场强会沿着导线的长度变化。因此，电晕放电的强度及所产生的 CL、RI 和 AN 的激发量也会沿导线变化。因此，解释不同电晕效应参数的测量结果应考虑到这种变化。对变化导线高度的影响进行分析，可评估导线表面场强沿试验线段长度的实际变化，以及每种电晕效应与导线表面场强之间的数学关系。由于这些数学关系先验未知，因此通常采用更简单的方法来解释试验线段上的电晕测量结果。如 2.2 节所述，假定试验线段导线在恒定的等效高度 $H - 2S/3$ 处平行于地面，其中 H 为悬挂点处的导线高度，S 为导线垂度。等效导线表面场强沿线恒定，可采用第 2 章中所述的方法进行计算。等效导线高度表示法，对于分析试验线段的结果及评估长线路的电晕效应是相同的。

9.2.4　运行线路

对运行中的高压交流和直流输电线路进行电晕效应测量，对开发预测方法及检验经验方法的有效性非常有用。在定义电晕效应的三个主要参数中，用于测量运行线路的 RI 和 AN 的仪器和方法与用于试验线段的仪器和方法非常相似。但是，CL 的测量主要在电晕笼和试验选段上进行，而对运行线路测试则极为困难。对正常负载下的运行线路，由于负载电流而导致的导线中的焦耳损耗通常很高，以至于难以通过测量来准确估算电晕损耗。研究人员已在空载直流输电线路上进行了一些 CL 测量[16]。但是，由于几百千米长的线路沿线可能会经受不同的天气条件，因此很难解释这些测量结果。对运行线路进行的 RI 和 AN 的长期测量，还需同时测量天气变量。

9.3　电晕起始场强测定

通过对光滑导线的实验室测试，得到了电晕起始的经验公式，如式（3.28）所示。为了使其适用于实际的输电线路导线，在公式中引入导线表面粗糙系数 m 修正因子。在高压交流输电线路发展的早期阶段，电晕起始场强为导线尺寸的选择提供参考依据。然而，随着输电电压等级提高，线路设计通常基于对电晕效应的经济性和环境影响考虑，而不仅仅是基于导线电晕起始场强。

9.3.1　导线测试

尽管在输电线路设计中不是最重要的，但是确定导线电晕起始场强对于估算清洁和表面受污染条件下实际导线表面粗糙系数 m 值很有用。试验中给定的任意给定导线的电晕起始场强可用式（3.28）代替，以估算 m 值。在应用某些预测输电线路电晕效应的方法时，必须知道 m 值。

电晕笼试验最适合于确定单根或分裂导线的电晕起始场强，因为可采用简单的分析方法准确地计算出导线表面场强。确定电晕起始场强的精度还取决于用于检测导线电晕起始的方法。电晕放电的不同表现之一可用于检测电晕的起始。电晕起始场强的经验公式通常基于电晕放电辐射光的视觉检测。空气中电晕放电发出的大部分光在紫外线频率范围内，而一小部分在可见光频率范围内。因此，只有在黑暗的实验室中或在户外夜晚的黑暗背景下，才能用肉眼进行检测。即使在这些条件下，光放大装置有时也被用于电晕起始的视觉检测。最近研究人员还开发了一些设备，用于在日光下观察电晕放电[17]。由于电晕的脉冲模式（主要为负极性 Trichel 脉冲和正极性起始流注），通常表征输电线路导线电晕放电的起始，还会产生声音和电磁辐射。电晕产生的声音可直接由人耳或通过采用声音放大设备进行检测。检测电晕产生的第三种方法包括在电晕笼结构中进行 RI 测量和在试验线段或运行线路上进行辐射 RI 测量。通常，视觉、声音和射频发射都应在近似相同的导线表面场强下同时被检测到。但是，视觉检测为确定电晕起始最常用的方法。

对于干净导线，负极性直流电晕起始场强通常低于正极性直流电晕起始场强。即使在交流电晕的情况下，负半周期的起晕场强也比正半周期的低。负极性电晕起始的特征为发光逐渐增加，发光点在导线表面游荡，并发出"嘶嘶"声。另一方面，正极性电晕会非常突然地发生，其特征为发光的羽状物流体飞离导线表面并伴有"噼啪"声。表面污染的导线，正极性电晕起始场强通常比负极性电晕起始场强低。由于正极性电晕为输电线路 RI 和 AN 的主要来源，因此电晕起始场强通常定义为正极性电晕出现的场强。

随着导线施加电压逐渐增加，首次出现电晕放电对应的电压为电晕起始电压，相应的导线表面场强为电晕起始场强。电压的进一步增加使得导线上的电晕活动增强。如果此后逐渐降低电压，则电晕放电会在一定电压下消失，该电压称为电晕熄灭电压。电晕熄灭场强通常低于电晕起始场强，尽管它们之间的差异对于输电线路导线而言并不重要。由于电晕起始和熄灭场强均受统计变化的影响，因此其试验确定应基于许多试验的平均值。通过采用升降法上下施加电压 5～10 次，可获得电晕起始和熄灭场强的平均值。有时，起始和熄灭场强的平均值被当作平均电晕起始场强，特别是用于确定导线的 m 值。

9.3.2　金具测试

如上所述，输电线路导线的选择主要基于 RI 和 AN 考虑，而非基于电晕起始场强。但是，金具的选择，包括导线挂板、终端塔、分裂导线间隔棒等，主要是基于电晕起始的考虑。输电线路正常工作电压下无电晕放电为选择金具时采用的准则。有时，甚至会采用更严格的标准进行选择，即在正常工作电压下，在以特定方式人为污染的金具上不会产生电晕。设计用于交流输电线路的金具电晕测试通常在实验室中在单相线路结构下开展。通常实验室应选择合适的测试电压，以在硬件上获得与在三相输电线路产生相同的电场条件。为确定适当的测试电压，必须对安装在三相输电线路及实验室测试结构中的金具进行三维电场计算。但是，对于不同的金具结构，这样的计算非常困难。因此，安大略水电公司[18] 开发了一种基本的试验性技术，即采用球形校准器。

球形校准器方法基于这样的原理，即放置在圆柱形导线上的小球，电晕在相同的导线表面场强值下产生，而不管实际的导线结构如何。该原理允许在单相测试结构的金具上进行电晕测试，其导线表面场强与三相线路结构的相同。直径为 2～5cm 的金属球用作校准器。在实验室测试中，输电线路导线或分裂导线用合适直径的光滑铜管或绞合导线代替。在实验室中，测试导线放置在距地面上方的指定高度，距任何其他接地面或接地体足够远。对于施加到导线的任何给定电压，可进行二维场计算以确定导线表面场强。球形校准器通过细线夹固定在导线上，逐渐增加导线施加电压，直到在球体上检测到正极性电晕起始为止。在球体上产生正极性电晕的测试电压 U_{sc}（单位：kV）为几次测量的平均值。根据这些测量结果，采用二维模型计算球体产生电晕的导线表面场强 E_c（单位：kV/cm）。然后，采用第 2 章所述方法之一，计算三相线路结构导线表面标称场强 E_n（单位：kV/cm）。在实验室的单相试验装置中，对金具电晕试验所需的测试电压 U_t（单位：kV）为

$$U_t = \frac{E_n}{E_c} U_{sc} \tag{9.7}$$

可基于上述球形校准器的方法开发用于输电线路金具电晕测试的标准步骤。

9.4　电晕损耗测量

为开发不同输电线路结构的预测方法，有必要对单导线和分裂导线进行电晕损耗测量。电晕笼和试验线段常用于确定导线的 CL 特性，因为在运行线路上进行测量和解释结果极为困难，在交流电晕情况下，电晕笼或试验线段的测量结果可确定产生的 CL 值，可将结果应用于任何常规线路结构的 CL 预测。在直流电晕的情况下，由于空间电荷分布的差异，电晕笼中的测量值不能直接用于预测输电线路结构的 CL 特性。因此，有必要在试验线段上测量 CL，以确定产生的损耗，并采用结果预测一般直流线路结构的 CL 特性。测量交流和直流电晕损耗的技术如下所述。

9.4.1　交流电晕损耗

交流电晕损耗的测量涉及，在存在非常大的异相电容电流分量的情况下检测与电压同相的小电流分量。因此，它涉及极低功率因数下功率的测量，功率因数在 0.05～0.2 之间。在采用实验室电晕笼进行的研究中，电晕损耗通常采用电压—电荷图（所谓的李萨如图，也称为伏库特性曲线）的简单示波记录方法进行测量。

用连接在绝缘笼和地之间的电容器对导线和电晕笼之间流动的总电流进行积分，可得到电荷信号。电压信号由电容分压器获得。如果 u 和 i 分别为电压和电流信号的瞬时值（单位：V、A），则在一个电压周期内电晕产生的能量损失 E（单位：J）为

$$E = \int_0^T ui \, dt = \int u \, dq \tag{9.8}$$

式中，q 为积分电荷，C；T 为电压波形周期，s，如右边的积分所示，E 等于电压-电荷图中一个周期的面积。平均电晕损耗 P，W；可计算为

$$P = \frac{E}{T} = Ef \tag{9.9}$$

式中，f 为电源频率，Hz。电压-电荷图法也可用于户外电晕笼 CL 测量。

高压西林电桥，或它的某些变型，被广泛用于测量不同线路结构中的 CL。西林电桥在高压实验室中最常见的应用为测量有损电容器的电容和损耗因数。如 4.1 节所示，在高于电晕起始电压后，电晕笼或试验线段上的导线结构可由电容 C_c 和电阻 R_c 组成的并联电路表示。电路施加电压 U，则功率损耗 P 为

$$P = UI \cos\theta$$

式中，I 为流过有损电容器的总电流幅值，θ 为电压和电流间的相角。由于电容性电流占主导地位，高压电容器的相角 θ 通常非常接近 90°。因此，有损耗电容器的特征在于损耗角 δ（其中 $\delta = 90 - \theta$）和损耗因数 $\tan\delta$。电容器中的功率损耗可表示为

$$P = U^2 \omega C_c \tan\delta \tag{9.10}$$

式中，ω 为电压和电流的角频率，C_c 为西林电桥测量电容，$\tan\delta$ 为损耗因数。

用于测量任意导线结构电晕损耗的西林电桥的基本电路如图 9-4 所示。高压臂由一个标

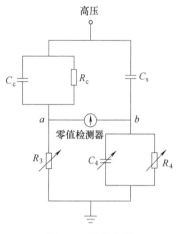

图 9-4　西林电桥

准的无损电容器 C_s、一个由电容 C_c 和电阻 R_c 构成的并联电路表示的导线结构组成。低压臂由可变电阻和电容 R_4、C_4 及可变电阻 R_3 的并联电路组成。通过改变 R_3、R_4 和 C_4 来平衡电桥，连接在电路的 a 和 b 点之间的检测器中获得零示数。然后根据零示数的电桥电路参数得出导线结构的电容和损耗因数，

$$C_c = C_s \times \frac{R_4}{R_3} \tag{9.11}$$

$$\tan\delta = \omega C_4 R_4 \tag{9.12}$$

然后用式（9.10）计算电晕损耗。

西林电桥法需手动平衡电桥，以便在不同试验条件下测量 CL。对于户外电晕笼或试验线段上的电晕研究，电晕损耗几乎连续变化，这使得手动平衡电桥相当困难。仅当电桥具有自平衡功能时，才可以在无人工干预的情况下测量连续变化的 CL。西林电桥法还要求可接近测试结构的两个终端。因此，电晕笼结构的绝缘中心部分可用作在西林电桥中连接的低压端子。然而，对于试验线段，甚至外笼壁永久接地的电晕笼，西林电桥电路必须进行修改，才能用于测量 CL。通过对西林电桥进行适当的电路改造并实现自平衡，可对采用地面作为外笼一部分的电晕笼及三相试验线段的 CL 进行长期测量记录[19]。

基于电流比较器原理，研究人员开发了一种高压电容电桥，并用于电晕损耗测量[20,21]。在该电桥中，标准和未知电容器中的电流以相反的方向穿过高磁导率磁芯上的绕组，从而产生磁力抵消。同一磁芯上的第三个绕组（与零位检测器相连）检测磁芯中的磁通状况。当连接磁芯的磁通为零时，将获得零条件。该电桥的自平衡是通过将桥电路与负反馈设备组合而获得。

低功率因数瓦特计也被广泛用于电晕损耗测量，主要用于三相试验线段。通过在测试变压器的低压端连接高精度瓦特计，可在三相试验线段上进行精确的 CL 测量[11]。为确定导线上的电晕损耗，有必要确定变压器损耗并将其从测得的损耗中减去。另一种选择是将瓦特计定位在变压器的高压端，并使用遥测技术在地电位下传输和记录 CL 数据[10,12]。

基于相敏检测[22] 或时分乘法[23] 的高精度电子功率计也被用于电晕笼和试验线段上的 CL 测量[7]。近年来，高速数字化仪的使用大大简化了 CL 的测量。施加在导线上的电压和导线总电流的信号（包括电容和损耗分量），都被转换成数字形式，并存储起来以供后续分析。可同时分析电压和电流信号的数字记录的数据[24]，获得以下信息：定义电晕等效电路模型的参数、电流的电阻和电容分量及传统的电压-电荷图。参见图 4-4 中的等效电路，导线结构的几何电容用 C_0 表示，而 $C_c(u)$ 和 $G_c(u)$ 分别为电晕产生的增量电容和电导，两者均假定为瞬时电压 u 的函数。瞬时总电流可被分为电阻分量 i_r 和电容分量 i_c。在任意时刻，总电容 $C(u)$ 为

$$C(u) = C_0 + C_c(u) \tag{9.13}$$

总电流 i_t 为

$$i_t = i_c(t) + i_r(t) = C(u)\frac{\mathrm{d}u}{\mathrm{d}t} + G_c(u)u \tag{9.14}$$

参数 C_0 可直接从导线结构的几何参数获得。其他两个参数 $C_c(u)$ 和 $G_c(u)$ 可通过对电压和电流数据进行数值分析得到。通过假设 $C_c(u)$ 和 $G_c(u)$ 以逐步方式变化，利用最小二乘法结合式（9.14）对 u 和 i 的 n 个瞬时值（假设这两个参数保持不变）进行求解，以获得最佳估计值。参数估计至少为 $n=1$，但要获得整个周期中 $C_c(u)$ 和 $G_c(u)$ 的稳定估计值，需要更高的 n 值，如 4 或 5。知道这两个参数，可用式（9.14）计算电流分量 $i_c(t)$ 和 $i_r(t)$。最后，电晕损失 P 为

$$P = \frac{1}{T}\int_0^T u i_r \mathrm{d}t \tag{9.15}$$

在电晕笼结构下，出于测量目的，采用笼壁绝缘部分可在低压端获得电压和电流信号。但是，为在试验线段上进行准确的测量，应该在高压导线侧测量电流信号，并采用光纤遥测或射频遥测将电流信号传输到地面。遥测系统的选择应使其在传输过程中不会引入任何相角误差。或者，可测量电压信号和电流信号，并将其记录在高压端的数字转换器上。

9.4.2　直流电晕损耗

在试验电晕笼或试验线段上测量直流电晕损耗相对简单。由于几乎所有流过导线的电流都由电晕产生，测量施加在导线上的电压 U 和流过导线的电流 I，则电晕损耗为 $P=UI$。在电晕笼装置中，电流在绝缘笼壁和地面间测量。然而，在试验线段上，电流是在高压导线上测量，然后遥测到地面进行记录。为准确测量电晕损耗，应注意确保绝缘子泄漏电流可忽略不计。

9.5　短线路上 RI 和 AN 的测量和解释

户外电晕笼和试验线段（这两种都可被视为输电线路的短段）RI 和 AN 测量的主要目标为确定各自的激发量，进而预测长输电线路 RI 和 AN 效应。有时可直接从短线路上的测量值预测长线路的电晕效应，而无需经过确定激发量的中间步骤。

9.5.1　短单导线线路 RI

5.5 节中阐述了 RI 在单条和多条长导线上的传播分析。RI 在短线路上的传播特性与在长线路上有很大不同，主要是由于线路末端的终端阻抗可能引起反射。短单导线开路线路的 RI 传播特性在相关研究中已得到广泛讨论[25-27]。勒费夫尔（Lefèvre）[28] 详细分析了两端连接任意阻抗短单导线的传播特性。随后，这种分析也扩展到了三相线路开路的情况。

首先考虑对两端都以任意阻抗连接的单导线的分析。从 RI 分析的角度来看，单根导线可表征单相交流线路或单极直流线路。除深入了解短线路 RI 的一般原理外，导出的基本方程在多导线分析中也很有用。如图 9-5 所示，让一根长

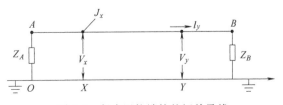

图 9-5　任意阻抗端接的短单导线

度为 l 的单导线线路 AB，在线路两个末端处以任意阻抗 Z_A 和 Z_B 连接。假定线路具有以下统一特征：

　　z，单位长串联阻抗，Ω/m；

　　y，单位长并联导纳，$\mathrm{S/m}$；

　　$z_\mathrm{c}=\sqrt{z/y}$，特性阻抗，Ω；

　　$\gamma=\sqrt{zy}=\alpha+\mathrm{j}\beta$，传播常数；

　　α，衰减常数，$\mathrm{nepers/m}$；

　　β，相位常数，$\mathrm{rad/m}$；

　　z_{xA}，线路输入阻抗，在 x 处切断并朝 A 的方向看；

　　z_{xB}，z_{yA} 和 z_{yB} 均为输入阻抗，与 z_{xA} 定义类似。

对于长度为 l 且由上述参数表征的传输线，可采用传输线理论[29]，根据接收终端的量 V_R 和 I_R 可表示发送端导线中的电压 V_s 和电流 I_s 为

$$V_\mathrm{s}=V_\mathrm{R}\cosh(\gamma l)+z_\mathrm{c}I_\mathrm{R}\sinh(\gamma l) \tag{9.16}$$

$$I_\mathrm{s}=I_\mathrm{R}\cosh(\gamma l)+\frac{V_\mathrm{R}}{z_\mathrm{c}}\sinh(\gamma l) \tag{9.17}$$

式 (9.16) 和式 (9.17) 可用于图 9-5 所示线路 RI 的传播分析。z_{xA}、z_{xB} 等表示终端由阻抗连接的线段的输入阻抗。采用式 (9.16) 和 (9.17)，终端阻抗为 z 的线路的输入阻抗为

$$z_\mathrm{in}=z_\mathrm{c}\frac{\sinh(\gamma l)+\dfrac{z}{z_\mathrm{c}}\cosh(\gamma l)}{\dfrac{z}{z_\mathrm{c}}\sinh(\gamma l)+\cosh(\gamma l)} \tag{9.18}$$

在点 x 处注入的角频率为 ω 的正弦电流 J_x，I_x 和 V_x 为 x 处导线中的电流和电压，I_y 和 V_y 为在点 y 处的对应值。x 点的电压可表示为

$$V_x=J_x\frac{z_{xA}z_{xB}}{z_{xA}+z_{xB}} \tag{9.19}$$

点 y 处，电压和电流的关系为

$$V_y=I_yz_{yB} \tag{9.20}$$

对于 x 和 y 间的线路部分，采用式 (9.16)，

$$V_x=V_y\cosh[\gamma(y-x)]+z_\mathrm{c}I_y\sinh[\gamma(y-x)] \tag{9.21}$$

将式 (9.20)、式 (9.21) 代入式 (9.19) 并整理得

$$I_y=J_x\frac{z_{xA}z_{xB}}{z_{xA}+z_{xB}}\times\frac{1}{z_{yB}\cosh[\gamma(y-x)]+z_\mathrm{c}\sinh[\gamma(y-x)]} \tag{9.22}$$

为便于后续分析，定义以下传递函数为

$$g(x,y)=\frac{I_y}{J_x} \tag{9.23}$$

$$h(x,y)=\frac{V_y}{J_xz_\mathrm{c}} \tag{9.24}$$

采用式 (9.22) 和式 (9.20)，对 $0\leqslant r<y$ 的情况，如图 9-5 所示，g 和 h 可表示为

$$g(x,y)=\frac{z_{xA}z_{xB}}{z_{xA}+z_{xB}}\times\frac{1}{z_{yB}\cosh[\gamma(y-x)]+z_\mathrm{c}\sinh[\gamma(y-x)]} \tag{9.25}$$

$$h(x,y) = g(x,y)\frac{z_{yB}}{z_c} \qquad\qquad (9.26)$$

对 $y < x \leqslant l$ 的情况，可类似获得传递函数 $g'(x,y)$ 和 $h'(x,y)$ 的相应表达式为

$$g'(x,y) = -\frac{z_{xA}z_{xB}}{z_{xA}+z_{xB}} \times \frac{1}{z_{yA}\cosh[\gamma(x-y)] + z_c\sinh[\gamma(x-y)]} \qquad (9.27)$$

$$h'(x,y) = -g'(x,y)\frac{z_{yA}}{z_c} \qquad\qquad (9.28)$$

电晕源沿导线长度方向随机分布，每个源都注入具有随机幅值和脉冲间隔的电流脉冲序列。在任意点 x 处的电晕电流注入可由谱密度函数 ϕ_{Jx} 表示。将输电线路视为线性滤波器，并采用式（9.25）和式（9.26）中所示的传递函数，x 点处 ϕ_{Jx} 在 y 点产生的电压、电流功率谱密度 ϕ_{Vy} 和 ϕ_{Iy} 为

$$\phi_{Vy} = |z_c h(x,y)|^2 \phi_{Jx} \qquad\qquad (9.29)$$

$$\phi_{Iy} = |g(x,y)|^2 \phi_{Jx} \qquad\qquad (9.30)$$

若假设电晕电流注入沿线路均匀分布，单位长功率谱密度为 ϕ，则由线路上所有电晕源在 y 点产生的电压、电流功率谱密度 ϕ_{Vy} 和 ϕ_{Iy} 为

$$\phi_{Vy} = |H_y|^2 \phi \qquad\qquad (9.31)$$

$$\phi_{Iy} = |G_y|^2 \phi \qquad\qquad (9.32)$$

式中，G_y 和 H_y 为

$$G_y = \sqrt{\int_0^y |g(x,y)|^2 \mathrm{d}x + \int_y^l |g'(x,y)|^2 \mathrm{d}x} \qquad (9.33)$$

$$H_y = \sqrt{\int_0^y |h(x,y)|^2 \mathrm{d}x + \int_y^l |h'(x,y)|^2 \mathrm{d}x} \qquad (9.34)$$

采用式（5.25），由 ϕ 得到 RI 激发函数 Γ 为

$$\Gamma = \frac{2\pi\varepsilon_0}{C} \times \sqrt{\phi} \qquad\qquad (9.35)$$

采用式（9.31）~式（9.34），可将 y 点的电流和电压表示为

$$I_y = \sqrt{\Phi_{Iy}} = G_y \frac{C}{2\pi\varepsilon_0}\Gamma \qquad\qquad (9.36)$$

$$V_y = \sqrt{\Phi_{Vy}} = z_c H_y \frac{C}{2\pi\varepsilon_0}\Gamma \qquad (9.37)$$

若 y 表示测量点，则式（9.36）和式（9.37）为，从短试验线段测量获得 RI 激发函数的基础。从 RI 测量的角度来看，试验线段的三种情况尤为重要：

① 线路两端均以其特性阻抗端接；

② 线路一端开路，另一端以其特性阻抗端接；

③ 线路两端均开路。

这三种情况在图 9-6（a）、图 9-6（b）和图 9-6（c）中给出。

对于两端均以其特性阻抗端接的线路，对于任意点 x 处的电流注入，将 $z_{xA}=z_{xB}=z_{yB}=z_c$ 代入式

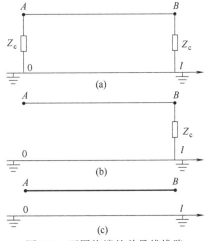

图 9-6　不同终端的单导线线路

（9.25），则 B 处的电流传递函数

$$g(x) = \frac{1}{2} \times \frac{1}{\cosh[\gamma(y-x)] + \sinh[\gamma(y-x)]} = \frac{e^{-\gamma(l-x)}}{2} \tag{9.38}$$

将式（9.38）代入式（9.33），假设对于短线路 $\alpha l \ll 1$，进行积分和化简，得到 G_l 为

$$G_l = \sqrt{\int_0^l |g(x)|^2 dx} = \sqrt{\frac{1 - e^{-2\alpha l}}{2\alpha}} \approx \frac{\sqrt{l}}{2} \tag{9.39}$$

流过 z_B 的电流 I_l 可采用无线电噪声计测量获得，采用式（9.36）可给出为

$$I_l = \frac{\sqrt{l}}{2} \times \frac{C}{2\pi\varepsilon_0}\Gamma \tag{9.40}$$

实际中，可采用高压无放电电容器实现阻抗等于测试线路特性阻抗的端接。电容值应足够大，使其在 RI 测量频率下的阻抗可忽略不计。通常 $1 \sim 2\text{nF}$ 量级的电容就足够了。如有必要，可以串联一个小电感来补偿容性阻抗。值为 z_c 的电阻连接在电容器的低压端和地之间。通过将无线电噪声计连接到电阻的部分来测量 RI 电流，该电阻等于噪声计的输入阻抗。由于高压电容器非常昂贵，因此很少对线路两端进行端接。

但是，从经济上讲，在 RI 测量中，将一条短线路的一端开路，另一端端接，是经济可行的。考虑到 $z_A = \infty$（开路）和 $z_B = z_c$，在这种情况下，通过将 $z_{xA} = z_c \coth(\gamma y)$，$z_{xB} = z_{yB} = z_c$ 代入式（9.25），可得传递函数 $g(x)$ 为

$$g(x) = \frac{e^{-\gamma l}}{2} \cosh(\gamma x) \tag{9.41}$$

而后，可得 G_l 的表达式为，

$$G_l = \sqrt{\int_0^l |g(x)|^2 dx} = \sqrt{\frac{e^{-2\alpha l}}{2} \left[\frac{\sinh(2\alpha l)}{2\alpha} + \frac{\sinh(2\beta l)}{2\beta} \right]} \tag{9.42}$$

其中，$\alpha l \ll 1$，$\sinh(2\alpha l) \approx 2\alpha l$，$e^{-2\alpha l} \approx 1$。通过简化，采用 RI 激发函数表示的流经 z_B 的电流 I_l 的计算式为

$$I_l = \frac{\sqrt{l}}{2} \left[1 + \frac{\sin(2\beta l)}{2\beta l} \right]^{\frac{1}{2}} \frac{C}{2\pi\varepsilon_0}\Gamma \tag{9.43}$$

这种 RI 测量方法可用于试验电晕笼及试验线段结构。

RI 测量第三种方法为涉及线路两端开路。为使线路在通电端对于 RI 频率电气开路，将经过特殊设计的电感[30]与高压源和线路之间的连接导线串接。由于线路两端均开路，因此无法进行任何传导的 RI 测量。只能在地面上测量 RI 的电场或磁场分量。在大多数试验研究中，RI 的磁场分量在线路的电气中心处测量。为从该测量中获得 RI 激发函数，沿线电晕均匀产生，必须确定在开路线路中心处流动的电流。可通过代入 $z_A = z_B = \infty$，$z_{xA} = z_c \coth(\gamma x)$，$z_{xB} = z_c \coth[\gamma(l-x)]$ 和 $z_{xB} = z_c \coth\dfrac{\gamma l}{2}$，采用式（9.25）可获得，在电流注入任意点 x 处的线路中心的电流传递函数为

$$g(x) = \frac{\cosh(\gamma x)}{2\cosh\dfrac{\gamma l}{2}} \tag{9.44}$$

类似于前述两种情况，计算 G_l，获得用 RI 激发函数表示的流经线路中心导线的电流 $I_{\frac{l}{2}}$ 为

$$I_{\frac{l}{2}} = \frac{\sqrt{l}}{2} \times \frac{\left[\dfrac{\sinh(\alpha l)}{\alpha l} + \dfrac{\sinh(\beta l)}{\beta l}\right]^{\frac{1}{2}}}{[\cosh(\alpha l) + \cos(\beta l)]^{\frac{1}{2}}} \times \frac{C}{2\pi\varepsilon_0}\Gamma \tag{9.45}$$

在地面和线路中心测得的 RI 磁场与电流 $I_{\frac{l}{2}}$ 成正比，采用式（5.43），为

$$H_{\frac{l}{2}} = \frac{I_{\frac{l}{2}}}{2\pi} \times \frac{2h}{h^2 + D_{\frac{l}{2}}^2} \tag{9.46}$$

式中，h 为线路对地高度，$D_{\frac{l}{2}}$ 为测量点至导线的横向距离。因此可用式（9.45）和式（9.46）从地面的 RI 场测量获得 RI 激发函数。

假设对于短线路而言，$\alpha l \ll 1$，因此，$\dfrac{\sinh(\alpha l)}{\alpha l} \approx 1$ 和 $\cosh(\alpha l) \approx 1 + \dfrac{(\alpha l)^2}{2}$。因此，式（9.45）可简化为

$$I_{\frac{l}{2}} = \frac{\sqrt{l}}{2} \times \frac{\left[1 + \dfrac{\sinh(\beta l)}{\beta l}\right]^{\frac{1}{2}}}{\left[1 + \dfrac{(\alpha l)^2}{2} + \cos(\beta l)\right]^{\frac{1}{2}}} \times \frac{C}{2\pi\varepsilon_0}\Gamma \tag{9.47}$$

式（9.47）中，分子项 $\left[1 + \dfrac{\sinh(\beta l)}{\beta l}\right]^{\frac{1}{2}}$ 为 βl 缓慢变化的函数，在 $\beta l = 0$ 处达到最大值 $\sqrt{2}$，并随 βl 的增加其值渐近地接近 1。对于实际感兴趣的 RI 频率，可假定该项等于 1。但是，分母项 $\left[1 + \dfrac{(\alpha l)^2}{2} + \cos(\beta l)\right]^{\frac{1}{2}}$ 随 βl 变化非常快，从而使得 $I_{\frac{l}{2}}$ 频谱中产生峰和谷。将线路的固有频率 f_0 定义为 $f_0 = \dfrac{v}{l}$，其中 v 为线路电磁能量传播速度（$\approx$ 光速，$v = 3 \times 10^8\,\mathrm{m/s}$），则项 βl 可写为

$$\beta l = \frac{2\pi f}{v}l = 2\pi \frac{f}{f_0} \tag{9.48}$$

当分母分别达到最小值或最大值时，式（9.48）中出现 $I_{\frac{l}{2}}$ 的最大值和最小值。$I_{\frac{l}{2}}$ 的最大值在 $\cos(\beta l) = -1$ 或 $\beta l = \pi$，3π，$\cdots$，而最小值在 $\cos(\beta l) = 1$ 或 $\beta l = 2\pi$，4π，$\cdots$。因此，

$$\mathrm{Maxima}\, I_{\frac{l}{2}}, f = (2n-1)\frac{f_0}{2}, n = 1, 2, \cdots \tag{9.49}$$

$$\mathrm{Minima}\, I_{\frac{l}{2}}, f = 2nf_0, n = 1, 2, \cdots \tag{9.50}$$

结合式（9.47），这些谐振频率下的电流幅值为

$$I_{\frac{l}{2}\max} = \frac{1}{\alpha}\frac{1}{\sqrt{2l}} \times \frac{C}{2\pi\varepsilon_0}\Gamma \tag{9.51}$$

$$I_{\frac{l}{2}\min} = \frac{\sqrt{l}}{2\sqrt{2}} \times \frac{C}{2\pi\varepsilon_0}\Gamma \tag{9.52}$$

应当注意，上式中 Γ 也作为频率 f 的函数而变化。但是，这种变化在 AM 无线电广播频率范围内并不重要。还观察到，电流的最大值与衰减常数 α 成反比，而最小值不受 α 的影响。α 的值越低，频谱的峰越锐利。

对于单导线线路，法布雷（Fabre）[25] 以启发式的方式确定了一条短的开路线路 RI 频谱最大值和最小值包络线的几何平均值，与相应的长线的频谱相同。赫尔斯特伦（Helstrom）[26] 和佩尔茨（Perz）[27] 提供了几何均值方法的必要分析证明，该方法通过对短线路开路的测量来确定长线路 RI 效应。上述分析可以用来证明该方法提供依据。在长线路的情况下，通过使等式（9.45）中的 $l \rightarrow \infty$，可获得沿线均匀分布的电晕产生的导线电流为

$$I_{\text{long}} = \frac{1}{2}\frac{1}{\sqrt{\alpha}} \times \frac{C}{2\pi\varepsilon_0}\Gamma \tag{9.53}$$

虽然由短线路分析外推得出，但式（9.53）与式（5.42）相同。从式（9.51）～式（9.53）可得，

$$I_{\text{long}} = \sqrt{I_{\frac{l}{2}\text{max}} \, I_{\frac{l}{2}\text{min}}} \tag{9.54}$$

上述几何平均法基于短线路的简化传播分析。更准确的分析方法表明[31]，如 5.4 节中所述，长线路 RI 水平可能不同于几何平均值，尤其是在较低频率下。分析还表明，地面电阻率的变化可能会影响频谱的最大值，因此在进行长期测量时应将其考虑在内。线路两端的杂散电容会影响线路的电气中心。在开路线路上进行 RI 测量时，必须考虑的另一个因素为测量频率的选择。为获得准确的长期测量结果，应将测量频率选择为在频谱的峰谷之间的某个位置，并且还应避开任何本地无线电台。

9.5.2　短多导线线路 RI

短多导线线路 RI 传播分析与具有式（5.45）和式（5.46）相同的定义方程。但是，分析的复杂性在于，可能会在线路的两端产生电压和电流波的反射，具体取决于在线路两端终端的阻抗网络。在一般情况下，这种反射可能产生不同传播模式的混合，称为帧间耦合，这使得 RI 传播分析非常困难。但是，存在某些类型的线路终端，这些终端可完全消除任何模式间耦合或将其减少到可忽略的水平。这种终端的性质及在物理上实现它们的可能性值得研究[31]。

若 z_A 为线路端点 A 处的终端阻抗矩阵，则该端点处的电压和电流之间的关系为

$$V = z_A \cdot I \tag{9.55}$$

代入式（5.54）和式（5.55）定义的模态量，式（9.55）可转变为

$$V^{\text{m}} = M^{-1}z_A N I^{\text{m}} = z_A^{\text{m}}I^{\text{m}} \tag{9.56}$$

式中，$z_A^{\text{m}} = M^{-1}z_A N$ 为终端模态阻抗矩阵。为了使模态间耦合不存在，选择合适的 z_A 使 z_A^{m} 对角阵化。由式（9.56）可得，

$$z_A = Mz_c^{\text{m}}N^{-1} \tag{9.57}$$

式中，z_c^{m} 为模态特征阻抗矩阵，使得 z_A^{m} 成为对角阵。式（9.57）定义的终端阻抗矩阵将具有 n^2 个元素，包括所有自阻抗和互阻抗。在实际中，如需避免模态间耦合，则极难在式（9.57）定义的阻抗网络中连接高压输电线路。更为可行的替代方法为仅在每根导线和地面间包含元件的阻抗网络，然后矩阵 z_A 即为对角阵。此外，如果所有阻抗元件均相同，则最终的模态阻抗矩阵将变为

$$z_A^{\text{m}} = M^{-1}z_{A\text{d}}N = z_{A\text{d}}M^{-1}N \tag{9.58}$$

因此，$M^{-1}N$ 应为对角矩阵，使得 z_A 为对角阵。

可以证明，如果矩阵 $\boldsymbol{P}=\boldsymbol{zy}$ 对称，则矩阵 $\boldsymbol{M}$ 和 $\boldsymbol{N}$ 将相同，从而使 z_A^m 为对角矩阵。如果正极性导线和负极性导线对地高度相同，则在双极直流线路中会出现这种情况。对于三相交流线路，$\boldsymbol{P}$ 仅在导线对地高度非常大的等边三角形结构中才对称。但是，即使对于实际的输电线路（例如水平三相线路），也可以证明矩阵 $\boldsymbol{M}^{-1}\boldsymbol{N}$ 将非常接近对角阵，与对角线元素相比，非对角线元素可忽略不计。实际中，最好的方法是在多根导线连接的情况下，在各导线和地面间连接相等的阻抗，从而避免跨模耦合。这将包括一条完全开路的线路。但是，为进行传导 RI 测量，可将每根导线端接在相同的阻抗元件中，该阻抗元件包括耦合电容器和等于导线特征阻抗的电阻。

对于短的多导线线路，其两端都均端接于不产生或可忽略的模间耦合的网络中，可进行模态传播分析[31]，根据 RI 测量或测量线路中心的 RI 电场和磁场分量来确定 RI 激发函数。在短多导线线路的中心测量的 RI 频谱显示出最大值和最小值，类似于单导线线路的情况。但是，不可能为从短线路测量中确定长线路 RI 的几何均值方法提供分析证明。尽管如此，该方法仍被广泛使用[12,14]来阐释开路三相交流试验线段 RI 测量。基于精确分析方法的数值研究[32] 表明，几何均值方法用于两导线（双极直流）和三导线（三相交流）试验线段，会产生几分贝的误差。同时表明线路末端的大地电阻率和杂散电容会影响 RI 频谱。

在开路双极试验线段中心测量的典型 RI 频谱来说明几何均值方法的应用，如图 9-7 所示。由于存在两种传播模态，频谱中出现中间极大值。图中也给出了频谱最大值和最小值间的几何平均值曲线。因此，通过在试验线段上测得的 RI 值加上 7.5dB 的校正因子，可获得 1MHz 的长线路 RI。

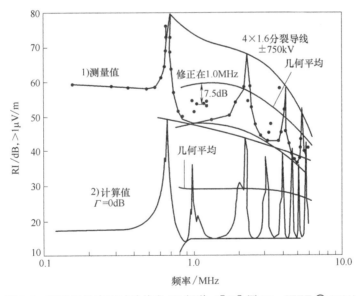

图 9-7　开路双极直流试验线段 RI 频谱（[32]-图 15，IEEE © 1981）

9.5.3　短线路 AN

与 RI 相比，基于短线路测量确定 AN 的激发量要简单得多。对于电晕笼或试验线段上的单根导线或分裂导线，给出了在测试装置中心和距导线 R（m）距离处测得的声压级 P[dB（A）]，根据式（6.13），

$$P = A - 10\lg R + 10\lg\left(\arctan\frac{l}{2R}\right) - 7.82 \qquad (9.59)$$

式中，A 为声功率密度，dB，以 1pW/m 为基准；l 为导线长度，m。在式（9.59）中，短导线长度的修正项为 $10\lg\left(\arctan\frac{l}{2R}\right)$，对于无限长线路，该值约为 1.96dB。若线路长度大于距离 R 的 12 倍，则短线路和长线路间的差值将小于 0.5dB。

双极性直流线路可被视为单导线线路，因为只有正极对 AN 有贡献，因此，式（9.59）可用于从短线路测量中确定产生的声功率密度。在三相交流短线路的情况下，所有三根导线都会影响在线路中心测得的声压级。三根导线上的激发量 A_1、A_2、A_3 取决于相应的导线表面场强。如果三根导线与测量点之间的距离分别为 R_1、R_2 和 R_3，则可用式（9.59）确定各自对总声压级的贡献。要确定 A_1、A_2 和 A_3，必须在距测试线路 3 个不同距离处进行 3 次独立测量。但是，如果试验线段的导线结构与提出的长线路的导线结构相同，且对于试验线段的一般长度，则无需对短线路测量值进行校准转换，就可获得长线路的 AN 效应。

9.6　测量 RI 的仪器和方法

本节阐述通常用于 RI 测量的不同类型的仪器，以及从电晕试验装置、运行输电线路测量 RI 的推荐方法。

9.6.1　仪器

理想情况下，用于测量 RI 的仪器应理想模拟受干扰的设备。在输电线路产生 RI 的情况下，"设备"实际上是一个收听广播节目的人。第 10 章讨论了评估对无线电听众造成干扰的方法。无线电噪声计的示意如图 9-8 所示。仪表由高质量的无线电接收器组成，其检测的输出通过多个加权网络之一传递到输出指示仪表。仪器的无线电接收部分可视为在所有频率下具有恒定增益的可调带通滤波器。检测器为一个整流器电路，主要用于提取接收器调制的无线电频率输出的包络。

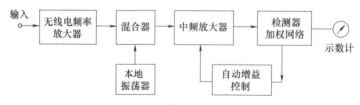

图 9-8　无线电噪声计示意

加权电路设计用于测量检测器输出的峰值、准峰值（QP）、平均值（也称为场强度或 FI）和 rms 值。除了仪表指示 RI 外，该仪器还在电路的不同阶段提供音频输出和其他电气输出。通过阻抗网络或天线的适当输入，可将无线电噪声计用作电压表、电流表或场强计。现代无线电噪声计也适用于计算机控制和数据采集。

在包括 AM 广播频段在内的 0.15～30MHz 频率范围内，通常在导线和接地间连接阻抗（由高压电容和电阻器串联组成），并进行传导 RI 测量，并将电阻 50Ω 部分产生的电压作为无线电噪声计的输入。这通常也称为无线电干扰电压（RIV）测量。通过 RIV 测量可轻松获得干扰电流。柱形天线用于测量 RI 电磁场的电场分量，而环形天线用于测量磁场分量。

在远场区域，在准 TEM 传播模式下甚至接近线路区域[33]，这两个分量通过自由空间特征阻抗 $Z_0(\approx 377\Omega)$ 相关联。

该仪器的平均值在北美也称为场强（FI），峰值检测器给出的输出分别与输入波形的包络的平均值和峰值成比例。rms 检测器（包含在最新的无线电噪声计中）为所有类型的信号调制包络提供 rms 值。QP 检测器给出输入波形包络的加权峰值，主要用于表征重复性脉冲噪声的干扰效应。QP 检测器旨在提供与 RI 引起的广播节目质量下降对人的干扰效应成比例的读数。QP 检测器电路通常如图 9-9 所示，与充电时间常数 R_cC 相比，放电时间常数 R_dC 变得非常大，因此除了低脉冲重复频率外，电压输出接近包络峰。

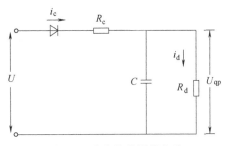

图 9-9　准峰值检测器电路

定义无线电噪声计响应特性的最重要参数为带通滤波器，以及 QP 电路的充电、放电时间常数。过去，根据北美的 ANSI[34] 和欧洲的 CISPR[35]，在 0.15～30MHz 频率范围内的无线电噪声计的规格差异很大。根据美国国家协会标准 ANSI 表计规格为：6dB 带宽约 4.5kHz；QP 电路的充电和放电时间常数分别为 1ms 和 600ms。CISPR 表计的相应规格为：6dB 带宽约 9kHz，QP 电路的充电和放电时间常数分别为 1ms 和 160ms。因此，对于相同的无线电噪声，这两个表计会给出不同的读数。ANSI 仪表规范最近已更改[36]，与 CISPR 规范相同。

从高压输电线路电晕产生的 RI 测量结果和分析结果之间存在明显的不一致。RI 的测量通常根据 QP 值进行。但是，由于电晕产生的随机性和不相关性，只能根据 rms 值来进行 RI 传播的分析。尽管 rms 检波器已在商用无线电噪声计上使用了二十多年，但无论从测试装置还是从运行线路进行的大多数 RI 测量都是根据 QP 值进行的。因此，有必要调和 RI 在分析和测量方面的明显不一致。

仪器对周期脉冲的响应。无线电噪声计对各种类型的噪声输入的响应已开展了多项研究[37-40]。由于以脉冲形式产生和传播，因此有必要评估仪表对电压和电流脉冲序列的响应。考虑到矩形电压脉冲输入的幅值为 U_m，持续时间为 τ，$2\pi f_0\tau \ll 1$，其中 f_0 为 RI 测量频率，根据调制脉冲，则无线电噪声计的前端带通滤波器的输出 U_1 为

$$U_1 = 2U_m\tau\Delta f \frac{\sin(\pi\Delta ft)}{\pi\Delta ft}\cos(2\pi f_0 t) \tag{9.60}$$

式中，Δf 为仪表带宽。由此产生的检测器输出脉冲基本上由式（9.60）给出波形的第一个峰值的正包络组成。该检测器输出脉冲的幅值为 $2U_m\tau\Delta f$，持续时间为 $2/\Delta f$。由于无线电噪声计根据等效正弦波 rms 进行校准[35]，因此，检测器输出脉冲的测量幅值实际为 $\sqrt{2}U_m\tau\Delta f$。

对于具有恒定幅值 U_m 的周期性脉冲序列的输入，每个脉冲序列的持续时间为 τ 且脉冲重复频率为 f_p，检测器输出为具有相同重复频率但幅值恒定为 $\sqrt{2}U_m\tau\Delta f$ 且持续时间为 $2/\Delta f$ 的脉冲序列。获得与不同加权函数相对应的仪表读数为

$$U_p = \sqrt{2}U_m\tau\Delta f$$
$$U_{av} = \sqrt{2}U_m\tau f_p$$
$$U_{qp} = K_{qp}U_p$$

$$U_{rms} = \sqrt{2} U_m \tau \sqrt{\Delta f f_p} \qquad (9.61)$$

式中，U_p 为峰值，U_{av} 为平均值，U_{qp} 为准峰值，U_{rms} 为测得 RI 的 rms 值。准峰值因子 K_{qp} 取决于脉冲重复频率及 QP 检测器电路的充电和放电时间常数。对于 CISPR QP 电路，K_{qp} 的值从 $f_p = 100Hz$ 的 ≈ 0.6 渐近增加到 $f_p \approx 5kHz$ 的 1.0。对于旧的 ANSI QP 电路，K_{qp} 的值从 $f_p = 100Hz$ 的 ≈ 0.8 渐近增加到 $f_p = 2kHz$ 的 1.0。

仪器对随机脉冲序列的响应。电晕产生的脉冲序列具有随机变化的脉冲幅值和脉冲间隔。上面对恒定幅度的周期性脉冲进行的简化分析仅提供了仪表响应特性的近似估计。由于不同加权网络的非线性响应特性，对无线电噪声计对诸如电晕产生的随机脉冲序列的响应进行分析处理非常困难。

考虑图 9-9 所示的准峰值检测器电路，充电和放电电流 i_c 和 i_d 给出为

$$i_c = \int_{U=U_{qp}}^{\infty} \frac{U - U_{qp}}{R_c} p(U) dU \qquad (9.62)$$

$$i_d = \frac{U_{qp}}{R_d} \qquad (9.63)$$

式中，$p(U)$ 为检测器输出 U 的幅值概率函数（APD）。在式（9.62）中，i_c 为平均充电电流，假定 U_{qp} 非常接近恒定值。由于平均充电电流应等于放电电流，因此可从式（9.62）和式（9.63）获得 QP 值 U_{qp}，作为以下积分方程的解

$$U_{qp} = \frac{R_d}{R_c} \int_{U=U_{qp}}^{\infty} (U - U_{qp}) p(U) dU \qquad (9.64)$$

哈伯（Haber）[41] 通过分析获得了周期性脉冲的概率密度函数 $p(U)$，该脉冲幅值由矩形分布函数描述。求解积分方程（9.64）可得 U_{qp}。

对上述分析方法进行扩展[42]，可研究具有振幅及根据指定的概率分布函数随机变化间隔脉冲的更一般问题。由于对于这种一般情况，解析确定 $p(U)$ 非常困难，因此，采用数字仿真技术来获得幅值和重复时间任意分布的 $p(U)$。通过求解式（9.64），可获得相应的 QP 值、平均值和 rms 值分别为

$$U_{ave} = \int_0^{\infty} U p(U) dU \qquad (9.65)$$

$$U_{rms} = \left[\int_0^{\infty} U^2 p(U) dU \right]^{\frac{1}{2}} \qquad (9.66)$$

由于可假定无线电噪声计在检测器阶段之前为线性，因此输入到该噪声计的随机脉冲可由相应的检测器输入脉冲序列表示，该检测器输入脉冲序列由通过带通滤波器后获得波形第一峰值的正包络组成。因此，噪声计输入的具有恒定持续时间 τ、随机振幅 U_{mi} 和脉冲间隔 T_i 电晕脉冲，检测器输出脉冲序列为

$$U(t) = \sum_i h_i a(t - t_i) \qquad (9.67)$$

式中，$h_i = \sqrt{2} U_{mi} \tau \Delta f$，$a(t) = \frac{\sin(\pi \Delta f t)}{\pi \Delta f t}$，$-\frac{1}{\Delta f} \leqslant t \leqslant \frac{1}{\Delta f}$，$\frac{1}{\Delta f}$ 为仪器带宽。

连续的随机脉冲序列可表征直流电晕的情况。但是，在交流电晕下，正半周期内产生的电晕脉冲为干扰的主要来源。在每个电压周期 T_p 期间，仅在时间间隔 T_{cor}（如图 5-2 所示）内出现脉冲，并以交流电压的正峰值为中心。

脉冲序列 $U(t)$ 的 APD 可通过数字仿真技术来获得。对于指定脉冲幅值和脉冲间隔概

率分布，将生成脉冲序列 $U(t)$，并对脉冲序列进行随机采样来计算 APD。然后将计算得到的 $p(U)$ 用于式（9.64）～式（9.66）中，获得仪器的 QP、平均值和 rms 响应。

数字仿真技术被用来描述 CISPR 和旧 ANSI 无线电噪声计对随机脉冲序列的响应，具体表现为以下三个参数：

$$\rho_{qp} = \frac{U_{qp}}{U_{rms}}; \rho_{av} = \frac{U_{av}}{U_{rms}}$$

$$K = \frac{U_{rms}}{\sqrt{U_{qp}U_{av}}} \tag{9.68}$$

式中，U_{qp}、U_{av} 和 U_{rms} 分别为仪器的准峰值、平均值和 rms 响应。由于理想情况下需仪器的 rms 响应，ρ_{qp} 和 ρ_{av} 给出了测量响应与理想 rms 响应的比较。

引入参数 K 的主要原因为，在大多数研究中，参数 ρ_{qp} 随平均脉冲重复率的增加而减小，而参数 ρ_{av} 则随平均脉冲重复率的增加而增加，它们的乘积保持几乎恒定的方式增加。观察到的变化表明，根据测得的 QP 值和平均值计算仪表的 rms 响应的可能方法为

$$U_{rms} = K \sqrt{U_{qp}U_{av}} \tag{9.69}$$

图 9-10 给出了 $60Hz$，T_{cor} 内的随机脉冲幅值和间隔，$T_{cor} = 5ms$，交流电晕脉冲的结果。表明 ρ_{qp} 和 ρ_{av} 如上所述变化，并且 K 值非常接近恒定。从交流电晕脉冲和直流电晕脉冲获得的结果表明，随机脉冲序列的 QP 值与 rms 值几乎成比例，但不相等。因此，这些结果为 RI 的 QP 测量与 rms 值之间的分析统一提供了基础。此外还有一种采用常规无线电噪声计从 QP 测量值和平均值获得 rms 值的方法。研究人员已经提出了一种近似分析方法[43]，以确定已知 APD 噪声过程的 QP 和 rms 值之间的转换。对直流输电线路电晕产生的 RI 的测量[44,45] 证实了 QP 和 rms 值之间的比例及式（9.69）对于随机脉冲序列的有效性。

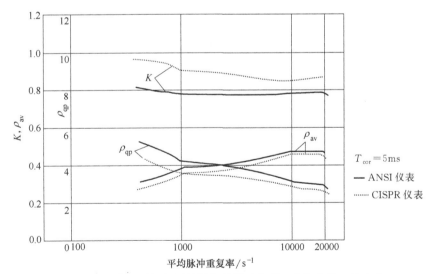

图 9-10 仪器对具有随机幅值和时间间隔的周期性脉冲序列（交流电晕）的响应

（[42]-图 12，IEEE © 1974）

9.6.2 测量方法

采用不同的方法来测量试验电晕笼、试验线段和运行线路上的 RI。为了对电晕笼中的

导线结构进行电晕测试，主要在人工降雨条件下进行了 RI 测量。随后采用测量数据来获得固定频率（通常为 0.5MHz 或 1.0MHz）下的 RI 激发函数，为导线表面场强的函数。确定降雨率对 RI 激发函数的影响也很有用。RI 的频谱也可在电晕笼中进行测量，但是有必要考虑端接网络对不同频率下测量的影响。

在试验线段上，可测量传导 RI 和 RI 场分量。传导 RI 测量，通过在一端连接试验线段并使另一端保持开路来进行。RI 场分量测量在开路试验线段的中心进行。相关标准[46,47]建议采用环形天线测量磁场分量而非电场分量。这主要是因为使用柱状天线进行电场分量的测量可能会因地面界定不清晰及附近其他导电物体的靠近而产生误差。有时在解释数据时需要对这两个分量同时进行测量。如前一部分所述，有必要测量线路中心的 RI 频谱，以确定 RI 激发函数或预测长线路的 RI 效应。如果还在线路的中心进行 RI 横向曲线的测量，则应进行适当的校正以将其转换为长线路的情况。与试验电晕笼不同，可在所有天气条件下进行试验线段 RI 测量，以确定统计分布特性。

IEEE[46] 和 CISPR[47] 标准中详细描述了从运行中的交流或直流输电线路测量 RI 的方法。为正确表征输电线路的 RI，建议同时进行短期和长期测量。对于这两种类型的测量，都需选择一个没有任何结构和大型物体的测试场地。横向 RI 曲线在跨中和垂直于线路的平面上测量，建议测量频率为 0.5MHz±0.1MHz。以规则的间隔进行测量，测至交流线路边相导线或直流线路正极性两侧 80m 处。为测量 RI 频谱，选择距交流线路边相或直流线路正极横向距离 15m 的跨中测试点。

长期测量主要目的[48]为获得 RI 统计分布。与频谱一样，选择 15m 横向距离的跨中测试点进行长期 RI 测量。还建议采用 0.5MHz±0.1MHz 的标准测量频率。选择采样率和测量周期以反映测试现场天气状况的正态分布。长期测量期间，应定期校准无线电噪声计。

在测试现场记录一定数量的背景数据，有助于分析和解释测得的 RI 数据。通常需要的背景数据包括：线路电压、试验现场的线路结构尺寸、测试点的位置和海拔高度、所用测量仪器的详细信息及周围的天气情况。RI 测量标准还提供了在试验线段或运行线路上进行所有类型的测量时要遵守的预防措施清单。

9.7　AN 仪器和测量方法

本节主要介绍用于声学噪声测量的仪器，以及从电晕测试设备和运行线路测量 AN 的推荐方法。

9.7.1　仪器

用于测量和记录高压输电线路电晕产生 AN 的基本仪器为精密声级计，它由麦克风、加权网络、rms 检测器和显示来自麦克风的加权电信号的灵敏电压表或数字显示器组成。可在诸如 ANSI S1.4—1983[49] 和 IEC 651—1979[50] 等标准中找到精密声级计的规范。

麦克风为电声换能器，可对声波做出响应并将其转换为电信号。电容式麦克风具有良好的温度特性和稳定性，是精密声级计最常用的传声器。也可以采用其他陶瓷和驻极体麦克风。

由于输电线路 AN 测量在户外进行，因此有必要保护麦克风不受风、湿气等的影响。麦克风的频率范围和灵敏度取决于其物理尺寸，且为物理尺寸的函数。直径为 1.25cm（0.5

英寸）的麦克风通常用于 AN 测量。具有
20Hz～15kHz 的 ±3dB 带宽，并能够测量
低至 30dB（A）的声级。

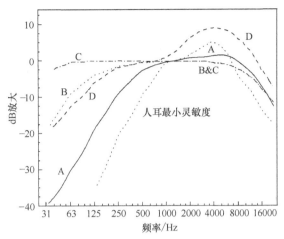

图 9-11　声级计标准加权曲线

　　声级计带有一组频率加权网络，其特性称为 A、B、C 和 D，如图 9-11 所示。拥有不同的权重以获得与心理声学确定的响应相对应的噪声的客观度量。特别地，A 加权在某种程度上代表了人类对声音的感知，因此最常用于 AN 测量。C 加权在大多数可听频率范围内几乎不依赖于频率，而 D 加权专门针对飞机的噪声测量。输电线路 AN 测量通常采用 A 加权或 dB（A）声级进行。

　　为进行频率分析，声压级计配备了八度频程滤波器，为常百分比带宽滤波器。倍频程滤波器由其中心频率 f_0 定义，其截止频率下限和上限分别为 $f_0/\sqrt{2}$ 和 $\sqrt{2}\,f_0$。标准八度频程频率为 31.5Hz、63Hz、125Hz…，最高为 16kHz。可采用倍频程分析仪，获得来自输电线路 AN 频谱的数据，但是建议采用 1/3 倍频程滤波器测量来自交流输电线路 AN 的纯音成分。声级计也可配备适当的设备，以获得用于统计分析的数据并记录声音样本，并进行进一步分析。

9.7.2　测量方法

　　电晕笼中的测量，通过将声级计的麦克风置于电晕笼中央进行。由于麦克风应位于声学"远场"中，因此应将其放置在距导线测量的最低频率处至少一个波长的距离处（125Hz 时约为 3m）。9.6 节中描述的方法可用于根据电晕笼中的短长度导线上 AN 测量结果确定所产生的声功率密度。

　　用于电晕研究的试验线段通常足够长（＞250m），无需进行校正即可将 AN 测量结果转换为相应的长线路值。对于单相交流试验线段，采用实测 AN 数据可确定声功率密度。但是，在三相交流和双极直流试验线段的情况下，AN 测量值被认为可直接等效于长时间运行的输电线路。

　　一套全面的 IEEE 标准[51]，可用于测量架空交流和直流输电线路 AN。与 RI 一样，可短期或长期地研究输电线路 AN 特性。由于交流线路中 AN 主要产生在恶劣天气下，因此应在恶劣天气条件下（尤其是在稳定的雨天）进行短期测量。相反，由于在雨中直流线的 AN 水平要低于好天气，因此直流线路应在好天气下进行短期测量。麦克风的建议位置为地面上方 1.5m 处，并在垂直于交流线路中跨的平面内，距交流线路的边相导线或直流线路的正极横向 15m。通过在距线路的不同距离处进行测量来获得 AN 的横向曲线。该标准建议在横向距离为 0m、15m、30m、45m 和 60m 处进行测量。在每个测量位置，建议在不同的倍频程频段上测量 A 加权声级和未加权声级。

　　与 RI 一样，进行长期测量主要是为了确定 AN 统计分布。由于麦克风将长时间在户外且无人值守，因此应采用全天候麦克风系统。麦克风的位置与短期测量的位置相同。采集的

最小数据应为 A 加权声级。还应包括在 8kHz 或 16kHz（有时甚至在 4kHz）八度倍频程频率上的声级记录，因为在这些频率下，测得的声级没有环境噪声源，且有助于确定测得的噪声是否为环境噪声或线路上的电晕噪声。为此，使用额外远程麦克风在 60m 的横向距离上同时进行 AN 测量也是有用的。在长期 AN 测量期间，还应监视天气变量，长期测量的持续时间应涵盖测试现场所有可能的天气条件，通常建议为一年。测量系统应定期校准。测量标准还列出了短期和长期 AN 测量的许多注意事项。

9.8　直流电场和空间电荷环境参数测量

第 7 章以物理和数学术语描述了高压直流输电线路附近的电气环境。对于最常采用的双极直流线路，地面环境由电场、离子电流密度和空间电荷密度决定。尽管产生了两种极性的离子并在双极性线的导线间的双极性区域中混合，但是在地面仅存在两种极性的单极性空间电荷。在有风的情况下，根据风速横向分量的方向，一些正离子可能会漂移到负极性线路下方的地面，反之亦然。IEEE 标准[52] 中详细介绍了用于表征直流线路附近电气环境的测量仪器和测量方法。本节主要介绍一些关键参数的测量。

9.8.1　电场

通常用平行板或半球形电极间的电容电流来测量交变电场。但是，这种方法不能直接适用于直流线路下的电场测量，由于不存在电压相对于感应电容性电流所需时间的周期性变化。该方法的略微变体可用于测量直流电场，在该方法中，通过机械调制两个探针电极之间的电容可获得电容性电流信号。该原理已用于振动板和场磨仪器的研制。

振动板型直流电场计的工作原理可参考图 9-12 进行解释。振动传感器被放置在面向直流电场平板孔的下方。振动调节感应板中因电场而产生电荷，所得电流信号的幅值与电场的大小成正比。电流放大器 A 将传感器板保持虚拟接地，并监测电流信号。振动型电场计已用于测量直流线路下方[53,54] 地面电场。但是，这一装置有几个缺点，最重要的为在恶劣天气条件下难以在户外使用。

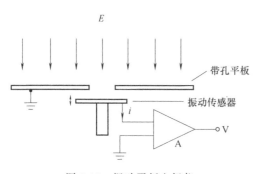

图 9-12　振动平板电场仪

（1）地面场磨

旋转电极，通常称为场磨，这类仪表被用作高压实验室中的产生式电压表[55]，并用于研究大气条件下电环境中的电场[56]。此外，研究人员开发了场磨仪[57,58]，用于测量直流输电线路下方的地面和地上空间电场。可通过参考图 9-13，了解用于地面电场测量的场磨仪工作原理。场探针基本上包括一个固定的处于接地电位的电极，形状为圆柱形盒子，在顶板上具有开口，以允许电场和离子流穿透；以及一个旋转电极，位于盒内部但与盒体电绝缘，如图 9-13（a）所示。如图 9-13（b）所示，旋转电极由多个相同的伯努利钮线形叶片（两个或多个）组成，均匀地围绕圆周排列，并以恒定的角速度 ω 围绕中心枢轴转动。如图 9-13（c）所示，在固定电极的顶面上设有相等数量的扇形开口，每个扇形开口和旋转叶片的角度和半径相同。当叶片旋转时，它们交替暴露或屏蔽于电场和离子流中。

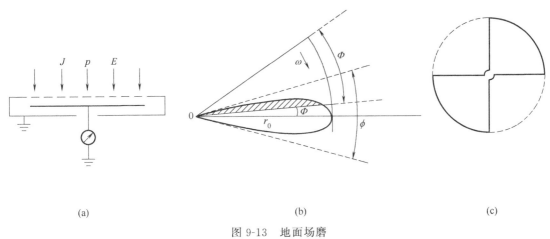

(a)　　　　　　　　　　　　　(b)　　　　　　　　　　　　　(c)

图 9-13　地面场磨

如果垂直于探头的电场强度为 E，则感应电荷 $q(t)$ 为时间的函数，

$$q(t) = \varepsilon_0 E a(t) \tag{9.70}$$

式中，ε_0 为自由空间介电常数，而 $a(t)$ 为旋转电极暴露于电场随时间的变化的总面积。由于电场在旋转电极中感应的电流分量为

$$i_e(t) = \frac{\mathrm{d}q(t)}{\mathrm{d}t} = \varepsilon_0 E \frac{\mathrm{d}a(t)}{\mathrm{d}t} \tag{9.71}$$

假设离子沿电场的通量线漂移，则由于被旋转电极拦截离子流而产生的电流分量为

$$i_j(t) = J a(t) \tag{9.72}$$

式中，J 为由于稳定离子流引起的电流密度。探头的信号输出 $i_T(t)$ 实际上为两个分量即 $i_e(t)$ 和 $i_j(t)$ 的和。电流信号的两个分量的波形取决于函数 $a(t)$。正弦波形可通过以伯努利[57] 的层状形式制作叶片来获得，其中 $a(t)$ 为

$$a(t) = n a_0 [1 - \cos(n \omega t)] \tag{9.73}$$

式中，n 为转子中叶片的数量，a_0 为每个叶片的表面积。则感应电流信号的分量为

$$i_e(t) = \varepsilon_0 E n^2 a_0 \omega \sin(n \omega t) \tag{9.74}$$

$$i_j(t) = n a_0 J [1 - \cos(n \omega t)] \tag{9.75}$$

可以看出，分量 $i_e(t)$ 为纯交流信号，而 $i_j(t)$ 同时具有交流分量和直流分量。离子电流密度 J 可直接从测得的直流分量获得，等于 $n a_0 J$。但是，E 的测定不仅需要测量交流分量的幅值，还需要测量其相对于适当参考基准的相角，可采用相位敏感检测器[22] 测量实现。

从式（9.74）和式（9.75）可以看出，分量 $i_e(t)$ 的幅值随 ω 线性增加，而 $i_j(t)$ 的幅值与 ω 无关。因此，通过选择实际上可行的 ω 最大值，使得与 $i_e(t)$ 值相比，$i_j(t)$ 幅值可忽略不计，从而无需测量相位角。然后，可采用电流信号的交流分量的幅值来确定电场 E。场磨探针很少用于测量离子电流密度 J。

（2）地上场磨计

由于在地上一点引入任何探头都会使要测量的电场发生畸变，因此与地面相比，地面上方场的测量要困难得多。可参考图 9-14 理解用于地面上方场测量探头的基本工作原理。探头或单个传感元件，由一个沿纵向分成两个绝缘半片的金属圆柱体组成。假设探头足够小，可认为附近的未受干扰电场 E 和电流密度 J 均匀。探针附近的实际场分布取决于探针电位。

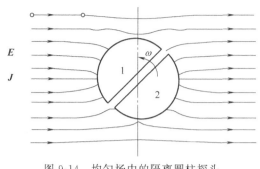

图 9-14　均匀场中的隔离圆柱探头

（[57]-图 5，IEEE © 1983）

如果假定后者等于测量点处未受干扰的空间电位，则所得的场分布将是对称的，如图 9-14 所示。

如果探针与地电气隔离，则在稳定状态下不会有离子电流流过探针。当探针达到与其位置相对应的空间电势时，没有离子电流流向该探针。使半径为 r 的探针以均匀的角速度 ω 旋转，则在圆柱探针的两半之间连接的导线中会流过场感应电流 I_f。该电流为电场引起的探针表面上束缚电荷随时间变化而产生。电流 I_f 可根据圆柱探针上感应电荷分布获得[58,59]，为

$$I_f = C_f \varepsilon_0 E \omega \cos(\omega t) \tag{9.76}$$

式中，C_f 为常数，取决于探针的几何形状，而 E 为探针浸没在其中不受干扰的电场。对于长度为 l 的探头（忽略任何边缘效应）的理想情况，$C_f = 4rl$。E 的幅值可通过测量电流 I_f 及式（9.76）得到。对于实际的探头结构，常数 C_f 通过在已知均匀电场中的校准来确定。对于实际的直流场分布，不仅需要确定如上所述的场强值，还需要确定其方向。可通过采用电—光技术获得位置参考信号来实现[58]。

如果探头不是保持在空间电位，而是直接接地，则圆柱形探头会扭曲电场，如图 9-15 所示。如果探针以角速度 ω 旋转，则在探针的两半之间流动的电流由两个分量组成：与隔离探针类似，电场感应分量 I_f 和通过探针拦截离子流产生的离子分量 I_i。分量 I_f 由式（9.76）给出，C_f 通过校准确定。分量 I_i 为

$$I_i = C_j J \sin(\omega t) \tag{9.77}$$

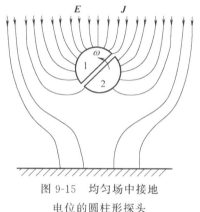

图 9-15　均匀场中接地
电位的圆柱形探头

式中，J 为测量点不受干扰的离子电流密度，而 C_j 为取决于探头几何形状的常数，可通过校准确定。分量 I_i 超前 I_f 90°，如图 9-16 所示。实际可检测到的电流为这两个分量的总和。为从 I_t 的测量结果确定 E 和 J，必须首先分离出分量 I_f 和 I_i。这需要确定 I_t 与 I_f 或 I_i 间的相位角，可通过给出如图 9-16 中 R 所示的位置参考信号实现。如果参考方向与测量点上未受干扰的电场方向一致，则参考信号与 I_i 同相。但是，通常电场的方向未知，并在 R 和 I_i 间存在一定的相角 α。但是，可测量参考 R 和 I_i 间的相对相位角 ϕ。如果角度 α 已知，则上述探针只能用于确定 E 和 J，否则必须通过两个测量值 I_t 和 ϕ 来确定三个未知数。克服这一困难一种方法为，采用两个分离的传感元件以两种不同的速度旋转[57]。然后，可采用两个探头的四个独立的测量分量来计算三个未知数 E、J 和 α。另一种方法为选择足够

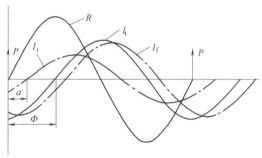

图 9-16　圆柱形探头中感应电流波形

（[57]-图 7，IEEE © 1983）

高的角速度 ω 值，使得与 I_f 相比，I_i 可忽略不计。在这种情况下，仅需要一个探针元件即可测量电场的幅值和方向。

9.8.2　离子电流密度

高压直流输电线路下方离子电流密度的垂直分量通常采用平坦的集电板测量。在历史上平坦的集电板被称为威尔逊板[60]，其位置与地面齐平，如图 9-17 所示。电流密度 J 根据平板收集的电流 I 给出为

$$J = \frac{I}{A} \tag{9.78}$$

式中，A 为收集板面积。威尔逊极板上的电流采用静电计测量，静电计使极板与地隔离，但实际上仍将其保持在地电位。电流感应板周围提供的接地保护带可减少边缘场效应。可通过增加感应板的面积来增加仪器的灵敏度。

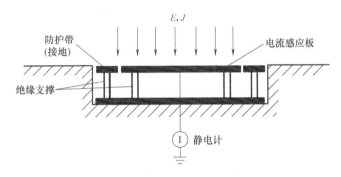

图 9-17　用于离子电流密度测量 Wilson 板（IEEE Std 1227-1990，IEEE © 1990）

9.8.3　单极电荷密度

采用吸气式离子计数器，可测量直流输电线路附近的漂移离子产生的单极性电荷密度[61]。图 9-18 给出了具有平行板几何形状的离子计数器。该仪器采用体积法测量离子密度。利用马达驱动的鼓风机，通过平行板收集器系统将空气离子吸入。交替板连接在一起，并且在两组之间施加了极化直流电。板之间的电势差建立了一个电场，该电场对吸入的离子施加偏转力。极性相反的离子聚集到板上会产生电流，该电流可以采用静电计进行测量。通过改变板上施加电压的极性，可选择性地收

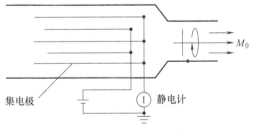

图 9-18　吸气式离子计数器
（IEEE Std 1227，IEEE © 1990）

集任一极性的离子。根据集电极板的尺寸和施加电压的大小，将收集所有迁移率大于特定临界迁移率的离子。临界迁移率 μ_c 给出为[52]

$$\mu_c = \frac{M_0}{U} \times \frac{\varepsilon_0}{C} \tag{9.79}$$

式中，M_0 为层流体积流量，ε_0 为自由空间介电常数，C 为有效电极间电容，U 为施加

在极板间的电压。离子计数器测得的电荷密度 ρ 为

$$\rho = \frac{I}{M_0} \tag{9.80}$$

式中，I 为测得的离子电流。假设离子全部带单极性电荷，则获得相应的离子数密度 N，为 $N = \rho/q_0$，其中 q_0 为电子电荷（1.6×10^{-19} C）。

9.8.4　其他参数

除了三个主要参数（即电场、离子电流密度及单极电荷密度）外，有时可能需要测量其他表征直流输电线路附近电气环境参数。这些附加参数包括空气电导率、离子迁移率和净空间电荷密度。

通过测量电场 E 和离子电流密度 J，可确定空气的电导率 σ，为

$$\sigma = \frac{J}{E} = \mu\rho \tag{9.81}$$

式中，μ 为离子迁移率，ρ 为测量点处的空间电荷密度。空气电导率也可采用称为 Gerdien 管的圆柱形抽吸装置来直接测量[62]。离子迁移率和迁移率谱可采用迁移管测量（交流、交流脉冲和脉冲飞行时间测量）[63]。这些仪器可用于测量实验室内及直流线路附近的室外离子迁移率特性。

上述离子计数器用于测量单极性正或负空间电荷密度。但是，有时有必要确定任意点的净空间电荷密度，即正电荷密度与负电荷密度的代数和。法拉第笼[64] 和空气过滤[65] 方法为最常用的测量净空间电荷密度的方法。法拉第笼法的原理在于，测量立方网状笼的内部点处的电势，并通过求解泊松方程将其与假定为均匀分布的电荷密度相关联。法拉第笼的中心电位可采用放射性探针和适当的电子电路进行测量。在空气过滤方法中，空气样本被吸入带有过滤器的金属外壳中，所有空气都通过该过滤器。过滤器与外壳和地面电气隔离，因此可测量由过滤器移除的电荷产生电流 I。然后获得净空间电荷密度为

$$\rho_{\text{net}} = \frac{I}{M_0} \tag{9.82}$$

式中，ρ_{net} 为净空间电荷密度，M_0 为通过过滤器的空气体积流量。

9.8.5　测量方法

与传统电晕效应参数（例如 RI 和 AN）相比，对界定直流线路电气环境的参数，仅进行了有限的测量。IEEE 标准[52] 给出了直流线路附近的电场和离子相关量的测量导则。最常用的测量参数为地面电场、离子电流密度和单极空间电荷密度。为准确测量这些参量，必须在地面以下安装直流场计、Wilson 板和离子计数器，以使这些仪器的测量接口与地面齐平。如果有任何程度地平面之上的突出，都会引起重大误差和错误。由于灰尘积聚和注水，将仪器放置在地下有时可能会引起问题，可通过适当保护位于地下的仪器或将其放置在地面上方并提供与仪器的测量界面齐平的较大的人工接地平面[66] 来避免这些问题。

通常进行长期测量，来获得主要参数的统计分布及横向曲线。为获得这两个特性，在垂直于输电线路的平面中跨度上的几个点同时进行长期测量[66,67]。测量位置通常包括正/负极性导线正下方的点，并且在线路两侧距导线横向距离分别为 15m、30m 和 60m。有时，还会在极导线中间位置，线路走廊两侧边缘及线路两侧约 150m 的偏远位置进行测量。除了所

选测量点的三个电气参数外，还应在测试现场监测天气变量。与 RI 和 AN 一样，长期测量的持续时间应涵盖测试地点所有可能的天气状况，通常为期一年。

相比 RI 和 AN 测量仪器，校准用于测量直流线路附近电气环境的仪器要困难得多。需要特殊的平行板设备[68,69]，能够产生已知的电场和单极电荷密度，以校准用于测量电场、离子电流密度和单极空间电荷密度的探针。应对所有用于户外测量的仪器进行定期检查和校准，确定所用不同仪器测量误差的来源[52]，并采取适当的预防措施以确保所获取长期数据的准确性。

参考文献

[1] Boulet L，Cahill L，Jordan J B，Slemon G R，Janischewskyj W，Nigol O，Reichman J，Morris R M，Khalifa M，Morse A R. Environmental Studies of Radio Interference from Conductors and Hardware [R]. CIGRÉ，1966：408.

[2] Rakoshdas B. Pulses and Radio-Influence Voltage of Direct Voltage Corona [J]. IEE Trans PAS，1964，83 (1)：483-491.

[3] Sebo S A，Heibel J T，Frydman M，Shih C H. Examination of Ozone Emanating from EHV Transmission Line Corona Discharges [J]. IEEE Trans PAS，1976，95 (2)：693-703.

[4] Akazaki M. Corona Phenomena from Water Drops on Smooth Conductors Under High Direct Voltage [J]. IEEE Trans PAS，1965，84 (1)：1-8.

[5] Héroux P，Sarma M P，Trinh N G. High Voltage AC Transmission Lines：Reduction of Corona Under Foul Weather [J]. IEEE Trans PAS，1982，101 (9)：3009-3017.

[6] Gary C H，Moreau M R. L'efet Couronne en Tension Alternative [M]. Paris：Eyrolles，Inc.，1976：12-18.

[7] Trinh N G，Sarma M P. A Method of Predicting the Corona Performance of Conductor Bundles Based on Cage Test Results [J]. IEEE Trans. PAS，1977，96 (1)：312-325.

[8] Sarma M P. Application of Moment Methods to the Computation of Electrostatic Fields. Part I：Parallel Cylindrical Conductor Systems [C]. IEEEConference Paper No C72 574-2，1972.

[9] Kunz J，Bayley P L. Some pplications of the Method of Images [J]. Phys Rev，1921，17 (2)：147-156.

[10] Tremaine R L，Lippert G D. Instrumentation and Measurement-Tidd 500kV Test Lines [J]. AIEE Transactions，1947，66 (1)：1624-31.

[11] Nigol O，Cassan J G. Corona Loss Research at Ontario Hydro Coldwater Project [J]. AIEE Transactions，Power Apparatus and Systems，1961，80 (8)：388-396.

[12] Shankle D F，Griscom S B，Taylor E R，Schloman R H. The Apple Grove 750-kV Project-Equipment Design and Instrumentation [J]. IEEE Trans PAS，1965，84 (7)：541-550.

[13] Gary C H，Moreau M R. L'efet Couronne en Tension Alternative [M]. Paris：Eyrolles，Inc.，1976：34-45.

[14] Perry D E，Chartier V L，Reiner G L. BPA 1100kV Transmission Development Corona and Electric Field Studies [J]. IEEE Trans PAS，1979，98 (5)：1728-1738.

[15] Sarma M P，Trinh N G，Dallaire R D，Rivest N，Héroux P. Bipolar HVDC Transmission System Study Between ±600kV and ±1200kV：CoronaStudies. Phase 1 [R]. Published by Electric Power Research Institute，Palo Alto，California，EPRI EL-1170，1979.

[16] Morris R M，Morse A R，Griffin J P，Norris-Elye O C，Thio C V，Goodman J S. The Corona and

Radio Interference Performance of the NelsonRiver HVDC Transmission Lines ［J］. IEEE Trans PAS, 1979, 98 (12): 1924-1936.

［17］　Vosloo W L, Stolper G R, Baker P. Daylight Corona Discharge Observation and Recording System ［C］. Proceedings, International Symposiumon High Voltage Engineering, Montreal, 1997: 161-164.

［18］　Corona Testing of Transmission Line. Hardware and Station Bus Hardware. Standard Specification No A-6-68, Ontario Hydro, 1968.

［19］　Gary C H, Moreau M R. L'efet Couronne en Tension Alternative ［M］. Paris: Eyrolles, Inc., 1976: 66-76.

［20］　Petersons O. A Self-Balancing High-Voltage Capacitance Bridge ［J］. IEEE Trans IM, 1964, 13 (4): 216-224.

［21］　Morris R M, Petersons O. Measurement of Corona Losses at Alternating Voltages ［J］. Bull. Radio and Elect Engg Div, National Research Council of Canada, Ottawa, 1962, 12 (1): 20-23.

［22］　Mazetta L A. A High Performance Phase-Sensitive Detector ［J］. IEEE Transactions on Instrumentation and Measurement, 1971, 20 (4): 296-301.

［23］　Tormota M, Sugiyama T, Yamaguchi K. An Electronic Multiplier for Accurate Power Measurements ［J］. IEEE Trans IM, 1968, 17 (4): 245-251.

［24］　Sarma M P, Nguyen D H, Hamadani-Zadeh H. Studies on Modeling Corona Attenuation of Dynamic Overvoltages ［J］. IEEE Trans PWRD, 1989, 4 (4): 1441-1448.

［25］　Fabre M J. Etude Expérimentale et Théorique du Mécanisme de Propagation et de Rayonnement de Perturbations émises par les Lignes à Haute Tension ［J］. Bull Dela Soc Fran Des Electr, 1953, 31 (7): 419-424.

［26］　Helstrom C W. The Spectrum of Corona Noise Near a Power Transmission Line ［J］. AIEE Transactions, 1961, 80 (12): 831-837.

［27］　Perz M C. Method of Evaluating Corona Noise Generation from Measurements on Short Test Lines ［J］. IEEE Trans PAS, 1963, 82 (12): 833-844.

［28］　Lefèvre C. Etude du Champ Radioélectrique Perturbateur d'une Ligne Expérimentale Courte ［J］. Rev Gen Elect, 1966, 75 (5): 682-694.

［29］　Jordan E C. Electromagnetic Waves and Radiating Systems ［M］. New Jersey: Prentice-Hall, Inc., 1950.

［30］　Gary C H, Moreau M R. L'ffet Couronne en Tension Alternative ［M］. Eyrolles: Eyrolles Group, Inc., 1976: 90-92.

［31］　Dallaire R D, Sarma M P. Analysis of Radio Interference from Short Multiconductor Lines Part 1: Theoretical Analysis ［J］. IEEE Trans PAS, 1981, 100 (4): 2100-2108.

［32］　Dallaire R D, Sarma M P. Analysis of Radio Interference from Short Multiconductor Lines Part 2. Analytical and Test Results ［J］. IEEE Trans PAS, 1981, 100 (4): 2109-2119.

［33］　Olsen R G, Rouseff D R. On the wave impedance for Power Lines ［J］. IEEE Trans PAS, 1985, 104 (3): 711-717.

［34］　American National Standard C63. 2-1963 (R1969). Specifications for Radio-Noise and Field Strength Meter, 0. 015 to 30 MHz.

［35］　CISPR Publication No 1. Specifications for CISPR Radio Interference Measuring Apparatus for the Frequency Range 0. 15 to 30 MHz: CISPR 1-1972 ［S/OL］. ［2022-02-08］. https: //m. antpedia. com/standard/1252647010. html.

［36］　Electromagnetic Noise and Field strength, 10 kHz to 40 GHz-Specifications: ANSI C63. 2-1987 ［S/

OL]. [2022-02-08]. https：//standards. iee. org/ieee/C63. 2/2886/.

[37]　Burril C M. An Evaluation of Radio Noise Meter Performance in Terms of Listening Experience [J]. Proc IRE，1942，30 (5)：473-478.

[38]　Gaselowitz D B. Response of Ideal Radio Noise Meter to Continuous Sine Wave，Recurrent Pulses and Random Noise [J]. IRE Transactions on Radio Frequency Interference，1961，5：2-11.

[39]　Nigol O. Analysis of Radio Noise From High-Voltage Lines I-Meter Response to Corona Pulses [J]. IEEE Trans PAS，1964，83 (5)：524-533.

[40]　Khalifa M M，Kamal A A，Zeitoun A G，Radwan R M，El-Bedwaihy S. Correlation of Radio Noise and Quasi-Peak Measurements to Corona PulseRandomness [J]. IEEE Trans PAS，1969，88 (10)：1512-1521.

[41]　Haber F. Response of Quasi-Peak Detector to Periodic Impulses with Random Amplitudes [J]. IEEE Trans EMC，1967，9 (5)：1-6.

[42]　Sarma M P，Hyltén-Cavallius N，Chinh N T. Radio Noise Meter Response to Random Pulses by Computer Simulation [J]. IEEE Trans PAS，1974，93 (3)：905-915.

[43]　Cook J H. Quasi-Peak to RMS Voltage Conversion [J]. IEEE Trans EMC，1979，21 (1)：9-12.

[44]　Lauber W R. Quasi-Peak Voltage Derived from Amplitude Probability Distributions [J]. IEEE Trans EMC，1981，23 (5)：98-100.

[45]　Sarma M P，Dallaire R D，Héroux P，Rivest N. Long-Term Statistical Study of the Corona Electric Field and Ion-Current Performance of a ±900kV Bipolar HVDC Transmission Line Configuration [J]. IEEE Trans PAS，1984，103 (1)：76-83.

[46]　IEEE Standard Procedures for the Measurement of Radio Noise from Overhead Power Lines and Substations：ANSI IEEE Std 430-1986 [S/OL]. [2022-02-06]. https：//webstore. ansi. org/Standards/IEEE/4301986.

[47]　CISPR Publication 18-2. Radio Interference Characteristics of Overhead Power Lines and High-Voltage Equipment. Part 2. Methods of Measurement and Procedure for Determining Limits.

[48]　Olsen R G，S. Schennum D，Chartier V L. Comparison of Several Methods for Calculating Power Line Electromagnetic Interference Levels andCalibration with Long-term Data [J]. IEEE Trans PWRD，1992，7 (2)：903-913.

[49]　American National Standard Specification for Sound Level Meters：ANSI S1. 4-1983 [S/OL]. [2022-03-02]. https：//webstore. ansi. org/Standards/ASA/ANSIS11983R20064a1985.

[50]　Sound Level Meters：IEC 651 (1979) [S/OL]. [200-03-03]. https：//www. mstarlabs. com/dsp/iec651a/iec651. html♯Ref1.

[51]　IEEE Standard for the Measurement of Audible Noise from Overhead Transmission Lines：IEEE Std 656-2018 [S/OL]. [2022-03-04]. https：//standards. ieee. org/ieee/656/6728/.

[52]　IEEE Guide for the Measurement of DC Electric Field Strength and Ion Related Quantities：IEEE Std 1227-1990 [S/OL] [2022-03-04]. https：//standards. ieee. org/ieee/1227/1869/.

[53]　Bracken T D，Capon A S，Montgomery D V. Ground Level Electric Fields and Ion Currents on the Celilo-Sylmar ±400kV DC Intertie During Fair Weather [J]. IEEE Trans PAS，1978，97 (2)：370-378.

[54]　Comber M G，Johnson G B. HVDC Field and Ion Effects Research at Project UHV：Results of Electric Field and Ion Current Measurements [J]. IEEE Trans PAS，1982，101 (1)：1998-2006.

[55]　Harnwell G P，Vanvoorhis S N. An Electrostatic Generating Voltmeter [J]. Rev Sci Inst，1933，4 (1)：540-541.

[56]　Mapleson W W，Whitlock W S. Apparatus for the Accurate and Continuous Measurement of the

Earth's Electric Field [J]. Journal of Atmospheric and Terrestrial Physics，1955，7 (1)：61-72.

[57]　Sarma M P，Dallaire R D，Pedneault R. Development of Field-Mill Instruments for Ground-Level and Above-Ground Electric Field Measurement Under HVDC Transmission Lines [J]. IEEE Trans PAS，1983，102 (1)：738-744.

[58]　Johnston A R，Kirkham H，Eng B T. DC Electric Field Meter with Fiber-Optic Readout [J]. Rev Sci Inst，1986，57 (11)：2746-2753.

[59]　Kasemir H W. The Cylindrical Field Mill [J]. Meteorologische Rundschau，1972，25 (1)：33-35.

[60]　Chalmers J A. The Measurement of the Vertical Electric Current in the Atmosphere [J]. Journal of Atmospheric and Terrestrial Physics，1962，24 (1)：297-302.

[61]　Knoll M，Eichmerer J，Schon R W. Properties，Measurement，and Bioclimatic Action of "Small" Multimolecular Atmospheric Ions [J]. Advances in Electronics and Electron Physics，1964，19 (1)：177-254.

[62]　Chalmers J A. Atmospheric Electricity [M]. Oxford：Pergamon Press，Inc.，1967.

[63]　Misakian M，Anderson W E，Laug O B. Drift Tubes for Characterizing Atmospheric Ion Mobility Spectra Using AC，AC-Pulse and Pulse Time-of-Flight Measurement Techniques [J]. Rev Sci Inst，1989，60 (4)：720-729.

[64]　Anderson R V. Absolute Measurement of Atmospheric Charge Density [J]. Journal of geophysical research，1966，71 (1)：5809-5814.

[65]　Mcknight R H. The Measurement of Net Space Charge Density Using Air Filtration Methods [J]. IEEE Trans PAS，1985，104 (1)：971-976.

[66]　Chartier V L，Dickson L D，Lee L Y，Stearns R D. Performance of a Long-Term Unattended Station for Measuring DC Fields and Air Ions from an Operating HVDC Line [J]. IEEE Trans PWRD，1989，4 (3)：1318-1328.

[67]　Dallaire R D，Sarma M P. Corona Performance of a ± 450kV Bipolar DC Transmission Line Configuration [J]. IEEE Trans PWRD，1987，2 (2)：477-485.

[68]　Misakian M. Generation and Measurement of DC Electric Fields with Space Charge [J]. J Appl Phys，1981，52 (5)：3135-3144.

[69]　Acord G C，Pedrow P D. Response of Planar and Cylindrical ion Counters to a Corona Ion Source [J]. IEEE Trans PWRD，1989，4 (7)：1823-1831.

▶▶ 第 10 章

设计注意事项

考虑电晕效应设计高压交流和直流输电线路，需应用第 4 至 8 章中述及的不同分析和预测方法。所考虑的每种不同电晕效应均会对线路设计产生明显影响。电晕损耗主要影响经济性，特别是对导线总截面的选择。但是，电晕产生的 RI 和 AN 也会在线路附近产生环境影响，应限制在可接受的水平。因此，RI 和 AN 的设计准则应基于它们对人类环境的可能影响及对可接受水平的考虑。本章论述了建立不同电晕效应设计准则的技术依据，讨论了不同电晕效应对线路设计的相对重要性，并概述了线路优化设计的方法。

10.1 概述

自高压交流输电技术发展初期，电晕效应就已成为一个重要的设计考虑因素。电晕损耗为影响线路设计的首要参数。导线尺寸的选择不仅取决于焦耳损耗和导线发热，还受电晕损耗及其对功率传输总效率的影响。随着输电线路电压等级提高以满足更高的功率传输能力要求，电晕损耗对经济性的影响降低，并且对导线尺寸选择的影响也相应减小了。传输电压高于 230kV 后，电晕产生的 RI 在确定导线尺寸时被认为是更为重要的考虑因素。实际上，输电线路只有通过采用分裂导线而非大截面单根导线才能获得可接受的 RI 水平，并变得经济可行。在 230~500kV 范围内的输电线路分裂数最多为 4 分裂。当输电线路电压在 700~800kV 范围时，研究发现电晕产生的 AN 而非 RI 在分裂导线选择中起决定性的作用。考虑分裂数 $n \geqslant 4$ 的分裂导线，主要为了获得可接受水平的 AN。

高压直流输电线路导线选择也是基于电晕效应考虑。CL、RI 和 AN 对直流输电线路设计的影响通常与交流线路相似。电晕影响交流和直流线路设计的主要区别在于，雨天下交流线路和晴天下直流线路 RI 和 AN 水平最高。除 CL、RI 和 AN 外，直流输电线路设计还应考虑电晕产生的电场和空间电荷环境可能产生的环境影响。

交流和直流输电线路的 RI 和 AN，以及直流输电线路的电场和离子电流设计准则主要基于对环境的影响，而非出于经济性考虑。这些电晕效应可能会对输电线路附近正常的人类活动产生潜在影响。通常采用心理物理学方法[1]，其属于实验心理学的一个分支，研究和评估人类对这种物理现象的反应，对于确定感觉与产生这些感觉的刺激之间的定量关系提供科学依据。可用的心理物理技术有多种，可采用其中的一种对不同电晕效应可接受水平进行估计。制定设计准则除"可接受水平"外，还需考虑其他技术因素，如电晕效应的时间和空间变化及人类暴露于这些效应的概率。下面各节中将讨论制定输电线路电晕效应设计准则的技术基础。

10.2　电晕损耗对线路设计的影响

输电线路的成本主要分为两部分，即初始投资成本和正常运行期间的能量损耗成本。总成本通常以年为单位，即在规定的使用寿命内每年的运行成本。采用较小的导线尺寸会导致较低的年度投资成本，但会导致较高的年度能量损耗成本，而使用较大的导线会导致年投资成本增加但能耗降低。对于特定的线路电压等级和功率传输容量，可找到与线路的最小总成本相对应的最佳导线尺寸。由图 10-1 中曲线 A 可知，最佳导线直径 d_m 对应最小总成本。曲线 A 仅考虑导线电阻中电流产生的焦耳损耗。然而，在较低的 d 值下，导线可能会产生电晕，从而引起电晕损耗、无线电干扰 RI 和可听噪声 AN。因此，能量损耗还应包括年平均电晕损失。在这种情况下，线路的总成本与导线直径的关系如图 10-1 中曲线 B 所示。相应的最佳导线直径为 d_{c1}，大于 d_m。在更高的传输电压下，考虑到电晕损耗成本获得的最佳导线尺寸，还不能够得到可接受水平的 RI 和 AN。如图所示，可能需要更大的导线直径 d_{c2} 才能获得可接受的 RI 和 AN 水平。d_{c2} 的值远大于 d_{c1}，这表明

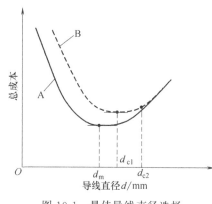

图 10-1　最佳导线直径选择

采用分裂导线而非单根导线更为合适。对于分裂导线中给定数量的子导线，定义最佳导线尺寸的曲线与图 10-1 给出的曲线非常相似。通过对不同数量的子导线进行计算，可以选择获得总成本最低的最佳分裂导线。

对于正常天气条件下的输电线路，电晕损耗对最佳导线尺寸或最佳分裂导线选择的影响通常不是很明显。但是在特殊情况下，如一年中遭受异常大百分比的恶劣天气条件影响的线路，年均电晕损耗会更高，图 10-1 中曲线 A 和 B 之间的差异将非常大。这种情况下，电晕损耗会影响最佳导线结构的选择。若输电线路在一年中长时间受到严重的人为污染，情况也是如此。

电晕损耗也会影响输电线路的最大电力负荷。长距离输电线路通常要求在一年中的某些时段提供最大功率。如果空调为负载主要部分，则高峰需求发生在夏季；而如果电力主要用于供暖，则可能在冬季出现高峰需求。在这两种情况下，如果在高峰需求期间出现大雨或大雪等恶劣天气，由于电晕损耗水平较高，会导致输电能力降低。因此，在确定输电线路的最大电力负荷时必须考虑电晕损耗。

10.3　RI 设计准则

输电线路 RI 设计准则，主要基于 AM 广播频段（0.535～1.605MHz）内无线电广播的接收质量。因此，制定设计准则需考虑无线电信号、线路 RI 的基本统计特性及特定的当地天气条件、受保护的信号水平等。设计准则应避免适用于所有电压等级线路及在所有气候区的严格绝对限制，因为这可能会导致因输电线路设计不当的经济处罚。

第 5 章和第 8 章分别阐述了交流和直流输电线路的 RI 特性。在此对无线电信号的特性进行简要说明。AM 广播频段的无线电信号受欧洲国际电信联盟（ITU）和北美区域广播协议（NARBA）监管，但是，无线电台的最低信号水平确立和服务区域的定界归于各个国家主管部门。例如，广播电台标准已获美国联邦通信委员会（FCC）许可[2] 和加拿大通信部（DOC）许可[3]。DOC 界定无线电台主要服务区域，在城市商业和工厂区域的地波等高线为 25mV/m，城市居民区为 5mV/m。在农村地区，I 类站的服务区域界定为 0.1mV/m，其他服务区域界定为 0.5mV/m。对于 I 类站，二级服务区界定为在 50% 或更多的时间内天波场强为 0.5mV/m。最后，标准指定 0.5mV/m 等高线作为其他站干扰的保护等高线。其他国家也有类似的规章。无线电信号在空间中的传播通常通过多种模态完成，模态有地波、天波、空间波或对流层波。对于 AM 广播和较低频率，无线电信号的传播主要为地波，可表示为[4]，

$$S = A \frac{E_0}{D} \tag{10.1}$$

式中，S 为接收器处的信号强度，$\mu V/m$；E_0 为距发射天线 1km 处的场强，$\mu V/m$；D 为接收器与天线间的距离，km。衰减因子 A 为频率、距离、土壤电阻率和介电常数的复函数。与波长相比，在天线近场区，$A \approx 1.0$，式（10.1）变为 $S = E_0/D$，信号与距离一次方成反比。在远场区，因子 A 近似随 $1/D$ 变化，式（10.1）变为 $S = E_0/D^2$，信号与距离二次方成反比。上述传播特性适用于全向天线的情况。实际中，考虑服务区域内的地理环境，天线方向图设计具有一定指向性。

存在人为干扰的情况下，无线电接收质量主要为接收天线处的信噪比（SNR）的函数。然而，需要采用心理-物理方法来获得无线电节目听众主观判断的无线电接收质量与 SNR 之间的定量关系。即典型无线电节目的声音样本被电晕产生的 RI 污染，以获得不同的 SNR 值，并在人群中进行听力测试，听众根据适当的评分标准主观评估广播节目的质量。对足够多的人的评估结果进行统计分析，以确定接收质量和 SNR 之间的关系。

为确定交流输电线路 RI 对无线电接收质量的影响，研究人员已开展了许多听感实验[5-8]。所有这些研究中，采用 CISPR 或 ANSI 无线电噪声计测量 RI 的 QP 值。在这些研究中，有些采用 QP 检波器测量广播无线电信号，而另一些则采用平均或场强 FI（Field-intensity）检波器。NARBA 等国际行为体推荐平均值或 rms 值的无线电信号测量结果。表 10-1 给出了一些筛选结果，这些结果经过校正来表示为采用 FI 检波器测量的信号和采用 CISPR 测量计的 QP 检波器的测量结果。

表 10-1 交流线路 RI 信噪比一览表

接收等级	接收质量	SNR/dB			
		加拿大非强制性标准	IEEE	CIGRE	均值所有研究
A	完全满意	31	31	30	32
B	很满意；可检测到背景	26	26	24	26
C	满意；明显的背景	21	21	18	20
D	容易理解；背景非常明显	15	15	12	15

对直流输电线路 RI 研究相对较少。最近一项关于直流线路 RI 导致接收无线电信号质量下降的心理-物理研究表明[9]，C 类接收对应信噪比为 21dB（直流好天气电晕）和 26dB

（直流恶劣天气电晕）。在相同的研究中，对于晴天或恶劣天气的交流电晕，在信噪比为22.5dB的情况下，可获得 C 级接收。由于大部分地区的天气条件主要为好天气，因此交流和直流输电线路 RI 可采用相同的 SNR 准则。

一些国家已经制定了有关高压输电线路 RI 允许水平的法规，但是，这些法规在细节上有很大差异，甚至有时所基于的基本理念也有很大差异。在美国，输电系统产生的干扰受FCC 规则和章程约束[10]。据此，输电系统界定为附带辐射装置的范畴，其被定义为"尽管并非故意将装置设计为发射无线电能，但在其运行过程中会辐射无线电能的装置"。该类装备的运行要求如下，"附带辐射装置运行时，其发射的无线电能不会造成危害性干扰"。就章程的宗旨而言，危害性干扰界定为"任何发射、辐射或感应，危及无线电导航设备或其他安全服务的正常运行，或严重降低、阻碍或反复中断按本章运行的无线电通信服务"。

在加拿大，加拿大标准协会（CSA）针对高压交流输电系统干扰制定了推荐性标准[8]。该标准适用于电压高达 765kV 交流线路和变电站产生的 0.15~30MHz 范围干扰。该标准界定，采用 QP 检波器的 CISPR 计量仪器在距输电线路最外侧导线或走廊边缘横向 15m 处，在好天气下，0.5MHz 干扰场强测量值不得超过表 10-2 中的给定值。

表 10-2　交流线路的 RI 限值

标称相间电压/kV	干扰场强（>1μV/m）/dB	标称相间电压/kV	干扰场强（>1μV/m）/dB
≤70	43	300~400	56
70~200	49	400~600	60
200~300	53	>600	63

由于各国采用的无线电干扰限值不统一[11-13]，因此需要一个协调机构，用于限制的设立和技术标准的制定该限值应考虑无线电信号和输电线路 RI 基本统计属性。任何机构制定限制都应考虑以下因素：

① 确定被保护服务区的质量；

② 需要保护的特殊服务质量所在的区域；

③ 一年中需要特殊服务质量所占的时间比例。

AM 广播时，任何给定的位置都由具有不同频率和信号强度的多个无线电台服务。信号的数量和强度通常在城市地区最高，并在郊区和农村地区逐渐减少。因此，有必要在任何给定位置界定可用信号。一种方法[11]是界定该位置的中值信号强度，在该区域中，能接收到的调幅广播频段内不小于 50%所有无线电信号强度超过某一定值（如 0.5mV/m）。

根据 RI 横向曲线和中值信号强度，距离线路的边相存在一个临界距离，在该距离之外，可以保证给定的无线电接收等级。临界距离以外的区域通常被称为指定接收等级的"保护区"。界定 RI 限值时必须考虑的另一个重要因素，即当地气象条件的变化。界定任何 RI限值都应为好天气，但可通过指定一年中在输电线路保护区内不得超过规定 RI 限值的时间百分比来考虑恶劣天气条件的影响。

总之，限制输电线路 RI 的法规应基于以下技术考虑：

① 考虑不同地区的可用信号及规定服务等级所需信噪比，规定受保护的无线电接收质量；

② 界定线路附近的保护区域，在该区域内指定的服务质量受到保护，界定保护区应考虑到城市、郊区和农村等不同地区的具体特点；

③ 要求在保护区内至少在一年中规定的一段时间内保证规定的服务质量。

10. 4　AN 设计准则

由高压传输线电晕产生的 AN 明显不同于飞机或交通等其他环境噪声，除了与其他噪声源不同外，AN 频谱的水平和形状也随气象条件而变化。在恶劣天气下，频率高于 1kHz 时，频谱变化很小。为了制定法规或限制，有必要弄清楚各种水平的电力线噪声频谱引起烦恼的人群比例和与此有关的特征。

在研究噪声的影响时，一个需要考虑的重要因素是人们对噪声的暴露。对于电力线，暴露特性尤为重要。只有电压等级高于 300kV 的输电线路（在任何区域中仅占电力线的很小一部分）才能产生足够高引起人们注意的 AN 水平。与其他噪声源相比，电力线在线路长度和持续时间上造成的暴露极为有限，只有在恶劣天气条件下 AN 水平可能会足够高而成为监管担忧，例如，一年中一小部分时间内出现的大雨和大雾天气。环境噪声也会影响 AN 暴露。在好天气下，诸如天籁之声和人为噪声之类的环境源可能会产生掩蔽效应。在大雨期间，产生高 AN 水平的同时也会产生高环境噪声，这会产生掩蔽效应，除了频谱特性和暴露外，噪声的烦扰效应也取决于其强度。与其他环境噪声源相比，电晕产生的 AN 的强度要低得多。

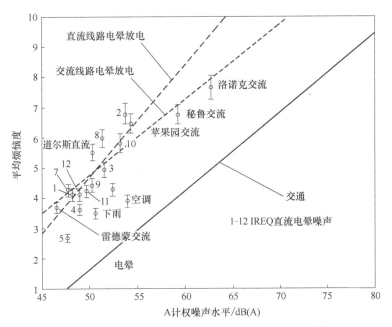

图 10-2　交流和直流电晕产生 AN 的心理声学评估

心理声学方法[14] 可用于确定人类对环境噪声的主观反应，例如烦扰。与对交通系统产生的噪声所进行大量的研究相比，关于人对输电线路产生的 AN 主观反应的研究很少。交流电晕噪声[15] 和直流电晕噪声[9] 的研究结果如图 10-2 所示，从本质上给出了每种刺激的平均评定性烦恼度随其水平的函数关系图。数据点垂直带表示平均值的标准偏差 $\pm 1\sigma$。直线为每种噪声类型的数据点线性最小二乘回归分析的结果。将烦恼程度的阈值定义为与 11 点评定量表中间相对应的水平，对于交流和直流电晕产生的声刺激，得到的阈值为 51dB （A）。尽管交流电晕噪声和直流电晕噪声的特性略有不同，但平均烦扰水平基本相同。相比之下，交通噪声烦扰度的阈值约为 62dB（A），该差异主要是由于电晕和交通噪声的频谱成分不同。

目前还没有噪声控制法规，尤其是关于输电线路 AN。现有法规都是针对一般的环境噪声源。在美国，环境保护局（EPA）发布了有关可听噪声的导则[16]。但是，每个州都有责任制定噪音法规，且这些法规因州而异。

一种起伏噪声（如电晕产生的噪声）评级方法，通过测量一段时间内的平均声级幅值实现。最常用的量度为能量等效声级 L_{eq}，定义为在指定一段时间内变化声音的声能级（通常为 A 加权）的平均值[17]。数学上，L_{eq} 定义为

$$L_{eq} = 10 \lg \left[\frac{1}{t_2 - t_1} \int_{t_1}^{t_2} \frac{p^2(t)}{p_{ref}^2} dt \right] \tag{10.2}$$

式中，$p(t)$ 为时变的 A 加权声级，μPa；$p_{ref} = 20 \mu Pa$；$t_2 - t_1$ 为以小时为单位的时间段。

EPA 文件推荐，将昼夜平均声级 L_{dn} 应限制在，室外 55dB（A）和室内 45dB（A）。昼夜声级定义为[17]，24 小时内的平均 A 加权声级（单位：dB）。在晚上 10 点至早上 7 点之间对任意噪声增加额外的 10dB（A）。L_{dn} 可从白天和夜间的 L_{eq} 值得出，为

$$L_{dn} = 10 \lg \left[\frac{1}{24} (15 \times 10^{\frac{L_d}{10}} + 9 \times 10^{\frac{L_n + 10}{10}}) \right] \tag{10.3}$$

式中，L_d 为 15 个白天小时数的 L_{eq}，L_n 为 9 个夜间小时数的 L_{eq}。

以美国华盛顿州为例，根据 EPA 推荐制定该州的法规。《华盛顿行政法典》（WAC）[18]根据典型的土地用途及对噪声源的防护需要，将土地分解为三个综合规划。分级为：

① 居民区——A 级 EDNA；

② 商业区——B 级 EDNA；

③ 工业区——C 级 EDNA；

其中 EDNA 为"降噪的环境标志"，在该地区或区域内建立的最大允许噪声水平。输电线路被归类为 C 级 EDNA。根据 WAC 规定，"任何人不得致使或容许噪声侵入他人的财产，而该噪声超过本条所列的最高容许噪声水平"（表 10-3）。

表 10-3　最大容许噪声水平　　　　　　　　单位：dB（A）

EDNA—噪声源	EDNA—权属领地		
	A 级	B 级	C 级
A 级	55	57	60
B 级	57	60	65
C 级	60	65	70

以下调整应用于表 10-3 中所示的限值：①在晚上 10 点和上午 7 点之间，对于 EDNA—权属领地的噪声限值，应减小 10dB（A）；②在白天或晚上的任一小时，不得超过任何权属领地适用的噪声限值：

① 任一小时内，总共 15 分钟 5dB（A）；

② 任一小时内，总共 10 分钟 10dB（A）；

③ 任一小时内，总共 1.5 分钟 15dB（A）。

所有天气、所有时间的 AN 概率分布都需遵守这些条例。

对于 AN 的监管情况因国而异。在许多情况下，制定和应用社区噪音法规的责任由各级政府承担。然而，在大多数情况下，不同类型的环境噪声没有做区分。

10.5　直流电场和离子电流设计准则

除 CL、RI 和 AN 外，输电线路导线电晕还产生两种极性的离子，这些离子充满了导线和地面之间的空间。因此，直流线路电晕效应设计，还需考虑地面的电场和离子电流。相关研究已表明[19]，直流线路产生的电场和离子不会对公共健康构成风险。但是，电场和离子环境可能会通过刺激皮肤和头发引起刺痛感，从而产生烦扰和滋扰效应。

从导线漂移到地面的离子可能会被位于直流线下的人和物体（例如车辆）截获，并产生电感应效应。表征这些效应的参数为开路感应电压和短路电流。根据这些参数，从人与物体接触的不同情况，可确定稳态和瞬态触电电流。对于稳态直流电流，感知阈值为 3.5mA[20]，而摆脱电流约为 40mA 量级。然而，在直流试验线段[21] 和运行线路[22] 附近进行的实验研究表明，在最坏的条件下，直流线下的人员体验的感应电流仅为几微安量级，比感知阈值低几个数量级。唯一值得注意的效应为瞬态微触电，类似于毡层电击，当良好接地人触摸到位于线路下方的绝缘良好的大型车辆时发生。但是，由于通常在车辆上使用的轮胎含有碳，因此没有足够的绝缘来产生甚至是这些最小的效应，因此发生这种电击的可能性非常低。

在没有任何健康影响及相当小的电感效应影响的情况下，输电线路设计准则只能基于人体对电场和离子电流的感知阈值。关于人体对直流电场和离子电流的感知的研究非常少，且大多数还只是初步性质的。最近的一项心理物理学研究[23]，在专门设计的暴露室[24] 中进行，提供了可用于建立检测的感觉阈的结果，这些阈值被定义为电场和离子电流强度刚好足以被人类观察者正确地检测到。所采用的心理物理学方法源于信号检测理论，该方法特别适用于检测模棱两可、复杂或"嘈杂"的信号[25]。该方法提供了感官敏感性的估计，而不会因个人的期望、决策标准等影响感知判断的偏见而引起混淆。该试验选择了许多人类观察者，并对暴露室内的每个观察者进行了测试。为观察者提供了直流电场和离子电流的特定组合，并要求他们对有无刺激做出一系列肯定和否定的判断。对每个观察者在每个系列中获得的结果进行统计分析，以确定在信号检测理论中所谓的灵敏度指标 d'，$d' \geqslant 1$ 表示对刺激有显著的敏感性。在无离子电流、中等离子电流密度（60nA/m²）条件和高离子电流密度（120nA/m²）条件下进行测试，图 10-3 总结了该项研究获得的结果。由于各个测试对象的敏感性差异很大，因此对本研究结果的

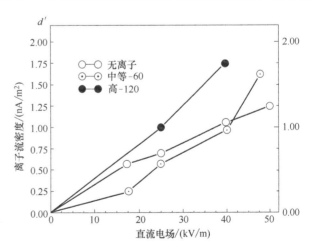

图 10-3　平均敏感度指数 d' 为直流
电场和离子电流密度的函数
（[23]-图 4，J. P. Blondin © 1996）

理解变得复杂。然而，仍可根据这些结果得出初步设计准则。从人类对直流电场和离子的感知角度来看，可通过将地面电场和离子电流密度的最高值分别限制为 $25kV/m$ 和 $100nA/m^2$ 来实现可接受的直流线路设计。

10.6　考虑电晕效应的输电线路整体设计

如 1.5 节所述，高压交流和直流线路的设计涉及土木、机械和电气工程方面，因此应以协同且协调方式进行。最终目标为以最低的成本完成指定电压、功率传输能力和线路长度的输电线路设计，并满足所有指定的技术准则。

限定输电线路电晕效应的主要参数为分裂导线结构、导线对地高度及交流线路的相间距或双极直流线的极间距。对于交流线路，相间距的选择主要基于空气绝缘要求。导线对地高度是根据空气绝缘和安全性确定，但工频电场和磁场也会影响选择。因此，电晕考虑在选择交流线路的主要尺寸时不起任何重要作用。然而，分裂导线参数的选择几乎完全基于电晕效应准则。

对于直流线路，极间距主要根据绝缘要求确定，但不能忽略电晕的影响。电晕损耗的双极分量及在一定程度上的 RI 和 AN，随着极间距的减小而迅速增加。因此，有必要选择一个大于仅出于绝缘目的所需的极间距。在选择导线对地高度时，考虑地面电场和离子电流密度往往比绝缘要求更为重要。然而，分裂导线的选择主要基于电晕效应。

对于需要采用分裂导线的交流输电线路，主要根据 RI 和 AN 来选择子导线的数量和直径。电晕损耗可能对分裂导线的选择仅具有次要影响。在基于 RI 和 AN 确定分裂导线参数之后，可按照 10.2 节中的描述进行经济分析，以获得最佳分裂导线型式。

可通过考虑 500kV 和 750kV 输电线路的假设情况，具有水平导线结构和两条架空地线，来说明选择满足 RI 和 AN 规定准则的分裂导线。两类输电线路的主要尺寸假定如下：

500kV 线路

相间距：10m

导线平均对地高度：14m

地线直径：11.1mm

地线间距：14m

地线平均高度：21m

750kV 线路

相间距：13m

导线平均对地高度：21m

地线直径：11.1mm

地线间距：18m

地线平均高度：31.7m

可采用第 2 章中所述方法，对这些采用不同分裂导线的线路结构，进行导线表面场强的计算。分别采用式（5.118）和式（6.20），作为分裂数和子导线直径的函数，计算得到距离边相横向 15m 处的平均好天气 RI 水平，以及边缘处平均雨大 AN 水平。将 RI 水平从式（5.118）中 1MHz 处的 ANSI 读数转换为 0.5MHz 处的 CISPR 读数需要加上 3dB，再加上 6dB 以获得最大的好天气值。

总的 RI 水平与 CSA 标准中指定的允许水平一致，如表 10-2 所示。对于 500kV 线路，比较 2、3 和 4 分裂导线，而对于 750kV 线路，比较 4、5 和 6 分裂导线。这两类电压的结果分别如图 10-4 和图 10-5 所示。在这些图中，允许的 RI（500kV 线路为 60dB，750kV 线路为 63dB）和 AN［55dB（A）］水平显示为水平线。500kV 线路的结果见图 10-4，可以看出，RI 为所有三种分裂导线的限制准则，三种分裂导线所需的最小导线直径为：3.4cm（2 分裂导线）、2.1cm（3 分裂导线）和 0.5cm（4 分裂导线）。同样，750kV 线路结果见图 10-5 表明，AN 为所有三种分裂导线的限制标准，三个分裂导线所需的最小导线直径为：3.1cm（4 分裂导线）、2.4cm（5 分裂导线）和 2.0cm（6 分裂导线）。

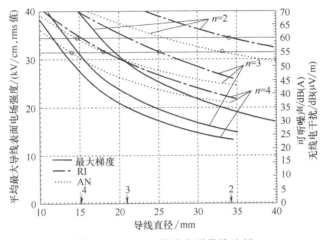

图 10-4　500kV 线路分裂导线选择

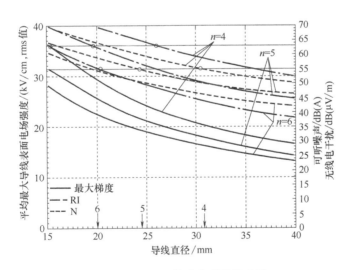

图 10-5　750kV 线路分裂导线选择

针对每种电压等级线路，上述结果为相距和导线高度在指定值下得出，这些值的任何变化都将明显影响最小导线尺寸的选择。但是，这些值的任何变化的影响都比导线直径的影响要弱得多。如果为紧凑线路，则需要更大的导线尺寸。更高海拔的影响可增加与 RI 和 AN 水平对应的相同导线尺寸。在实施允许的 RI 和 AN 准则前，应在适当的海拔高度获得与图 10-4 和图 10-5 类似的结果。通常，在更高的海拔下需要更大直径的导线。所有的空气绝缘间隙也要随着海拔高度的升高而增加。

研究结果清楚地表明，RI 为 500kV 及以下电压等级线路设计的限制准则，而 AN 则是更高电压等级线路的限制准则。但是，还应该注意的是，如果允许的 AN 水平为 50dB（A）而非 55dB（A）（在某些地区就是这种情况），那么即使对于 500kV 线路，AN 也会成为限制准则。对于紧凑型线路，即使在较低的传输电压下，AN 也可能成为限制准则。最后，应强调的是，上述方法仅适用于分裂导线的初步选择，分裂导线的最终选择和优化应考虑到输电线路所在地区的实际天气条件，以及有关 RI 和 AN 的当地法规的影响。为了最终选择和优化分裂导线，可能需要在全尺寸试验线段上进行长期测试。

输电线路设计的不同方面通常是分开但并行进行，并且对一些参数进行迭代调整，以获得整体最优线路设计。例如：在线路的电气设计中，空气间隙是根据绝缘要求和分裂导线的电晕效应来确定。然后可对这些参数进行细微调整，以优化线路设计，这种方法是可行的，主要是由于线路设计的各个方面之间的耦合较弱。该过程还具有可更好地了解设计的不同方面的优点。然而，研究人员已经开发了同时考虑到所有方面并获得整体最佳设计的设计方法[26]，这些方法基于将输电线路的总成本表示为所有设计变量的函数。采用先进的数学技术，考虑物理、经济和环境的约束，对成本函数进行优化，以确定用于最小成本设计的所有参数。但是，这种方法的适用性可能会受到输入参数准确性的限制。

参考文献

[1] Stevens S S. Psycho-Physics：Introduction to Its Perceptual，Neural and Social Prospects，Transaction Book [M]. NJ：New Brunswick，Inc.，1986.

[2] FCC Rules and regulations. Section 73，184 of Part 73，1964：3.

[3] Government of Canada. Department of Communications，Broadcast Procedure 1，1961.

[4] Terman F E. Radio Engineers' Handbook [M]. New York：McGraw-Hill，Inc.，1943：803，850-852.

[5] Nigol O. Analysis of Radio Noise from high voltage lines I-Meter response to Corona Pulses [J]. IEE Trans PAS，1964，83 (5)：524-533.

[6] IEEE Committee Report. Radio Noise Design Guide for High Voltage Transmission Lines [J]. IEEE Trans PAS，1971，90 (2)：833-842.

[7] Interferences Produced by Corona Effect of Electric Systems：Description of Phenomena，Practical Guide for Calculation [R]. CIGRÉ Brochure No. 20，1974.

[8] Canadian Standards Association.，Limits and Measurement Methods of Electromagnetic Noise from AC Power Systems 0.15-30 MHz：Standard CAN3-C108.3.1-M84 [S/OL]. [2022-01-05]. https：// standards. globalspec. com/std/1267187/CAN3-C108.3.1-M84

[9] Sarma M P，Dallaire R D，Héroux P，Rivest N，Pednault R. Bipolar HVDC Transmission System Study Between ±600kV and ±1200kV：CoronaStudies Phase II [R]. Electric Power Research Institute，Palo Alto，California，EPR EL-2794，1982.

[10] FCC Rules. Part 15，1975.

[11] Sarma M P，Trinh N G. A Basis for Setting Limits to Radio Interference from High Voltage Transmission Lines [J]. IEEE Trans PAS，1975，94 (5)：1714-1724.

[12] IEEE Committee report. Review of Technical Considerations on Limits to Interference from Power Lines and Stations [J]. IEEE Trans PAS，1980，99 (1)：365-388.

[13] CISPR Publication 18-2. Radio Interference Characteristics of Overhead Power Lines and High-Voltage

Equipment，Part 2，Methods of Measurementand Procedure for Determining Limits.

[14]　Kryter K D. The Effects of Noise on Man [M]. New York：Academic Press，Inc.，1970.

[15]　Molino J A，Zerdy G A，Lermner N D，Harwood D N. Use of the "Acoustic Menu" in Assessing Human Response to Audible (corona) Noise from ElectricTransmission Lines [J]. J Acoust Soc Am，1979，66 (5)：1435-1445.

[16]　US EPA. 550/9-74-004，Information on Levels of Environmental Noise Requisite to Protect Public Health and Welfare with an Adequate Margin of Safety，1974.

[17]　IEEE Standard Definitions of Terms Related to Corona and Field Effects of Overhead Power Lines：IEEE Standard No 539-1990 [S/OL]. [2022-02-02]. https：//standards. ieee. org/ieee/539/789/.

[18]　Chapter 173-60. Washington Administrative Code (WAC)，Maximum Noise Levels，Adopted April 22，1975，Amended August 1，1975，Department ofEcology，Noise Section，Olympia，Washington，USA.

[19]　Charry J M. Biological Effects of Air Ions：A Comprehensive Review of Laboratory and Clinical Data，Air Ions：Physical and Biological Aspects [M]. Boca Raton：CRC Press，Inc.，1987：91-149.

[20]　Hill H L，Capon AS，Ratz O，Renner PE，Schmidt W D. Transmission Line Reference Book HVDC to ±600kV [M]. Palo Alto：EPRI，Inc.，1977：74-77.

[21]　Sarma M P，Heroux P，Dallaire RD，Rivest N，Kennon RE，Dunlap J. Corona and Electric Field Effects of HVDC Transmission Lines in the Range of ±600kV to ±1200kV [R]. Paper S 22. 81，CIGRÉ Symposium，Stockholm，1981.

[22]　Sarma M P，Dallaire RD，Norris-Elye O C，Thio C V，Goodman J S. Environmental Effects of the Nelson River HVDC Transmission Lines-RI，AN，Electric Field，Induced Voltage and Ion Current Distribution Tests [J]. IEEE Trans PAS，1982，101 (1)：951-959.

[23]　Blondin JP，Nguyen D H，Sbeghen J，Goulet D，Cardinal C，Sarma M P，Plante M，Bailey W H. Human Perception of Electric Fields and Ion Currents Associated with High Voltage DC Transmission Lines [J]. Bioelectromagnetics，1996，17 (1)：230-241.

[24]　Nguyen D H，Sarma M P. An Exposure Chamber for Studies on Human Perception of DC Electric Fields and Ions [J]. IEEE Trans PWRD，1994，9 (4)：2037-2045.

[25]　Green D M，Swets J A. Signal Detection Theory and Psycho-Physics，2nd Ed [M]. New York：John Wiley and Sons，Inc.，1974.

[26]　Chang W S，Zinn C D. Minimization of the Cost of an Electric Transmission Line System [J]. IEEE Trans PAS，1976，95 (4)：1091-1097.

第 5 部分

沙尘条件下
超/特高压输电线路
电晕特性研究（案例1）

▶▶ 第11章

高海拔沙尘条件下特高压输电线路导线
电晕特性实验系统研制与优化

11.1 沙尘参数选取

11.1.1 风速

强风是造成沙尘暴的重要因素之一，单点沙尘暴天气以瞬间极大风速和水平最小能见度作为划分标准，试验中的风速选择是结合国内的有关沙尘暴强度划分标准的研究，特别是西北地区沙尘暴的划分标准制定的，见表 11-1。

表 11-1　我国西北地区沙尘暴天气强度划分标准

强度	瞬时极大风速	强度	瞬时极大风速
特强	10 级以上（25m/s）	中	6～8 级（15m/s）
强	8 级以上（20m/s）	一般	4～6 级（10m/s）

表 11-2 是对酒泉超高压公司提供的 2011 年 1 月—2011 年 12 月甘肃省酒泉市布隆吉乡泉敦线（330kV 玉瓜线 119♯）气象参数在线监测数据进行的几个不同风速范围内的小时数整理。表 11-3 是对酒泉超高压公司提供的 2011 年 1 月—2011 年 12 月甘肃省张掖市山丹线（750kV 河泉线 290♯）气象参数在线监测数据进行的几个不同风速范围内的小时数整理。

表 11-2　330kV 泉敦线 2011 年不同风速的小时数（海拔 1700m）

风速/(m/s)	1 月/h	2 月/h	3 月/h	4 月/h	5 月/h	6 月/h
0～10	680.427	596.5	267.83	375.46	395.83	477.917
10.1～13.8	42.67	72.67	29.583	60.832	78.417	37.67
13.9～17.1	1.67	10.5	4.167	18.716	15.417	3.833
17.11～20.7	0.083	3.583	0.083	4.37	2.83	0
风速/(m/s)	7 月/h	8 月/h	9 月/h	10 月/h	11 月/h	12 月/h
0～10	591.33	516.917	751.83	625	629.75	609.33
10.1～13.8	49.083	55.5	198.417	83.33	24.167	20.25
13.9～17.1	7.167	3.33	51.25	17.167	1	0.167
17.11～20.7	1	0.33	5.17	1.833	0.167	0

表 11-3　750kV 山丹线 2011 年不同风速的小时数（海拔 2300m）

风速/(m/s)	1 月/h	2 月/h	3 月/h	4 月/h	5 月/h	6 月/h
0～10	726.917	664.417	400	425.38	402.67	551.25
10.1～13.8	0.25	9	8.5	18.73	23	11.67
13.9～17.1	0	3.5	0.25	4.2	0.67	0.67
17.11～20.7	0	1.167	0	1.067	0.083	0.417
风速/(m/s)	7 月/h	8 月/h	9 月/h	10 月/h	11 月/h	12 月/h
0～10	594.167	565.917	998.417	725.67	623.917	690.83
10.1～13.8	8.417	21	8.5	5.5	3.083	0.083
13.9～17.1	0.417	1.917	0	0	0.33	0
17.11～20.7	0	0.33	0	0	0	0

从表中可见，一年中超过 20.7m/s 的时间最少，其次是 17.11～20.7m/s，13.9～17.1m/s，10.1～13.8m/s，最多的 0～10m/s。以沙尘暴发生最多的 3～6 月份来看，结合前面多年的沙尘暴发生情况，沙尘天气下电晕特性的影响研究主要研究风速在 10～16m/s 的情况。

普通沙尘暴天气下的风速约为 10～16m/s，特强沙尘暴天气下风速有可能达 25m/s，以特强沙尘暴为例，分析风速对电晕起始和电晕损耗特性的影响。

电晕起始主要在导线周围 0～0.5mm 的电离区发生，处于强场区，电晕起始场强与电子崩、流注、空间二次电子发射、电子迁移率等参数有关。以电子迁移率为例，其在电离区的迁移速度为 104～105m/s 量级，特强沙尘暴风速远低于电子迁移速度和电子崩、流注发展速度，因此风速对电晕起始特性的影响可以忽略不计。

电晕损失主要在空间电荷区产生。电子虽然迁移速度快，但其生命周期短，约为纳秒级，具体表现为对无线电干扰和可听噪声的影响。因此在电晕笼中，交流电晕损失主成分为电晕放电中的正负离子在交变电场的作用下在导线周围做往返运动而产生的能量损耗，直流电晕损失主要为空气离子迁移运动产生的动能损耗。以 LGJ900 导线为例，对于交流情况，加压 500kV，离子运动的最远距离为 1.2m，此处离子迁移速度约为 300～500m/s，依然远大于风速 25m/s。而对于直流导线，在远离导线接近笼壁处离子迁移速度有较大的下降，其余空间处离子迁移速度仍旧远大于风速。因此在电晕笼导线试验中，风速对直流电晕损失特性有一定的影响，前期开展的部分试验结果也证实了这点。

综上可知，风速对交流导线的电晕起始和电晕损耗特性基本无影响，与相关文献所描述的可移动笼内 6 分裂导线不同风速下的试验结果一致，而对于直流导线，则需考虑风速的影响。结合普通沙尘暴天气下的风速，在试验中固定风速为 10m/s，同时对于直流导线，增加一组只吹风不吹沙的试验，主要研究沙尘浓度和沙粒颗粒度对导线电晕起始和损耗特性的影响规律。

11.1.2　沙尘颗粒度

在风沙运动的研究中，现有的主要工作是针对地表层（约 2m 以下）的风沙流和高空大气环流沙尘的远程输送。但是对于近地层，特别是 50m 以下的大气风场中风沙运动的研究却极少，且现有的研究仅是对单颗粒运动进行了描述。而这一高度范围恰恰是包含在 6 分裂高度范围内，给出的沙尘暴过程中不同粒径组颗粒度百分比。将不同高度处的不同粒径组的沙尘质量转化为沙尘颗粒数量分布随着高度的升高，小颗粒的沙尘数目所占的百分比增大。

沙尘天气主要的颗粒范围是 0～0.2mm。特强沙尘暴的物质组成主要以细沙和粗粉沙为主，强沙尘暴的物质组成主要以粗粉沙和黏粒为主，中等强度的沙尘暴的物质组成主要以细粉沙和黏粒为主，而弱沙尘暴的物质组成则主要以黏粒为主。通过对 71012 泉敦 I 线 470 号输电杆塔附近的沙尘进行采样并分析，得出试验用沙尘颗粒大小范围分为两种：$d<0.125$mm和 0.125mm$<d<0.25$mm。而在特大沙尘暴条件下，沙尘的颗粒度可能更大，因此试验所用沙的颗粒度还包括 0.25～0.5mm。考虑到导线和绝缘子高度几乎一致，特高压输电线路导线位置比 470 号线路更高，特强沙尘天气如黑风暴下导线所在位置处颗粒粒径可能会更大，为保证试验数据可靠性，试验用沙的颗粒度范围增大为 0～0.5mm。

　　试验用沙采自青海省海南州贵南县过马营镇木格滩。为了便于分析颗粒度对电晕特性的影响，试验时将沙颗粒粒径范围分为三种：0～0.125mm 粉沙、0.125～0.25mm 细沙、0.25～0.5mm 粗沙，见图 11-1（a）。振动筛公称尺寸 1000mm，振动频率 1450r/min，共安装三层筛网，从上至下依次为 0.5mm、0.25mm、0.125mm 的孔径对应 120 目、60 目、35 目磨料级筛网，见图 11-1（b），从出料口筛选出三种粒径等级的沙粒，见图 11-1（a）。

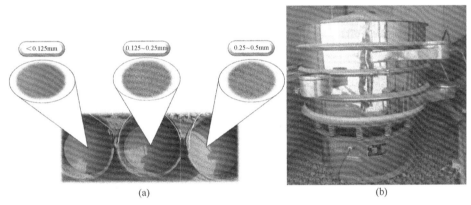

图 11-1　三种粒径等级沙粒与振动筛沙机

11.1.3　沙尘浓度

　　据牛生杰等近年在巴丹吉林和腾格里等沙漠边缘区春季的多次取样观测，当发生特强沙尘暴时，近地空气中的物质浓度可以达到 1017mg/m^3，见图 11-2。最后在参考中国研究人

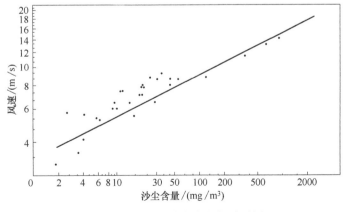

图 11-2　风速和沙尘含量的关系图

员赵性存的研究结论后，综合考虑前述几位学者的研究成果，并结合实际实现的难度制定了风沙浓度的参数，制定试验沙尘浓度为 $150 \sim 706 \mathrm{mg/m}^3$。

11.2　沙尘天气模拟装置的研制与优化

试验在特高压电晕笼中进行，截面积 $8 \mathrm{m} \times 8 \mathrm{m}$，测量段长 $25 \mathrm{m}$，两边防护段各长 $5 \mathrm{m}$，总长 $35 \mathrm{m}$。分裂导线中心离地高度为 $6.72 \mathrm{m}$。

为了确定沙尘覆盖范围，需要确定西宁特高压笼分裂导线起晕后的最大离子运动半径。可以利用模拟电荷法计算出特高压电晕笼内施加电压 U_0 时导线周围距离中心 x 处的电场强度 $E(x)$，$E(x)$ 随着时间呈正弦变化。在 t_0 时刻，子导线外表面一离子开始运动，位置 p（p 为导线分裂半径＋子导线半径），当 t 时刻离子运动到 x 处，此时此点的瞬时电场强度为 $E(x)\sin(\omega t)$，离子获得的速度 $\mathrm{d}x/\mathrm{d}t = \mu E(x,t)$，对离子运动的轨迹进行积分，直到 $E(x,t)=0$，得到离子运动的最远距离。离子可能运动的最远距离可以用式（11.1）进行计算，由于交流电晕的极性效应，不考虑正离子，对于海拔 $2200 \mathrm{m}$，离子迁移率统一取 $\mu_{-} = 2.12 \mathrm{cm}^2/(\mathrm{V} \cdot \mathrm{s})$，$U_0 = 500 \mathrm{kV}$ 离子运动最远距离见表 11-4。

$$S = \int_0^{T/2} v(t)\mathrm{d}t = \int_0^{T/2} \mu E(x,t)\mathrm{d}t \tag{11.1}$$

表 11-4　对应导线配置下的电荷临界距离　　　　　　　单位：cm

分裂数 导线型号	分裂导线 直径	分裂间距	电荷运动 直线距离 S	电荷运动 初始位置 p	电荷临界 距离 S＋p
$10 \times \mathrm{LGJ}900$	3.99	40	52.46	66.72	119.18
$10 \times \mathrm{LGJ}720$	3.62	40	52.42	66.53	118.95
$10 \times \mathrm{LGJ}630$	3.36	40	52.38	66.40	118.78

由表 11-4 可知，离子最远运动距离约为 $1.2 \mathrm{m}$，为了提高试验的准确性，研究中保证沙尘在导线径向方向覆盖半径为 $1.5 \mathrm{m}$。在考虑导线电晕放电离子运动最大半径和海拔对试验影响后确定沙尘覆盖范围为：沿"中心导线"长度方向（横向）覆盖 $24 \mathrm{m}$，垂直"中心导线"方向（纵向）覆盖 $3 \mathrm{m}$，见图 11-3。

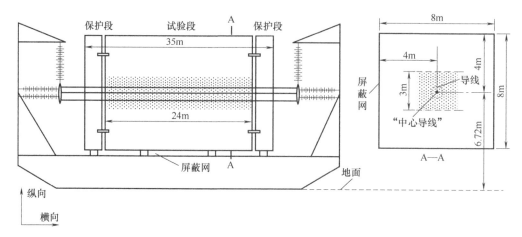

图 11-3　沙尘覆盖范围要求

11.2.1　喷沙方案初步拟定

根据试验需求，结合现场特高压输电线和电晕笼的布置、"中心导线"距离地面的高度

以及屏蔽网的限制，拟设计采用水平方向喷沙的方式，初步设计两套喷沙方案：方案一为正压气力输送方案，方案二为文丘里管引射混合喷沙方案。正压气力输送方案设备示意图参考图 11-4 所示。

正压气力输送方案：

其工作流程如图 11-5 所示：采用空气压缩机为动力源，空气压缩机排气进入压力罐，当压力罐内压力达到工作要求后，高压空气分为两路，一路进入储沙罐中，对储沙罐中的沙子加压，另一路空气通过耐压空气管与储沙罐下方的沙阀连接，沙阀用于控制出沙量，储沙罐中的沙子通过沙阀后与高压空气混合形成风沙两相流，两相流沿着夹布胶管到达末端的喷嘴，从喷嘴中喷出，实现沙尘天气的模拟。

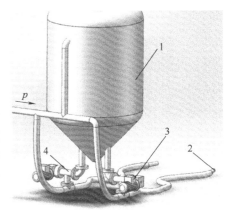

图 11-4　正压气力输送方案示意图
1—沙罐；2—喷嘴；3—电机和减速器；4—螺旋给料器

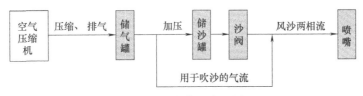

图 11-5　方案一流程图

喷沙设备的主要技术指标见表 11-5。

表 11-5　喷沙设备主要参数表

技术指标	技术参数	技术指标	技术参数
空气压缩机排气效率	$6\sim9m^3/min$	耗气量	$4\sim7m^3/min$（$\phi8\sim10mm$ 单喷嘴）
沙罐容积	$1m^3$	夹布胶管管径	$\phi40mm$
工作压力	$0.4\sim0.65MPa$	夹布胶管额定压力	$7kg/m^2$

文丘里引射混合方案：

文丘里引射混合方案结构包括供气和给沙两部分。其单台设备整体结构示意图如图 11-6 所示。供气部分由空气压缩机储气罐减压阀和文丘里管组成，由耐压空气管依次连接。空气压缩机提供高压空气储存在储气罐中，通过调节减压阀控制储气罐供气压力，高压空气进入文丘里管。给沙部分由料仓螺旋输送机、电机、减速器、漏斗和底座组成。底座安装在所需高度的试验平台上；螺旋输送机水平布置于底座，其输入轴与减速器用键连接，由电机驱动；螺旋输送机上方进料口安装有一个料仓，下方出料口伸入漏斗中，漏斗固定在底座上，漏斗侧壁下方开孔；文丘里管穿过漏斗下方的圆孔并固定在漏斗上。沙子从料仓经螺旋输送机定量给料进入漏斗；电机经导线连接一个变频器，通过调节变频器可以控制电机的转速，进而精确控制给沙量。

其中文丘里管在其喉部周向分布有若干补气孔，文丘里管穿过漏斗下方的圆孔固定在漏斗上，补气孔位于漏斗的中心位置，螺旋输送机出料口位于漏斗正上方。当气流经过文丘里

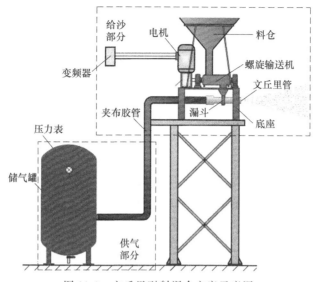

图 11-6　文丘里引射混合方案示意图

管喉部时，流速急剧增加，压力减小，补气孔将从外界吸入大量空气，利用文丘里管的这一特性，可以从补气孔处进行给沙，实现沙尘天气的模拟，见图 11-7。

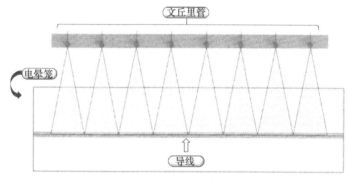

图 11-7　沙尘模拟预期效果图

11.2.2　喷沙方案对比分析

首先采用正压气力输送喷沙方案进行了试验，期间发现设备出现电机堵转、密封失效的情况，并且螺旋叶片及外壳出现严重磨损。分析认为，由于轴承的单侧布置方式导致螺旋轴另一端的跳动过大，沙的流动性较差，加压的沙堵在螺旋叶片顶部使偏离旋转轴心的螺旋轴不能回到旋转轴心位置，另外沙较强的磨琢性、较紧的配合、O 形圈密封方式也相应增大了负载，造成电机堵转，加剧了磨损。因此，方案一并不适于进行精确给料的控制，如此则模拟沙尘天气的风沙浓度不可调。

使用方案一的喷嘴制作了一套简易文丘里管引射混合装置对第二套喷沙方案进行了定性试验，文丘里管引射混合装置可以实现沙尘天气的模拟。另外，与方案一相比，方案二具有以下优点：用于调节给沙量的螺旋输送机工作环境极大改善，对密封的要求变低，从设计角度来说其故障率及磨损程度将明显下降；负载变小，对电机转矩的要求降低；结构更简单，体积更小，设备成本更低。

综上所述，选择方案二作为沙尘天气模拟系统的设计方案。

对该套装置的可行性进行了理论分析。概要如下：

沙尘天气的模拟属于气固两相体理论。采用 RANS（雷诺时均）计算湍流，雷诺时均下的质量、动量、能量守恒方程为

$$\left.\begin{array}{l} \dfrac{\partial \rho}{\partial t}+\dfrac{\partial}{\partial x_{j}}(\rho \overline{u}_{j})=0 \\[3mm] \dfrac{\partial}{\partial t}(\rho \overline{u}_{i})+\dfrac{\partial}{\partial x_{j}}(\rho \overline{u}_{i}\overline{u}_{j})=-\dfrac{\partial p}{\partial x_{j}}+\dfrac{\partial}{\partial x_{j}}\left[\mu\left(\dfrac{\partial \overline{u}_{i}}{\partial x_{j}}+\dfrac{\partial \overline{u}_{j}}{\partial x_{i}}\right)-\overline{\rho u_{i}'u_{j}'}\right]-\dfrac{2}{3}\times\dfrac{\partial}{\partial x_{j}}\left(\mu\,\dfrac{\partial \overline{u}_{j}}{\partial \overline{u}_{i}}\right) \\[3mm] \dfrac{\partial}{\partial t}(\rho c_{p}\overline{T})+\dfrac{\partial}{\partial x_{j}}(\rho c_{p}\overline{u}_{j}\overline{T})=\dfrac{\partial}{\partial x_{j}}\left[\dfrac{\mu}{Pr}\times\dfrac{\partial}{\partial x_{j}}(c_{p}\overline{T})-\rho c_{p}\overline{u_{j}'T'}\right]+Q \end{array}\right\} \quad (11.2)$$

沙尘颗粒运动方程为

$$m\,\frac{\mathrm{d}v_{p}}{\mathrm{d}t}=mf_{\mathrm{Drag}}+m\,\frac{g(\rho_{p}-\rho)}{\rho_{p}}+F \quad (11.3)$$

式中，m 为颗粒质量，kg；v_{p} 为颗粒速度，m/s；f_{Drag} 为曳力，m/s^2；g 为重力加速度，m/s^2；ρ 为气流、颗粒密度，kg/m^3；F 为压力梯度力和 Saffman 升力的合力，N。

建立了如图 11-8 所示的三维物理模型并划分网格。其中计算域总长为 7669mm，文丘里管长约 169mm，测点位于文丘里管的轴心线上，距离文丘里管出口 400mm，采用分块 O 形结构化网格对其进行网格划分，网格数目约为 377 万。

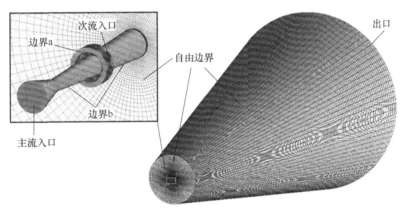

图 11-8　文丘里管流场计算网格划分图

考虑流体的可压缩性，采用基于压力的分离求解器进行稳态计算，选择 Realizable k-ε 湍流模型对 N-S 方程组进行封闭，不考虑边界层的影响。为减小数值截断误差，设置环境压力为 0；次流入口/自由边界/出口静压均设为 1 个大气压；主流入口采用压力入口，经多次数值模拟，采用绝对压力 0.63MPa。

图 11-9 为文丘里管内的速度分布云图。气流首先在喉部截面前加速，在喉部区域达到当地声速，经过喉部截面继续加速；在次流入口附近，由于外界空气由补气孔进入管室内与来流混合，混合后的

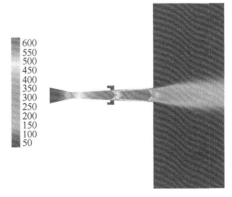

图 11-9　文丘里管内速度云图

平均速度急剧下降，随后上升，在出口处达到 630m/s。

图 11-10 为测点所在截面的速度分布图。经数据处理发现测点的平均速度为 74m/s，与试验测得当地气流速度 79m/s 基本吻合。

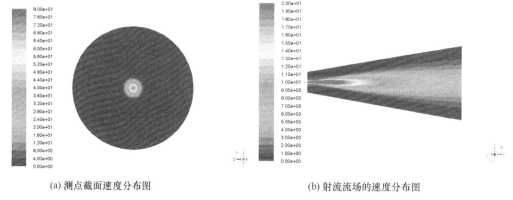

(a) 测点截面速度分布图　　　　　　(b) 射流流场的速度分布图

图 11-10　速度分布

图 11-11 为颗粒空间分布图，可知，沙颗粒基本实现试验区域的全覆盖，能够满足试验需求。

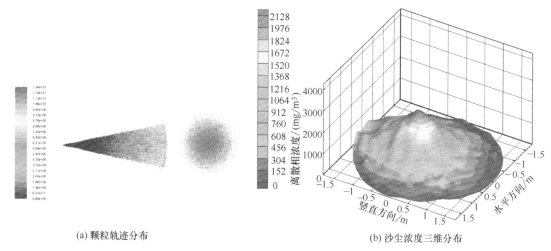

(a) 颗粒轨迹分布　　　　　　(b) 沙尘浓度三维分布

图 11-11　颗粒空间分布

11.2.3　供气系统设计

比功率表示单位流量的排气所消耗的功率，是判别空气压缩机节能效果的唯一标准。在高原地区，要求储气罐中压力维持在 0.577MPa，虽然所需最大排气压力有所下降，但高原空气稀薄，吸气压力（大气压）也有所下降。比功率的计算公式：

$$N = 1.634 P_s \frac{m}{m-1} \left[\left(\frac{P_d}{P_s} \right)^{\frac{m-1}{m}} - 1 \right] \tag{11.4}$$

式中，P_s 为吸气压力，Pa；P_d 为排气压力，Pa；m 为膨胀过程指数（$m>1$）。

试验中选取四台 55SCF-8 式风冷式螺杆压缩空压机进行产气，每台空压机的额定排气量为 10.5m³/min，额定排气压力为 0.8MPa，额定功率为 55kW。选取容积为 15m³ 的储气罐作为空压机与文丘里喷管的缓冲，主体材料为 16MnR 钢，最高允许连续工作压力为 0.8MPa。如图 11-12 所示，在储气罐的顶部与底部椭圆封头处，安装设计有法兰，法兰与分气包连接，顶部分气包开 4 个进气孔，经耐压空气管与四台空压机的出气口连接。

在底部椭圆封头处分气包开 8 个出气孔，并在外侧安装减压阀、压力表及电磁阀，后经耐压空气管与 8 个文丘里喷管相连接。减压阀可保证每个文丘里管喷气的流量和速度基本一致。电磁阀控制的气源开关可以实现同时控制 8 个出气管道的开关，试验人员通过控制装置远程控制电磁阀开关，远离压力设备安全试验。

图 11-12　储气罐

11.2.4　给沙系统设计

给沙系统用于送沙，并要求可以精确调节给沙量，由螺旋输送机、料仓、电机、减速器、变频器、底座和漏斗组成，螺旋输送机结构见图 11-13，实物图见图 11-14。

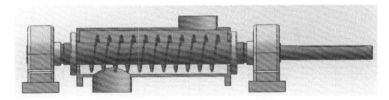

图 11-13　螺旋输送机结构示意图

图 11-14　给沙单元实物图

螺旋输送机流量计算公式为：

$$Q = \frac{\pi}{4}(D^2 - d^2)\varphi t n \times 1000\rho \tag{11.5}$$

结合实际情况，选取螺旋直径 $D = 48\text{mm}$，螺旋心轴直径 $d = 28\text{mm}$，螺距 $t = 14\text{mm}$，填充系数 $\varphi = 0.8$；堆积密度 $\rho = 1400\text{kg/m}^3$。

选择电机类型为笼型交流异步电动机，电机型号为 Y271-4，负载类型为恒转矩负载，额定电压 380V，额定功率 0.55kW，额定电流 1.4A，额定转速 1400r/min，减速器速比为 15∶1。变频器变频范围为 0～65Hz，工作电压为 380V，调节精度为 0.1Hz。

采用双层滤网集沙器测量导线处的沙尘浓度，见图 11-15。通过测量时间 t（单位为 s）内试验区域某一截面 S（单位为 m^2）的沙量 m（单位为 mg）及平均风速 v（单位为 m/s），则该区域沙尘浓度为 ρ（单位 mg/m^3）可由式（11.6）计算得到，整套沙尘装置在导线区域内产生的浓度与变频器频率对应关系见表 11-6。

$$\rho = m/(t \cdot s \cdot v) \tag{11.6}$$

图 11-15　集沙器

表 11-6　变频器频率与沙尘浓度对应关系

变频器频率/Hz	沙尘浓度/(mg/m^3)	变频器频率/Hz	沙尘浓度/(mg/m^3)
10	150～158	40	415～426
15	191～196	50	528.5～533
20	241～245	55	547～559
25	297～304	65	698～706
30	335.5～341	—	—

11.2.5　沙尘模拟系统整体布置

要覆盖 24m×3m×3m 的范围，沙尘天气模拟装置整体需要 8 套喷沙设备沿电晕笼布置，8 套设备可共用一个储气罐。选取文丘里管喷嘴距中心导线的距离为 7.5m 达到覆盖要求，文丘里管间距为 3m。在本次试验中，我们用集沙器验证了该文丘里管喷沙的沙尘密度，并通过计算，认为可以达到试验要求。文丘里管各部分尺寸见图 11-16（a），其中喉部尺寸为 10.5mm，实物见图 11-16（b）。

图 11-17 为控制柜，包括 1 个总电源开关、1 个电磁阀开关、4 个空气压缩机开关、8 个螺旋喂料器电机开关。所提出的一种基于圆断面自由射流的、浓度精确可控的开放式沙尘天气模拟装置，整体实物图如图 11-18（a）所示。

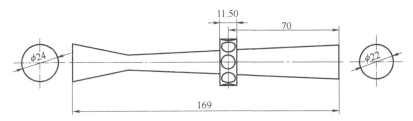

(a) 文丘里管各部分尺寸图

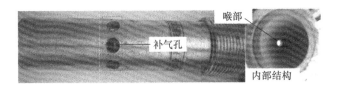

(b) 文丘里管实物图

图 11-16　文丘里管

图 11-17　控制柜

(a) 沙尘模拟装置整体布置

(b) 沙尘实验效果图

图 11-18　沙尘模拟装置

以 12×LGJ630 导线为例，图 11-18（b）为对应沙粒粒径为 0.25～0.5mm，沙尘浓度为 698～706mg/m³ 时沙尘模拟系统的喷沙效果图，由图可知，该装置能够均匀的覆盖分裂导线及周围 1.5m 半径以内的空间区域，与 11.2.2 节中仿真结果相一致。

11.3　沙尘条件下导线电晕损失特性测量系统的研制与优化

11.3.1　基于光纤传输的导线电晕损失特性测量系统

测量电晕损失的方法主要有电桥电路法和功率表法，目前国内外大多采用电桥法测量电晕损失。电桥法在测量时需对电桥进行反接，电桥处于高电位区，对人身和设备存在一定的安全隐患，且难以进行长期实时测量。国网电科院与华北电力大学对传统电桥法进行改进，采用光纤数字化方法对特高压试验线段和特高压电晕笼分裂导线的电晕损失进行了测量，在电流测量时需采用光供电电子式电流互感器 OPCT16、JDSU 模块进行电—光—电转化后，送入采集卡进行采集，由于 OPCT16 体积较大、制作工艺复杂，且在电流测量过程中，需要进行两次采集（在 OPCT16 端采集一次，采集卡端采集一次）而引入更大的误差，使整套测量系统比较冗余。

本项目借鉴基于光纤传输的高速采集系统，对测量系统硬件进行了重新设计，采用正弦波参

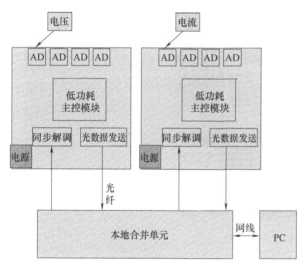

图 11-19　电晕损失监测系统硬件结构图

数法，研制出误差 1% 的多通道集成化光电式电晕损失测量系统，解决了高电位电晕电流、电晕损失测量系统抗强电磁干扰和长时间测量难题。电晕损失监测系统硬件主要由远端光通信采集模块、本地合并单元组成，结构见图 11-19，实物图见图 11-20。远端光通信数据采集模块主要功能为接收来自本地合并单元的同步采集脉冲信号，在保证时钟同步性情况下控制 ADC 进行同步采集，从一次传感器（高精无感电阻和电容分压器）采集严格时间同步的电流、电压模拟信号，进行模数转换和电光转换，转换后的光数字信号经光纤传输系统传至本地合并单元。

本地合并单元的主要功能是对远端光通信采集模块回传的光纤数据进行汇集并进行光电转换，通过 UDP 通信协议经网线发送给 PC 进行处理分析。

远端光通信数据采集模块主要由低功耗主控模块、模拟前端调理电路、高精度 ADC 模块、同步脉冲解调模块、数据发送模块、电源模块、光同步输入口、光采集数据输出口、4路 ADC 数据采集端口组成，其中 ADC 数据采集端口电压输入范围为 -1.25～+1.25V，实物图见图 11-21。

主控模块采用 altera 公司的 EPM570G 低功耗 CPLD 芯片，主要完成对 ADC 采集时序控制、外部采集脉冲的解调、采集数据预处理及采集数据的发送。CPLD 利用 IO 口模拟 SPI 总线，对 ADC 进行控制，在外部的触发脉冲触发下进行同步采样，CPLD 通过 SPI 总线读取采样数据。为满足高精度低相位差的要求，系统选用 TI 高精度低功耗 ADS8329 器件，转换精度

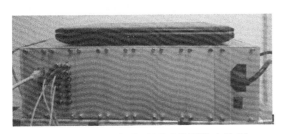

图 11-20　电晕损失监测系统硬件实物图

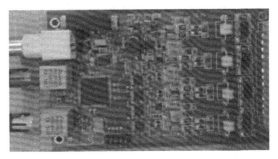

图 11-21　远端光通信采集模块实物图

为 16bit，最大误差为 1LSB，最高采样率可达到 1Msps。外部差分模拟信号通过模拟前端调理电路（含过压保护，模拟滤波，运算放大）进入 ADC，采样脉冲解调通过检测 I/O 引脚的电平，通过内部去抖动，滤波处理判断是否是采样脉冲后来控制采集。数据发送模块将采集的 4 路 ADC 组成 64bit 数据后进行剔除不合法数据，送入内部 FIFO 后按照异步串口通信协议进行打包发送，波特率为 2Mbps，远端光通信数据采集模块输出数据为 FT3 格式。

本地合并单元由高性能嵌入式处理器 P1010-RDB、FPGA 时钟模块、光纤汇聚板、本地通信模块及其他外设组成，最多可接收 36 路光纤数据，进行数据汇聚并通过 UDP 网络协议按照规定的报文格式发送给本地 PC，为电晕笼特高压交流分裂导线电晕损失测量奠定了基础，在本系统中 $N=2$，本地合并单元仅接收电压、电流两路光纤数据。整个装置的功能接口如图 11-22 所示，实物图见图 11-23。

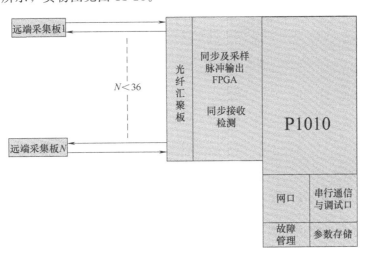

图 11-22　本地合并单元功能接口图

本地合并单元模块与 PC 主机之间采用 UDP 通信协议，系统采用 5007、5008 两个端口。其中 5007 为通信端口，使用非连接 UDP 建立客户/服务器通信模式，本地合并单元模块为服务器端，PC 为客户端；5008 为数据端口，使用 UDP 方式向默认 PC 端 IP 地址发数据包。

5007 端口工作流程：①本地合并单元模块开机初始化，默认状态为关闭

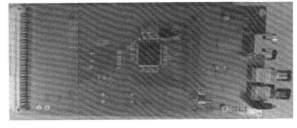

图 11-23　本地合并单元实物图

采集、清空缓存。②初始化完毕后，等待接收 PC 端发送的 UDP 数据。③接收数据并解析命令后，将 PC 的 IP 地址保存。④命令是读取状态时，则发送规定字节的数据。⑤命令是清空缓存，则清空之前的缓存等数据。⑥命令是关闭采集，此命令仅对主控本地有用，其关闭同步采集脉冲转发（并清空缓存）。⑦取消读取数据命令。⑧执行完以上操作，返回第 2 步。5008 端口采集到一包数据即向外发送。

PC 工作流程为：①使用 UDP 组播地址遍历，读取各本地模块状态，确认各模块工作正常。②使用 UDP 组播地址命令获取光纤链路状态。③使用 UDP 组播地址命令各模块清空缓存。④使用 UDP 组播地址或者主控 IP 地址命令本地主控模块打开采集信号。⑤接收来自各本地模块的采集数据。⑥每隔一段时间，读取本地状态，需要关闭采集时，命令主控模块关闭采集信号转发。

基于虚拟仪器技术"软件即设备的思想"，采用 labview 软件编写上位机软件。首先对

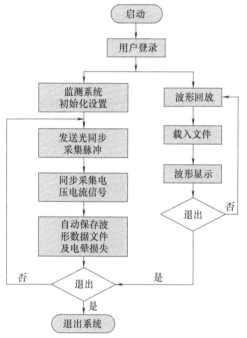

图 11-24　程序流程图

电晕损失测量系统参数进行初始化设置，设置远端光通信采集模块的最大采样率为 10kHz（由于交流电晕损失主要为工频分量），采样时间间隔为 6s。通过 UDP 通信协议发送同步采集脉冲信号并实现电压、电流信号的高精度同步采集，采用瞬时功率法计算试验导线电晕损失。程序流程如图 11-24 所示。

设电晕电流 $i(t)$，导线电压 $u(t)$，则电晕损失 P 为

$$P = \frac{1}{T} \int_{t_0}^{t+T_0} i(t)u(t)\,\mathrm{d}t \tag{11.7}$$

离散化后，

$$P = \frac{1}{nf_s T} \sum_{j=0}^{nf_s T-1} i(j)u(j) \tag{11.8}$$

式中，T 为采样时间，f_s 为采样频率，n 为计算周期数。已知电晕损失 P，试验电压有效值 U 可通过测量获得，则阻性电流 $I = P/U$。

对本系统进行误差特性分析。本套测量系统的误差主要来源于远端光通信数据采集模块 ADC 采集端口引入的幅值误差和光通信引入的相位误差。为了保证能够准确地测量电晕笼导线电晕损失，对系统的误差性能分别用实验室标准信号源和户外试验场特高压电晕笼进行了测定。

对电晕损失测量系统角差、比差及电晕损失值测量精度用标准信号源 SMT06 型信号发生器进行了测定，测量系统采样时间间隔为 6s，测试持续时间为 6h，通过上位机软件比较测量系统角差、比差和电晕损失值偏差。测试结果见表 11-7、表 11-8。

表 11-7　电晕损失试验项目检测结果

电晕损失/W				偏差/%	
理论值	最大值	最小值	平均值	最大偏差	平均偏差
500	500.85	499.64	499.55	0.17	0.09

表 11-8　角差、比差试验项目检测结果

试验项目	最大值	平均值	试验项目	最大值	平均值
二次侧输入端口角差/(′)	0.009	0.0057	二次侧输入端口比差/%	0.03	0.01

利用该电晕损失测量系统测量了特高压 8 分裂 LGJ630（分裂间距 400mm）导线的电晕损失，电压、电流测量端现场布置见图 11-25。试验导线表面场强在 12～19kV/cm 内，并以场强间隔 1kV/cm 的方式进行阶梯升压。电晕损失测量系统一次侧输入交流电压 0～500kV，经 TRF-800 电容分压器（额定分压比 3750∶1）分压后，通过高压差分探头 PT-8010（衰减 100 倍）衰减后，二次侧输入电压为 0～1.3V。试验环境温度为 13～15℃，湿度为 67%～80%。对干燥、淋雨条件下导线电晕损失进行多次测量，并对测量结果的最大值和最小值进行了偏差度计算。由表 11-9、表 11-10 可见，导线在干燥、淋雨条件下的电晕损失测量结果的最大偏差为 0.99%，小于 1%，分散性较小。

(a) 电流测量端　　　　　　　　　　(b) 电压测量端

图 11-25　电流、电压测量端

表 11-9　干燥导线电晕损失测量结果相对偏差

导线表面场强/(kV/cm)	12	13	14	15	16	17	18	19
测量结果最小值/(W/m)	61.29	81.38	107.34	139.06	178.99	230.54	298.08	375.27
测量结果最大值/(W/m)	61.91	82.17	108.45	140.48	179.69	232.09	299.48	376.81
相对偏差/%	0.98	0.97	0.99	0.95	0.39	0.67	0.47	0.41
试验结果	最大相对偏差为 0.99%							

表 11-10　淋雨条件下导线电晕损失测量结果相对偏差

导线表面场强/(kV/cm)	12	13	14	15	16	17	18	19
测量结果最小值/(W/m)	101.8	132.27	168.19	209.93	261.89	321.33	396.95	486.63
测量结果最大值/(W/m)	102.7	131.45	168.47	211.82	265.17	325.70	398.89	489.91
相对偏差/%	0.81	0.97	0.17	0.90	0.49	0.70	0.49	0.67
试验结果	最大相对偏差为 0.97%							

对输电线路导线电晕损失测量系统分别采用标准信号源 SMT06 型信号发生器和电晕笼分裂导线电晕损失实测进行误差性能分析，发现该系统电晕损失测量误差小于1%。可以基于本系统，进一步研究导线截面、分裂数等导线结构，沙尘等气象条件对高海拔地区特高压分裂导线电晕损失和起晕场强的影响规律。

11.3.2　电晕放电强度检测系统

紫外放电检测设备是南非 CoroCAM 系列紫外成像仪，如图 11-26 所示，紫外成像仪器的参数如表 11-11 所示。紫外相机的光子计数可反映电晕活动的强弱。通常情况下，随着导线表面场强的增加，导线表面的放电点增多，产生的光子数越多，对应的光斑面积也越大。紫外相机的光子计数模式如图 11-27 中所示。

图 11-26　南非 CoroCAM504 型紫外成像仪器

图 11-27　紫外仪光子计数模式

表 11-11　南非 CoroCAM504 紫外成像仪主要技术指标

参数	技术指标	CoroCAM504
紫外光光学特性	太阳光抑制	完全抑制,适应强太阳光
	最小紫外光灵敏度	$8 \times 10\text{-}18 \text{W/cm}^2$
	电晕探测灵敏度	$<5 \text{pc}$
	紫外光探测可变增益	$0 \sim 100\%$ 连续可变
	聚焦	手动/自动
	变焦	$2\text{m} \sim$ 无穷远
可见光光学特性	最小可见光灵敏度	$<0.7 \text{LUX}$
	视频制式	PAL 或 NTSC

紫外放电检测在距离边相线路档距中央下方投影以外 20m 处，为了减少误差，每次在大致相同的位置对导线表面的紫外光子数进行测量。紫外成像的现场测量照片如图 11-28 所示。CoroCAM504 的增益调节范围为 $0 \sim 100\%$，增益是影响光子数的一个重要因素，在放电强度不变的情况下，增加增益，则光子计数增加。CoroCAM504 还有其他几个参数可调节，但一般采用默认参数设置即可取得较好的检测效果。由于上述参数的改变对检测的图像有一定影响，因此在后续的所有研究中，除了改变仪器的增益外，其他参数采用默认设置。

一般而言，温湿度、气压等气象参数对紫外相机的光子数影响较小，基本淹没在仪器本

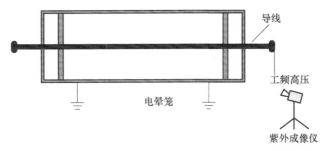

图 11-28　紫外成像仪试验设备布局图

身的噪声中，因此，不考虑气象参数对光子计数的修正。而距离、仪器增益、观测角度则对紫外成像仪的测量结果影响较大。据相关研究表明，紫外成像仪的测量结果与镜头离放电点的距离的二次方成正比，为排除距离对测量结果的影响，在导线电晕特性试验中，固定紫外成像仪和电晕笼之间的距离为 27m。由于观测距离较远，为保证紫外成像仪的灵敏性，设置紫外成像仪的增益为 99%，试验中固定紫外成像仪的观测角度在电晕笼端部，保证所测结果的前后一致性。

11.3.3　GPS 无线传输的导线电晕损失特性测量系统

电流信号的采集部分，采用无感电阻作为电流采样电阻，这样便可以保证采样电阻上的电流与电压无相位差、波形不发生畸变。把采样电阻以串联的方式接在电晕笼导线的高压端，由上位机安装的 PCI-9820 高速数据采集卡来采集采样电阻上的电压信号，进而得到电流信号。

电压信号的采集部分，利用电容分压器与低压匹配单元提取电压信号，由下位机安装的 PCI-9820 高速数据采集卡获得电压信号。

利用 GPS 同步模块整秒发出的 1r/s 脉冲信号作为采集触发信号，同步触发上位机和下位机，同时采集电流与电压信号。通过无线网卡与无线路由器组成的局域网，利用 TCP/IP 协议传输数据，高压侧与低压侧无电气连接，不受绝缘与空间距离的限制。

电晕损失测量的组成示意图、实物图如图 11-29、图 11-30 所示。

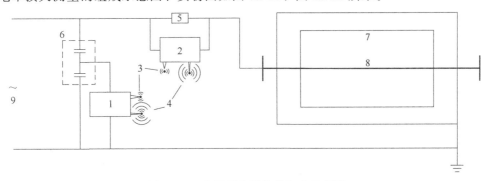

图 11-29　电晕损失测量的组成示意图

1—上位机；2—下位机；3—无线网卡；4—GPS 触发模块；5—无感采样电阻；
6—电容分压器；7—电晕笼；8—试验导线；9—加压系统

基于虚拟仪器技术，利用 Labview 软件进行编程，设置相关参数，通过 GPS 触发模块同时触发上位机与下位机的 PCI-9820 采集卡，实现上位机和下位机同步采集电压电流。由

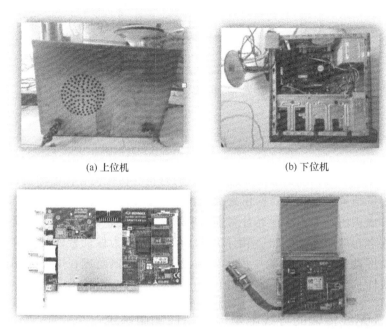

(a) 上位机　　　　　　　　　　(b) 下位机

(c) PCI‐9820　　　　　　　　　(d) GPS触发模块

图 11-30　电晕损失测量的组成实物图

上位机获得的电流信号，经过无线局域网传输到下位机，下位机将电压信号和电流信号保存到本地。电晕损失测量试验的实测界面如图 11-31 所示。

图 11-31　电晕损失测量试验的实测界面

11.4　试验布置及试验方法

11.4.1　试验布置

（1）交流导线电晕特性试验布置

沙尘条件下交流输电线路导线电晕特性试验在海东市平安区（海拔 2200m）青海省电力公司输配电实训基地进行，交流侧试验具体布置和测量如图 11-32 所示。

其中，采用中国电科院武汉院区电磁兼容特高压大电晕笼试验电源，试验变压器型号为 YDICW-400/2×400，额定容量为 400kV·A，额定电压为 0.6/800kV，额定电流为 666.7/0.5A，采用无晕导线引入，最高可模拟交流 1500kV 电压等级的导线起晕特性。由于无线电干扰和电晕损失试验同时进行，为了解决电源容量不能满足试验要求的问题，采取并联补偿电抗器的方法，电抗器电感值 245～2450H 可调，额定电压 600kV。电容分压器额定电压 800kV，每级电容 200pF。

（2）直流导线电晕特性试验布置

直流侧布置如图 11-33 所示。其中，采用青海电科院高流高压发生器，额定电压为 ±1600kV，额定电流为 50mA，采用无晕导线串接水阻引入，以防笼壁击穿产生的过电流伤及直流本体，最高可模拟交流 1600kV 电压等级的导线起晕特性。

图 11-32 海东市平安区交流试验电源侧布置图

图 11-33 海东市平安区直流试验电源侧布置图

电晕笼配备的导线连接金具可以组装 1～12 分裂的分裂导线，具体的导线盘如图 11-34 所示。图中白色圆形位置为导线盘上的钻孔，用于固定分裂导线两端的连接金具，具体的导线分裂间距可以调节。

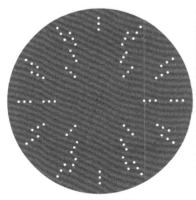
(a) 导线盘结构图

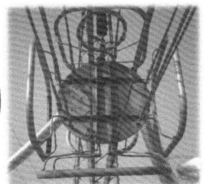
(b) 实际电晕笼安装的导线盘

图 11-34 导线盘

11.4.2 试验方法

本项目主要采用的导线类型为如表 11-12 所示的钢芯铝绞线，共计 28 种不同类型导线，导线分裂数从 4 到 12，子导线直径从 26.8mm 到 47.9mm，不同分裂数导线结构见图 11-35。鉴于在相同子导线半径和分裂数的情况下，导线分裂间距对电晕特性的影响很小，基本可以忽略，本项目在进行试验时，固定导线分裂间距为 400mm。试验在晴朗无风天气下进行，试验现场温湿度、气压等气象参数见表 11-13。

表 11-12　青海西宁海拔 2200m 特高压电晕笼交/直流试验导线类型

导线型号	分裂数				
	4	6	8	10	12
JL/G1A-400	√	√	√	√	√
JL/G1A-500	√	√	√	√	√
JL/G1A-630	√	√	√	√	√
JL/G2A-720	√	√	√	√	×
JL/G3A-900	√	√	√	√	×
JL/G3A-1000	√	√	×	×	×
JL1/G3A-1250	√	√	√	×	×

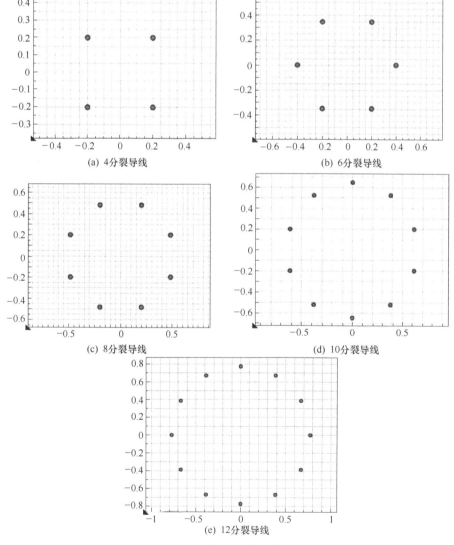

图 11-35　不同分裂导线结构示意图

表 11-13　试验现场气象参数

温度/℃	湿度/RH	气压/kPa
10.1～19.4	40～65	77.9～78.3

在进行不同导线的电晕特性测量时，为了便于比较试验结果，一般以导线表面场强作为主要参考量。而对于分裂导线来说，由于导线束内部的屏蔽效应，使得单根子导线表面的电场强度并不均匀。以 6×LGJ500 为例，在 8m×8m 截面的电晕笼中，当导线表面施加 1kV 电压时，导线的表面场强如图 11-36 所示，表面电场单位为 kV/cm。可以看出，子导线表面的场强并不均匀，导线外侧的场强要大于内侧场强。

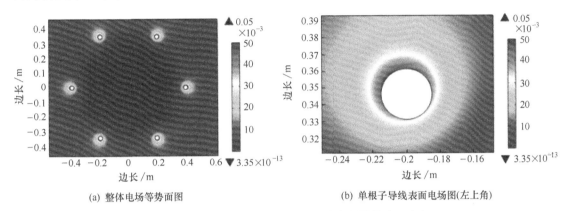

(a) 整体电场等势面图　　　　　　(b) 单根子导线表面电场图(左上角)

图 11-36　电晕笼内 6×LGJ500 导线束的导线表面电场

因此，在进行试验之前，首先利用有限元计算方法获得单位施加电压条件下的导线束电场分布，而后将每根子导线的导线表面最大电场提取出来并加以平均，以作为研究电晕损失的主要变量，这一平均场强称之为导线表面平均最大场强。CISPR、IREQ、EPRI 等主要研究机构均以平均最大场强作为研究电晕损失函数的主要变量。

表 11-14 所示为 1kV 施加电压条件下，不同试验导线在特高压电晕笼内的平均最大导线表面场强。

表 11-14　不同试验导线分裂型式 1kV 对应的导线表面平均最大场强

编号	分裂型式	场强/(kV/cm)	编号	分裂型式	场强/(kV/cm)
No. 1	12×LGJ 630	0.0325	No. 15	6×LGJ 720	0.0443
No. 2	12×LGJ 500	0.0354	No. 16	6×LGJ 630	0.0469
No. 3	12×LGJ 400	0.0386	No. 17	6×LGJ 500	0.0500
No. 4	10×LGJ 900	0.0320	No. 18	6×LGJ 400	0.0561
No. 5	10×LGJ 720	0.0343	No. 19	4×LGJ 900	0.0503
No. 6	10×LGJ 630	0.0363	No. 20	4×LGJ 720	0.0542
No. 7	10×LGJ 500	0.0395	No. 21	4×LGJ 630	0.0575
No. 8	10×LGJ 400	0.0432	No. 22	4×LGJ 500	0.0628
No. 9	8×LGJ 900	0.0353	No. 23	4×LGJ 400	0.0688
No. 10	8×LGJ 720	0.0378	No. 24	4×JL/G3A-1000	0.0483
No. 11	8×LGJ 630	0.0401	No. 25	6×JL/G3A-1000	0.0396
No. 12	8×LGJ 500	0.0437	No. 26	4×JL1/G3A-1250	0.0443
No. 13	8×LGJ 400	0.0477	No. 27	6×JL1/G3A-1250	0.0363
No. 14	6×LGJ 900	0.0412	No. 28	8×JL1/G3A-1250	0.0312

利用所搭建的沙尘模拟试验平台研究无风无沙及不同强度沙尘条件下分裂导线的电晕起始和电晕损失特性。试验导线表面场强在 0～30kV/cm 内，并以场强间隔 1kV/cm 的方式进行阶梯升压，对应每个场强点，测量 5～7 组电晕损失和阻性电流值并求平均，保证测量结果的准确性。

对于交流导线，沙尘浓度和粒径均对电晕特性有较大的影响，且电晕特性具有明显的粒径效应。而对于直流导线，通过初步开展不同导线类型，在同一沙尘浓度不同沙尘粒径下的电晕特性研究，发现沙尘粒径对导线正/负极性直流电晕特性无明显影响，以 6×JL1G3A1250 为例，正负极性下不同沙尘粒径下的试验结果如图 11-37 所示。因此直流电晕特性主要受沙尘浓度的影响，后续对沙尘条件下直流电晕特性的影响研究主要针对沙尘浓度开展。

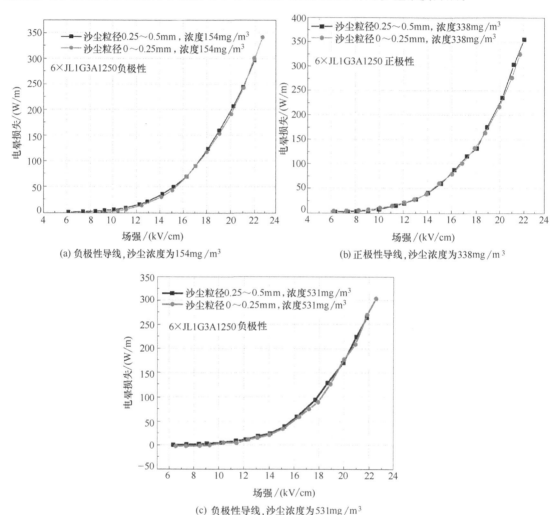

图 11-37　沙尘粒径对电晕笼直流 6×JL1G3A1250 导线电晕特性的影响

第12章

高海拔沙尘条件下电晕放电起始判定方法研究

12.1 五种电晕起始判定方法及最优判定方法

根据相关研究，瑞安和亨兰提出好天气下导线阻性电流 I 的计算公式，

$$I = k_0 f C (E - E_0) \tag{12.1}$$

其中，k_0 为常数，f 为施加电压的频率，C 为对地电容，E_0 为起晕场强。

根据 Peek 定律，好天气下导线电晕损耗 P 的计算公式为

$$P = a f (E - E_0)^2 \tag{12.2}$$

式中，a 为常数。

Peek 半经验公式给出了好天气下电晕损失与导线场强、起晕场强的平方定律，瑞安公

式给出了等效电晕电流和场强、起晕场强
的计算公式，由公式可知，曲线在横轴上
的截距即为起晕场强值。因此，对场强-阻
性电流（E-I）曲线和场强-电晕损耗根号
值曲线（E-$\sqrt{P}$）采用切线法可获得起晕
场强。具体操作步骤：对场强-阻性电流曲
线分别在起晕前和起晕后作切线，2 条切
线的交点即为电晕起始点，如图 12-1 所
示，即两条直线的交点在横坐标上的投影
即为起晕场强。

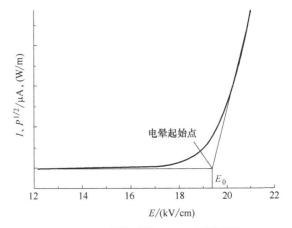

图 12-1 切线法判定起始电压示意图

国内外学者通过大量的工程应用验证了
E-I、E-$\sqrt{P}$ 切线法的可行性，如国外的
PeeK、Chartier 等，国内的刘有为、何津
云、胡其秀、刘云鹏等。而淋雨、涂污导线可采用双切线求取起晕电压。但实际测量过程中，
由于电晕放电的非均匀性，户外环境的即变性及测量仪器本身引入的误差，使得测量原始数据
表征高阶特性存在一定误差，但可以通过多次测量求平均的方法来消除，切线法所求取的起晕
电压完全满足工程误差范围。后续学者发现采用 E-$\sqrt{P}$ 和 E-P 曲线获得起晕场强结果偏差不

大，因此多采用 $E\text{-}P$ 曲线求取起晕场强。同时将紫外光子数、可听噪声、无线电干扰等电晕参数也作为判断起晕电压的方法，这三种参量仅可以得到粗略的起晕电压，且无理论依据。紫外光子数，其测量结果受仪器本身特性如增益，外部环境如观测距离、观测角度等因素影响太大。而无线电干扰，其测量结果本身具有饱和特性，故无法得到准确的起晕电压。

以 $8\times\text{LGJ-630/S400}$ 分裂导线在干燥下起晕场强求取为例，利用切线法对 $E\text{-}I$ 曲线、$E\text{-}\sqrt{P}$ 曲线、紫外光子数曲线、无线电干扰曲线和可听噪声曲线分别求取起晕场强并进行对比，如图 12-2 所示。起晕电压对比结果见表 12-1。

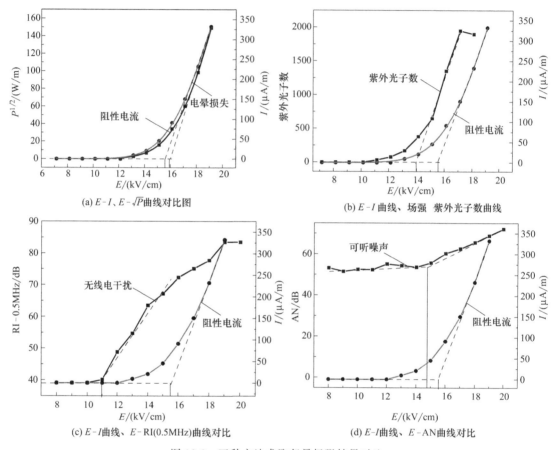

(a) $E\text{-}I$、$E\text{-}\sqrt{P}$ 曲线对比图
(b) $E\text{-}I$ 曲线、场强 紫外光子数曲线
(c) $E\text{-}I$ 曲线、$E\text{-}\text{RI}(0.5\text{MHz})$ 曲线对比
(d) $E\text{-}I$ 曲线、$E\text{-}\text{AN}$ 曲线对比

图 12-2　五种方法求取起晕场强结果对比

表 12-1　五种方法起晕场强结果对比

起晕场强测量结果/(kV/cm)				
$E\text{-}I$ 曲线	$E\text{-}\sqrt{P}$ 曲线	$E\text{-}\text{PH}$ 曲线	$E\text{-}\text{RI}$ 曲线	$E\text{-}\text{AN}$ 曲线
15.64	15.88	14.02	10.96	14.75

以干燥条件下场强-阻性电流曲线获得的起晕场强为基准，由表 12-1 可知：电压-阻性电流曲线、场强-电晕损失根号值曲线得到的起晕场强结果基本一致，偏差约为 1.5%；而通过场强-紫外光子数曲线得到的起晕场强偏差约为 10.4%。采用电压-紫外光斑面积曲线获取的起晕场强计算结果明显偏小，该场强下导线阻性电流很小，应为导线毛刺、划痕及金具连接处随机、离散的电晕放电点所致。而 Peek 定律也定义，其实该处场强仅为 E disruptive discharge（破坏性放电），此时分裂导线阻性电流很小，而场强-阻性电流曲线获得的场强才

是较为真实的 E，此时导线全线表面已经出现较弱的放电点，随着场强的进一步增大，导线表面放电点的电晕活动更剧烈，阻性电流呈指数形式增加。而从图中可以看出场强较高时，紫外光子数发生明显的拐点，原因可能是当导线场强过大时，电晕放电加剧，而紫外相机观测到的光斑面积是重叠的，且此时进一步增大场强，紫外相机光子计数基本保持不变甚至略有下降趋势。紫外测量结果受拍摄角度、拍摄距离、相机本身的增益及其他参数影响较大。因此，本项目分析中采用试验场强—阻性电流曲线求取导线起晕场强。

12.2　沙尘条件下特高压交流输电线路导线电晕起始特性试验结果

基于 E-I 曲线，采用切线法，获得了 LGJ400、LGJ500、LGJ630、LGJ720 及 LGJ900 等 23 种型式分裂导线在沙尘条件下的起晕场强。见表 12-2～表 12-6。

表 12-2　LGJ400 导线起晕场强试验结果

气象条件	颗粒度 /mm	浓度 /(mg/m³)	起晕场强/(kV/cm)				
			4×LGJ400	6×LGJ400	8×LGJ400	10×LGJ400	12×LGJ400
无风无沙	—	—	19.61	18.39	17.13	16.36	15.55
沙尘	<0.125	150～158	19.42	18.33	16.96	16.22	15.48
		297～304	19.3	18.25	16.85	16.13	15.37
		415～426	19.18	18.17	16.73	16.06	15.29
		547～559	19.06	18.09	16.62	15.99	15.22
		698～706	18.96	18	16.53	15.9	15.09
	0.125～0.25	150～158	19.21	18.11	16.81	16.1	15.48
		297～304	19.03	17.94	16.64	15.92	15.37
		415～426	18.85	17.76	16.47	15.7	15.29
		547～559	18.66	17.53	16.24	15.52	15.15
		698～706	18.48	17.36	15.96	15.3	15
	0.25～0.5	150～158	19.04	17.95	16.73	16.02	15.25
		297～304	18.81	17.74	16.45	15.79	12.97
		415～426	18.57	17.48	16.18	15.5	12.65
		547～559	18.27	17.23	15.92	15.24	12.46
		698～706	18.08	17.05	15.57	15.03	12.22

表 12-3　LGJ500 导线起晕场强试验结果

气象条件	颗粒度 /mm	浓度 /(mg/m³)	起晕场强/(kV/cm)				
			4×LGJ500	6×LGJ500	8×LGJ500	10×LGJ500	12×LGJ500
无风无沙	—	—	18.95	17.45	16.44	15.67	14.88
沙尘	<0.125	150～158	18.77	17.34	16.34	15.51	14.8
		297～304	18.66	17.24	16.24	15.41	14.69
		415～426	18.54	17.16	16.05	15.32	14.59
		547～559	18.42	17.07	15.9	15.23	14.55
		698～706	18.31	16.96	15.76	15.09	14.46

续表

气象条件	颗粒度/mm	浓度/(mg/m³)	起晕场强/(kV/cm)				
			4×LGJ500	6×LGJ500	8×LGJ500	10×LGJ500	12×LGJ500
沙尘	0.125～0.25	150～158	18.63	17.18	16.16	15.35	14.71
		297～304	18.42	16.93	15.85	15.16	14.5
		415～426	18.15	16.79	15.61	14.94	14.25
		547～559	17.92	16.58	15.32	14.73	14.08
		698～706	17.67	16.42	15.07	14.5	13.87
	0.25～0.5	150～158	18.52	17.03	16	15.19	14.6
		297～304	18.24	16.75	15.6	14.98	14.33
		415～426	17.93	16.56	15.32	14.67	13.99
		547～559	17.65	16.32	14.99	14.42	13.67
		698～706	17.36	16.17	14.67	14.19	13.46

表 12-4　LGJ630 导线起晕场强试验结果

气象条件	颗粒度/mm	浓度/(mg/m³)	起晕场强/(kV/cm)				
			4×LGJ630	6×LGJ630	8×LGJ630	10×LGJ630	12×LGJ630
无风无沙	—	—	18.40	16.85	15.64	14.68	14.06
沙尘	<0.125	150～158	18.23	16.7	15.51	14.44	13.97
		297～304	18.07	16.62	15.44	14.35	13.87
		415～426	17.85	16.52	15.36	14.26	13.76
		547～559	17.68	16.43	15.28	14.2	13.68
		698～706	17.48	16.33	15.24	14.14	13.61
	0.125～0.25	150～158	17.94	16.52	15.22	14.29	13.81
		297～304	17.74	16.34	15.1	14.1	13.65
		415～426	17.53	16.17	15.01	13.97	13.51
		547～559	17.32	16.03	14.89	13.88	13.36
		698～706	17.07	15.88	14.74	13.72	13.19
	0.25～0.5	150～158	17.67	16.38	15.06	14.15	13.71
		297～304	17.43	16.13	14.93	13.95	13.51
		415～426	17.23	15.9	14.75	13.8	13.3
		547～559	16.9	15.69	14.61	13.67	13.15
		698～706	16.74	15.54	14.47	13.48	12.95

表 12-5　LGJ720 导线起晕场强试验结果

气象条件	颗粒度/mm	浓度/(mg/m³)	起晕场强/(kV/cm)			
			4×LGJ720	6×LGJ720	8×LGJ720	10×LGJ720
无风无沙	—	—	17.94	16.39	15.04	14.13
沙尘	<0.125	150～158	17.82	16.26	14.97	14.02
		297～304	17.7	16.05	14.85	13.92

气象条件	颗粒度 /mm	浓度 /(mg/m³)	起晕场强/(kV/cm)			
			4×LGJ720	6×LGJ720	8×LGJ720	10×LGJ720
沙尘	<0.125	415~426	17.59	15.84	14.72	13.81
		547~559	17.52	15.67	14.57	13.7
		698~706	17.37	15.5	14.46	13.6
	0.125~0.25	150~158	17.67	16.02	14.76	13.87
		297~304	17.43	15.75	14.5	13.66
		415~426	17.12	15.46	14.29	13.44
		547~559	16.89	15.15	14.12	13.27
		698~706	16.56	14.84	13.92	13.07
	0.25~0.5	150~158	17.5	15.79	14.58	13.73
		297~304	17.1	15.45	14.22	13.35
		415~426	16.68	15.12	13.93	13.06
		547~559	16.31	14.59	13.64	12.77
		698~706	15.82	14.09	13.44	12.49

表 12-6　LGJ900 导线起晕场强试验结果

气象条件	颗粒度 /mm	浓度 /(mg/m³)	起晕场强/(kV/cm)			
			4×LGJ900	6×LGJ900	8×LGJ900	10×LGJ900
无风无沙	—	—	17.61	15.89	14.43	13.41
沙尘	<0.125	150~158	17.49	15.66	14.27	13.34
		297~304	17.32	15.57	14.17	13.26
		415~426	17.25	15.48	14.05	13.18
		547~559	17.15	15.39	13.93	13.1
		698~706	17	15.29	13.84	13.01
	0.125~0.25	150~158	17.29	15.51	14.04	13.22
		297~304	17.06	15.35	14	13.06
		415~426	16.87	15.26	13.81	12.92
		547~559	16.66	15.12	13.63	12.79
		698~706	16.43	14.99	13.43	12.63
	0.25~0.5	150~158	17.11	15.4	14.04	13.13
		297~304	16.77	15.18	13.84	12.9
		415~426	16.48	15.05	13.56	12.74
		547~559	16.22	14.84	13.3	12.53
		698~706	15.86	14.67	13.02	12.33

12.3　沙尘条件下超/特高压正/负极性直流电压下分裂导线电晕起始特性试验结果

基于 E-I 曲线，采用切线法，获得了 JL/G1A-400/35、JL/G1A-630/45、JL/G2A-720/

50、JL/G3A-900/40、JL/G3A-1000/45 及 JL/G3A-1250/70 等几种型号分裂导线在沙尘条件下的起晕场强，见表 12-7～表 12-18。

表 12-7　JL/G1A-400/35 导线吹沙起晕场强试验结果

极性	气象条件	颗粒度/mm	浓度/(mg/m³)	起晕场强/(kV/cm)			
				4×JL/G1A-400/35	6×JL/G1A-400/35	8×JL/G1A-400/35	10×JL/G1A-400/350
正极性	有风无沙	—	—	27.685	24.479	21.415	—
	沙尘	0.125～0.25	150～158	28.258	24.677	22.09	—
			335～343	29.279	25.162	22.215	—
			527～535	29.574	25.88	22.973	—
负极性	有风无沙	—	—	27.799	24.294	20.897	19.929
	沙尘	0.125～0.25	150～158	28.696	24.684	21.128	20.134
			335～343	—	24.937	21.471	20.229
			527～535	30.045	25.108	22.308	20.509

表 12-8　JL/G1A-400/35 导线淋雨起晕场强试验结果

极性	气象条件	淋雨量/(mm/h)	起晕场强/(kV/cm)			
			4×JL/G1A-400/35	6×JL/G1A-400/35	8×JL/G1A-400/35	10×JL/G1A-400/35
正极性	干燥	—	27.620	24.226	21.319	19.559
	淋雨	1.5	25.937	—	19.836	18.271
		16	25.612	22.449	18.76	13.924
负极性	干燥	—	27.247	23.761	20.801	19.861
	淋雨	1.5	26.099	22.811	19.827	18.111
		16	24.996	21.834	18.839	17.913

表 12-9　JL/G1A-630/45 导线吹沙起晕场强试验结果

极性	气象条件	颗粒度/mm	浓度/(mg/m³)	起晕场强/(kV/cm)		
				4×JL/G1A-630	6×JL/G1A-630	8×JL/G1A-630
正极性	有风无沙	—	—	24.212	19.992	17.351
	沙尘	0.125～0.25	150～158	24.522	20.158	17.662
			335～343	25.506	20.35	18.107
			527～535	26.126	20.486	18.184
负极性	有风无沙	—	—	23.146	20.106	17.471
	沙尘	0.125～0.25	150～158	23.683	20.514	17.832
			335～343	24.285	20.891	18.378
			527～535	24.731	—	18.529

表 12-10 JL/G1A-630/45 导线淋雨起晕场强试验结果

极性	气象条件	淋雨量/(mm/h)	起晕场强/(kV/cm)		
			4×JL/G1A-630/45	6×JL/G1A-630/45	8×JL/G1A-630/45
正极性	干燥	—	23.820	19.932	17.329
	淋雨	1.5	23.21	18.592	16.841
		16	22.253	18.377	16.692
负极性	干燥	—	22.599	20.283	17.088
	淋雨	1.5	22.052	19.286	16.191
		16	20.84	18.337	16.096

表 12-11 JL/G2A-720/50 导线吹沙起晕场强试验结果

极性	气象条件	颗粒度/mm	浓度/(mg/m³)	起晕场强/(kV/cm)	
				4×JL/G2A-720/50	6×JL/G2A-720/50
正极性	有风无沙	—	—	22.372	18.735
	沙尘	0.125~0.25	150~158	23.13	18.957
			335~343	23.719	19.179
			527~535	23.939	19.287
负极性	有风无沙	—	—	21.388	17.346
	沙尘	0.125~0.25	150~158	22.249	17.744
			335~343	23.039	18.906
			527~535	23.182	19.31

表 12-12 JL/G2A-720/50 导线淋雨起晕场强试验结果

极性	气象条件	淋雨量/(mm/h)	起晕场强/(kV/cm)	
			4×JL/G2A-720/50	6×JL/G2A-720/50
正极性	干燥	—	21.492	18.737
	淋雨	1.5	21.517	18.327
		16	21.161	17.800
负极性	干燥	—	21.201	17.360
	淋雨	1.5	20.812	17.012
		16	19.534	16.849

表 12-13 JL/G3A-900/40 导线吹沙起晕场强试验结果

极性	气象条件	颗粒度/mm	浓度/(mg/m³)	起晕场强/(kV/cm)	
				4×JL/G3A-900/40	6×JL/G3A-900/40
正极性	有风无沙	—	—	22.082	17.404
	沙尘	0.125~0.25	150~158	22.415	18.026
			335~343	22.953	18.443
			527~535	23.287	18.709

极性	气象条件	颗粒度/mm	浓度/(mg/m³)	起晕场强/(kV/cm)	
				4×JL/G3A-900/40	6×JL/G3A-900/40
负极性	有风无沙	—	—	21.561	17.714
	沙尘	0.125~0.25	150~158	22.122	18.078
			335~343	23.01	18.306
			527~535	23.379	18.545

表 12-14　JL/G3A-900/40 导线淋雨起晕场强试验结果

极性	气象条件	淋雨量/(mm/h)	起晕场强/(kV/cm)	
			4×JL/G3A-900/40	6×JL/G3A-900/40
正极性	干燥	—	21.311	17.375
	淋雨	1.5	20.296	16.493
		16	19.778	16.254
负极性	干燥	—	21.060	17.204
	淋雨	1.5	20.564	15.916
		16	19.675	15.553

表 12-15　JL/G3A-1000/45 导线吹沙起晕场强试验结果

极性	气象条件	颗粒度/mm	浓度/(mg/m³)	起晕场强/(kV/cm)	
				4×JL/G3A-1000/45	6×JL/G3A-1000/45
正极性	有风无沙	—	—	21.77	—
	沙尘	0.125~0.25	150~158	22.491	17.878
			335~343	23.112	18.36
			527~535	23.491	18.459
负极性	有风无沙	—	—	22.645	19.471
	沙尘	0.125~0.25	150~158	23.380	19.560
			335~343	24.599	19.881
			527~535	25.077	20.503

表 12-16　JL/G3A-1000/45 导线淋雨起晕场强试验结果

极性	气象条件	淋雨量/(mm/h)	起晕场强/(kV/cm)	
			4×JL/G3A-1000/45	6×JL/G3A-1000/45
正极性	干燥	—	21.001	17.473
	淋雨	1.5	20.006	16.051
		16	19.446	15.906
负极性	干燥	—	22.585	17.623
	淋雨	1.5	21.653	16.028
		16	20.098	15.823

表 12-17　JL1/G3A-1250/70 导线吹沙起晕场强试验结果

极性	气象条件	颗粒度 /mm	浓度 /(mg/m³)	起晕场强/(kV/cm)		
				4×JL1/G3A-1250	6×JL1/G3A-1250	8×JL1/G3A-1250
正极性	有风无沙	—	—		16.287	14.274
	沙尘	0.125～0.25	150～158		16.437	14.759
			335～343		16.56	14.809
			527～535		16.761	—
负极性	有风无沙	—	—	19.689	16.87	16.429
	沙尘	0.125～0.25	150～158	19.922	17.039	—
			335～343	20.429	17.208	16.593
			527～535	20.726	17.524	17.22

表 12-18　JL1/G3A-1250 导线淋雨起晕场强试验结果

极性	气象条件	淋雨量 /(mm/h)	起晕场强/(kV/cm)		
			4×JL1/G3A-1250	6×JL1/G3A-1250	8×JL1/G3A-1250
正极性	干燥	—	19.7	16.015	14.244
	淋雨	1.5	19.112	15.392	13.431
		16	18.429	15.037	13.359
负极性	干燥	—	19.233	16.363	14.129
	淋雨	1.5	18.595	14.792	13.734
		16	18.071	14.688	13.335

12.4　沙尘条件对导线电晕放电强度的影响

12.4.1　交流导线情况

应用紫外成像仪对无风无沙、模拟沙尘条件下电晕放电强度进行了观察，紫外成像截图的对比见图 12-3。图中沙尘浓度为 $698～706\text{mg/m}^3$，沙粒的颗粒度为 0.125～0.25mm。吹沙情况下的电晕试验，导线周围空间被沙颗粒均匀覆盖，电晕放电基本都是较为均匀地出现在导线全线，随着导线表面场强升降，电晕放电的强度也出现增减，体现在光子数上就是光子数的增多或减少，个别特别强烈的电晕点的数量相对较少。

导线周围的沙尘颗粒，对于起晕特性的影响主要在电离区，主要表现在两个方面，一方面由于颗粒本身的极化作用使空间电场畸变，改变了电子崩的发展路径，碰撞电离系数和电子吸附系数；另一方面，颗粒吸收电荷及光子等粒子，使放电过程中的一些基本物理量如有效光子吸附几何系数发生改变。两方面影响共同作用，使沙尘条件下观察到的紫外光子数量大大增加，即导线电晕放电活动程度加剧。相同电压下沙尘条件下比无风无沙条件光子数目要大很多，且相比较不吹沙的情况，导线先由微弱的放电点发展到新的放电点增加，而在吹沙过程中，放电点的出现更随机，分布范围更广。

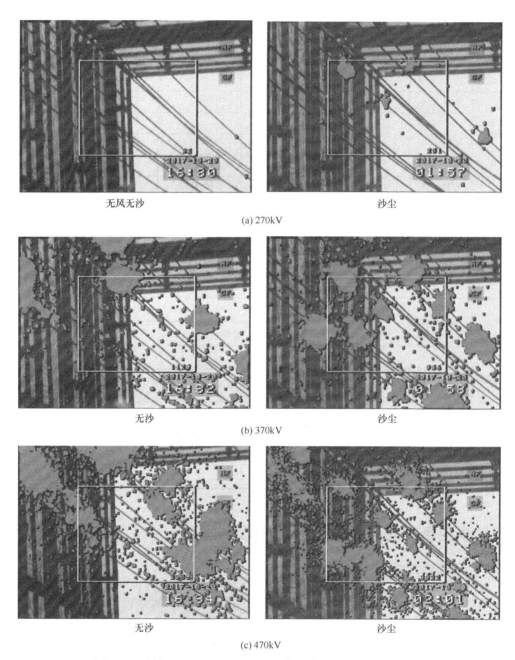

(a) 270kV

(b) 370kV

(c) 470kV

图 12-3　海拔 2200m 10×LGJ400 导线不同电压下电晕放电形态

12.4.2　直流导线情况

应用紫外成像仪对无风无沙、模拟沙尘条件下直流电晕放电强度进行了观察，紫外成像截图的对比见图 12-4。图中沙尘浓度为 $698 \sim 706 \mathrm{mg/m^3}$，沙粒的颗粒度为 $0.125 \sim 0.25\mathrm{mm}$。吹沙情况下的电晕试验，导线周围空间被沙颗粒均匀覆盖，电晕放电基本都是较为均匀地出现在导线全线，随着导线表面场强升降，电晕放电的强度也出现增减，体现在光子数上就是光子数的增多或减少，个别特别强烈的电晕点的数量相对较少。

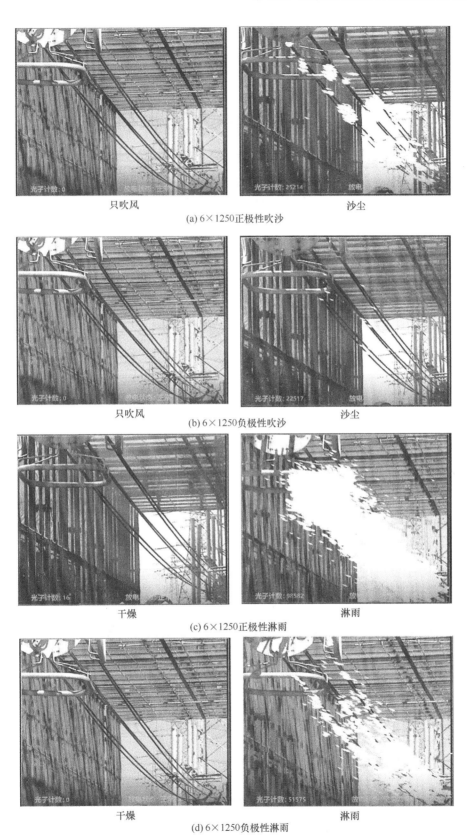

图 12-4　海拔 2200m 6×JL1/G3A-1250/70 导线在吹沙与淋雨条件下电晕放电形态

第13章

高海拔不同沙尘条件对
典型超/特高压输电线路导线起始
电晕场强的影响规律

Peek 提出的起晕场强半经验计算公式为

$$E_c = mE_0\delta\left(1+\frac{k}{\sqrt{\delta r_0}}\right)$$

$$\delta = \frac{2.93b}{273+t} \tag{13.1}$$

式中，E_0 和 k 为与导线所施加电压类型的经验值；r_0 为导线半径，cm；m 为导线表面粗糙系数。当电压类型为交流时，$E_0=21.1$，$k=0.301$，δ 为相对空气密度。b 为气压，cmHg。t 为环境温度，℃。

由式（13.1）可知，导线起晕场强：

① 与导线半径 r 的平方根成反比；

② 与相对空气密度 δ 及相对空气密度的平方根成正比；

③ 与导线表面状况有关，如划痕、绞线形状、表面油脂组合物等。

13.1 交流导线起晕场强的影响规律研究及修正曲线

13.1.1 导线直径的影响规律研究

依据 Peek 公式，导线起晕场强与导线半径 r 的平方根成反比，由于试验导线的半径较小，为了验证对于更大截面绞线是否依然成立，利用式（13.2）对子导线半径 1.34～1.995cm 范围内的分裂导线起晕场强进行曲线拟合，运用最小二乘法进行参数 a_1、b_1 求解，起晕场强试验结果与拟合曲线对比见图 13-1。

$$E_c = a_1 + \frac{b_1}{\sqrt{r}} \tag{13.2}$$

由图 13-1 可知，用式（13.2）得到起晕场强拟合曲线与试验结果一致性较好。在分裂数 3～12 范围内，随着子导线半径的增加起晕场强非线性减小，在不同导线半径范围内起晕

场强的减小幅度不一样,例如,在 $1.34 \sim$
1.68cm 范围内,起晕场强关于导线半径快速
减小,且减幅较大;在 $1.68 \sim 1.995\text{cm}$ 范围,
起晕场强随导线半径增加减幅变缓且具有一定
的饱和趋势。

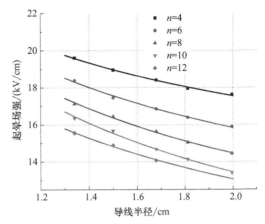

图 13-1　起晕场强随导线半径变化试验
与拟合结果对比

由表 13-1 可知,相关系数整体大于
0.9943,标注方差小于 0.0985kV/cm,证明
起晕场强随子导线半径拟合公式的准确性。拟
合函数中参数 a_1、b_1 的取值与导线的分裂数
有关,且随着分裂数的变化参数 b_1 的取值变
化不大,说明起晕场强随子导线半径变化拟合
函数具有较好的稳健性。

表 13-1　起晕场强随导线半径变化公式的拟合系数

分裂数	a_1	b_1	相关系数 R	标准差 σ_s
4	8.36	12.99	0.9964	0.0555
6	2.68	15.77	0.9946	0.0818
8	2.06	17.53	0.9967	0.0713
10	−0.15	19.22	0.9948	0.0985
12	1.698	16.07	0.9943	0.0794

13.1.2　分裂数的影响规律研究

Peek 公式由于是在同轴圆柱结构对单根导线进行大量试验的基础上提出的,不包含分
裂数对起晕场强的修正项,根据分裂导线在不同分裂数下的起晕场强试验结果,可提出起晕
场强随分裂数变化的拟合公式,见式(13.3),并对分裂数 $3 \sim 12$ 范围内分裂导线起晕场强
值进行曲线拟合,运用最小二乘法对参数 a_2、b_2 值进行求解,结果见表 13-2,起晕场强试
验结果与拟合曲线对比见图 13-2。

$$E_c = a_2 \frac{1}{n} + b_2 \frac{\ln n}{\sqrt{n}} \tag{13.3}$$

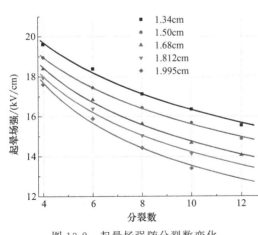

图 13-2　起晕场强随分裂数变化
试验与拟合结果对比

由图 13-2 可知,用式(13.3)得到起晕场
强拟合曲线与试验结果一致性较好。对于子导
线半径 $1.32 \sim 1.995\text{cm}$ 范围内,随着分裂数的
增加起晕场强非线性减小且具有一定的饱和趋
势,同样,与子导线半径随起晕场强变化相
似,在不同分裂数范围内起晕场强的减小幅度
不一样。例如,在分裂数 $3 \sim 9$ 范围内,起晕场
强随导线半径快速减小,且减幅较大;在分裂
数 $10 \sim 12$ 范围,起晕场强随导线半径增加减幅
变缓且具有一定的饱和趋势。

从表 13-2 可知,相关系数整体大于 0.9923,
标注方差小于 0.1966kV/cm,证明起晕场强随

子导线半径变化拟合公式的准确性。拟合函数中参数 a_2、b_2 取值与分裂导线子导线半径有关，且随着分裂数的变化 a_2、b_2 取值变化不大，说明该拟合函数具有较好的稳健性。

表 13-2 起晕场强随分裂数变化公式的拟合系数

导线半径/cm	a_2	b_2	相关系数 R	标准差 σ_s
1.34	26.88	18.74	0.9935	0.1504
1.50	26.56	17.79	0.9986	0.0687
1.68	28.56	16.34	0.9972	0.1057
1.812	28.89	15.57	0.994	0.1574
1.995	31.1	12.33	0.9923	0.1966

13.1.3 沙尘浓度的影响规律研究

图 13-3 为 LGJ720 导线在不同沙尘浓度下的起晕场强曲线图。从图中可以看出，不同沙尘粒径，$<0.125\text{mm}$，$\geqslant 0.125 \sim 0.25\text{mm}$，$\geqslant 0.25 \sim 0.5\text{mm}$，在沙尘浓度 $152 \sim 702\text{mg/m}^3$ 范围内，分裂导线起晕场强均随沙尘浓度的增加而近似线性降低。且相较无风无沙条件下，在沙尘粒径 $0.25 \sim 0.5\text{mm}$，吹沙浓度 702mg/m^3 时起晕场强下降幅度最大。以 $4 \times \text{LGJ720}$ 导线为例，无风无沙条件下起晕场强值为 17.94kV/cm，沙尘粒径 $0.25 \sim 0.5\text{mm}$，吹沙浓度 702mg/m^3 时起晕场强为 15.82kV/cm，下降幅值为 2.12kV/cm，降低约 11.8%。

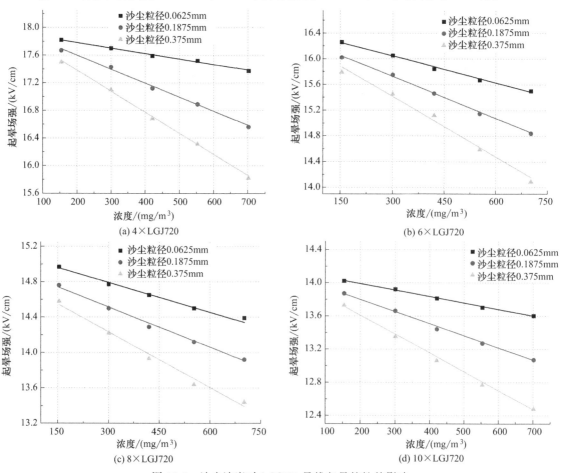

图 13-3 沙尘浓度对 LGJ720 导线起晕特性的影响

根据沙粒粒径和吹沙浓度可估算放电区域内的实际沙尘颗粒数，沙尘颗粒体积值可近似有球体积公式计算，对于试验用导线，对交流电晕放电离子最远运动距离进行计算，10×LGJ900 导线放电区域为直径 2.4m 的圆柱区域。计算获得单位长度放电区域内的沙尘颗粒数及颗粒间距可知，沙尘粒径一定的情况下，随吹沙浓度的增加，空间中的沙尘颗粒数线性增加，此时，沙尘颗粒变密，颗粒间距也相应减小，对于空间电场的畸变也就越大，颗粒物对放电的影响变大，这可以解释起晕场强随沙尘浓度的增加准线性减小。

在不同沙尘浓度下，小粒径沙尘条件下导线起晕场强的下降斜率要小于大粒径沙尘。由图 13-4（a）可知，随沙尘浓度的增加，不同粒径沙尘颗粒数差别增大：对于 0.125mm，0.1875mm、0.3125mm 粒径沙尘颗粒，最大吹沙浓度 702mg/m³ 下对应的沙尘颗粒数分别为 170000、42000、10000 个。沙尘颗粒粒径越小，随浓度增加沙尘颗粒数变化越大，且颗粒间距也越小，见图 13-4（b），但对导线的起晕场强影响却很小，这说明沙尘条件下的电晕放电具有明显的粒径效应。小粒径沙尘颗粒虽然数量多，但由于体积小，导致两相体特性表现不强，对放电的影响很小，而沙尘颗粒粒径越大，导线附近电场畸变的可能性就越大，对放电的影响也就越大。

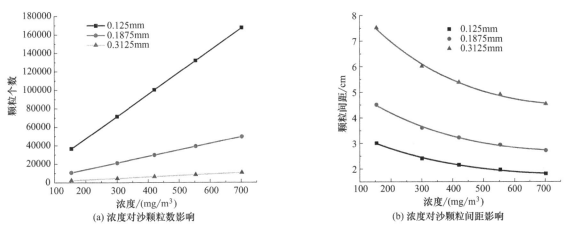

図 13-4　沙尘浓度对放电区域内沙尘颗粒数和沙粒间距的影响

同时起晕场强在少数情况下会偏离线性曲线，但幅度不会超过 1%。主要是由于试验过程中温湿度、气压等气象条件会对试验结果产生一定的影响，且沙尘条件下导线电晕放电本身具有较大的分散特性，使得试验结果出现一些波动。

在试验沙尘的浓度范围内，起晕场强随沙尘浓度的增加呈准线性关系变化，如公式（13.4）。

$$E_c = a_6 n_d + b_6 \qquad (13.4)$$

式中，a_6 和 b_6 为常数，n_d 为沙尘浓度。

对于 8×LGJ630，对式（13.4）中的常数项进行求解计算发现，随着粒径的改变，起晕场强随沙尘浓度变化拟合公式中与浓度无关项 b_6 变化不大，而与浓度相关项 a_6 却变化很大。说明沙尘浓度和沙尘粒径两者为相互耦合的分量的结果，故随着粒径的变化拟合公式中浓度相关项参数变化较大见表 13-3。

表 13-3　8×LGJ720 导线起晕场强随沙尘浓度变化公式的拟合系数

粒径/mm	a_6	b_6	相关系数 R	标准差 σ_s
<0.125	−0.0009619	15.12	0.9948	0.01707
0.125～0.25	−0.001526	12.97	0.9937	0.02997
0.25～0.5	−0.002116	12.86	0.9873	0.05901

13.1.4　沙尘粒径的影响规律研究

图 13-5 给出了颗粒物粒径分布对分裂导线起晕场强的影响曲线。可以看出，对于同一种导线类型，相同沙尘浓度下，粗沙下导线起晕场强要小于细沙。分裂导线起晕场强随着沙

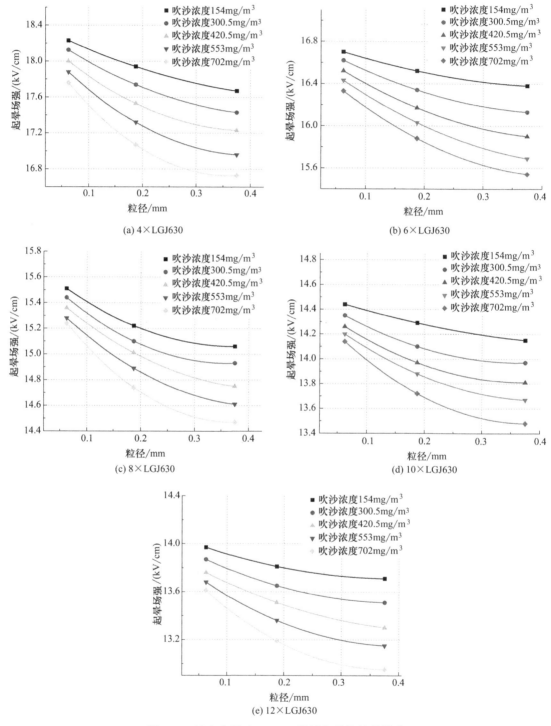

图 13-5　沙尘粒径对 LGJ630 导线起晕特性的影响

尘粒径的增大呈非线性减小趋势，在粒径小于 0.25mm 时，随着粒径的增加，导线起晕场强急剧降低，而当粒径大于 0.25mm 时，随着粒径的增加，起晕场强降低趋势变得平缓。

对试验用不同粒径的沙尘取样，对沙尘粒径利用显微镜进行粒径分布统计分析。显微镜通过电荷耦合组件相机（CCD 相机）与电脑相连，可对沙样粒径分布进行测量。所用显微镜系统采用高倍率连续变倍单筒视频显微镜，显微镜变倍主体连续变倍范围为 1～6.5。试验中粒径＜0.125mm 和其余粒径时主体倍数分别选为 5、3，选用目镜倍数为 10，物镜倍数为 0.75。试验前利用最小分度为 10mm 显微镜标度尺对显微镜系统进行标度校正，试验中每 1000mm 约为 388 像素。

对每种粒径沙粒分别拍摄 1000 组照片，示例见图 13-6，统计结果见表 13-4。可知，粒径＜0.125mm 沙尘颗粒，主要分布在 0.0625～0.125mm，占颗粒总数的 86.3%。对于 0.125～0.25mm 颗粒，粒径主要分布在 0.1875～0.25mm，占比 62.9%。因此，起晕场强随粒径增大变化明显。而沙尘粒径大于 0.25mm 时，其主要粒径分布在 0.3125mm 以下，0.5mm 附近颗粒占比很小，因此起晕场强结果相较于 0.125～0.25mm 沙尘条件下变化不大。

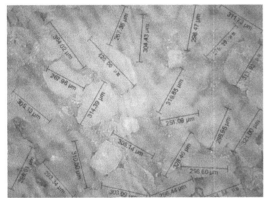

(a) 0.25～0.5mm　　　　　　　　　　　(b) 0.125～0.25mm

(c) ＜0.125mm

图 13-6　三种沙粒粒径分布统计图

表 13-4　粒径分布占比　　　　　　　　　　　　单位：mm

粒径	＜0.125		0.125～0.25		0.25～0.5	
	＜0.0625	0.0625～0.125	0.125～0.1875	0.1875～0.25	0.25～0.3125	0.3125～0.5
占比	13.7%	86.3%	35.1%	62.9%	72.6%	27.4%

同时，对于图 13-5，从纵向来看，不同浓度下吹粗沙时导线起晕场强值的波动范围要大于细沙，以 12×LGJ630 为例，粒径＜0.125mm 时，最小吹沙浓度和最大吹沙浓度对应的起晕场强为 13.97kV/cm 和 13.61kV/cm，变化幅度为 0.36kV/cm；粒径 0.125～0.25mm 时，最小吹沙浓度和最大吹沙浓度对应的起晕场强为 13.81kV/cm 和 13.19kV/cm，变化幅度为 0.62kV/cm；粒径 0.25～0.5mm 时，最小吹沙浓度和最大吹沙浓度对应的起晕场强为 13.71kV/cm 和 13.95kV/cm，变化幅度为 0.76kV/cm。可能原因是粗沙粒径分布更广，且尺寸分布不均匀，由于不同粒径沙粒相互作用，对电场畸变较大，使得电场分布更不均匀，导致电晕放电更为随机。

在试验沙尘粒径范围内，起晕场强随沙粒粒径的增加呈现非线性减小，如式（13.5）所示。

$$E_c = a_5 e^{b_5 r_d + c_5 r_d^2} \tag{13.5}$$

式中，a_5、b_5 及 c_5 为常数，r_d 为沙尘粒径。

以 8×LGJ630 为例，对式（13.5）中的常数项进行计算发现，不同试验沙尘浓度下，起晕场强随沙尘粒径变化拟合公式中与粒径无关项 a_5 变化不大，而与粒径相关项 b_5、c_5 却变化很大。初步考虑沙尘浓度和沙尘粒径共同作用于导线周围空间电场畸变，两者为相互耦合的分量，故随着浓度的变化粒径相关项参数变化较大见表 13-5。

表 13-5　8×LGJ630 导线起晕场强随沙尘粒径变化公式的拟合系数

浓度/(mg/m³)	a_5	b_5	c_5	相关系数 R	标准差 σ_s
154	12.12	−2.673	1.629	1	—
300.5	12.08	−2.027	−3.382	1	—
420.5	13.87	−1.672	−16.02	0.9873	0.05901
553	13.92	−5.11	7.55	1	—
702	13.42	2.825	−32.67	1	—

13.1.5　海拔高度的影响规律研究

采用式（13.6）将海拔高度 H 归一化，可得到类似相对空气密度的参数，记为 δ'，依据 Peek 公式，起晕场强与相对空气密度 δ 及相对空气密度的平方根成正比，由于试验导线为单根，为了验证对于分裂是否依然成立，利用式（13.7）对 6×LGJ400 和 6×LGJ500 起晕场强进行曲线拟合，运用最小二乘法对参数 a_3、b_3 进行求解，结果见表 13-6，起晕场强试验结果与拟合曲线对比见图 13-7。

$$\delta' = 1 - \frac{H}{k_1} \tag{13.6}$$

式中，H 为海拔高度，km；k_1 为常数，10.7。

$$E_c = a_3 \delta' + b_3 \sqrt{\delta'} \tag{13.7}$$

由图 13-7 可知，用式（13.7）得到起晕场强拟合曲线与试验结果一致性较好。随着海拔增加起晕场强非线性减小。由表 13-6 可知，相关系数整体大于 0.9873，标准方差小于 0.252kV/cm，证明起晕场强随分裂数变化拟合公式的准确性。拟合函数中参数 a_3、b_3 的取值与导线的类型有关，随着导线类型的变化参数 a_3、b_3 取值变化不大，说明起晕场强随海拔高度变换的拟合函数具有较好的稳健性。

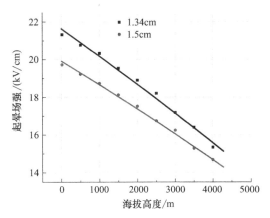

图 13-7　起晕场强随海拔变化试验与拟合结果对比

表 13-6　起晕场强随海拔变化公式的拟合系数

导线半径/cm	a_3	b_3	相关系数 R	标准差 σ_s
1.34	9.351	12.28	0.9873	0.252
1.50	6.539	13.37	0.9941	0.1481

13.2　直流导线起晕场强的影响规律研究及修正曲线

13.2.1　导线直径的影响规律研究

依据 Peek 公式，导线起晕场强与导线半径 r 的平方根成反比，由于试验导线的半径较小，为了验证对于更大截面绞线是否依然成立，利用式（13.8）对子导线半径 1.34～1.995cm 范围内的分裂导线起晕场强进行曲线拟合，运用最小二乘法进行参数 a_1、b_1 求解，结果见表 13-7 与表 13-8，正负极性起晕场强试验结果与拟合曲线对比见图 13-8 与图 13-9。

$$E_c = a_1 + \frac{b_1}{\sqrt{r}} \qquad (13.8)$$

由图 13-8 可知，用式（13.8）得到起晕场强拟合曲线与试验结果一致性较好。在分裂数 4～8 范围内，随着子导线半径的增加起晕场强非线性减小，在不同导线半径范围内起晕场强的减小幅度不一样，例如，在

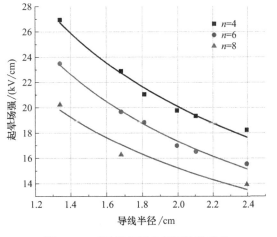

图 13-8　正极性起晕场强随导线半径
变化试验与拟合结果对比

1.34～1.68cm 范围内，起晕场强随导线半径的增加快速减小，且减幅较大；在 1.68～2.395cm 范围，起晕场强随导线半径增加减幅变缓且具有一定的饱和趋势。

由表 13-7 可知，相关系数整体大于 0.993，标注方差小于 0.374kV/cm，证明起晕场强

随子导线半径拟合公式的准确性。拟合函数中参数 a_1、b_1 的取值与导线的分裂数有关，且随着分裂数的变化参数 b_1 的取值变化不大，说明起晕场强随子导线半径变化拟合函数具有较好的稳健性。

表 13-7　正极性起晕场强随导线半径变化公式的拟合系数

分裂数	a_1	b_1	相关系数 R	标准差 σ_s
4	−9.040	41.262	0.996	0.248
6	−9.264	37.693	0.996	0.121
8	−4.776	28.392	0.993	0.375

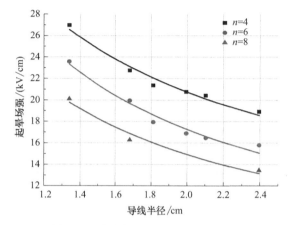

图 13-9　负极性起晕场强随导线半径
变化试验与拟合结果对比

由图 13-9 可知，用式（13.8）得到起晕场强拟合曲线与试验结果一致性较好。在分裂数 4～8 范围内，随着子导线半径的增加起晕场强非线性减小，在不同导线半径范围内起晕场强的减小幅度不一样，例如在 1.34～1.68cm 范围内，起晕场强随导线半径增加快速减小，且减幅较大；在 1.68～2.395cm 范围，起晕场强随导线半径增加减幅变缓且具有一定的饱和趋势。

由表 13-8 可知，相关系数整体大于 0.993，标注方差小于 0.66kV/cm，证明起晕场强随子导线半径拟合公式的准确性。拟合函数中参数 a_1、b_1 的取值与导线的分裂数有关，且随着分裂数的变化参数 b_1 的取值变化不大，说明起晕场强随子导线半径变化拟合函数具有较好的稳健性。

表 13-8　负极性起晕场强随导线半径变化公式的拟合系数

分裂数	a_1	b_1	相关系数 R	标准差 σ_s
4	−5.009	36.465	0.996	0.276
6	−9.310	37.646	0.996	0.385
8	−6.276	30.092	0.993	0.66

13.2.2　分裂数的影响规律研究

Peek 公式由于是在同轴圆柱结构对单根导线进行大量试验的基础上提出的，不包含分裂数对起晕场强的修正项，根据本项目分裂导线在不同分裂数下的起晕场强试验结果，可提出起晕场强随分裂数变化的拟合公式，见式（13.9），并对分裂数 3～12 范围内分裂导线起晕场强值进行曲线拟合，运用最小二乘法对参数 a_2、b_2 值进行求解，结果见表 13-9 与表 13-10，起晕场强试验结果与拟合曲线对比见图 13-10 与图 13-11。

$$E_c = a_2 \frac{1}{n} + b_2 \frac{\ln n}{\sqrt{n}} \tag{13.9}$$

由图 13-10 可知，用式（13.9）得到起晕场强拟合曲线与试验结果一致性较好。对于子导线半径 1.34～2.395cm 范围内，随着分裂数的增加起晕场强非线性减小且具有一定的饱和趋势，同样，与子导线半径随起晕场强变化相似，在不同分裂数范围内起晕场强的减小幅度不一样。例如，在分裂数 3～7 范围内，起晕场强随导线半径的增加快速减小，且减幅较大；在分裂数 7～10 范围，起晕场强随导线半径增加减幅变缓且具有一定的饱和趋势。

从表 13-9 可知，相关系数整体大于 0.935，标注方差小于 0.091kV/cm，证明起晕场强随子导线半径变化拟合公式的准确性。拟合函数中参数 a_2、b_2 取值与分裂导线子导线半径有关，且随着分裂数的变化 a_2、b_2 取值变化不大，说明该拟合函数具有较好的稳健性。

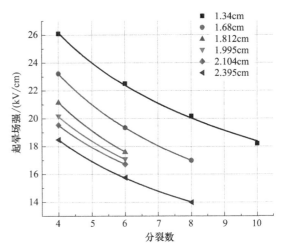

图 13-10　正极性起晕场强随分裂数
变化试验与拟合结果对比

表 13-9　正极性起晕场强随分裂数变化公式的拟合系数

导线半径/cm	a_2	b_2	相关系数 R	标准差 σ_s
1.34	55.706	20.00	0.935	0.091
1.68	54.446	13.926	0.954	0.011
1.812	48.818	12.943	0.975	0
1.995	43.241	13.471	0.975	0
2.104	40.080	13.720	0.975	0
2.395	39.890	12.323	0.954	0.013

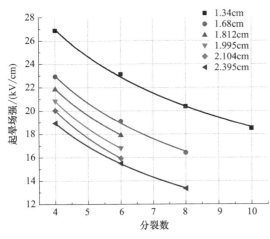

图 13-11　负极性起晕场强随分裂数
变化试验与拟合结果对比

由图 13-11 可知，用式（13.9）得到起晕场强拟合曲线与试验结果一致性较好。对于子导线半径 1.34～2.395cm 范围内，随着分裂数的增加起晕场强非线性减小且具有一定的饱和趋势，同样，与子导线半径随起晕场强变化相似，在不同分裂数范围内起晕场强的减小幅度不一样。例如，在分裂数 3～7 范围内，起晕场强随导线半径的增加快速减小，且减幅较大；在分裂数 7～10 范围，起晕场强随导线半径增加减幅变缓且具有一定的饱和趋势。

从表 13-10 可知，相关系数整体大于 0.935，标注方差小于 0.109kV/cm，证明起晕场强随子导线半径变化拟合公式的准确性。拟合函数中参数 a_2、b_2 取值与分裂导线子导线半径有关，且随着分裂数的变化 a_2、b_2 取值变化不大，说明该拟合函数具有较好的稳健性。

表 13-10　负极性起晕场强随分裂数变化公式的拟合系数

导线半径/cm	a_2	b_2	相关系数 R	标准差 σ_s
1.34	59.406	17.578	0.935	0.109
1.68	55.854	13.059	0.954	0.097
1.812	52.994	12.447	0.975	0
1.995	53.359	10.788	0.975	0
2.104	53.529	9.592	0.975	0
2.395	47.749	10.159	0.954	0.019

13.2.3　沙尘浓度的影响规律研究

Peek 公式由于是在同轴圆柱结构对单根导线进行大量试验的基础上提出的，不包含沙尘参数对起晕场强的修正项，根据本项目分裂导线在不同吹沙浓度下的起晕场强试验结果，可提出起晕场强随吹沙浓度变化的拟合公式，见式（13.10），并对吹沙浓度 151～531mg/m³ 范围内分裂导线起晕场强值进行曲线拟合，运用最小二乘法对参数 a_5、b_5 值进行求解，结果见表 13-11 与表 13-12，起晕场强试验结果与拟合曲线对比见图 13-12 与图 13-13。

$$E_c = a_5 X + b_5 \tag{13.10}$$

图 13-12 为 JL/G1A-400/35 导线在不同沙尘浓度下的正极性起晕场强曲线图。由图 13-12 可知，用式（13.10）得到起晕场强拟合曲线与试验结果一致性较好。从图中可以看出，不同分裂数，$n=4$，$n=6$，$n=8$，$n=10$，在沙尘浓度 151～531mg/m³ 范围内，分裂导线起晕场强均随沙尘浓度的增加而近似线性升高。且相较无风无沙条件下，在正极性分裂数 $n=4$，吹沙浓度 531mg/m³ 时起晕场强升高幅度最大。以正极性 4×JL/G1A-400/35 导线为例，无风无沙条件下起晕场强值为 26.924kV/cm，沙尘粒径 0.25～0.5mm，吹沙浓度 531mg/m³ 起晕场强为 29.358kV/cm，上升幅值为 2.434kV/cm，升高约 9.04%。

表 13-11　正极性起晕场强随吹沙浓度变化公式的拟合系数

分裂数	a_5	b_5	相关系数 R	标准差 σ_s
4	0.00529	26.73523	0.97007	0.15256
6	0.00322	23.62264	0.99293	0.01286
8	0.003	19.73701	0.96645	0.05521
10	0.00151	18.94432	0.99312	0.00276

表 13-12　负极性起晕场强随吹沙浓度变化公式的拟合系数

分裂数	a_5	b_5	相关系数 R	标准差 σ_s
4	0.00672	26.7640	0.9924	0.06
6	0.00505	22.9523	0.9954	0.02054
8	0.00491	20.4127	0.99535	0.0196
10	0.00183	18.6928	0.9979	0.00118

图 13-13 为 JL/G1A-400/35 导线在不同沙尘浓度下的负极性起晕场强曲线图。由图 13-13 可知，用式（13.10）得到起晕场强拟合曲线与试验结果一致性较好。从图中可以看出，不

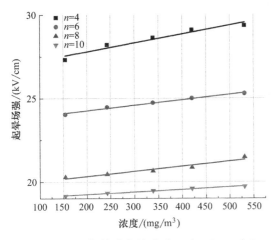

图 13-12　正极性沙尘浓度对 JL/G1A-400/35 导线起晕特性的影响

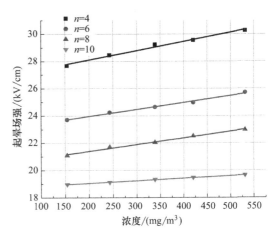

图 13-13　负极性沙尘浓度对 JL/G1A-400/35 导线起晕特性的影响

同分裂数，$n=4$，$n=6$，$n=8$，$n=10$，在沙尘浓度 $152\sim550\mathrm{mg/m^3}$ 范围内，分裂导线起晕场强均随沙尘浓度的增加而近似线性升高。且相较无风无沙条件下，在负极性分裂数 $n=4$，吹沙浓度 $531\mathrm{mg/m^3}$ 起晕场强升高幅度最大。以负极性 $4\times\mathrm{JL/G1A\text{-}400/35}$ 导线为例，无风无沙条件下起晕场强值为 $27.301\mathrm{kV/cm}$，沙尘粒径 $0.25\sim0.5\mathrm{mm}$，吹沙浓度 $531\mathrm{mg/m^3}$ 起晕场强为 $30.254\mathrm{kV/cm}$，上升幅值为 $2.953\mathrm{kV/cm}$，升高约 10.816%。

13.2.4　淋雨量的影响规律研究

Peek 公式由于是在同轴圆柱结构对单根导线进行大量试验的基础上提出的，不包含降雨率对起晕场强的修正项，根据本项目分裂导线在不同淋雨量下的起晕场强试验结果，可提出起晕场强随淋雨量变化的拟合公式，见式（13.11），并对淋雨量在 $0\sim16\mathrm{mm/h}$ 范围内分裂导线起晕场强值进行曲线拟合，运用最小二乘法对参数 a_6、b_6 值进行求解，结果见表 13-13 与表 13-14，起晕场强试验结果与拟合曲线对比见图 13-14 与图 13-15。

$$E_\mathrm{c}=a_6X^{b_6} \tag{13.11}$$

由图 13-14 可知，用式（13.11）得到起晕场强拟合曲线与试验结果一致性较好。对于淋雨量 $0\sim16\mathrm{mm/h}$ 范围内，随着分裂数的增加起晕场强非线性减小且具有一定的饱和趋势，同样，与子导线半径随起晕场强变化相似，在不同分裂数范围内起晕场强的减小幅度不一样，例如，在分裂数 $0\sim6$ 范围内，起晕场强随导线半径的增加快速减小，且减幅较大；在分裂数 $6\sim16$ 范围，起晕场强随导线半径增加减幅变缓且具有一定的饱和趋势。

从表 13-13 可知，相关系数整体大于 0.85019，标注方差小于 $0.03906\mathrm{kV/cm}$，

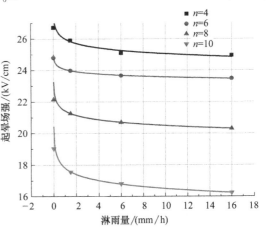

图 13-14　正极性起晕场强随淋雨量变化试验与拟合结果对比

证明起晕场强随子导线半径变化拟合公式的准确性。拟合函数中参数 a_6、b_6 取值与分裂导线子导线半径有关，且随着分裂数的变化 a_6、b_6 取值变化不大，说明该拟合函数具有较好的稳健性。

表 13-13　正极性起晕场强随淋雨量变化公式的拟合系数

导线分裂数	a_6	b_6	相关系数 R	标准差 σ_s
4	26.01345	−0.01631	0.85019	0.03906
6	24.0687	−0.00906	0.99404	0
8	21.44295	−0.0196	0.99994	0
10	17.80388	−0.03306	0.99898	0

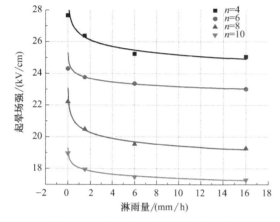

图 13-15　负极性起晕场强随淋雨量
变化试验与拟合结果对比

由图 13-15 可知，用式（13.11）得到起晕场强拟合曲线与试验结果一致性较好。对于淋雨量 0～16mm/h 范围内，随着分裂数的增加起晕场强非线性减小且具有一定的饱和趋势，同样，与子导线半径随起晕场强变化相似，在不同分裂数范围内起晕场强的减小幅度不一样。例如，在分裂数 0～6 范围内，起晕场强随导线半径的增加快速减小，且减幅较大；在分裂数 6～16 范围，起晕场强随导线半径增加减幅变缓且具有一定的饱和趋势。

从表 13-14 可知，相关系数整体大于 0.84699，标注方差小于 0.07921kV/cm，证明起晕场强随子导线半径变化拟合公式的准确性。拟合函数中参数 a_6、b_6 取值与分裂导线子导线半径有关，且随着分裂数的变化 a_6、b_6 取值变化不大，说明该拟合函数具有较好的稳健性。

表 13-14　负极性起晕场强随淋雨量变化公式的拟合系数

导线分裂数	a_6	b_6	相关系数 R	标准差 σ_s
4	26.52892	−0.02275	0.84699	0.07921
6	23.90444	−0.01361	0.99095	0.0013
8	20.65483	−0.02664	0.92391	0.03109
10	18.04486	−0.0161	0.95195	0.00558

13.3　沙尘条件下宽频带电晕电流时域频域特性

以 8×LGJ630 导线为例，在交流电压 375kV 和 450kV 时，沙尘条件下的宽频带电晕电流的时域频域图见图 13-16 和图 13-17。由图中可以看出，随着电压的增加，时域中，在一个工频周期内，产生电晕电流脉冲的时间占比增大，脉冲数和脉冲幅值略有增加，对应在频域中体现在幅值不为零的频谱分量基本无变化，仅是频谱幅值略有增加。沙尘颗粒间的放电属于微击穿放电，间隙放电产生的电流脉冲通常比电晕放电产生的电流脉冲具有更高的幅值和更短的持续时间，重复率也低于电晕放电，间隙放电电磁辐射频率范围在 0～1GHz，对 56～216MHz 频率范围内电视接收产生干扰，一般称为"电视干扰"（TVI）。一般在电晕项目研究中，仅关注 0～30MHz 的无线电干扰波段。

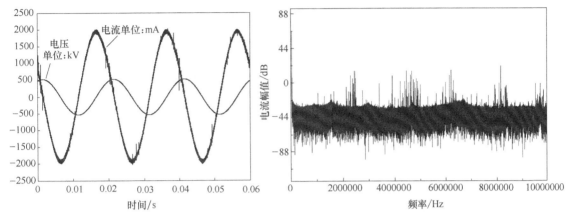

图 13-16　8×LGJ630，加压 375kV

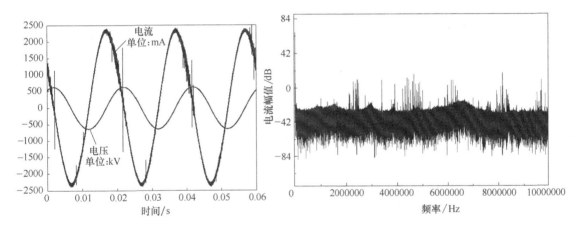

图 13-17　8×LGJ630，加压 450kV

第14章

高海拔不同沙尘条件对
典型超/特高压输电线路导线电晕损失的
影响规律及修正曲线

电晕损失是衡量超/特高压交流线路运行经济性的重要指标，是线路设计和运行中需要考虑的重要因素之一。目前，交流输电线路电晕损失预测方法主要采用美国邦纳维尔水电局（BPA）推荐的公式，上述公式是 20 世纪六七十年代通过导线试验提出的，考虑的导线分裂型式和气象因素较少，而随着导线工艺和测量技术不断发展，超/特高压线路实测数据表明，低海拔条件下国外预测公式误差较大。同时我国电力运行环境的独特，如西北地区地处高海拔，且沙尘天气频发，而继续采用 BPA 推荐的公式则无法对于我国西北地区在运的 750kV 输电线路及拟建的特高压输电线路进行预测，无法指导输电线路精细化设计。

电晕损耗主要为电晕放电产生的正负离子在交变电场中往返运动产生的动能损失，沙尘对于电晕损失的影响主要也分为两个方面：一方面沙尘的存在极大地降低了导线的起晕场强，详见 13.1 节；另一方面，沙尘颗粒在空间电荷区的荷电、迁移运动会对电晕损耗产生进一步影响。

在海拔 2200m，基于沙尘模拟系统，首先开展的 12 分裂及以下全系列沙尘条件下导线电晕损耗测量试验及数据分析，揭示了导线表面场强、子导线直径、导线分裂数、沙尘浓度和沙尘粒径等对电晕损失的影响规律。采用非线性最小二乘原理，提出了高海拔地区沙尘天气下交流及直流输电线路电晕损失预测公式。最终，基于自主预测公式，提出了我国 750kV 同塔四回输电工程导线选型方案，并对海拔 2200m 拟建特高压工程沙尘条件下的电晕损耗进行评估。

目前主要采用的电晕损失经验预测公式为 BPA 公式及其他经验公式，见式（14.1），该公式是在户外试验线段大量的测量数据基础上获得的。

$$P=14.2+65\lg\frac{E}{18.8}+40\lg\frac{d}{3.15}+K_1\lg\frac{n}{4}+K_2+\frac{A}{300} \tag{14.1}$$

式中，E 为导线表面场强，kV/cm；d 为子导线直径，cm；n 为子导线分裂数；

$$K_1=13,\ n\leqslant 4$$
$$K_1=19,\ n>4$$

K_2 为考虑降雨率 I 的电晕损失修正项，

$$K_2 = 10\lg\frac{I}{1.676},\quad I \leqslant 3.6\mathrm{mm/h}$$

$$K_2 = 3.3 + 3.5\lg\frac{I}{3.6},\quad I > 3.6\mathrm{mm/h}$$

A 为海拔高度，m。

14.1　交流导线电晕损失的影响规律研究及关系曲线

14.1.1　导线直径的影响规律研究

图 14-1 和图 14-2 分别是 6 分裂和 8 分裂导线在不同子导线时的电晕损失特性。图中，从上至下的散点值分别代表 LGJ720、LGJ630、LGJ500 和 LGJ400 分裂导线。图 14-3 和图 14-4 给出了不同导线表面场强下导线电晕损失随子导线半径的变化曲线。可以看出，子导线半径对导线交流电晕损失的影响是很可观的，在相同的导线表面场强下，导线电晕损失随子导线半径的增大而逐步增大，且增量显著。以导线表面场强 16kV/cm 为例，比较 6×LGJ400 和 6×LGJ720 分裂导线试验结果，子导线半径从 13.4mm 增至 18.115mm 时，电晕损失增量为 42.71W/m；而对于 8×LGJ400 和 8×LGJ720 分裂导线，电晕损失增量为 126.26W/m。

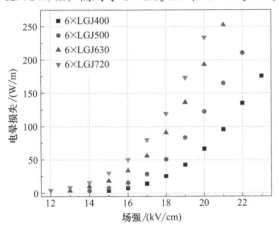

图 14-1　不同子导线情况下 6 分裂导线的电晕损失

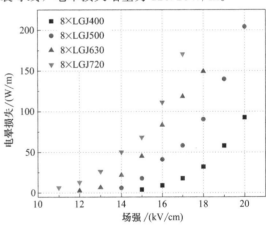

图 14-2　不同子导线情况下 8 分裂导线的电晕损失

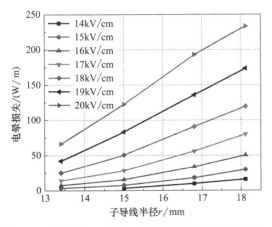

图 14-3　子导线半径对 6 分裂导线电晕损失的影响

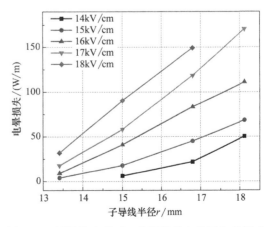

图 14-4　子导线半径对 8 分裂导线电晕损失的影响

14.1.2　分裂数的影响规律研究

图 14-5 和图 14-6 分别比较了 LGJ400 导线和 LGJ630 导线在 4 种分裂数情况下的电晕损失，可以直观地看到，分裂数对导线电晕损失的影响十分显著。为深入分析导线分裂数对电晕损失的影响，图 14-7 和图 14-8 为不同导线表面场强下电晕损失随导线分裂数的变化关系曲线。可以看出，表面场强相同时，导线电晕损失随子导线半径的增大而逐步增大，且增量显著。以导线表面场强 16kV/cm 为例，比较 6×LGJ400 和 10×LGJ400 分裂导线试验结果，分裂数从 6 增至 10 时，电晕损失增量为 13.6W/m；而对于 6×LGJ630 和 10×LGJ630 分裂导线，电晕损失增量为 103W/m。

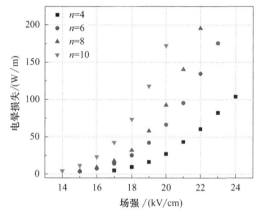

图 14-5　交流 LGJ400 导线在不同分裂数
情况下的电晕损失

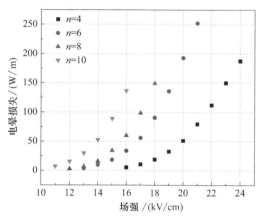

图 14-6　交流 LGJ630 导线在不同分裂数
情况下的电晕损失

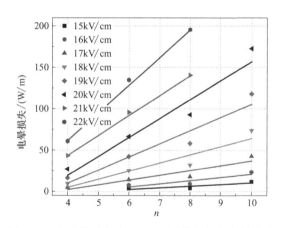

图 14-7　分裂数对交流 LGJ400 导线电晕损失的影响

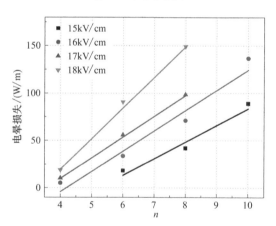

图 14-8　分裂数对交流 LGJ630 导线电晕损失的影响

国内外相关研究认为，电晕损失和导线分裂数有直接关系，电晕损失和分裂数存在线性关系，如式（14.2）所示。图 14-7 和图 14-8 中，子导线半径和导线表面场强不变的情况下，电晕损失随导线分裂数的增加而近似线性增大也说明了这一点。这主要是因为子导线半径不变的前提下，随着导线分裂数的增大，单向导线包含的子导线外表面积总和增大。当导线起晕后，在相同的外界环境下，分裂数越多，电晕放电点也更多，根据叠加定理，更多的电晕放电点叠加产生更大的电晕电流，导致产生更高水平的电晕损失，因此电晕损失随着导线分裂数的增大而近似线性增加。

$$P = a_9 n + b_9 \tag{14.2}$$

14.1.3　导线表面场强的影响规律研究

图 14-9 和图 14-10 分别是多种 4 分裂和 10 分裂导线干燥情况下交流电晕损失和导线表面场强变化的关系图。可以清楚地看到，几种导线的电晕损失随导线表面场强的变化曲线比较一致，电晕损失随导线表面场强的增大而非线性增大。当然，由于部分数据导线直径差异小，表面场强变化不大，且数据存在一定的分散性。

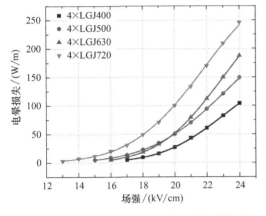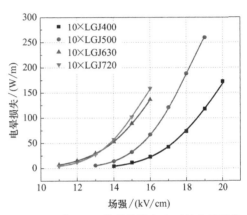

图 14-9　典型 4 分裂导线交流下的电晕损失　　　图 14-10　典型 10 分裂导线交流下的电晕损失

14.1.4　沙尘粒径的影响规律研究

从第 13 章的分析可知，粒径大的颗粒对导线交流电晕放电强度和起晕场强影响更大。分析沙尘条件下，沙尘粒径对导线电晕损失特性影响时，同样选取颗粒度分别为＜0.125mm，≥0.125～0.25mm，≥0.25～0.5mm 三种沙粒，分析不同粒径的沙粒对电晕损失特性的影响结果。图 14-11 为 8×LGJ720 导线在沙尘条件下交流电晕损失和沙尘粒径变化的关系图。可以看出，沙尘条件下，沙尘粒径越大，对试验导线的电晕损失影响越大。以场强为 17kV/cm 为例，沙尘浓度 698～706mg/m³，沙尘粒径从＜0.125mm 增至 0.24～0.5mm，电晕损失值增大了 54.05W/m。

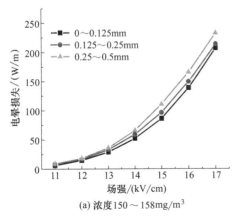

图 14-11

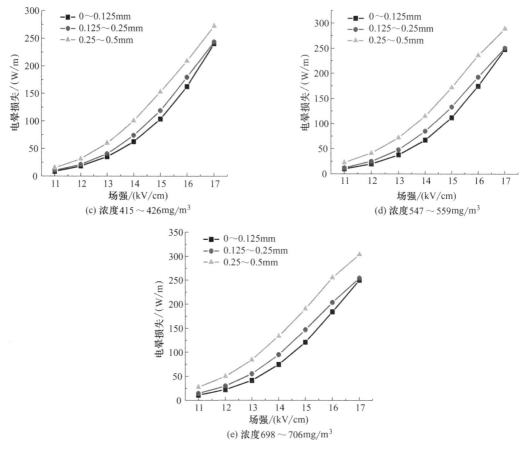

图 14-11　不同沙尘浓度情况下的 8×LGJ720 导线电晕损失曲线

图 14-12 给出了不同导线表面场强下导线电晕损失随沙尘粒径的变化关系曲线。当沙尘浓度和场强一定时，在试验的沙尘粒径范围内，电晕损失随着沙尘粒径的增加主要呈非线性关系，如式（14.3）所示，式中 a_{12}，b_{12} 为常数，r_d 为沙尘粒径。其中，沙粒粒径的计算值采用的是三个粒径范围内沙粒的平均值，即 0.0625mm，0.1875mm 和 0.375mm。

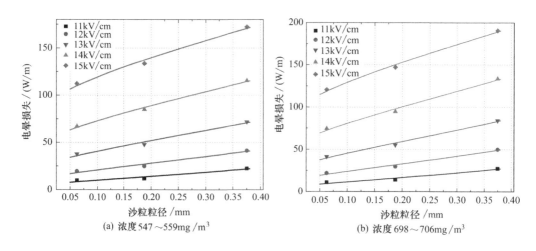

图 14-12　不同沙尘浓度情况下的 8×LGJ720 导线电晕损失曲线

$$P = a_{12} 10^{b_{12}\sqrt{r_d}} \tag{14.3}$$

14.1.5　沙尘浓度的影响规律研究

图 14-13 为 8×LGJ630 导线在沙尘条件下交流电晕损失和沙尘浓度变化的关系图。可以看出，沙尘条件下，试验导线的电晕损失随沙尘浓度的增大而增大。当然，由于沙尘下电晕放电具有一定的随机性，导致数据存在一定的分散性。当场强为 17kV/cm，粒径为 0.24～0.5mm 时，沙尘浓度由 154mg/m³ 增至 702mg/m³ 时，电晕损失值增大了 40.1W/m。

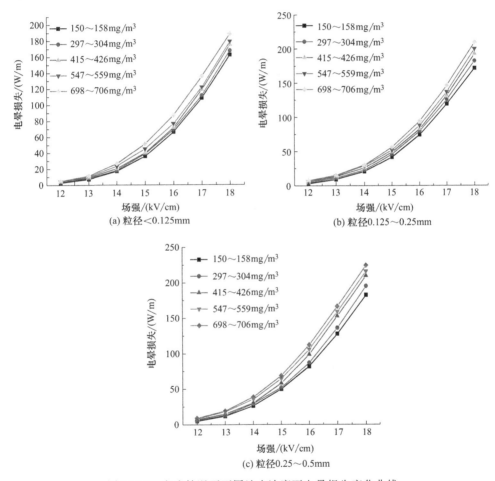

图 14-13　交流情况下不同沙尘浓度下电晕损失变化曲线

图 14-14 给出了不同导线表面场强下导线电晕损失随沙尘浓度的变化关系曲线。当沙尘粒径和场强一定时，在试验的沙尘浓度范围内，电晕损失随着沙尘浓度的增加主要呈非线性关系，如式（14.4）所示，式中 a_{11}，b_{11} 为常数，n_d 为沙尘浓度。其中，沙尘浓度的计算值采用的是五个颗粒范围内浓度的平均值，即 154mg/m³、300.5mg/m³、420.5mg/m³、553mg/m³、702mg/m³。

$$P = a_{11} 10^{b_{11}\sqrt{n_d}} \tag{14.4}$$

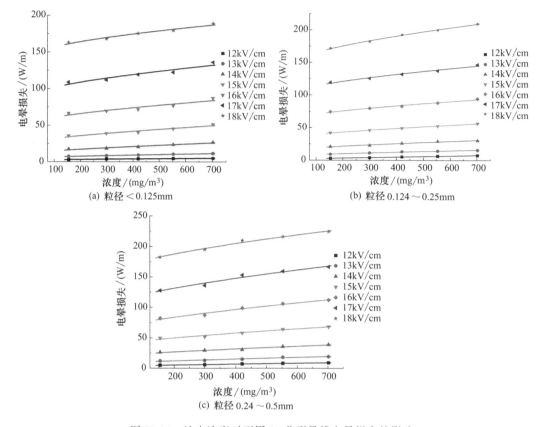

图 14-14　沙尘浓度对不同 10 分裂导线电晕损失的影响

14.2　直流导线电晕损失的影响规律研究及关系曲线

14.2.1　导线直径的影响规律研究

（1）对正极性导线的影响

图 14-15 和图 14-16 分别是 4 分裂和 6 分裂导线在不同子导线时的电晕损失特性。图中，4 分裂从上至下的散点值分别代表 JL1/G3A-1250/70、JL/G3A-1000/45、JL/G3A-900/40、JL/G1A-630/45 和 JL/G1A-400/35 分裂导线，6 分裂从上至下的散点值分别代表 JL1/G3A-1250/70、JL/G3A-1000/45、JL/G2A-720/50、JL/G1A-630/45 和 JL/G1A-400/35 分裂导线。图 14-17 和图 14-18，给出了不同导线表面场强下导线电晕损失随子导线半径的变化曲线。可以看出，子导线半径对导线正极性直流电晕损失的影响是很可观的，在相同的导线表面场强下，导线电晕损失随子导线半径的增大而逐步增大，且增量显著。以导线表面场强 22kV/cm 为例，比较 $4 \times$ JL/G1A-400/35 和 $4 \times$ JL/G3A-1000/45 分裂导线试验结果，子导线半径从 13.4mm 增至 21.04mm 时，电晕损失增量为 87.60W/m；对于 $6 \times$ JL/G1A-400/35 和 $6 \times$ JL/G3A-1000/45 分裂导线，子导线半径从 13.4mm 增至 21.04mm 时，电晕损失增量为 209.85W/m。

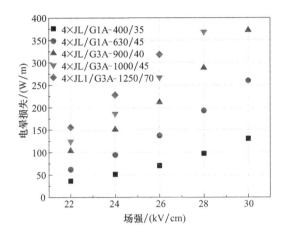

图 14-15　正极性直流不同子导线
情况下 4 分裂导线的电晕损失

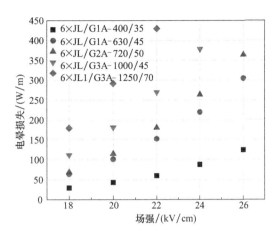

图 14-16　正极性直流不同子导线
情况下 6 分裂导线的电晕损失

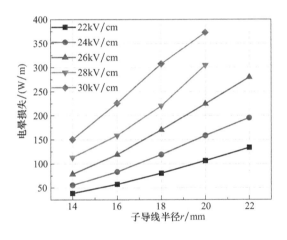

图 14-17　子导线半径对正极性直流
4 分裂导线电晕损失的影响

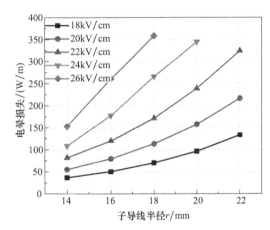

图 14-18　子导线半径对正极性直流
6 分裂导线电晕损失的影响

（2）对负极性导线的影响

图 14-19 和图 14-20 分别是 4 分裂和 6 分裂导线在不同子导线时的电晕损失特性。图中，4 分裂从上至下的散点值分别代表 JL1/G3A-1250/70、JL/G3A-1000/45、JL/G3A-900/40、JL/G1A-630/45 和 JL/G1A-400/35 分裂导线，6 分裂从上至下的散点值分别代表 JL1/G3A-1250/70、JL/G3A-1000/45、JL/G2A-720/50、JL/G1A-630/45 和 JL/G1A-400/35 分裂导线。图 14-21 和图 14-22 给出了不同导线表面场强下导线电晕损失随子导线半径的变化曲线。可以看出，子导线半径对导线负极性直流电晕损失的影响是很可观的，在相同的导线表面场强下，导线电晕损失随子导线半径的增大而逐步增大，且增量显著。以导线表面场强 22kV/cm 为例，比较 4×JL/G1A-400/35 和 4×JL/G3A-1000/45 分裂导线试验结果，子导线半径从 13.4mm 增至 21.04mm 时，电晕损失增量为 90.96W/m；对于 6×JL/G1A-400/35 和 6×JL/G3A-1000/45 分裂导线，子导线半径从 13.4mm 增至 21.04mm 时，电晕损失增量为 180.12W/m。

国内外相关研究认为，电晕损失和子导线半径有直接关系，上述分析中，导线分裂数和导线表面场强不变的情况下，电晕损失随子导线半径的增加而增大也说明了这一点。

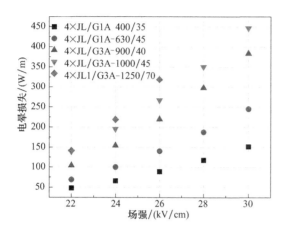

图 14-19　负极性直流不同子导线
情况下 4 分裂导线的电晕损失

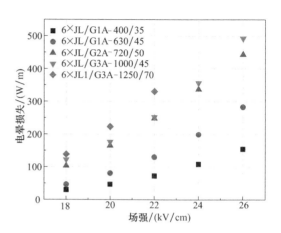

图 14-20　负极性直流不同子导线
情况下 6 分裂导线的电晕损失

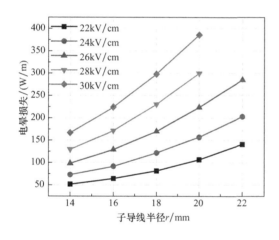

图 14-21　子导线半径对负极性直流
4 分裂导线电晕损失的影响

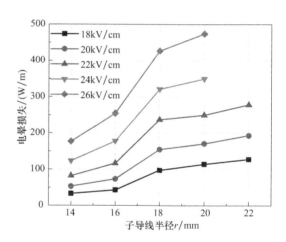

图 14-22　子导线半径对负极性直流
6 分裂导线电晕损失的影响

导线分裂数和导线表面场强不变的前提下，随着子导线半径的增加，单相导线的总表面积增加。当导线起晕后，在相同的外界环境下，更大半径分裂导线电晕放电点也更多，根据叠加定理，更多的电晕放电点叠加产生更大的电晕电流，导致产生更高水平的电晕损失，因此电晕损失随着子导线半径平方的增大而增加。因此，电晕损失和子导线半径的平方 r^2 存在线性关系，见式（14.5）。将子导线半径取平方后对各分裂导线电晕损失的影响绘制成图，如图 14-23 至图 14-28 所示，其中散点为实测值，曲线为拟合值。由图可知，实测值与拟合值吻合较好，验证了式（14.5）的合理性。

$$P = a_8 r^2 + b_8 \tag{14.5}$$

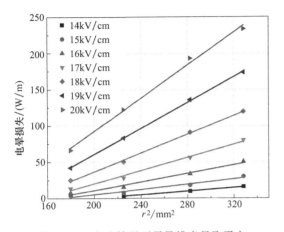

图 14-23　交流情况下子导线半径取平方
对 6 分裂导线电晕损失的影响

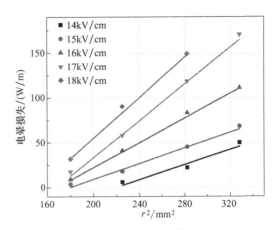

图 14-24　交流情况下子导线半径取平方
对 8 分裂导线电晕损失的影响

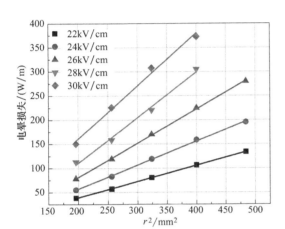

图 14-25　正极性直流子导线半径取平方
对 4 分裂导线电晕损失的影响

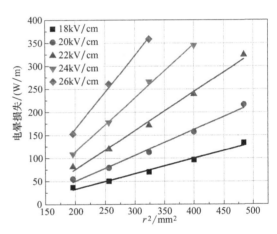

图 14-26　正极性直流子导线半径取平方
对 6 分裂导线电晕损失的影响

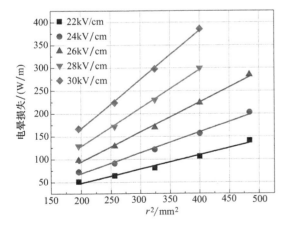

图 14-27　负极性直流子导线半径取平方
对 4 分裂导线电晕损失的影响

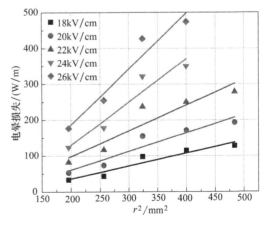

图 14-28　负极性直流子导线半径取平方
对 6 分裂导线电晕损失的影响

14.2.2 分裂数的影响规律研究

（1）对正极性导线的影响

图 14-29 和图 14-30 分别比较了 JL/G1A-400/35 导线和 JL/G1A-630/45 导线在不同分裂数情况下的电晕损失，可以直观地看到，分裂数对导线电晕损失的影响十分显著。为深入分析导线分裂数对电晕损失的影响，图 14-31 和图 14-32 为不同导线表面场强下电晕损失随导线分裂数的变化关系曲线。可以看出，表面场强相同时，导线电晕损失随分裂数的增大而逐步增大，且增量显著。以导线表面场强 16kV/cm 为例，比较 6×JL/G1A-400/35 和 8×JL/G1A-400/35 分裂导线试验结果，分裂数从 6 增至 8 时，电晕损失增量为 9.51W/m；而对于 6×JL/G1A-630/45 和 8×JL/G1A-630/45 分裂导线，分裂数从 6 增至 8 时，电晕损失增量为 41.57W/m。

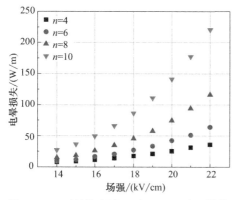

图 14-29　正极性直流 JL/G1A-400/35 导线
在不同分裂数情况下的电晕损失

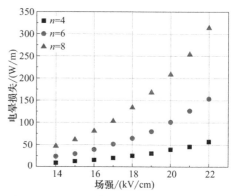

图 14-30　正极性直流 JL/G1A-630/45 导线
在不同分裂数情况下的电晕损失

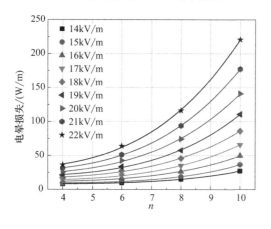

图 14-31　分裂数对正极性直流
JL/G1A-400/35 导线电晕损失的影响

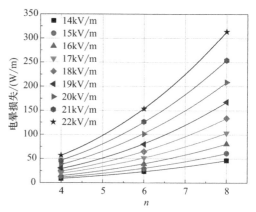

图 14-32　分裂数对正极性直流
JL/G1A-630/45 导线电晕损失的影响

（2）对负极性导线的影响

图 14-33 和图 14-34 分别比较了 JL/G1A-400/35 导线和 JL/G1A-630/45 导线在不同分裂数情况下的电晕损失，可以直观地看到，分裂数对导线电晕损失的影响十分显著。为深入分析导线分裂数对电晕损失的影响，图 14-35 和图 14-36 为不同导线表面场强下电晕损失随

导线分裂数的变化关系曲线。可以看出，表面场强相同时，导线电晕损失随分裂数的增大而逐步增大，且增量显著。以导线表面场强 16kV/cm 为例，比较 6×JL/G1A-400/35 和 8×JL/G1A-400/35 分裂导线试验结果，分裂数从 6 增至 8 时，电晕损失增量为 15.24W/m；而对于 6×JL/G1A-630/45 和 8×JL/G1A-630/45 分裂导线，分裂数从 6 增至 8 时，电晕损失增量为 76.21W/m。

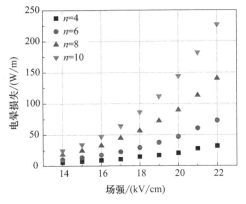

图 14-33　负极性直流 JL/G1A-400/35
导线在不同分裂数情况下的电晕损失

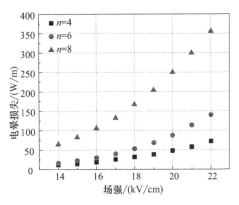

图 14-34　负极性直流 JL/G1A-630/45
导线在不同分裂数情况下的电晕损失

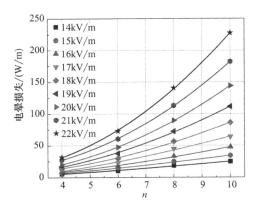

图 14-35　分裂数对负极性直流 JL/G1A-400/35
导线电晕损失的影响

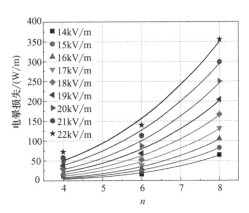

图 14-36　分裂数对负极性直流 JL/G1A-630/45
导线电晕损失的影响

　　国内外相关研究认为，电晕损失和导线分裂数有直接关系，电晕损失和分裂数存在一定关系，如式（14.6）所示，其种 b_9 为介于 1～5 的常数。图 14-35 和图 14-36 中，子导线半径和导线表面场强不变的情况下，电晕损失随导线分裂数的增加而增大也说明了这一点。这主要是因为子导线半径不变的前提下，随着导线分裂数的增大，单向导线包含的子导线外表面积总和增大。当导线起晕后，在相同的外界环境下，分裂数越多，电晕放电点也更多，根据叠加定理，更多的电晕放电点叠加产生更大的电晕电流，导致产生更高水平的电晕损失，因此电晕损失随着导线分裂数的增大而呈现非线性增加的关系。

$$y = a_9 n^{b_9} + c_9 \tag{14.6}$$

14.2.3　导线表面场强的影响规律研究

（1）对正极性直流导线的影响

图 14-37 和图 14-38 分别是多种 4 分裂和 6 分裂导线干燥情况下正极性直流电晕损失和导线表面场强变化的关系图。可以清楚地看到，几种导线的电晕损失随导线表面场强的变化曲线比较一致，电晕损失随导线表面场强的增大而非线性增大。当然，由于部分数据导线半径差小，表面场强变化不大，且数据存在一定的分散性。

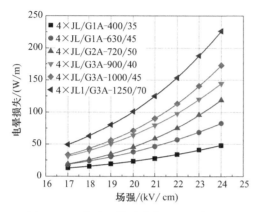

图 14-37　典型 4 分裂导线正极性直流下
的电晕损失

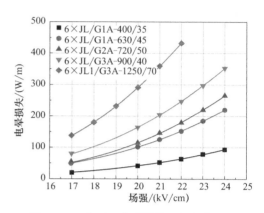

图 14-38　典型 6 分裂导线正极性直流下
的电晕损失

（2）对负极性直流导线的影响

图 14-39 和图 14-40 分别是多种 4 分裂和 6 分裂导线干燥情况下负极性直流电晕损失和导线表面场强变化的关系图。可以清楚地看到，几种导线的电晕损失随导线表面场强的变化曲线比较一致，电晕损失随导线表面场强的增大而非线性增大。当然，由于部分数据导线半径差异小，表面场强变化不大，且数据存在一定的分散性。

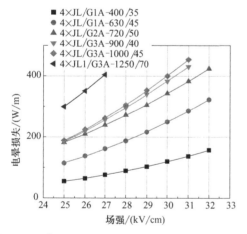

图 14-39　典型 4 分裂导线负极性直流下的电晕损失

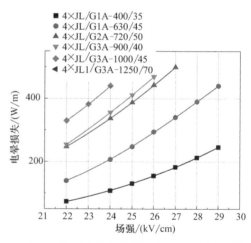

图 14-40　典型 6 分裂导线负极性下的电晕损失

由 Peek 公式可知，电晕损失和场强的平方存在线性关系，如式（14.7）所示。将导线表面场强取平方对不同 4 分裂和 6 分裂导线电晕损失的影响绘制成图，如图 14-41 至图 14-46 所示。由图可知，典型的 4 分裂和 6 分裂导线，在导线分裂数和子导线半径的不变情况下，电晕损失和导线表面场强的平方都近似呈线性关系。

$$P = a_{10}E^2 + b_{10} \tag{14.7}$$

以上的试验结果和电晕放电理论比较一致：在相同的导线表面电场强度情况下，子导线

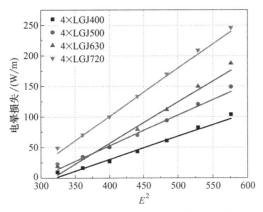

图 14-41　交流导线表面场强取平方对
不同 4 分裂导线电晕损失的影响

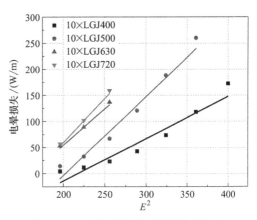

图 14-42　交流导线表面场强取平方对
不同 6 分裂导线电晕损失的影响

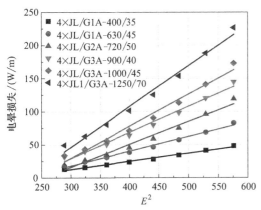

图 14-43　正极性直流导线表面场强取平方对
不同 4 分裂导线电晕损失的影响

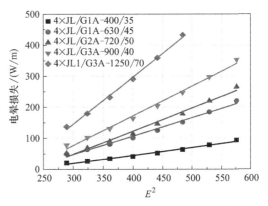

图 14-44　正极性直流导线表面场强取平方对
不同 6 分裂导线电晕损失的影响

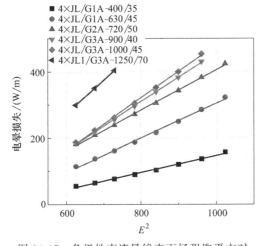

图 14-45　负极性直流导线表面场强取平方对
不同 4 分裂导线电晕损失的影响

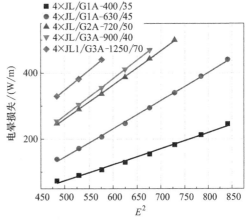

图 14-46　负极性直流导线表面场强取平方对
不同 6 分裂导线电晕损失的影响

半径越大，分裂数越多，导线表面可能存在的电晕放电点会越多，由于电晕放电产生的电晕损失也就越强；另一方面，由第 13 章分析可知，导线的起晕场强是随导线半径和分裂数的增大而减小的，因此在相同的导线表面场强下，子导线半径越大，分裂数越多，导线越容易起晕，放电强度也越强。但需要注意的是，子导线直径越大，电晕损失的结论是在相同导线表面场强下提出的，并不是在相同施加电压下得出的，更不是指子导线半径增大会对输电工程电晕损失带来负面影响。相反，在实际工程中，增大子导线半径、增加分裂数可以明显改善输电线路的电磁环境，这是由于在相同电压作用下，虽然子导线半径和分裂数的增大会使得导线起晕场强降低一点，但却会使得分裂导线表面场强得到显著降低，从而大大减少了导线表面电晕放电源的数量和强度。

14.2.4　沙尘粒径的影响规律研究

图 14-47 给出了同一导线不同极性下导线电晕损失随沙尘粒径的变化关系曲线。当沙尘浓度和场强一定时，在试验的沙尘粒径范围内，电晕损失随着沙尘粒径的增加呈现微弱的变化，近似可以忽略。因此，在对直流实验结果分析之后，忽略沙尘粒径对电晕损失的影响。

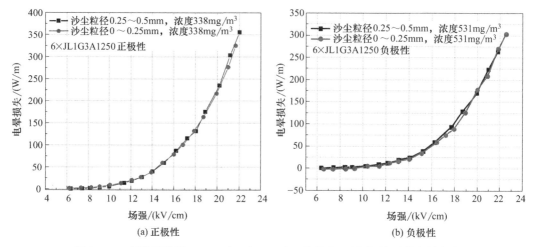

(a) 正极性　　(b) 负极性

图 14-47　直流情况下 4×JL1/G3A-1250/70 导线在正/负极性下的电晕损失

14.2.5　沙尘浓度的影响规律研究

（1）正极性直流情况

图 14-48 为 4×JL/G1A-630/45 导线在沙尘条件下正极性直流电晕损失变化的关系图，图 14-49 为 4×JL1/G3A-1250/70 导线在沙尘条件下正极性直流电晕损失和沙尘浓度变化的关系图。可以看出，沙尘条件下，试验导线的电晕损失随沙尘浓度的增大而减小。当然，由于沙尘下电晕放电具有一定的随机性，导致数据存在一定的分散性。对于 4 × JL1/G3A-1250/70 导线，当场强为 23kV/cm，粒径为 0.25～0.5mm 时，沙尘浓度由 194mg/m³ 增至 531mg/m³ 时，电晕损失值减少了 25.01W/m。

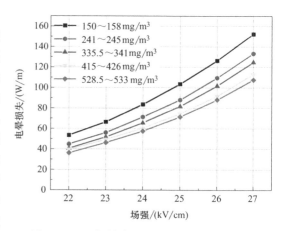

图 14-48　正极性直流下 4×JL/G1A-630/45
导线在不同沙尘浓度下的电晕损失

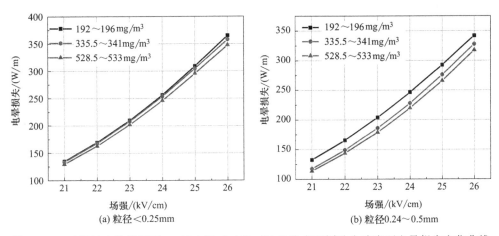

图 14-49　正极性直流情况下 4×JL1/G3A-1250/70 导线在不同沙尘浓度下电晕损失变化曲线

图 14-50 给出了不同导线表面场强下导线电晕损失随沙尘浓度的变化关系曲线。当沙尘粒径和场强一定时，在试验的沙尘浓度范围内，电晕损失随着沙尘浓度的增加主要呈非线性关系，如式（14.3）所示。其中，沙尘浓度的计算值采用的是三个颗粒范围内浓度的平均值，即 194mg/m³、338mg/m³、531mg/m³。

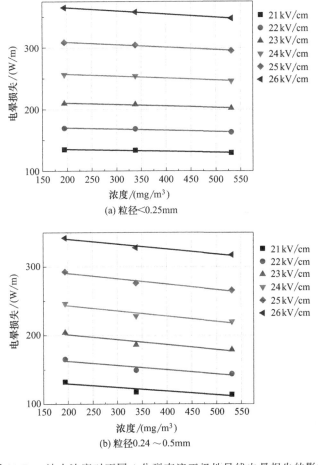

图 14-50　沙尘浓度对不同 4 分裂直流正极性导线电晕损失的影响

（2）负极性直流情况

图 14-51 和图 14-54 分别为 6×JL/G2A-720/50 与 4×JL/G3A-900/40 导线在沙尘条件下负极性直流电晕损失和沙尘浓度变化的关系图。可以看出，沙尘条件下，试验导线的电晕损失随沙尘浓度的增大而减小。当然，由于沙尘下电晕放电具有一定的随机性，导致数据存在一定的分散性。当场强为 27kV/cm，沙尘浓度由 154mg/m³ 增至 531mg/m³ 时，电晕损

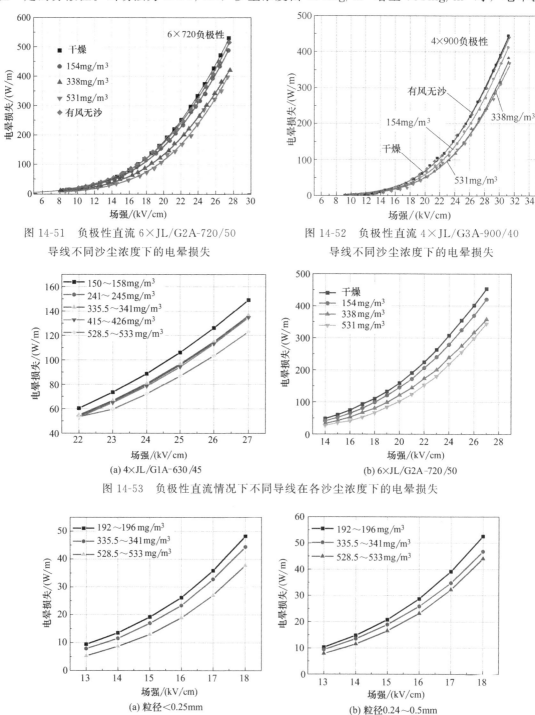

图 14-51　负极性直流 6×JL/G2A-720/50
导线不同沙尘浓度下的电晕损失

图 14-52　负极性直流 4×JL/G3A-900/40
导线不同沙尘浓度下的电晕损失

(a) 4×JL/G1A-630/45

(b) 6×JL/G2A-720/50

图 14-53　负极性直流情况下不同导线在各沙尘浓度下的电晕损失

(a) 粒径<0.25mm

(b) 粒径0.24～0.5mm

图 14-54　负极性直流情况下 4×JL1/G3A-1250/70 导线在不同沙尘浓度下电晕损失变化曲线

失值减小了 86.5W/m。

图 14-55 和图 14-56 给出了不同导线表面场强下导线电晕损失随沙尘浓度的变化关系曲线。当沙尘粒径和场强一定时，在试验的沙尘浓度范围内，电晕损失随着沙尘浓度的增加主要呈非线性关系，如式（14.4）所示。其中，沙尘浓度的计算值采用的是 3 个沙尘浓度范围内的平均值，即 154mg/m^3、338mg/m^3、531mg/m^3。

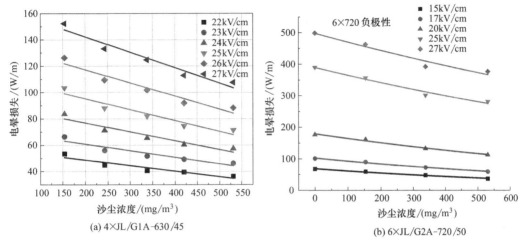

(a) 4×JL/G1A-630/45　　　　　(b) 6×JL/G2A-720/50

图 14-55　负极性直流情况下不同导线在各沙尘浓度下的电晕损失

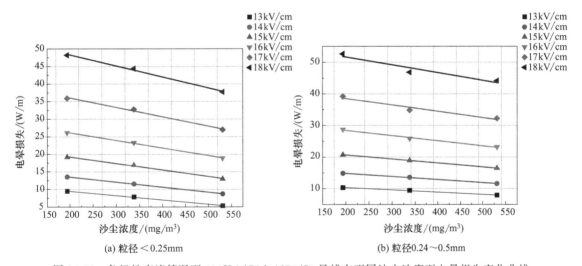

(a) 粒径＜0.25mm　　　　　(b) 粒径0.24～0.5mm

图 14-56　负极性直流情况下 4×JL1/G3A-1250/70 导线在不同沙尘浓度下电晕损失变化曲线

第15章

高海拔沙尘地区超/特高压输电线路
导线起晕场强预测方法研究

15.1　交流分裂导线起晕场强预测方法

15.1.1　考虑海拔因素的晴好天气下起晕场强预测方法

综合 14.1 节分析，将起晕场强随子导线半径、分裂数及海拔高度变化拟合公式中的稳健项保留，并引入常数项 c 进行整体修正，提出了起晕场强预测公式见式（15.1）：

$$E_c = a_4 \delta' \left(\frac{1}{n} + b_4 \frac{\ln n}{\sqrt{\delta' n r_0}} \right) - c \tag{15.1}$$

对所有起晕场强试验数据进行多元非线性曲线拟合，得到起晕场强预测公式见式（15.2），并运用数学统计方法对拟合公式和参数进行了评估，结果见图 15-1（a）。

$$E_c = 35.75 \delta' \left(\frac{1}{n} + 0.74 \frac{\ln n}{\sqrt{\delta' n r_0}} \right) - 1.34 \tag{15.2}$$

式中，子导线半径 $1.34\text{cm} \leqslant r_0 \leqslant 1.995\text{cm}$，分裂数 $4 \leqslant n \leqslant 12$，海拔高度 $19\text{m} \leqslant H \leqslant 4000\text{m}$。

表 15-1　电晕损失回归方程系数及其显著性水平分析结果

检验类型	统计量	值	显著性水平 p
R 检验	R_2	0.9852	—

对于 R 曲线拟合度检验，R_2 的值为 0.9852，证明该预测公式拟合效果非常好。由表 15-1 可知，用式（15.2）得到起晕场强拟合曲线与试验结果一致性较好。

分析分裂数和子导线半径对起晕场强影响时，根据式（15.2），在 8～25℃ 范围内，温度对相对空气密度影响很小，因而对起晕场强影响不大，根据试验现场的温度范围，取计算温度为 15℃。对于分裂绞线，粗糙系数在 0.75～0.85 之间，因此取粗糙系数为 0.75 和 0.85 代入 Peek 公式对绞线分裂场强进行计算，并与预测公式起晕场强计算结果进行了对比，见图 15-1（b）。发现 Peek 公式起晕场强计算值整体范围在 4 分裂与 6 分裂导线起晕场强试验值之间，显然不能给出相对精确的起晕场强值，对于 8、10、12 分裂，则不能采用 Peek 公式进行起晕场强计算，而采用本项目所提计算公式不同分裂数、不同子导线半径下起晕场强计算结果与试验结果吻合较好。

分析海拔高度对起晕场强影响时，同样取计算温度为 15℃，取粗糙系数为 0.8，对 19～4000m 下分裂导线的起晕场强采用 Peek 公式进行计算，并与本项目所提预测公式起晕场强计算结果进行了对比。发现对于半径 1.34cm、1.5cm 的 6 分裂导线，Peek 公式起晕场强计算结果基本重合，与试验结果偏差较大。且在海拔 1000m 以下，Peek 公式起晕场强计算值与半径为 1.34cm 导线起晕场强试验结果吻合较好；在海拔 1000～3000m 范围内，Peek 公式起晕场强计算值与试验结果偏差较大；当海拔大于 3000m 时，Peek 公式起晕场强计算值与半径为 1.5cm 导线起晕场强试验结果吻合较好。而采用本项目所提计算公式不同海拔下起晕场强计算结果与试验结果均吻合较好。

通过分裂导线起晕场强计算公式 R 检验，F 检验和 t 检验结果，以及试验值、本项目预测公式计算值和 Peek 公式计算值的对比分析，验证了本项目所提计算公式具有较高的准确性。

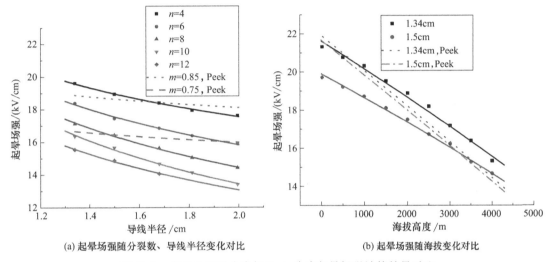

(a) 起晕场强随分裂数、导线半径变化对比　　(b) 起晕场强随海拔变化对比

图 15-1　本项目预测公式与 Peek 公式起晕场强计算结果对比

15.1.2　沙尘条件下起晕场强预测方法

综合 14.4.1 及 14.1.2 节起晕场强随子导线半径、分裂数的变化规律，及 14.1.4 及 14.1.5 节中起晕场强随沙尘浓度、沙尘粒径的变化规律，考虑沙尘浓度与沙尘粒径的耦合项，提出了沙尘条件下分裂导线起晕场强计算公式，见式（15.3）。

$$E_c = a_7 \frac{1}{\sqrt{r}} + b_7 \left(\frac{1}{n} + c_7 \frac{\ln n}{\sqrt{n}} \right) + d_7 e^{g_7 r_d + h_7 r_d^2} + m_7 n_d + n_7 r_d n_d + e_7 \tag{15.3}$$

式中，a_7、b_7、c_7、d_7、e_7、g_7、h_7、m_7 和 n_7 均为常数。其余参数在上述分析中均有定义，不在此赘述。

而后，本项目利用 SPSS Statistics 统计分析软件，采用最小二乘法拟合方式，对测量计算获得的起晕场强值进行了拟合，获得了起晕场强公式与子导线半径 r、导线分裂数 n、沙尘粒径 r_d 及沙尘浓度 n_d 的关系式如下：

$$E_c = 16.63 \times \frac{1}{\sqrt{r}} + 27.94 \left(\frac{1}{n} + 0.74 \frac{\ln n}{\sqrt{n}} \right) + 0.13 e^{12.05 r_d - 155.19 r_d^2} - 0.001 n_d - 0.004 r_d n_d - 16.02$$

$$\tag{15.4}$$

式中，起晕场强 E_c 为起晕起强，kV/cm；r 为子导线半径，cm；r_d 为沙尘粒径，mm；n_d 为沙尘浓度，mg/m^3。

R 检验中，$R=0.99$，近似等于 1，说明该回归方程的逼近效果很好。通过统计检验进一步证明该公式适合于海拔 2200m 地区沙尘条件下，4 分裂及以上导线，子导线半径 1.34～1.995cm，沙尘粒径为 0～0.5mm，沙尘浓度 152～702mg/m^3 下起晕场强预测。

15.2　直流分裂导线起晕场强预测方法

15.2.1　考虑海拔因素的晴好天气下起晕场强预测方法

综合 14.2 节分析，将起晕场强随子导线半径、分裂数及海拔高度变化拟合公式中的稳健项保留，并引入常数项 c 进行整体修正，提出了起晕场强预测公式见式（15.5）：

$$E_c = a_4 \delta' \left(\frac{1}{n} + b_4 \frac{\ln n}{\sqrt{\delta' n r_0}} \right) - c \tag{15.5}$$

对所有起晕场强试验数据进行多元非线性曲线拟合，得到正极性起晕场强预测公式见（15.6），与负极性起晕场强预测公式见（15.7）。

$$E_c = 57.354 \delta' \left(\frac{1}{n} + 0.702 \times \frac{\ln n}{\sqrt{\delta' n r_0}} \right) - 7.459 \tag{15.6}$$

$$E_c = 55.833 \delta' \left(\frac{1}{n} + 0.694 \times \frac{\ln n}{\sqrt{\delta' n r_0}} \right) - 6.722 \tag{15.7}$$

式中，子导线半径 $1.34\text{cm} \leqslant r_0 \leqslant 2.395\text{cm}$，分裂数 $4 \leqslant n \leqslant 10$，海拔高度 $19\text{m} \leqslant H \leqslant 4000\text{m}$。

15.2.2　沙尘条件下起晕场强预测方法

结合 14.2 节起晕场强随子导线半径、分裂数的变化规律，及 14.3 节中起晕场强随沙尘浓度的变化规律，提出了沙尘条件下分裂导线起晕场强计算公式，见式（15.8），

$$E_c = a_7 \frac{1}{\sqrt{r}} + b_7 \left(\frac{1}{n} + c_7 \frac{\ln n}{\sqrt{n}} \right) + f_7 n_d + g_7 \tag{15.8}$$

式中，a_7、b_7、c_7、f_7 和 g_7 均为常数。其余参数在上述分析中均有定义，不在此赘述。

而后，本项目利用 SPSS Statistics 统计分析软件，采用最小二乘法拟合方式，对测量计算获得的起晕场强值进行了拟合，获得了正极性起晕场强公式与子导线半径 r、导线分裂数 n 及沙尘浓度 n_d 的关系式如下：

$$E_c = 36.634 \times \frac{1}{\sqrt{r}} + 51.718 \left(\frac{1}{n} - 0.0014 \times \frac{\ln n}{\sqrt{n}} \right) + 0.002 \times n_d - 16.174 \tag{15.9}$$

负极性起晕场强公式与子导线半径 r、导线分裂数 n 及沙尘浓度 n_d 的关系式如下：

$$E_c = 30.251 \times \frac{1}{\sqrt{r}} + 50.648 \left(\frac{1}{n} \times 0.251 \times \frac{\ln n}{\sqrt{n}} \right) + 0.003 n_d - 20.836 \tag{15.10}$$

式中，E_c 为起晕场强，kV/cm；r 为子导线半径，cm；n_d 为沙尘浓度，mg/m^3。

15.2.3　淋雨条件下起晕场强预测方法

综合 14.1 及 14.2 节起晕场强随子导线半径、分裂数的变化规律，以及 14.3 节中起晕场强随淋雨量的变化规律，提出了淋雨条件下分裂导线起晕场强计算公式，见式（15.11）。

$$E_c = a_7 \frac{1}{\sqrt{r}} + b_7 \left(\frac{1}{n} + c_7 \frac{\ln n}{\sqrt{n}} \right) + d_7 I_r^{e_7} + g_7 \tag{15.11}$$

式中，a_7、b_7、c_7、d_7、e_7 和 g_7 均为常数。其余参数在上述分析中均有定义，不在此赘述。

而后，本项目利用 SPSS Statistics 统计分析软件，采用最小二乘法拟合方式，对测量计算获得的起晕场强值进行了拟合，获得了正极性起晕场强公式与子导线半径 r、导线分裂数 n 及淋雨量 I_r 的关系式如下：

$$E_c = 31.127 \times \frac{1}{\sqrt{r}} + 73.05 \left(\frac{1}{n} + 0.926 \times \frac{\ln n}{\sqrt{n}} \right) + 10.158 I_r^{-0.24} - 76.367 \tag{15.12}$$

负极性起晕场强公式与子导线半径 r、导线分裂数 n 及淋雨量 I_r 的关系式如下：

$$E_c = 30.878 \times \frac{1}{\sqrt{r}} + 47.599 \left(\frac{1}{n} + 0.187 \times \frac{\ln n}{\sqrt{n}} \right) - 0.122 I_r^{0.69} - 19.246 \tag{15.13}$$

式中，E_c 为起晕场强，kV/cm；r 为子导线半径，cm；I_r 为淋雨量，mm/h。

15.3　起晕场强预测方法评估

将国家电网公司武汉特高压交流试验基地海拔 19m 获得的 8×LGJ400、8×LGJ500、8×LGJ630 起晕场强试验值，500kV 超高压用 4×LGJ400 分裂导线在武汉、西宁、格尔木、纳赤台四个海拔点的起晕场强试验值，分别与预测值进行了对比，见表 15-2。可知，Peek 公式计算结果最大偏差为 19.21%，本项目所提预测公式计算最大偏差为 2.4%，与试验结果吻合较好。同时据 14.1 及 14.2 节分析，进一步证明本项目所提预测公式可适用于分裂数 3～12、子导线半径 1.34～1.995cm、海拔 19～4000m 范围内分裂导线起晕场强的计算。

表 15-2　平原地区特高压分裂导线场强计算值与实测值比较

试验地点	海拔高度/m	导线类型	试验值/(kV/cm)	计算值		计算偏差	
				本项目预测公式/(kV/cm)	Peek 公式/(kV/cm)（m=0.8）	本项目预测公式	Peek 公式
武汉	19	8×LGJ400	19.92	19.84	21.89	−0.40%	9.89%
		8×LGJ500	18.94	18.93	21.65	−0.05%	12.31%
		8×LGJ630	17.96	18.05	21.41	0.50%	19.21%
		4×LGJ400	23.08	23.11	21.82	0.13%	−5.46%
西宁	2200	4×LGJ400	19.99	19.51	17.68	−2.40%	−11.56%
格尔木	2829		18.80	18.56	16.62	−1.28%	−11.59%
纳赤台	3800		16.94	16.90	12.79	−0.24%	−12.69%

第16章

考虑沙尘荷电影响的三维电晕损失计算模型

目前交流导线电晕损失计算模型均为二维模型，模型假定为无限长且表面光滑的直导线结构，忽略了钢芯铝绞线表面电场沿轴向分布的不均匀性。但实际的钢芯铝绞线为有限长且外层股为螺旋线结构，二维计算模型不能计算考虑含弧垂、风偏下导线的电晕损失。同时，沙尘天气下沙尘颗粒的存在会对电晕损失产生一定的影响。沙尘对电晕损失的影响主要原因是沙尘的存在降低了导线起晕场强，以及沙尘颗粒在交流离子流场中的荷电和迁移运动特性对电晕损失的影响。本章采用螺旋模拟电荷计算三维电场，从考虑沙尘因素的起晕场强值和沙尘颗粒荷电两方面对计算模型进行修正，建立了三维电晕损失计算模型。

16.1 螺旋模拟电荷及边界点坐标

绞线最外层股与内层股之间呈螺旋线缠绕状。如果空间一点 $M(x, y, z)$ 在圆柱面 $x^2 + y^2 = R^2$ 上以角速度 ω 绕 x 轴旋转，同时以线速度 v 沿平行于 x 轴的正方向上升，则点 M 的运动轨迹称为螺旋线。当 $\omega t = 2\pi$，M 点沿导线轴线方向运动的距离 h 称为螺距 (Pitch)。如图 16-1 所示，工程中，绞线螺距长度 $L_p = PF \times 2R$，PF 为螺距因子，R 绞线外径。几种常见的钢芯铝绞线结构参数如表 16-1 所示。因此已知 L_p 和 R，则点 M 的坐标可以由式 (16.1)～式 (16.3) 计算得到。

$$x = \frac{L_p}{2\pi} \theta \tag{16.1}$$

$$y = R \sin \frac{2\pi x}{L_p} \tag{16.2}$$

$$z = R \cos \frac{2\pi x}{L_p} \tag{16.3}$$

沿绞线轴向在最外层股线内部放置螺旋电荷，假定绞线为有限长，为 $2k+1$ 倍螺距 $(-k, \cdots, -1, 0, 1, \cdots, +k)$，在每段螺距内，螺旋电荷被均匀剖分为 n 段长度为 l 的模拟线电荷，见图 16-2，对于每个模拟线电荷，其电位系数和场强系数可近似采用理想线电荷求解。每根外层股采用 3 个螺旋电荷模拟，q_{h1}、q_{h2} 和 q_{h3}，其距离 y—z 平面股中心的距离分别为 $f_1 R_g$、$f_2 R_g$、$f_3 R_g$，其中 $0 < f_2 = f_3 < f_1 < 1$，放置螺旋电荷的数量为绞

线外层股数的 3 倍 $3 \times n_0$，n_0 为绞线最外层股数。笼壁也采用 n_g 个螺旋电荷模拟。则等螺距螺旋电荷内模拟线电荷总数量为 $N = n \times (3 \times n_0 + n_g)$，由于模拟电荷为等螺距沿 x 方向重复，则未知模拟线电荷仅为螺距 $Pitch_0$ 段，其余模拟电荷可以通过坐标变换得到。

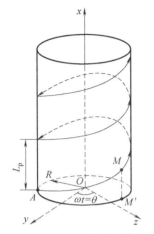

图 16-1　绞线外层股螺旋结构示意图

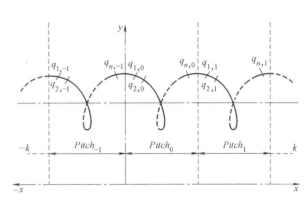

图 16-2　螺旋电荷示意图

表 16-1　常见钢芯铝绞线的参数

导线类型	最外层铝股数		导线直径 /mm	L_p /mm	PF
	最外层股数 n_0	外层股线直径/mm			
LGJ300	15	3.99	23.94	277	
LGJ400	22	3.22	26.82	300	
LGJ500	23	3.60	30.00	343	10～12
LGJ630	21	4.20	33.60	386	
LGJ720	21	4.53	36.23	410	
LGJ900	27	3.99	39.90	458	

　　图 16-3 所示为电晕笼内 LGJ400 绞线等螺距考虑外层股结构的螺旋电荷布置示意图，最外层股数为 $n_0 = 22$，绞线外径 $R = 13.41$mm。其中"〇"为模拟电荷布置点，"×"代表匹配点。ψ 为螺旋电荷 q_{h2} 和 q_{h3} 相对于 q_{h1} 偏离角度。将方形截面电晕笼等效为圆柱形电晕笼，电晕笼截面尺寸为 L，则等效外径为 $R_{cage} = 1.08 \times L$。同时为了验证是否满足电位边界条件，在股线和笼壁外缘，设置同等数量和偏离角度的匹配点，因此，在螺距 $Pitch_0$ 段选择 N 个匹配点，并且每个匹配点位于两个相邻模拟电荷的中间。$Pitch_0$ 段螺旋模拟电荷的结构图如图 16-4 所示。

　　对于带电量为 Q_j（$Q_j = q_j$，$j = 0, 1, 2, \cdots, N$）的模拟线电荷，假定起始坐标为 $A_m(x_m, y_m, z_m)$，长度为 l_j，则对于空间中任一点 $A_i(x_i, y_i, z_i)$，其电位系数 P_{ij}，场强系数 fx_{ij}，fy_{ij}，fz_{ij} 分别为：

$$P_{ij} = \frac{1}{4\pi\varepsilon_0 l_j} \ln \frac{l_j - x_1 + \gamma}{-x_1 + \delta} \tag{16.4}$$

$$fx_{ij} = \frac{1}{4\pi\varepsilon_0 l_j}\left(\frac{1}{\gamma} - \frac{1}{\delta}\right) \tag{16.5}$$

$$fy_{ij} = \frac{1}{4\pi\varepsilon_0 l_j} \times \frac{y_1}{y_1^2 + z_1^2}\left(\frac{l_j - x_1}{\gamma} + \frac{x_1}{\delta}\right) \tag{16.6}$$

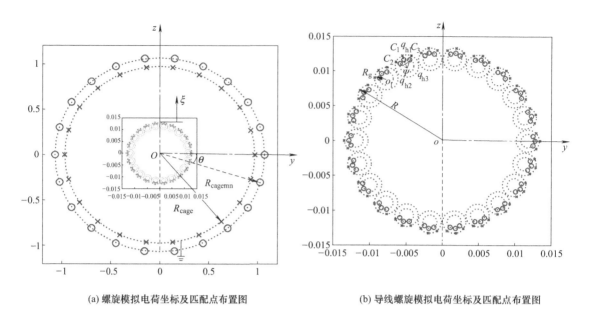

(a) 螺旋模拟电荷坐标及匹配点布置图　　　　(b) 导线螺旋模拟电荷坐标及匹配点布置图

图 16-3　螺旋模拟电荷和匹配点的坐标截面示意图

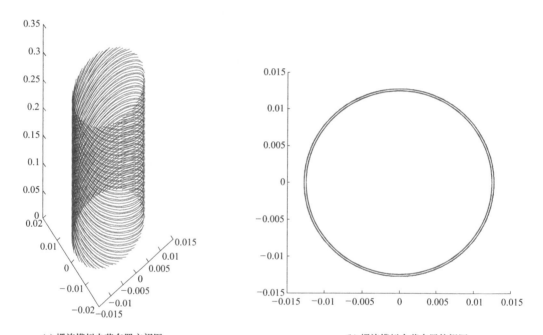

(a) 螺旋模拟电荷布置主视图　　　　(b) 螺旋模拟电荷布置俯视图

图 16-4　等螺距考虑外层股结构的螺旋电荷布置示意图

$$fz_{ij}=\frac{1}{4\pi\varepsilon_0 l_j}\times\frac{z_1}{y_1^2+z_1^2}\left(\frac{l_j-x_1}{\gamma}+\frac{x_1}{\delta}\right)\qquad(16.7)$$

其中

$$\gamma=\sqrt{(l_j-x_1)^2+y_1^2+z_1^2}\qquad(16.8)$$

$$\delta=\sqrt{x_1^2+y_1^2+z_1^2}\qquad(16.9)$$

$$x_1=x_i-x_m\qquad(16.10)$$

$$y_1 = y_i - y_m \tag{16.11}$$

$$z_1 = z_i - z_m \tag{16.12}$$

16.2　电晕起始和空间电荷发射

依据 Kaptzov 假设，考虑空间电荷的影响，对每一时刻分别计算导线表面各点的起晕电荷判据，假定对应导线在 t 时刻施加电压 $U_t = U_{\max} \sin(\omega t)$，则

$$\boldsymbol{P}_{\mathrm{cond}} \boldsymbol{Q}_{\mathrm{cond}} + \boldsymbol{P}_{\mathrm{space}} \boldsymbol{Q}_{\mathrm{space}} + \boldsymbol{P}_{\mathrm{cage}} \boldsymbol{Q}_{\mathrm{cage}} = U_t \tag{16.13}$$

$$\boldsymbol{P}_{\mathrm{cond1}} \boldsymbol{Q}_{\mathrm{cond}} + \boldsymbol{P}_{\mathrm{space1}} \boldsymbol{Q}_{\mathrm{space}} + \boldsymbol{P}_{\mathrm{cage1}} \boldsymbol{Q}_{\mathrm{cage}} = 0 \tag{16.14}$$

$$\boldsymbol{E}_x = \boldsymbol{E}_{x1} \cos\delta \cos\beta + \boldsymbol{E}_{y1} \sin\beta + \boldsymbol{E}_{z1} \sin\delta \cos\beta \tag{16.15}$$

$$\boldsymbol{E}_y = \boldsymbol{E}_{x1} \cos\delta \sin\beta + \boldsymbol{E}_{y1} \cos\beta + \boldsymbol{E}_{z1} \sin\delta \sin\beta \tag{16.16}$$

$$\boldsymbol{E}_z = \boldsymbol{E}_{x1} \sin\delta + \boldsymbol{E}_{z1} \cos\delta \tag{16.17}$$

其中：

$$\boldsymbol{E}_{x1} = f x_{\mathrm{cond}} \boldsymbol{Q}_{\mathrm{cond}} + f x_{\mathrm{space}} \boldsymbol{Q}_{\mathrm{space}} + f x_{\mathrm{cage}} \boldsymbol{Q}_{\mathrm{cage}} \tag{16.18}$$

$$\boldsymbol{E}_{y1} = f y_{\mathrm{cond}} \boldsymbol{Q}_{\mathrm{cond}} + f y_{\mathrm{space}} \boldsymbol{Q}_{\mathrm{space}} + f y_{\mathrm{cage}} \boldsymbol{Q}_{\mathrm{cage}} \tag{16.19}$$

$$\boldsymbol{E}_{z1} = f z_{\mathrm{cond}} \boldsymbol{Q}_{\mathrm{cond}} + f z_{\mathrm{space}} \boldsymbol{Q}_{\mathrm{space}} + f z_{\mathrm{cage}} \boldsymbol{Q}_{\mathrm{cage}} \tag{16.20}$$

在式 (16.13)～式 (16.14)、式 (16.18)～式 (16.20) 中，$\boldsymbol{Q}_{\mathrm{cond}}$、$\boldsymbol{Q}_{\mathrm{space}}$、$\boldsymbol{Q}_{\mathrm{cage}}$ 分别为导线模拟电荷向量、空间模拟电荷向量、笼壁模拟电荷向量。

在式 (16.13) 中，$\boldsymbol{P}_{\mathrm{cond}}$、$\boldsymbol{P}_{\mathrm{space}}$、$\boldsymbol{P}_{\mathrm{cage}}$ 分别为导线模拟电荷、空间模拟电荷和笼壁模拟电荷对导线表面电荷发射点的电位系数矩阵。

在式 (16.14) 中，$\boldsymbol{P}_{\mathrm{cond1}}$、$\boldsymbol{P}_{\mathrm{space1}}$、$\boldsymbol{P}_{\mathrm{cage1}}$ 分别为导线模拟电荷、空间模拟电荷和笼壁模拟电荷对笼壁匹配点的电位系数矩阵。

由于导线施加电压为边界点的计算电势，因此通过式 (16.13)～式 (16.14) 可计算得到未知模拟电荷。

在式 (16.15)～式 (16.17) 中，δ，β 分别为线电荷与 x—y，x—z 平面的夹角，见图 16-5。

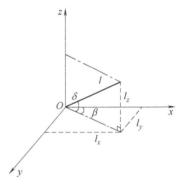

图 16-5　模拟线电荷与 x—y、x—z 平面夹角求解示意图

假设对单螺距螺旋电荷均匀剖分为 40 段，则 $\Delta\theta = \pi/20 = 2\sin[(\theta_2 - \theta_1)/2]$，$PF = 10$。某段线电荷两个端点的坐标分别为 $A(10R\theta_1, R\cos\theta_1, R\sin\theta_1)$、$B(10R\theta_2, R\cos\theta_2, R\sin\theta_2)$。

$\boldsymbol{AB} = [10R(\theta_2 - \theta_1), R\cos(\theta_2 - \theta_1), R\sin(\theta_2 - \theta_1)] = |AB|(\cos\alpha, \cos\beta, \cos\gamma)$。其中 $|AB|$ 为模拟电荷的长度，β 和 γ 分别是 $\boldsymbol{AB}$ 与 x—z 平面及 x—y 平面的夹角。

$$\cos(\theta_2 - \theta_1) = -2\sin\frac{\theta_2 - \theta_1}{2}\sin\frac{\theta_2 + \theta_1}{2}$$

$$\sin(\theta_2 - \theta_1) = 2\sin\frac{\theta_2 - \theta_1}{2}\cos\frac{\theta_2 + \theta_1}{2}$$

因此，

$$\boldsymbol{AB} \approx |AB|\left(10, -\sin\frac{\theta_2 + \theta_1}{2}, \cos\frac{\theta_2 + \theta_1}{2}\right)$$

$$\beta \approx \arccos\left(-\frac{1}{10}\sin\frac{\theta_2+\theta_1}{2}\right),\gamma \approx \arccos\left(\frac{1}{10}\cos\frac{\theta_2+\theta_1}{2}\right)$$

在式（16.18）中，$\boldsymbol{fx}_{\mathrm{cond}}$、$\boldsymbol{fx}_{\mathrm{space}}$ 和 $\boldsymbol{fx}_{\mathrm{cage}}$ 分别为 x 方向上导线模拟电荷、空间模拟电荷及笼壁模拟电荷对导线表面发射点的场强系数矩阵。

在式（16.19）中，$\boldsymbol{fy}_{\mathrm{cond}}$、$\boldsymbol{fy}_{\mathrm{space}}$ 和 $\boldsymbol{fy}_{\mathrm{cage}}$ 为 y 方向上导线模拟电荷、空间模拟电荷及笼壁模拟电荷对导线表面发射点的场强系数矩阵。

在式（16.20）中，$\boldsymbol{fz}_{\mathrm{cond}}$、$\boldsymbol{fz}_{\mathrm{space}}$ 和 $\boldsymbol{fz}_{\mathrm{cage}}$ 为 z 方向上导线模拟电荷、空间模拟电荷及笼壁模拟电荷对导线表面发射点的场强系数矩阵。

由 Peek 公式计算起晕场强，选取考虑沙尘因素的分裂导线起晕场强值。当导线表面场强达到起晕场强时，起晕场强 E_{on} 为：

$$E_{\mathrm{on}}=|E_x+E_y+E_z| \tag{16.21}$$

计算出此时导线模拟电荷，并以此作为导线各点起晕电荷判据，电压为正极性时为电荷向量 $\boldsymbol{Q}_{\mathrm{cri}+}$，长度向量为 $\boldsymbol{l}_{\mathrm{cri}+}$，与 x—y，x—z 平面方向的夹角向量为 $\boldsymbol{\delta}_{\mathrm{cri}+}$，$\boldsymbol{\beta}_{\mathrm{cri}+}$。电压为负极性时为电荷向量 $\boldsymbol{Q}_{\mathrm{cri}-}$，长度向量为 $\boldsymbol{l}_{\mathrm{cri}-}$，与 x—y，x—z 平面方向的夹角向量为 $\boldsymbol{\delta}_{\mathrm{cri}-}$，$\boldsymbol{\beta}_{\mathrm{cri}-}$。

对应 t 时刻，分别计算此时的导线模拟电荷向量 $\boldsymbol{Q}_{\mathrm{cond}}$，与导线各点起晕电荷判据 $\boldsymbol{Q}_{\mathrm{cri}+}$ 或 $\boldsymbol{Q}_{\mathrm{cri}-}$ 进行比较，分别判断导线各点是否起晕。如对导线模拟线电荷 r，取 $\boldsymbol{Q}_{\mathrm{cond}}$ 第 r 个元素，及 $\boldsymbol{Q}_{\mathrm{cri}+}$ 或 $\boldsymbol{Q}_{\mathrm{cri}-}$ 第 r 个元素进行对比，如果 $Q_{\mathrm{cond},r}>Q_{\mathrm{cri}+,r}$ 或 $Q_{\mathrm{cond},r}<Q_{\mathrm{cri}-,r}$，则导线表面第 r 个发射点向空间发射电荷。设导线表面发射电荷向量为 $\boldsymbol{Q}_{\mathrm{emi}}$，则其第 r 个元素为 $Q_{\mathrm{emi},r}=Q_{\mathrm{cond},r}-Q_{\mathrm{cri}+,r}$，或 $Q_{\mathrm{emi},r}=Q_{\mathrm{cond},r}-Q_{\mathrm{cri}-,r}$，并且导线第 r 个模拟电荷此时变为 $Q_{\mathrm{cri}+,r}$ 或 $Q_{\mathrm{cri}-,r}$。

16.3　空间电荷迁移与复合

与导线极性相同的空间线电荷做推离导线运动，与导线极性不同则将被吸向导线运动。在三维电晕损失计算模型中，第 i 个空间电荷在 Δt 时间内在 x 轴方向上移动的距离为

$$\Delta d_x=\mu E_x\Delta t \tag{16.22}$$

在 y 轴方向上移动的距离为

$$\Delta d_y=\mu E_y\Delta t \tag{16.23}$$

在 z 轴方向上移动的距离为

$$\Delta d_z=\mu E_z\Delta t \tag{16.24}$$

式中，μ 为离子迁移率。E_x、E_y 和 E_z 分别为第 i 个空间线电荷所在位置处 x 轴，y 轴和 z 轴方向上的电场强度。

由于正负电荷的复合，离子数将逐步减小。为计算电荷复合需要知道电荷密度，定义电荷的控制体积 Δv_i 为线电荷 i 在时间段 Δt 经过的球壳体积。

空间电荷密度 n_{i0} 与空间电荷量 q_{i0} 之间的关系为

$$n_{i0}=\frac{|q_{i0}|}{e\Delta v_i} \tag{16.25}$$

式中，e 为电子电荷量，1.6×10^{-19} C。因此 Δt 后，可得第 i 个空间线电荷变为

$$q_i = \frac{q_{i0}}{1 + n_{i0}\Upsilon \Delta t} \tag{16.26}$$

式中，复合系数 $\Upsilon = 1.5 \times 10^{-12}\,\mathrm{m^3/s}$。

16.3.1 不同温湿度气压下关键参数正负离子迁移率获取

特高压交流输电线路距离长，沿线气象条件复杂，作为分析离子流场分布和交流输电线路电晕损失的关键参数，现有离子迁移率取值未考虑温湿度、气压等气象条件的影响。在正/负极性电晕放电过程中，参与放电的气体和生成的带电离子不同，其中正极性电晕放电过程中参与反应的气体为氮气和氢气，最终生成的产物离子为 $H^+(H_2O)_n$、$N_2^+(H_2O)_n$、$N_4^+(H_2O)_n$；负极性电晕放电过程中参与反应的气体为氧气和二氧化碳，最终生成的产物离子为 $O_5^-(H_2O)_n$、$O^-(H_2O)_n$、$O_3^-(H_2O)_n$、$(H_2O)_nCO_3^{16}$，由于空气中水分含量不同，n 为1、2、3。温、湿度通过影响产物离子的水合络合程度（n 值）、气压通过影响离子的平均自由程来影响离子迁移率，不同温湿度、气压下的离子迁移率对于提高不同气象条件下交流输电线路电晕损失模型的计算准确度具有重要意义。

国内外用于测量离子迁移率的方法主要包括 Gerdien condenser[1,2] 法、电压—电流曲线法[3-5]、脉冲法[6]、平行平板法[7]、迁移管法[8-11]。其中迁移管法是利用气相中不同离子在电场中迁移速度的差异来对化学离子物质进行表征的一项分析技术，现已逐步发展成为离子迁移率谱分析方法，理论方面相对比较成熟，并广泛应用于便携式检测领域。因此，采用迁移管法对不同湿度气压下带电离子迁移率进行了测量。

测量平台的结构图如图 16-6 所示。首先设计制作了用于离子迁移率测量的迁移管装置，包括电晕电离区（A），离子迁移区（B）和电荷收集区（C）。其中电离源采用针环电极（D）；针环间距固定为 4.3mm，并且在针、环加同极性直流电压，幅值分别为 7.5kV 和 -1.35kV，由高压直流电源（S_1 和 S_2）提供。离子门采用自制的 Bradbury-Nielson 型金属丝离子门（E）并设置离子门为闭—开的动作方式。在迁移区中，在管外壁均匀布置若干不锈钢金属环（F），环间串联 1MΩ 的高精度无感电阻来保证管内的电场尽可能均匀。管身长 10cm，管内的电场强度为 135V/cm。在电荷收集区，在法拉第盘（H）平行安装屏蔽网（G），屏蔽网栅通过 2200pF 接地以滤除高频感应干扰电流信号，法拉第盘用来采集迁移区运动过来的离子流信号。电晕离子流信号量级仅为纳安，通过法安级微电流放大器（I）将法拉第盘上的电流信号转换为电压信号，通过示波器（J）采集保存。

将离子门的动作方式从关闭—导通—关闭改进为关闭—导通，获得了较高幅值的离子流

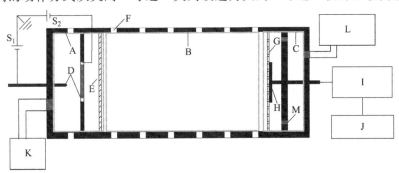

图 16-6　测量平台原理示意图

信号，见图 16-7。将离子门开启的时间作为计时起点，迁移时间 t 为离子从迁移区流入法拉第盘的时间，$t=t_1+t_2$，t_1 主要受离子运动迁移过程中与其他粒子的碰撞频率影响，即受气压的影响。t_2 主要受离子水合络合度的影响，即受温湿度的影响。L 和 E 分别为迁移管的长度和场强，可计算得到离子迁移率 k 为

$$k=\nu/E=L/(t \cdot E) \tag{16.27}$$

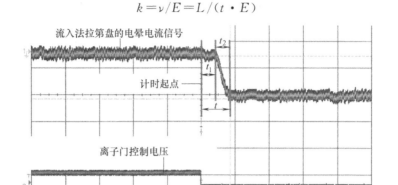

图 16-7　迁移时间测量

控制回路实物图见图 16-8，电压转换模块用于给微控制器 STM32F107 和驱动模块供电。微控制器产生的脉冲信号经放大和光纤隔离来控制 Q_1 和 R_1 短路。通过将迁移管置于环境参数可控箱内来测量不同温湿度气压下的离子迁移率，实验平台见图 16-9，每次测量前，让环境箱持续运行 5h 来保证迁移管内的温湿度、气压参数更均匀。测量的温湿度气压点见表 16-2。

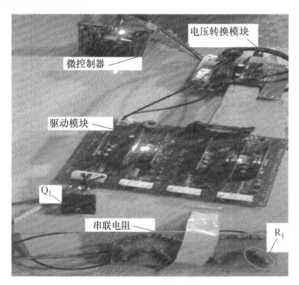

图 16-8　离子门控制回路

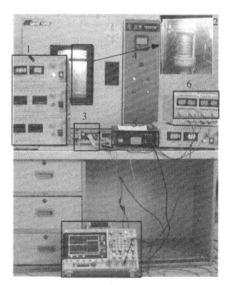

图 16-9　测量平台实物图

1—高压直流电源；2—迁移管；
3—离子门控制电路；4—环境气候箱；
5—放大器；6—控制回路电源；7—示波器

已知迁移时间 t 可以直接求取离子迁移率。对任意温湿度、气压下的迁移时间通过重复测量 10 次求平均得到。根据 Mason-Schamp 迁移率方程：

表 16-2　温湿度、气压测量点

温度/℃	湿度/%	气压/kPa
10	30	64
15	40	74
20	50	84
25	60	94
30	70	101.3

$$\mu = \frac{3}{16} \times \frac{(1+\alpha)Ze}{N\Omega_0} \sqrt{\left(\frac{1}{m}+\frac{1}{M}\right)\frac{2\pi}{kT}} \tag{16.28}$$

式中，Z 为离子电荷量；e 为电子电量；N 为迁移气体的分子数，n/cm^3；m 为离子质量；M 迁移气体分子质量；k 为玻尔兹曼常数；T 为热力学温度；α 为修正项；Ω_0 为碰撞角度和平均能量修正项。

试验中，首先保持湿度、气压为定值，分别为 60% 和 101.3kPa，改变温度，发现在温度 10~30℃ 范围内，迁移时间基本保持不变，对迁移率无影响。因此在后续的研究固定环境箱温度为 116.17℃，对湿度 30%~70%、气压 64~101.3kPa 范围的迁移时间进行了初步测量。

气压为 101.3kPa 下，湿度 40% 和 60% 时正离子迁移谱对比图见图 16-10（a），湿度 40% 和 60% 时负离子迁移谱对比图见图 16-10（b）。

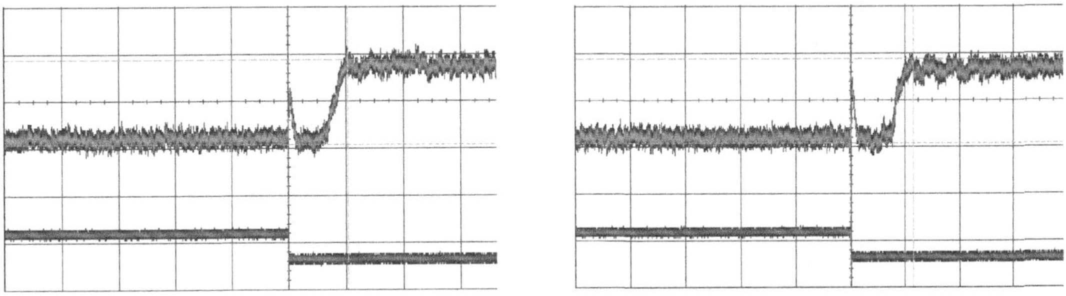

湿度40%　　　　　　　　　　　　　　　　　湿度60%

(a) 不同湿度下正离子迁移谱，气压101.3kPa

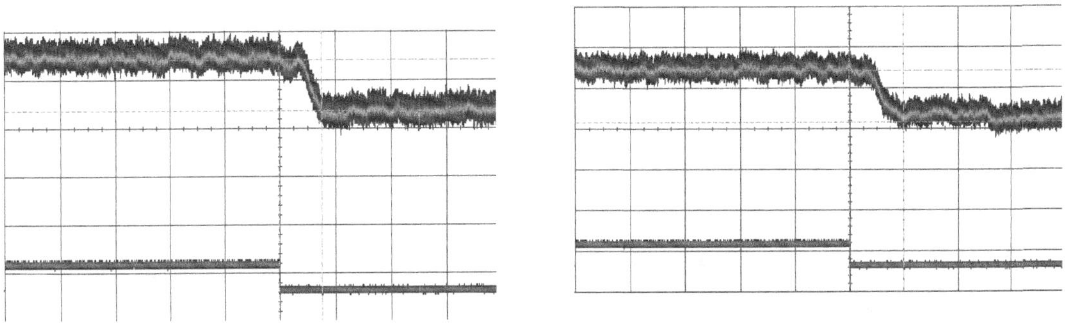

湿度40%　　　　　　　　　　　　　　　　　湿度60%

(b) 不同湿度下负离子迁移谱，气压101.3kPa

图 16-10　不同湿度下离子迁移谱

测量获得正/负离子在不同气压湿度下的迁移时间，见图 16-11。由图可以看出，相同气压下，在湿度 30％～70％范围内迁移时间随湿度的增加非线性增大且具有一定的饱和趋势。

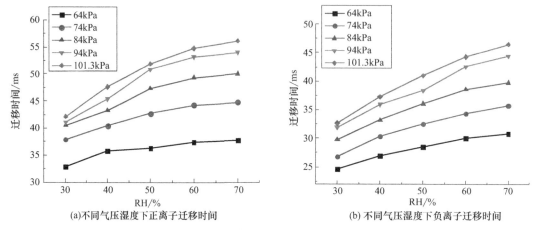

图 16-11　不同气压湿度下离子迁移特性

离子迁移率与迁移时间成反比，因此，离子迁移率随湿度的增加非线性减小且具有一定的饱和趋势。同样，在气压 44.55～101.19kPa 范围内，离子迁移率随气压的增加非线性减小且具有一定的饱和趋势。如图 16-12 所示，正离子迁移率测量结果在 1.1126～1.9167cm^2/(V·s) 范围内，负离子迁移率测量结果在 1.3574～2.5643cm^2/(V·s) 范围内，在相同的环境中，正离子的迁移率要小于负离子的迁移率。

对试验结果进行多元非线性回归拟合，拟合结果见图 16-12，拟合函数见式（16.29）。正/负离子迁移率的拟合相关系数分别为 0.963 和 0.987，拟合效果较好。迁移率拟合函数的参数估计见表 16-3、表 16-4。

$$k = a e^{-mRH} + b e^{-nP} + c + dRHP \tag{16.29}$$

式中，RH 为相对湿度，P 为气压。

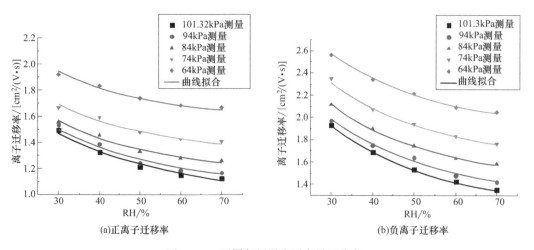

图 16-12　不同气压湿度下离子迁移率

表 16-3　正离子迁移率拟合公式中参数估计

参数	估计值	标准差	95%置信区间	
			上边界	下边界
a	1.739	1.163	-0.695	4.173
b	46.166	26.122	-8.507	100.840
c	1.377	0.164	1.032	1.721
d	-4.306×10^{-5}	0.000	-8.596×10^{-5}	-1.496×10^{-7}
m	0.073	0.035	-0.146	0.000
n	0.072	0.010	-0.094	-0.051

表 16-4　负离子迁移率拟合公式中参数估计

参数	估计值	标准差	95%置信区间	
			上边界	下边界
a	5.245	0.182	1.864	2.626
b	8.087	1.175	5.628	10.545
c	1.186	0.179	0.812	1.561
d	-5.29×10^{-5}	0.000	-5.67×10^{-5}	1.09×10^{-5}
m	0.046	0.007	-0.059	-0.032
n	0.035	0.003	-0.042	-0.028

由于交流电晕放电具有极性效应，通常负电晕要先于正电晕产生。氧气作为参与负电晕放电的主要反应物，对氧气中负离子迁移率进行测量分析极有必要。

针电极处发生电晕放电产生主电子，主电子与氧气分子碰撞产生正离子和二次电子。主电子与二次电子重复上述碰撞电离过程直到低于氧气分子的电离能。在该过程中，碰撞产生的正离子迁移速度较慢并与针电极碰撞被中和。最终，在电离层边界，电场强度急剧下降且电子迁移速度减慢，与氧气分子结合形成负离子，主要形成 O_3^-，见式（16.30）～式（16.33）。氧气负电晕产生负离子的最终产物有 $[(H_2O)_nO]^-$、$[(H_2O)_nO_2]^-$ 和 $[(H_2O)_nO_3]^-$。空气中的水分含量不同，n 的取值为 1，2，3。

$$2O_2 + e^- \longrightarrow O_2^- + O_2 \tag{16.30}$$

$$e^- + O_2 \longrightarrow O^- + O \tag{16.31}$$

$$O^- + O_3 \longrightarrow O_3^- + O \tag{16.32}$$

$$O_2^- + O_3 \longrightarrow O_3^- + O_2 \tag{16.33}$$

试验中，氧气纯度为 99.99%。在测量前，持续抽气并供氧 10min 来保证迁移管内氧气的纯度。试验环境的温湿度分别为 116.17℃ 和 30%～40%。对 44.52～101.19kPa 气压下的氧气负离子迁移率进行了初步测量。

由图 16-13 可以看出离子迁移时间随着气压的升高而非线性增大，离子迁移率随着气压的升高非线性降低且具有一定的饱和趋势。由图 16.13（b）可以看出，当气压为 44.52～101.19 kPa 时，氧气中负离子迁移率在 1.796～3.821cm^2/(V·s) 范围内变化。

与空气中负离子迁移率进行对比，发现氧气中负离子迁移率较大，δ 值在 0.093～0.423 之间。在空气和氧气中负离子迁移率差异对比见表 16-5。氧气中迁移率的变化趋势比空气中更光滑。可能的原因是空气中离子成分的种类比氧气中更复杂，负离子产物不仅包括 $[(H_2O)_nO]^-$、$[(H_2O)_nO_2]^-$、$[(H_2O)_nO_3]^-$，也可能会产生 $[(H_2O)_nCO_3]^-$、$[(H_2O)_nHCO_3]^-$、$[(H_2O)_nNO_3]^-$，因而在相同的气压下，空气中产生负离子的体积、质量及质荷比 m/z 均比氧气中的要高。

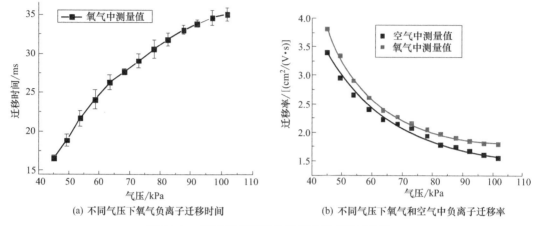

(a) 不同气压下氧气负离子迁移时间　　　　(b) 不同气压下氧气和空气中负离子迁移率

图 16-13　不同气压下氧负离子迁移率测量结果

表 16-5　不同气压下氧气与空气中负离子迁移率对比

P/kPa	k(空气)/[cm²/(V·s)]	k(氧气)/[cm²/(V·s)]	δ
44.52	3.398	3.821	0.423
49.25	2.955	3.346	0.391
53.98	2.665	2.910	0.245
63.45	2.228	2.396	0.168
68.18	2.158	2.278	0.12
72.92	2.075	2.168	0.093
77.65	1.942	2.061	0.119
82.39	1.788	1.980	0.192
87.12	1.754	1.904	0.15
96.59	1.608	1.817	0.209
101.19	1.562	1.796	0.234

对氧气中负离子进行非线性拟合，采用指数函数时拟合效果较好，拟合结果见图 16-13（b），拟合方程见式（16.34），拟合相关性系数为 0.9722。

$$K = 1.7596 + 32.9361e^{-0.0617P} \tag{16.34}$$

式中，K 为离子迁移率，P 为气压。

16.3.2　沙尘颗粒在交流离子流场中荷电迁移运动模型

16.3.2.1　荷电、迁移运动特性建模研究

在交流导线电晕放电空间电荷区，需对介质颗粒的关键微观特性参数进行研究获取，如颗粒的荷电特性、迁移运动特性。

交流输电线路导线电晕放电过程中，空间电荷区内介质颗粒的荷电过程为荷电、迁移和运动过程的耦合，三者共同决定颗粒的运动特性，见图 16-14。同时由于荷电区域内电场和离子流密度的不均匀性，颗粒总的荷电量不仅取决于停留时间，同时取决于颗粒距离电晕放电源的位置。颗粒的迁移速度与其荷电量成正比，反过来迁移通过改变它所处的位置影响颗粒的荷电速率。

研究介质颗粒在电晕笼中导线交流电晕放电空间电荷区的荷电、迁移和运动特性，可为进一步建立考虑颗粒因素影响的电晕损失模型提供参考，见图 16-15。电晕笼截面边长为 L，导线施加交流电压 $V(t)$。

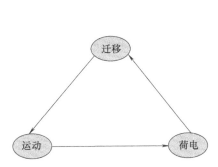

图 16-14　不均匀场颗粒荷电、迁移
运动过程之间的相互耦合关系

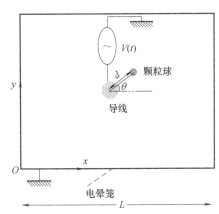

图 16-15　颗粒在交流离子流场
中的荷电、迁移运动模型

Melcher[12] 等人研究了均匀电场和离子流场中的颗粒荷电过程，提出了直流激励下饱和荷电量 q_c 和特征荷电时间 τ_{ch} 的简易计算公式。但在时变场中，Melcher 方程的解变得极为复杂。在 Whipple-Chalmers 荷电模型的基础上，可提出时变场中颗粒的荷电迁移模型。

颗粒荷电遵从以下假设：

① 颗粒为球形；

② 离子撞击颗粒表面后将被捕获，并且一旦捕获后不会被释放；

③ 颗粒的初始速度为 0；

④ 电荷在颗粒表面均匀分布。

在交流离子流场中荷电颗粒的迁移运动速度受黏性阻力、电场力和重力作用共同作用。球形颗粒在大气中运动时，所受到的黏性阻力可表示为

$$F_D = 3\pi\eta d_p w \tag{16.35}$$

式中，η 为空气动力黏度系数，w 为颗粒迁移速度。颗粒受黏性阻力作用是一个瞬态过程，需根据颗粒时刻和所处位置计算黏性阻力的大小和方向。

颗粒具有荷电量 $q(t)$ 时，所受电场力 F_e 为

$$F_e = q(t)E \tag{16.36}$$

对于直径为 d_p 的球形颗粒，所受到的重力可表示为

$$F_g = \frac{1}{6}\pi d_p{}^3 \rho_p g \tag{16.37}$$

式中，ρ_p 为颗粒质量密度，g 为重力加速度。

则颗粒在黏性阻力、电场力和重力影响下的运动方程为

$$\frac{1}{6}\pi d_{\text{p}}^3 \rho_{\text{p}} \frac{\mathrm{d}v}{\mathrm{d}t}=F_{\text{D}}+F_{\text{e}}+F_{\text{g}} \tag{16.38}$$

$$\frac{1}{6}\pi d_{\text{p}}^3 \rho_{\text{p}} \frac{\mathrm{d}v}{\mathrm{d}t}=3\pi\eta d_{\text{p}}w+q(t)E+\frac{1}{6}\pi d_{\text{p}}^3 \rho_{\text{p}}g$$

16.3.2.2　交流电场下颗粒荷电特性求解

传统的 Whipple-Chalmers 模型，在直流离子流场中荷电速率为

$$\frac{\mathrm{d}q}{\mathrm{d}t}=\begin{cases} 3I\left(1-\dfrac{q}{q_{\text{c}}}\right)^2 & ,-q_{\text{c}}\leqslant q\leqslant q_{\text{c}} \\ -12I\dfrac{q}{q_{\text{c}}} & ,q<-q_{\text{c}} \\ 0 & ,q_{\text{c}}<q \end{cases} \tag{16.39}$$

式中，q 为颗粒瞬时电量，$q_{\text{c}+}$、I_+ 分别为颗粒在正离子流场中的饱和荷电量和特征荷电电流。

由于交流电晕放电中离子流场和电场是随时间和颗粒的空间位置变化的，引入时间参数 t 和空间位置坐标 (x,y,z)，则交流电晕放电空间电荷区介质颗粒的荷电方程可表示为

$$\frac{\mathrm{d}q}{\mathrm{d}t}=\begin{cases} 3I(t)\left[1-\dfrac{q(t,x,y,z)}{q_{\text{c}}(t,x,y,z)}\right]^2 & ,\left|\dfrac{q(t,x,y,z)}{q_{\text{c}}(t,x,y,z)}\right|\leqslant 1 \\ -12I(t)\dfrac{q(t,x,y,z)}{q_{\text{c}}(t,x,y,z)} & ,\dfrac{q(t,x,y,z)}{q_{\text{c}}(t,x,y,z)}<-1 \\ 0 & ,\dfrac{q(t,x,y,z)}{q_{\text{c}}(t,x,y,z)}>1 \end{cases} \tag{16.40}$$

其中，$q_{\text{c}}(t)=12\pi\varepsilon_0 R^2 E(t,x,y,z)$，$I(t)$ 为电晕电流。

特征颗粒荷电量为

$$q_0=\frac{3\varepsilon_{\text{r}}}{\varepsilon_{\text{r}}+2}\varepsilon_0 \pi d_{\text{p}}^2 E_{\text{p}} \tag{16.41}$$

特征荷电时间 τ_{ch}，定义如下：

$$\tau_{\text{ch}}=8\frac{\varepsilon_0 A E_{\text{p}}}{I_{\text{eff}}} \tag{16.42}$$

式中，有效电晕电流 I_{eff} 定义为工频周期内的平均电晕电流幅值，E_{p} 为导线施加电压峰值时的电场强度，A 为导线电晕放电的有效面积。导线表面施加电压为 $V(t)=V_{\text{p}}\sin\left(2\pi\dfrac{t}{T}\right)$，$T$ 为工频周期。

采用归一化方法将颗粒在交流离子流场中的荷电问题转化为纯数学问题进行求解。采用归一化参量如下：

$$q(t,x,z)=q_0 \underline{q}(\underline{t},x,y,z) \tag{16.43}$$

$$q_{\text{c}}(t,x,z)=q_0 \underline{q}_{\text{c}}(\underline{t},x,y,z) \tag{16.44}$$

$$I(t)=I_{\text{eff}}\underline{i}(\underline{t}) \tag{16.45}$$

$$t=\tau_{\text{ch}}\underline{t} \tag{16.46}$$

将上述式子代入式（16.35），则得到归一化荷电速率方程为

$$\frac{dq}{dt} = \begin{cases} 2i(t)\left[1 - \dfrac{q(t,x,y,z)}{q_c(t,x,y,z)}\right]^2 & , \left|\dfrac{q(t,x,y,z)}{q_c(t,x,y,z)}\right| \leqslant 1 \\[4mm] -8i(t)\dfrac{q(t,x,y,z)}{q_c(t,x,y,z)} & , \dfrac{q(t,x,y,z)}{q_c(t,x,y,z)} < -1 \\[4mm] 0 & , \dfrac{q(t,x,y,z)}{q_c(t,x,y,z)} > 1 \end{cases} \qquad (16.47)$$

（1）不同施加电压下数值计算

数值模拟了 LGJ400-50，粗糙系数取值 0.8 时，导线加压 95kV、120kV、180kV 时单个工频周期内的颗粒荷电特性和迁移运动特性。典型荷电特性曲线见图 16-16，不同电压下颗粒荷电运动特性见图 16-17。

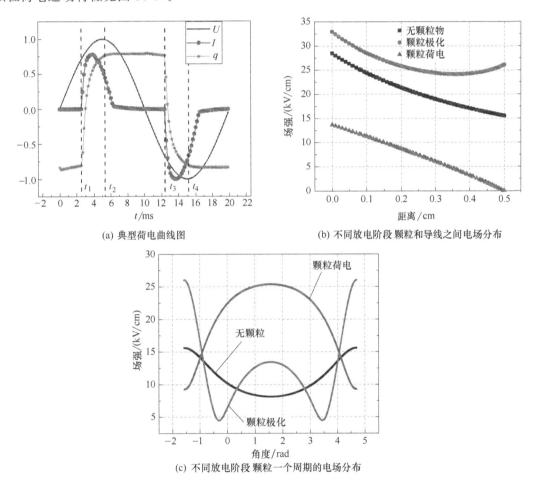

(a) 典型荷电曲线图

(b) 不同放电阶段 颗粒和导线之间电场分布

(c) 不同放电阶段 颗粒一个周期的电场分布

图 16-16　不同放电阶段荷电过程及电场分布

由图 16-16（a）可知，颗粒荷电量从极性翻转开始荷电至最大荷电量耗费了很长一段时间，大概在正负半周电压峰值附近，约为 2.79ms。且对于单个工频周期 T 内，颗粒物的荷电过程可以分为四个阶段：

当 $0 < \text{mod}(t,T) < t_1$ 或 $t_4 < \text{mod}(t,T) < T$ 时：$q(t) = q_c(t_4)$

当 $t_1 < \text{mod}(t,T) < t_2$ 时：$q(t) = q_c(t)$

当 $t_2 < \mathrm{mod}(t, T) < t_3$ 时：$q(t) = q_c(t_2)$

当 $t_3 < \mathrm{mod}(t, T) < t_4$ 时：$q(t) = q_c(t)$

发现最大荷电量并不能达到定义的饱和荷电量。颗粒物荷电量主要分布在 $-0.84 \sim -0.75$ 和 $0.65 \sim 0.76$ 范围内，颗粒带负最大荷电量要大于正最大电荷量，考虑是交流放电的极性效应的原因。

由图 16-16 (b)、图 16-16 (c) 可知，相较导线周围空间无颗粒物存在的情形，颗粒存在时由于其极化对导线周围空间的电场产生明显的畸变，颗粒球下极点至导线间的场强急剧增加，颗粒球表面的场强在极点处存在两个极大值，而在颗粒赤道面附近存在两个极小值。导致发生颗粒到导线间的"剩余间隙放电"，若存在导线表面颗粒间隙内碰撞电离系数均大于电子附着系数的情形，则发生"剩余间隙击穿"现象。

剩余间隙放电发生后，颗粒开始荷电。随着颗粒荷电量的增加，使得颗粒与导线之间气隙及颗粒球表面的场强分布重新发生变化。颗粒表面场强最小值从赤道面向下极点靠近，且颗粒至导线表面气隙的场强要远小于空间不存在颗粒物时的气隙场强。此时，放电主要发生在颗粒下极点处，且随着颗粒荷电量的增加，放电逐渐从颗粒上极点向赤道面延展，主要表现形式为发生在颗粒物上表面的表面放电和发生在颗粒与颗粒之间的孔隙放电。

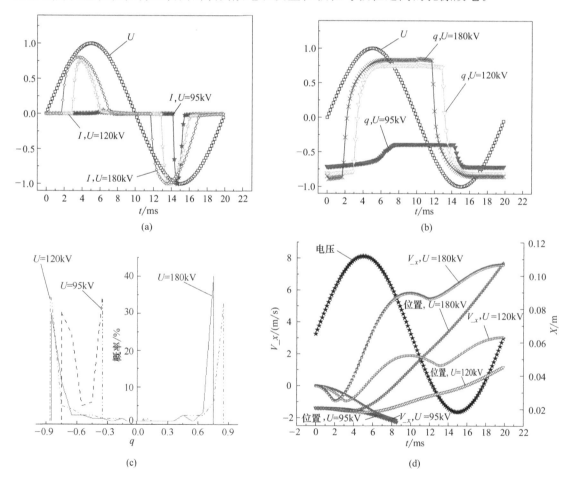

图 16-17

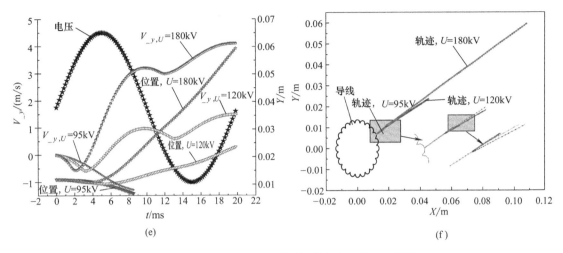

图 16-17 不同电压下介质颗粒的荷电迁移运动特性

由图 16-17 可知，电压较低，为 95kV 时，颗粒在整个工频周期内只带负电荷，随着电压的增加，颗粒在工频周期内同时带有正负电荷，且电压增幅越大，带电量的幅值明显增加。由颗粒荷电概率分布图可知，随着电压的增加，电荷量分布曲线由负半轴向正半轴扩展，且颗粒带负电荷的概率总大于带正电荷。

由迁移运动轨迹可知，电压较低，为 95kV 时，颗粒由于只带负电荷，且电荷不存在极性翻转，在工频正半轴过零点之前，颗粒一直朝向导线运动，发生碰撞沉积。颗粒物越小，该现象越容易发生。随着电压的增加，颗粒荷电量增加，同时场强也变大，导致所受电场力增加，颗粒的最终时刻的迁移运动速度增加，迁移距离也越来越大，最终时刻运动位置距离导线也越来越远。同时，颗粒先在负方向加速后减速，至正方向加速的过程中，速度过零点时刻越来越提前。

而对于实际的输电线路而言，线路设计运行场强一般在导线起晕场强附近，由于交流放电具有极性效应，此时，极有可能只有工频负半轴起晕，从而导致空气中粒径 $<500\mu m$ 的颗粒沉积在导线表面，导致导线污秽度增加。

（2）不同导线粗糙系数下数值计算

考虑导线的表面状况，选取粗糙系数 m 分别为 0.5 和 0.9，在 LGJ630 上施加电压为 140kV，计算了沙粒的荷电运动特性，如图 16-18 所示。

由公式（13.1）可以看出，随着 m 的增加，电晕起始场强 E_c 也增加，因此在工频周期内，电晕放电会在较高的电压下发生，导致颗粒荷电极性反转延迟，如图 16-18（b）所示，在 $m=0.5$ 和 $m=0.9$ 时，荷电颗粒的极性反转时刻为 1.66ms 和 3.53ms，最大荷电量时刻为 4.65ms 和 5.83ms，从极性反转至最大荷电量分别消耗了 2.99ms 和 2.30ms。

电晕放电产生的空间电荷相应地减小，由式（16.36）可知，在相同的外加电压下，颗粒携带的电荷量 q 减小，如图 16-18（b）所示，导致电场力减小，但当 $m=0.9$ 时，沿 y 方向的电场力比重力 f_g 大得多，如图 16-18（d）所示，F_e 仍然是影响颗粒运动的主导力，颗粒运动速度 v_x、v_y 和最大运动距离减小，如图 16-18（e）、图 16-18（f）和图 16-18（g）所示。

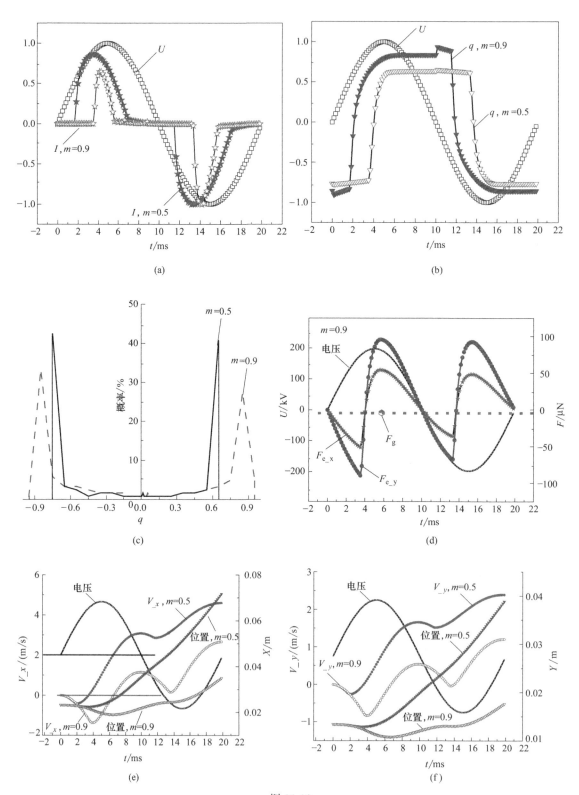

图 16-18

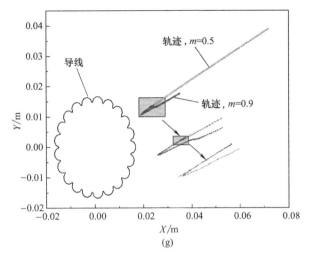

图 16-18　粗糙系数 m 为 0.5 和 0.9 时颗粒荷电运动特性比较

（3）不同导线类型下数值计算

对于粗糙系数 $m=0.8$ 的导线 LGJ500 和 LGJ720，导线截面积分别为 $500mm^2$ 和 $720mm^2$。当外加电压为 $140kV$ 时，计算颗粒在单个工频周期下的荷电运动特性，结果如图 16-19 所示。

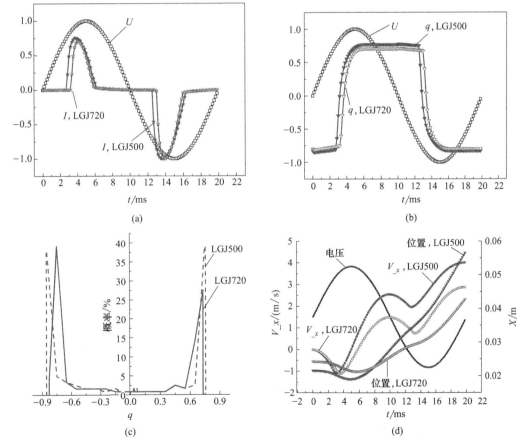

图 16-19

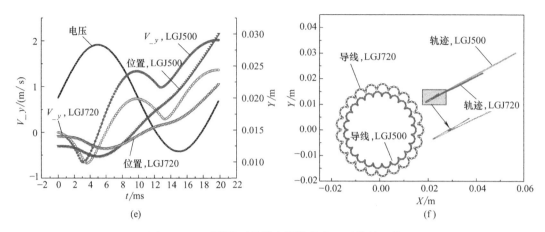

图 16-19　不同类型导线中颗粒荷电运动特性比较

随着导线截面（半径 r）的增大：电晕起始电压相应增大，较大截面的导线在较高电压下会产生电晕放电，在单个工频周期内，电晕放电强度减弱，电晕放电产生的空间电荷减小，颗粒所带电荷量也相应地减少。

此外，沿 x 和 y 方向的电场力减小，最终速度也相应减小。颗粒首先朝向导线运动（在正电晕开始之前，颗粒携带的电荷极性和施加在导体上的电压相反，因此颗粒被吸引朝向导线运动），然后被推离导线，但运动距离减小。

（4）进一步讨论分析

上述数值计算提供了在单电压周期内颗粒荷电运动结果。为了揭示不同的初始位置和多个周期对结果的影响，分三种情况进一步讨论分析。

第一种情况研究了颗粒对导线初始距离 d 影响，选择 $d = 0.1\text{mm}$、0.5mm、1mm、5mm 和 $\theta = 30°$，在单个电压周期内，数值计算结果如图 16-20（a）所示。可以看出：当 $d \leqslant 0.5\text{mm}$ 时，颗粒朝导线方向运动，与导线发生碰撞。这种现象可以解释为：在电压正半周过零点附近，颗粒所携带的电荷为负，导致电场 F_e 的方向朝向导线，由于 d 太小，荷电颗粒在极性反转之前，颗粒被吸向导线并与导线碰撞。

第二种情况研究了不同初始角度 θ 的影响，由于荷电颗粒在 y 轴上的运动特性是对称的，因此只选取 $\theta = -90°$、$-75°$、$-30°$、$0°$、$30°$、$75°$、$90°$、$d = 10\text{mm}$，在一个电压周期内，数值计算结果如图 16-20（b）所示，可以看出：如果 θ 的绝对值相同，y 轴上初始角为负方向的移动距离略大于正方向，但在 x 方向几乎相同，这是因为重力沿 y 轴负方向。

第三种情况研究了颗粒在多个电压周期内的荷电运动特性，$d = 10\text{mm}$，$\theta = 30°$，选择 10 个工频电压周期，即 $t = 200\text{ms}$，数值计算结果如图 16-20（c）和（d）所示。可以看出：在 $t = 160\text{ms}$ 左右，即第 8 个工频周期，颗粒与右笼壁碰撞，计算结束，整个计算时间内，电场力 F_{e_x} 和 F_{e_y} 衰减振荡，当 $t > 100\text{ms}$ 时，颗粒移动到位置（0.27m，0.55m），y 方向电场在该区域很小，造成了 F_{e_x} 和 $F_{\text{e}\_y} < F_\text{g}$，大多数情况下，$F_\text{g}$ 成为 y 方向的主要力，由于颗粒的速度仍然很高，质点随后沿 y 方向减速。

此外，数值计算了颗粒自身特性对结果的影响。在实际电力线上，导线周围空间中，颗粒的直径一般小于 0.5mm，但为了研究不同颗粒特性的影响，选择了较大的颗粒 $d_\text{p} =$

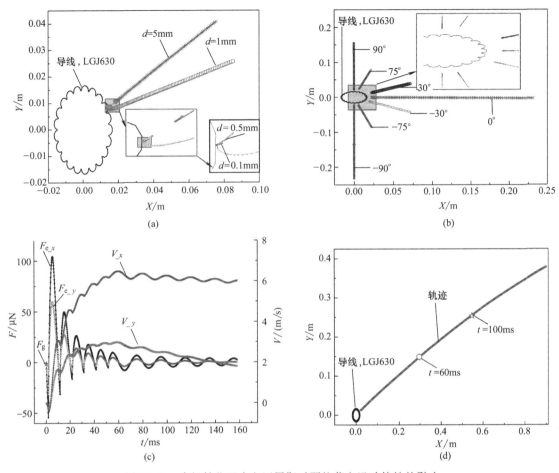

图 16-20　多初始位置多电压周期对颗粒荷电运动特性的影响

0.1mm、1mm、10mm，$d=10\text{mm}$，$\theta=30°$。$m=0.5$，模拟计算在一个电压周期内进行，如图 16-21 所示。

可以看出：即使 $d_p=10\text{mm}$，在单个工频周期内，沿 y 方向的电动力 F_e 仍然比重力

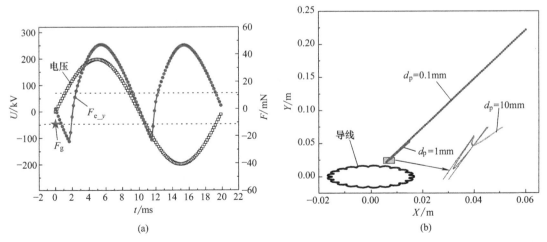

图 16-21　粒径对颗粒荷电运动特性的影响

F_g 大得多，如图 16-21（a）所示。这是因为随着 d_p 的增加，颗粒的质量增加，根据式（16.36），颗粒携带的电荷量也增加，因此，F_e 仍然是决定颗粒运动特性的主导力。

16.4　电晕损失计算与实测验证

空间电荷在交变电场作用下往返运动，其消耗的动能即为电晕损失。在三维计算模型中，第 i 个空间线电荷在 x 轴，y 轴及 z 轴方向上的运动距离分别为 Δd_{ix}，Δd_{iy} 和 Δd_{iz}。离子与颗粒碰撞后附着在颗粒表面且速度变为颗粒运动速度，将此过程中离子的动能变化量也计入电晕损失的一部分，第 i 个空间荷电颗粒在 x 轴，y 轴及 z 轴方向上的运动距离分别为 Δd_{pix}，Δd_{piy} 和 Δd_{piz}，则其电晕损失为

$$W_i = q_i E_{ix} \Delta d_{ix} + q_i E_{iy} \Delta d_{iy} + q_i E_{iz} \Delta d_{iz} + F_{e\_x} \Delta d_{pix} + F_{e\_y} \Delta d_{piy} + F_{e\_z} \Delta d_{piz}$$

$$(16.48)$$

一个工频周期内电晕损失为

$$W = \sum_{cycle} \sum_{i=1}^{N_{sc}} W_i \tag{16.49}$$

式中，N_{sc} 为一个时间步长内的空间线电荷数量，$cycle$ 决定了计算时间步数。每个周期的电晕损失计算值达到稳定时停止计算，则单位长度导线电晕损失功率为

$$P = f \frac{W}{l_{cond}} \tag{16.50}$$

式中，f 为工频；l_{cond} 为导线长度，$f = 50\,\mathrm{Hz}$。

16.4.1　小电晕笼中单根绞线电晕损失计算分析

由于试验环境气压 101.15kPa，温度为 25.3℃，湿度为 29.8%，参考 16.3 节中的研究结果，选取正离子迁移率 μ_+ 为 $1.5 \times 10^{-4}\,\mathrm{m^2/(V \cdot s)}$，负离子迁移率 μ_- 为 $1.92 \times 10^{-4}\,\mathrm{m^2/(V \cdot s)}$。

应用所提三维电晕损失计算模型，设定绞线螺距因子为 11，对于 LGJ300-40 和 LGJ400-35 导线，分别取表面粗糙系数为 0.78 和 0.83，计算了 3m 长 LGJ300-40 和 LGJ400-35 绞线电晕损失。

每个工频周期均分为 200 个步长进行计算具有较高的计算效率和准确度，研究了随试验电压升高后电晕损失的变化规律，如图 16-23 所示。并将计算结果和试验结果进行了对比，见表 16-6、表 16-7。可以看出，三维电晕损失计算模型与二维电晕损失计算模型相比，和试验结果吻合更好。

表 16-6　LGJ300-40 计算结果和测量结果相对误差对比

电压/kV	测量值/（W/m）	三维方法		二维方法	
		计算值/（W/m）	相对误差/%	计算值/（W/m）	相对误差/%
133.26	16.20	15.46	4.57	19.10	17.90
139.27	23.03	23.06	−0.11	27.91	21.19
144.36	29.84	28.79	3.50	35.14	17.76

表 16-7　LGJ400-35 计算结果和测量结果相对误差对比

电压/kV	测量值/(W/m)	三维方法		二维方法	
		计算值/(W/m)	相对误差/%	计算值/(W/m)	相对误差/%
141.23	11.32	9.68	14.49	9.31	17.75
153.15	27.27	26	4.66	30.55	12.03
157.90	35.9	35	2.51	41.06	14.37

对于 LGJ400-50 绞线，三维电晕损失模型计算结果与试验结果的最大相对误差为
12.9%，若采用二维电晕损失模型，则误差增大为 21.19%。对于 LGJ500-45 绞线，与试验
结果相比，三维模型计算结果的最大偏差为 14.49%，而二维模型计算结果的最大偏差为
17.75%。这可以解释为：由于导线的端部效应，沿绞线轴向方向电晕笼保护段的绞线表面
场强要小于测量段，如图 16-22 所示，而三维模型可以考虑绞线轴向方向表面电场的不均
匀性。

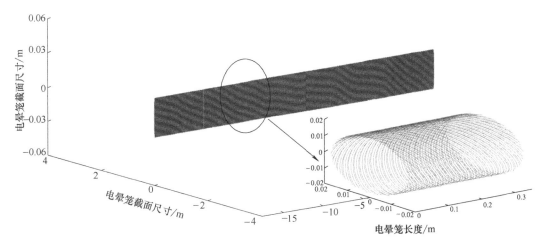

(a) 三维方法模拟电荷布置

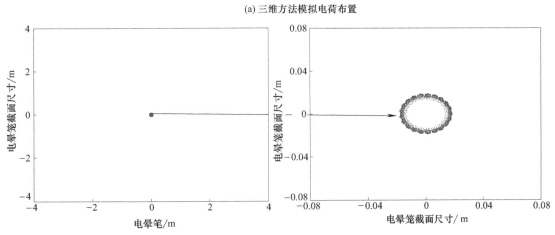

(b) 二维方法模拟电荷布置

图 16-22

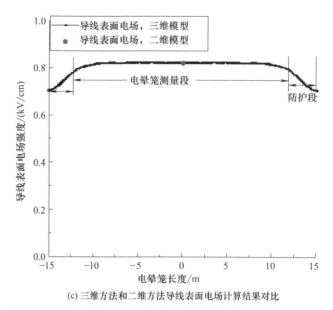

(c) 三维方法和二维方法导线表面电场计算结果对比

图 16-22　特高压电晕笼中三维方法和二维方法场强计算结果对比，导线施加电压为 1kV

最初，导线表面施加电压比较低时，只有在电晕笼测量段的绞线表面会先出现电晕放电，随着电压的进一步增加，电晕笼防护段的绞线表面也开始发生电晕放电并最终形成全线起晕。而二维计算模型假定导线为无限长直线结构，因此导线表面的电场是均匀分布的，且与三维计算方法中测量段导线表面电场基本一致，因此二维模型电晕损失计算模型不能考虑电晕笼的端部效应，导致计算结果近似为一条直线。

采用二维模型计算结果比三维模型相对误差更大，而三维模型计算结果更为准确，见图 16-23。但是，三维模型在起晕拐点所加电压处的计算结果相对误差依然很大，可能的原因是实际绞线表面的粗糙系数是不均匀的，如导线本身的毛刺、架装过程中的表面划痕等因素，在加压的过程中，会有少量的电晕放电点首先会出现在粗糙度较高的地方，产生较为随机的电晕放电，而只有当导线表面施加足够的电压后电晕笼测量段导线表面才会出现整体起晕。因此，三维电晕损失计算模型可以更好地反映电晕放电发展的实际物理过程。

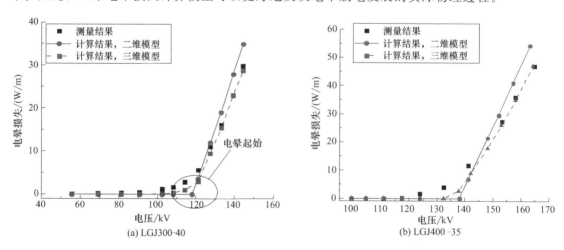

图 16-23　电晕损失测量结果与计算结果对比

单根绞线电晕损失随工频计算周期的变化见图 16-24。计算模型在 3 个工频周期后基本获得稳态解，此后，在每个工频周期内的电晕损失计算值变化很小。电晕电流波形如图 16-25 所示，单个工频周期内不同时刻下空间电荷的运动轨迹见图 16-26。

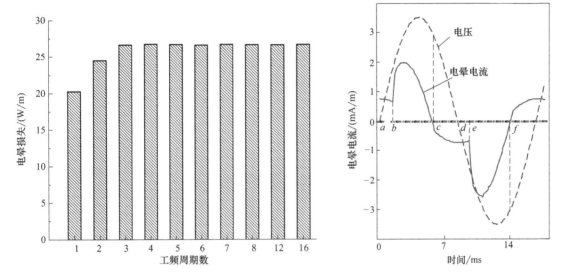

图 16-24　16 个工频计算周期内电晕损失计算结果变化图　　图 16-25　工频周期内的电压和电晕电流波形

从 a 时刻开始，导线施加电压 $U_t = 0$，电压在工频周期正半周内逐渐增加。由上个工频周期电晕放电产生的大量负离子刚运动到距离导线最远处，见图 16-26（f）。在 $a \sim b$ 时段内，随着正电压的增加，导线表面周围空间电场也增加，因此负离子加速趋向导线运动。在时刻 b，导线所加表面电场达到正极性临界起晕场强 E_{on}，导线表面出现正极性电晕放电，产生正离子并远离导线运动，而电子与导线碰撞并被中和，空间电荷的状态如图 16-26（a）所示。正极性电晕放电一直持续到 c 时刻，此时电晕放电消失。

考虑到空间中大量正离子对导线表面电场具有一定的削弱作用，因此，电晕放电的终止电压要高于起始电压，见图 16-26（b）。

在时刻 d，正离子运动到距导线最远距离处。在工频电压负半轴下离子的运动特性与正半轴相似，仅仅是改变了极性。负电晕放电起始于时刻 e，终止于时刻 f。空间电荷的运动轨迹见图 16-26（d）和图 16-26（e）。

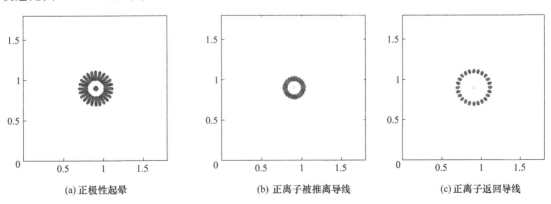

(a) 正极性起晕　　　　　　　(b) 正离子被推离导线　　　　　　(c) 正离子返回导线

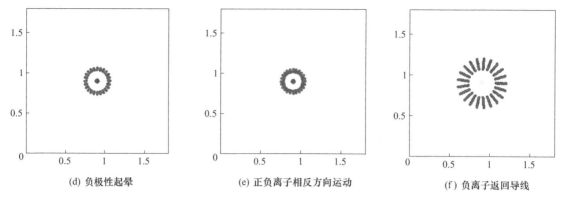

(d) 负极性起晕　　　　　　　(e) 正负离子相反方向运动　　　　　(f) 负离子返回导线

图 16-26　起晕后空间电荷运动轨迹截面图

16.4.2　特高压电晕笼中含弧垂分裂导线电晕损失计算分析

应用三维损失计算模型计算分析含弧垂导线的电晕损失特性。特高压电晕笼置于海东市平安区（海拔 2200m），截面积 8m×8m，总长 35m。电晕笼由 25m 测量段及两端各 5m 防护段组成。采用集成化光电式电晕损失测量系统，测量了晴朗无风天气下 4×LGJ720 导线的电晕损失，分裂间距为 450mm，等效粗糙系数取值 0.75，PF 取值 10，导线外径 $R=$ 18.12mm，外层股半径 $R_g=4.529$mm。试验点气压、温湿度分别为 78.5～78.8kPa，10.2～15.3℃，和 68.8%～82.8%，因此选择正负离子迁移率 $\mu+$ 和 $\mu-$ 分别为 1.32×10^{-4} m²/(V·s) 和 1.65×10^{-4} m²/(V·s)。

计算模型中弧垂导线的结构示意主视图见图 16-27，沿导线轴向方向的变化趋势可由悬链线方程获得，假设导线处在 $x-y$ 平面内，水平方向即导线轴线方向为 x 方向，竖直方向为 y 方向，坐标原点取导线左悬挂点，则悬链线方程为

$$y=\frac{\delta_0 h}{\gamma L_{h=0}}\left[\sinh\frac{\gamma l_h}{2\delta_0}+\sinh\frac{\gamma(2x-l_h)}{2\delta_0}\right]-\left[\frac{2\delta_0}{\gamma}\sinh\frac{\gamma x}{2\delta_0}\sinh\frac{\gamma(l_h-x)}{2\delta_0}\right]\sqrt{1+\left(\frac{h}{L_{h=0}}\right)^2},$$

$$L_{h=0}=\frac{2\delta_0}{\gamma}\sinh\frac{\gamma l_h}{2\delta_0} \tag{16.51}$$

式中，l_h、h 分别为两悬挂点的水平、垂直距离；γ 为单位长度导线所受重力与导线截面的比值；δ_0 为导线最低点应力（导线单位截面所受张力）。由悬链线方程可得到绞线坐标。

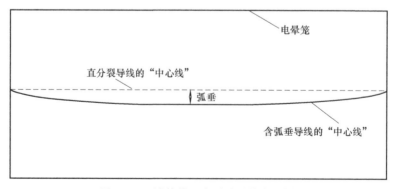

图 16-27　计算模型中弧垂导线主视图

含弧垂分裂导线的坐标可以由长直导线坐标矩阵进行平移和旋转变换得到，见式 (16.52)。

$$B = \begin{bmatrix} X_1 \\ Y_1 \\ Z_1 \end{bmatrix} = AM_1M_2 = \begin{bmatrix} X \\ Y \\ Z \end{bmatrix} M_1M_2 \qquad (16.52)$$

式中，B 为含弧垂导线的坐标矩阵；A 为长直导线的坐标矩阵；M_1 为平移变换矩阵；M_2 为旋转变换矩阵。

对于含弧垂导线螺旋模拟电荷每个螺距内的均分 40 个电荷微元，虽然导线整体有弧垂，但对于每个电荷微元仍然可以沿用长直导线螺旋模拟线电荷场强、电位系数矩阵，仅仅是每个微元线电荷具有不同的长度 l_j。

对含弧垂分裂导线的电晕损失进行了计算，与试验结果的对比见图 16-28。可以看出，弧垂 0.2m 下电晕损失计算结果与实际测量结果吻合较好。

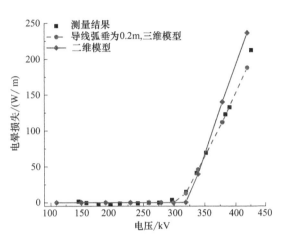

图 16-28　导线不同弧垂时电晕损失计算结果

16.4.3　特高压电晕笼中沙尘条件下分裂导线电晕损失计算分析

为简化计算，采用以下假设：①初始时刻颗粒速度为 0；②颗粒均匀分布在导线周围空间。

对 8×LGJ630、8×LGJ720 和 10×LGJ720 导线在沙尘粒径 0～0.125mm、沙尘浓度 698～706mg/m³ 下的电晕损失进行计算，结果见图 16-29。可知，考虑颗粒荷电、迁移运动后计算得到的电晕损失与实测结果吻合较好，验证了所提计算模型的准确性。

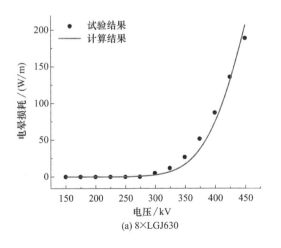

(a) 8×LGJ630

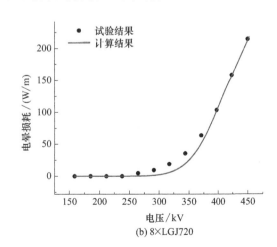

(b) 8×LGJ720

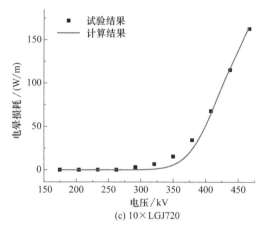

(c) 10×LGJ720

图 16-29　沙尘条件下电晕损失计算

参考文献

［1］　Suzuki K，Iritani M，Mitsukuchi T. Measurements of small ion mobility spectrum with multi-electrodes Gerdien condenser ［J］. Atmospheric Research Letters，1982，2（1）：8-15.

［2］　岳一石，陈冠缘，张建功，等. 离子迁移率测量装置研制及其在不同温、湿度下的变化规律 ［J］. 高电压技术，2015，41（5）：1696-1703.

［3］　Bricard J，Cabane M，Madelaine G. Study of the mobility of small ions in air by the flight time method ［J］. Planetary Electrodynamics，1969，1（2）：243.

［4］　Stearns R. G. Ion mobility measurements in a positive corona discharge ［J］. Journal of Applied Physics，1990，67（6）：2789-2799.

［5］　Bricard J，Cabane M，Madelaine G. Formation of atmospheric ultrafine particles and ions from trace gases ［J］. Journal of Colloid and Interface Science，1977，58（1）：113-124.

［6］　Bricard J，Cabane M，Madelaine G. Formation and properties of neutral ultrafine particles and small ions conditioned by gaseous impurities of the air ［J］. Journal of Colloid and Interface Science，1972，39（1）：42-58.

［7］　Huertas M L，Marty A M，Fontan J，Alet I，Duffa G. Measurement of mobility and mass of atmospheric ions ［J］. Journal of Aerosol Science，1971，2（2）：145-150.

［8］　欧阳吉庭，张子亮，彭祖林，等. 空气针尖负电晕放电的特征辐射谱 ［J］. 高电压技术，2012，38（9）：2237-2241.

［9］　刘云鹏，吴振扬，朱雷. 基于迁移管法气压对氮气正电晕放电离子迁移率的影响 ［J］. 电工技术学报，2016，22：223-229.

［10］　刘欣. 用于离子迁移色谱仪的负电晕放电电子源的研究 ［D］. 武汉：华中科技大学，2012.

［11］　檀景辉. 基于脉冲正电晕放电离子源的离子迁移谱仪研究 ［D］. 天津：天津大学，2010.

［12］　Melcher J R. Continuum electromechanics ［M］. Cambridge，England：MIT Press，1981：350-371.

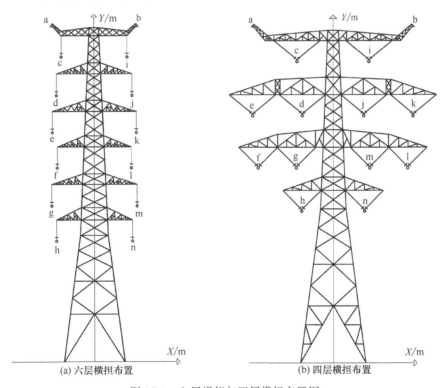

第17章

复杂环境下750kV同塔四回输电线路导线电晕损失评估

17.1 同塔四回 750kV 输电线路概况与场强仿真计算

17.1.1 线路概况

由设计部门提供，750kV 同塔四回输电工程拟采用六层横担、四层横担两种塔型布置。其中，六层横担采用 I 形绝缘子串悬挂，而对于四层横担采用 V 形绝缘子串悬挂，每串绝缘子共 40 片，各塔型具体布置截面示意图如图 17-1 所示，图中 X 轴表示塔型截面的水平

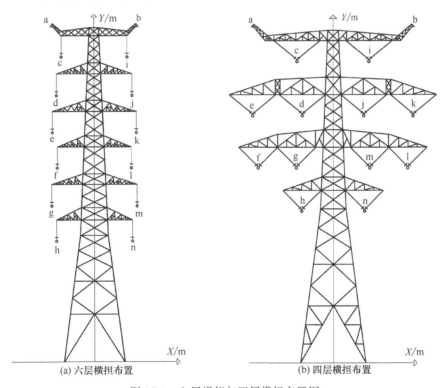

(a) 六层横担布置　　　　　(b) 四层横担布置

图 17-1　六层横担与四层横担布置图

方向，Y 轴表示塔型截面的垂直方向。图中位置 a～n 为导线和地线的布置位置[1-2]。

　　基于示意图中的坐标轴，可以得到不同塔型各相导线以及地线位置坐标，如表 17-1 所示。

表 17-1　六层横担与四层横担布置坐标

位置	六层横担 坐标(x,y)/m	四层横担 坐标(x,y)/m	位置	六层横担 坐标(x,y)/m	四层横担 坐标(x,y)/m
a	$(-18.2,142)$	$(-28.8,116.6)$	h	$(-16.2,51)$	$(-10.9,52.9)$
b	$(18.2,142)$	$(28.8,116.6)$	i	$(14,129)$	$(12.7,104.7)$
c	$(-14,129)$	$(-12.7,104.7)$	j	$(16,113)$	$(10.6,86.2)$
d	$(-16,113)$	$(-10.6,86.2)$	k	$(18,97)$	$(28.4,86.2)$
e	$(-18,97)$	$(-28.4,86.2)$	l	$(15.6,82)$	$(26.4,67.9)$
f	$(-15.6,82)$	$(-26.4,67.9)$	m	$(18.2,66)$	$(12.9,67.9)$
g	$(-18.2,66)$	$(-12.9,67.9)$	n	$(16.2,51)$	$(10.9,52.9)$

　　针对 750kV 同塔四回输电线路来说，导线为钢芯铝绞线，型号 LGJ-500/45 型。每一相导线布置为正六边形 6 分裂，分裂间距 400mm，用间隔棒固定。地线型号为 JLB20A-150，具体参数在表 17-2 列出。

表 17-2　线路参数

设计容量 /MW	导线型号	导线电阻 /(Ω/km)	导线外径 /mm	地线型号	地线外径 /mm	线路总长 /km
2300	LGJ-500/45	0.05912	30	JLB20A-150	15.75	20

　　西北 750kV 同塔四回线输电拟建设一条示范性线路于西安北地区，进行电晕损失的分析计算时，海拔取 168.6～1500m，长度取 20km，塔基平均档距 450m，由于线路海拔为连续值，为方便计算将全线分为三段，每段取计算海拔作为该段海拔进行分析计算，各段具体参数如表 17-3 所示。

表 17-3　线路长度以及海拔

项目	第一段	第二段	第三段
长度/km	5	7.5	7.5
海拔高度/m	168.6～500	500～1000	1000～1500
计算用海拔/m	340	750	1250
塔基数	12	17	17
导线	LGJ-500/45	LGJ-500/45	LGJ-500/45

　　根据气象部门常年积累资料，对 750kV 同塔四回输电线路经过的西安北地区的气象条件进行调研，分为晴天、雨天、雪天、雾天、风沙五种天气情况，每种天气情况在一年中的持续年小时数如表 17-4 所示。

表 17-4　750kV 同塔四回输电线路气候情况

天气	晴天	雨天	雪天	雾天	风沙	总计
各种天气持续时间 （年小时数）/h	5123	2328	418	840	51	8760

同塔四回 750kV 输电工程采用六层横担、四层横担布置两种塔型，六层横担布置类似于两个同塔双回，基于已有相关研究采用逆相序排列，I 形绝缘子串悬挂。而对于四层横担布置，分析了四种不同的典型相序排列，V 形绝缘子串悬挂。各塔型具体相序布置如图 17-2 所示。两种塔型不同相序的位置坐标如表 17-5 所示。

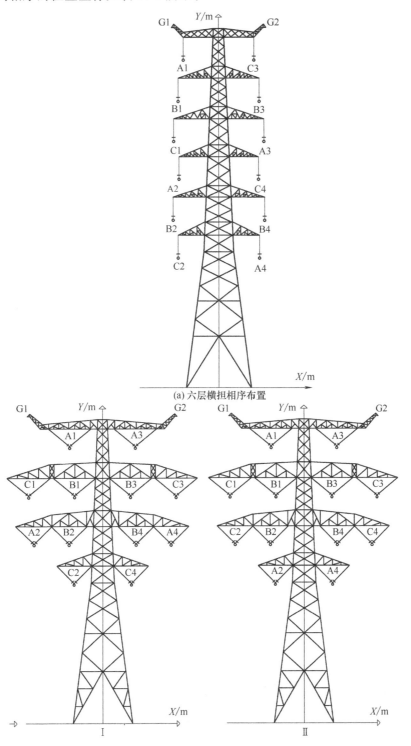

(a) 六层横担相序布置

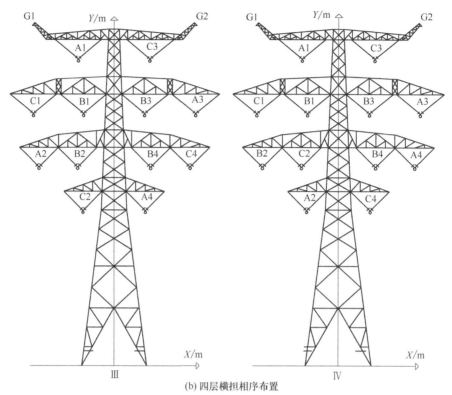

(b) 四层横担相序布置

图 17-2 两种塔型的相序布置

表 17-5 两种塔型各相序的位置坐标

六层横担		四层横担				
坐标(x,y)/m	相序	坐标(x,y)/m	I	II	III	IV
$(-18.2,142)$	G1	$(-28.8,116.6)$	G1	G1	G1	G1
$(18.2,142)$	G2	$(28.8,116.6)$	G2	G2	G2	G2
$(-14,129)$	A1	$(-12.7,104.7)$	A1	A1	A1	A1
$(-16,113)$	B1	$(-10.6,86.2)$	B1	B1	B1	B1
$(-18,97)$	C1	$(-28.4,86.2)$	C1	C1	C1	C1
$(-15.6,82)$	A2	$(-26.4,67.9)$	A2	C2	A2	B2
$(-18.2,66)$	B2	$(-12.9,67.9)$	B2	B2	B2	C2
$(-16.2,51)$	C2	$(-10.9,52.9)$	C2	A2	C2	A2
$(14,129)$	C3	$(12.7,104.7)$	A3	A3	C3	C3
$(16,113)$	B3	$(10.6,86.2)$	B3	B3	B3	B3
$(18,97)$	A3	$(28.4,86.2)$	C3	C3	A3	A3
$(15.6,82)$	C4	$(26.4,67.9)$	A4	C4	C4	A4
$(18.2,66)$	B4	$(12.9,67.9)$	B4	B4	B4	B4
$(16.2,51)$	A4	$(10.9,52.9)$	C4	A4	A4	C4

17.1.2 有限元几何计算模型以及边界条件

基于图 17-1、图 17-2 与表 17-1、表 17-5 六层横担和四层横担不同相序布置，建立 750kV 同塔四回输电线路的二维截面有限元计算模型。由于导线周围是无限远的开域场，为简化计算，以半径为 200m 的半圆作为模型的边界，圆弧与直径分别代表无限远处与大地，设置电势为 0kV，半圆边界的内部为输电线路各相导线所处位置，如图 17-3 所示。

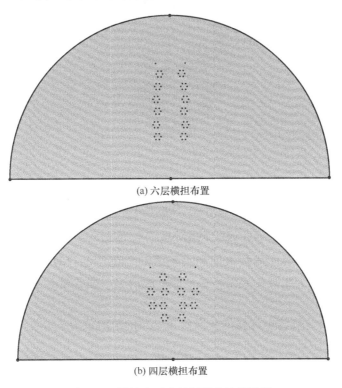

(a) 六层横担布置

(b) 四层横担布置

图 17-3　导线表面有效场强的计算模型

LGJ-500/45 子导线直径 0.03m，截面圆形。为了保证导线表面场强计算结果的精度，导线表面附近空间采用自由三角形网格剖分，剖分最小单位应尽量小，剖分最小剖分单元尺寸设置为毫米级，即最小剖分单元尺寸 10^{-3}m；为了提高子导线圆形截面的剖分网格单元质量，应尽量减小曲率因子，曲率因子设置为 0.2；为了减少剖分网格单元数量、降低内存占用、提高运算速度，应尽量增大最大单元增长率与最大剖分单元尺寸，分别设置为 1.5m 与 40m。计算精度足以满足工程需要，网格剖分结果如图 17-4 所示（以四层横担布置为例）。

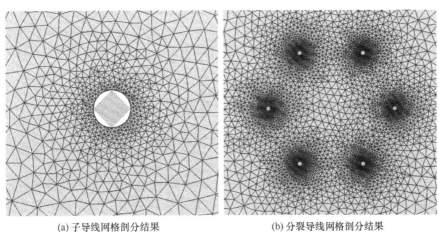

(a) 子导线网格剖分结果　　　　　(b) 分裂导线网格剖分结果

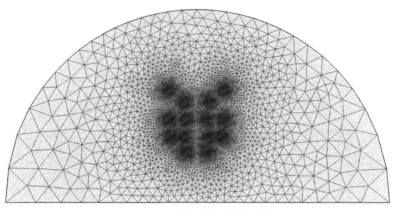

(c) 四层横担布置网格剖分结果

图 17-4　网格剖分结果

由于分裂导线内屏蔽效应及线路不均衡分布，常采用最大平均场强来进行计算分析。分裂导线的最大平均场强为各子导线表面最大场强的均值[3]。计算导线表面最大平均有效场强时，考虑了导线可能会出现的表面场强最严重的情况，即各相上可能会出现的最大表面有效场强。

对于同塔四回 750kV 输电线路的各回各相电压的瞬时值为

$$\begin{cases} U_{\mathrm{A}} = \dfrac{750\sqrt{2}}{\sqrt{3}}\cos(\omega t) \\[2mm] U_{\mathrm{B}} = \dfrac{750\sqrt{2}}{\sqrt{3}}\cos(\omega t - 2\pi/3) \\[2mm] U_{\mathrm{C}} = \dfrac{750\sqrt{2}}{\sqrt{3}}\cos(\omega t + 2\pi/3) \end{cases} \tag{17.1}$$

当 A 相电压为峰值时，A1、A2、A3、A4 相导线表面有效场强最大，这时为 A 相导线表面场强最严重的情况。此时的边界条件为 A1、A2、A3、A4 相电势为 $U_{\mathrm{m}} = \dfrac{750}{\sqrt{3}}$，其余各 B1、B2、B3、B4、C1、C2、C3、C4 相电势为 $-U_{\mathrm{m}}/2$。B、C 相电压为峰值时有效场强计算同理，分别可以得到此条件下的 A1～A4、B1～B4 以及 C1～C4 相施加电压大小，作为仿真计算时的边界条件。分别计算各相峰值下的导线表面最大平均有效场强，并取不同峰值下的最大平均有效场强的最大值，即为表面最大平均有效场强 $E_{\max}$。

17.1.3　导线表面最大平均有效场强的计算结果

以求取六层横担与四层横担布置 A 相峰值时表面最大平均有效场强为例，仿真得到导线表面场强分布，见图 17-5、图 17-6。

同理，可计算 B、C 相电压峰值时的导线表面最大有效场强，取各相的场强最大值可以得到同塔四回 750kV 输电线路导线表面的最大平均有效场强 $E_{\max}$。六层横担与四层横担不同相序布置下导线表面的最大平均有效场强 $E_{\max}$ 计算结果，如表 17-6 所示。

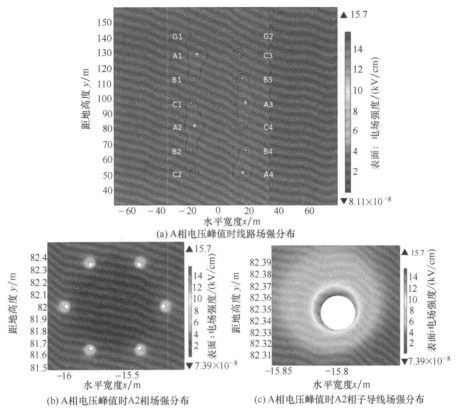

(a) A相电压峰值时线路场强分布

(b) A相电压峰值时A2相场强分布

(c) A相电压峰值时A2相子导线场强分布

图 17-5　六层横担布置 A 相电压峰值时场强计算结果

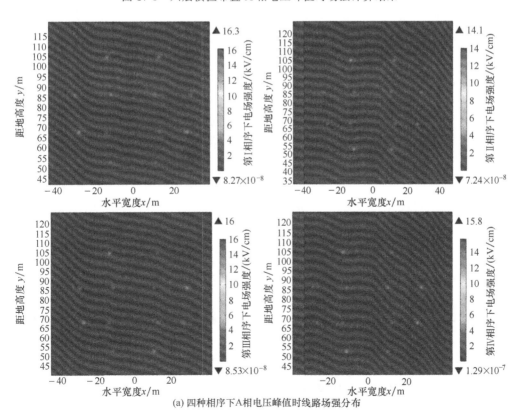

(a) 四种相序下A相电压峰值时线路场强分布

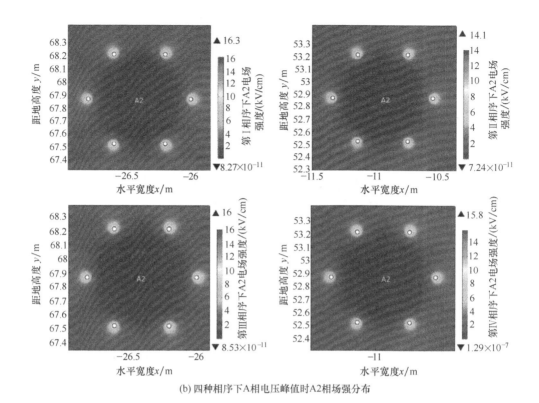

(b) 四种相序下A相电压峰值时A2相场强分布

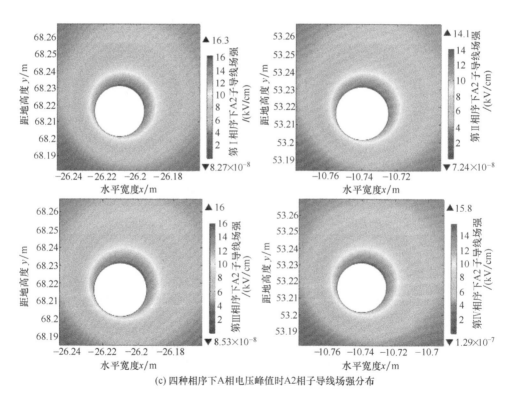

(c) 四种相序下A相电压峰值时A2相子导线场强分布

图 17-6　四层横担布置 A 相电压峰值时场强计算结果

表 17-6　六层横担与四层横担各相序下最大平均有效场强计算结果

布置		最大平均有效场强 E_{max}/(kV/cm)										
		A1	B1	C1	A2	B2	C2	A3	B3	C3	A4	B4	C4
六层横担		14.68	15.29	15.60	15.70	15.49	14.33	15.60	15.29	14.68	14.33	15.49	15.70
四层横担	I	12.62	12.54	15.19	15.90	13.81	13.02	12.62	12.54	15.19	15.90	13.81	13.02
	II	13.08	12.54	12.72	13.53	13.81	13.39	13.08	12.54	12.72	13.53	13.81	13.39
	III	14.48	12.54	14.97	15.63	13.81	15.12	14.96	12.54	14.49	15.12	13.81	15.63
	IV	14.84	13.55	13.93	15.48	14.60	15.58	12.29	13.17	14.71	12.95	14.79	14.78

17.2　6×LGJ-500/45 导线电晕损失以及海拔校正

高海拔地区与平原地区相比，空气稀薄，大气压低，分子的平均自由程会增大，空气中的紫外线以及宇宙射线强度会远高于一般的平原、丘陵地区。这些因素都会促进空气放电。电晕是空气中自持放电的一种，自然受海拔因素的影响，随着海拔的升高，起晕电压降低，使电晕发展比较强烈，从而会带来更多的能量损耗和更强的噪声和无线电干扰。

我国西北地区由于海拔升高引发的电晕问题十分突出。利用环境气候实验室和恶劣天气模拟系统，通过可移动式电晕笼和特高压电晕笼，模拟不同海拔高度和不同天气状态，从而进行相关型号导线电晕损失试验[4]，得到的 6×LGJ-500/45/s400 导线在干燥以及恶劣天气条件下的电晕损失，以此数据为基础进行电晕损失的海拔校正分析，得到经过海拔修正后的 6×LGJ-500/45 导线的电晕损失数据。

17.2.1　环境气候实验室与沙尘模拟系统

环境气候实验室，可模拟自然恶劣环境，可以用于模拟自然界中的高海拔、污秽、雨、雪、雾等条件。其可模拟海拔范围为 19~5800m，温度最低可达 -20℃。实验室由混凝土浇筑而成，位于武汉的国网特高压实验基地，如图 17-7 所示[4]。

图 17-7　环境气候实验室

为了研究分析输电线在沙尘条件下的电晕损失，试验须利用沙尘天气模拟系统。这套模拟系统包括：调频器、风机、旋流器、沙尘喂料器和风道等，系统实际的布置如图 17-8 所示[5]。

图 17-8　沙尘模拟系统

17.2.2　电晕笼与试验方法

电晕笼耗费低，便于模拟自然环境，可以在较低电压下获得较高场强下试验数据，被广泛应用于电晕效应的相关研究中。对于交流线路，由于导线附近场强周期性变化，电晕效应产生的离子不会运动到笼壁，而是限制在导线附近，因此电晕笼适用于交流电晕损失试验。

典型特高压电晕笼结构如图 17-9 所示[6]，分为防护段、测量段，笼壁为内外双层，中间绝缘子串支撑隔离。

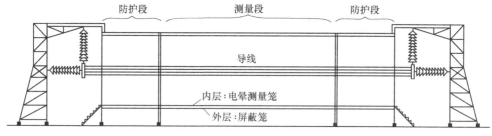

图 17-9　电晕笼结构示意图

特高压西宁、武汉交流实验基地大电晕笼为典型特高压电晕笼结构，如图 17-10 所示，截面为方形，边长为 8m，测量段长度为 25m，两端防护段长度为 5m，即笼体的总长度为 35m，可以用于各种型号、分裂间距以及分裂数的导线的电晕效应试验。为方便移动，简化缩小部分结构得到可移动式电晕笼，即截面为 6m 的正方形，可以方便地在不同地方的进行电晕特性试验，环境气候实验室里采用的电晕笼就是可移动式电晕笼，如图 17-11 所示[7]。借助模拟雨、雪、雾、风沙等恶劣天气的试验装置，可以模拟相应的天气状况下导线电晕效应。

利用电晕笼试验可在加压较低的情况下重现实际输电线路导线表面的电场强度，导线表面的电场强度与电晕笼的试验电压为线性关系，则电晕笼试验电压计算公式如式（17.2）所示。

图 17-10　特高压电晕笼

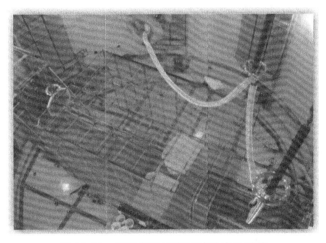

图 17-11　环境实验室中可移动式电晕笼

$$U = \frac{E}{E_0} \times 100 \tag{17.2}$$

式中，U 为电晕笼施加的试验电压，kV；E 为期望的实际输电工程分裂导线的表面最大平均有效电场，kV/cm；E_0 为电晕笼内试验分裂导线加 100kV 时的导线表面最大平均有效场强，kV/cm。

因此，在进行电晕笼试验之前，应当先利用有限元法分析并获得 100kV 加压条件下的分裂导线电场分布，而后提取每根子导线的导线表面最大电场，并加以平均，即求取分裂导线加 100kV 时导线表面最大平均场强 E_0。CISPR、IREQ、EPRI 等研究机构都是将最大平均场强作为主要因素来分析电晕损失。

特高压电晕笼的截面积为 8m×8m，分裂导线的每一条子导线都设置 100kV 电势，而笼壁则设置为接地，6×LGJ-500/35/400 导线位于中央，利用 COMSOL 软件剖分网格并对场强分布进行有限元计算，结果如图 17-12（a）所示。

可移动电晕笼的截面积为 6m×6m，与特高压电晕笼计算类似建立有限元计算模型进行分析，同样计算导线表面施加 100kV 电压下的导线表面场强，结果如图 17-12（b）所示。

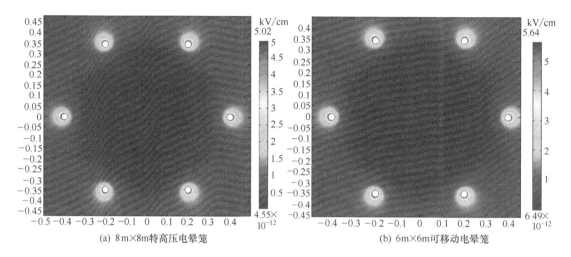

(a) 8m×8m特高压电晕笼　　　　　　　　(b) 6m×6m可移动电晕笼

图 17-12　电晕笼中 6×LGJ-500/35/s400 导线周围电场分布

求取 6×LGJ-500/35/s400 分裂导线在特高压电晕笼与可移动电晕笼中加 100kV 时导线表面平均最大场强 E_0，结果如表 17-7 所示。

表 17-7　加 100kV 时电晕笼 6×LGJ-500/35/s400 导线表面平均最大场强 E_0

布置	8m×8m 特高压电晕笼	6m×6m 可移动电晕笼
E_0/(kV/cm)	5.046	5.666

17.2.3　6×LGJ-500/45 导线电晕损失随海拔的变换关系

针对电晕损失而言，最具有参考意义的是导线在电晕笼中大雨条件下的电晕损失，国外相关试验同样是以大雨下电晕笼中导线电晕损失作为参考，来进行各种天气情况下电晕损失的相关推算。在环境气候实验室里，利用可移动式电晕笼试验得到的 6×LGJ-500/45/s400 导线大雨条件下的电晕损失数据如图 17-13 所示。

6×LGJ-500/45/s400 随着海拔的上升，一定的导线表面最大平均有效场强下，电晕损失会明显增加。分裂间距取 400mm 时，在表面最大平均有效场强（kV/cm rms）介于 15～19kV/cm 之间，大雨条件下各个海拔的电晕损失大小，如表 17-8 所示。

以海拔（m）为 x 轴，电晕损失（W/m）为 y 轴，在大雨条件下，作出在上述各个固定的导线表面最大平均有效场强的电晕损失与海拔之间的关系图，如图 17-14 所示。

依据最小二乘法对数据来拟合分析，在图 17-14 中可以得出，如果导线表面有效场强较高，电晕损失随海拔可认为呈线性变化，如果较低，电晕损失随海拔可认为呈指数变化，以平原为基准，可以得到在不同场强下，随海拔高度升高每 1000m 的导线的电晕损失增加量。

随导线表面最大平均场强的增加，海拔高度因素对电晕损失的影响越来越明显，当导线场强介于 15～17kV/cm 之间，海拔每上升 1000m，大雨下导线电晕损失增加 12.28～17.92W/m，因此对于电晕损失进行海拔修正很有必要，有利于增加对整体线路电晕损失估计的精度。

表 17-8　6×LGJ-500/45 不同场强（kV/cm rms）及海拔高度下电晕笼导线电晕损失

海拔/m	导线表面最大平均有效场强/(kV/cm)				
	15	16	17	18	19
19	15.97	22.46	31.01	42.34	55.50
500	19.90	28.07	39.87	55.04	75.28
1000	21.79	30.83	44.83	63.44	88.60
1500	23.71	34.36	49.14	69.82	—
2000	26.52	39.92	59.74	—	—
2500	31.80	49.62	72.29	—	—
3000	37.80	57.74	84.11	—	—
3500	49.32	75.20	—	—	—
4000	65.08	94.12	—	—	—

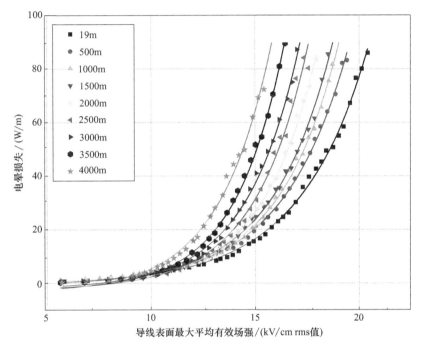

图 17-13　6×LGJ-500/45/s400 导线大雨条件下各个海拔的电晕损失

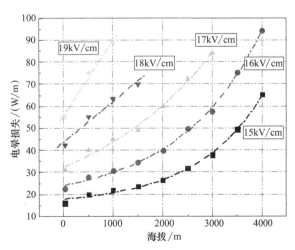

图 17-14　不同场强下导线电晕损失与海拔高度关系

17.2.4　电晕损失海拔校正

下面以 6×LGJ-500/45/s400 导线、表面场强为 16kV/cm 的电晕损失数据为例，进行电晕损失海拔修正。

GB/T 2317.2—2000《电力金具电晕和无线电干扰实验》给出[8]，如果金具在海拔 1000~4000m 地区使用时，实验室电压需要修正。高海拔处的电压 U_H 应是低海拔处的电压 U_0 乘上一个海拔修正系数 k_H：

$$U_H = k_H \times U_0 \tag{17.3}$$

$$k_H = \frac{1}{1.1 - 0.1H} \tag{17.4}$$

式中，H 为海拔，km；U_H 为高海拔处的电压，kV；U_0 为低海拔处的电压，kV。

对于式（17.4）中的 H 取值为 1000~4000m，故 $k_H > 1$。

当海拔修正电晕损失时，高海拔的实际测量值 U_h 由低海拔的 U_L 除 k_H：

$$U_h = \frac{U_L}{k_H} \tag{17.5}$$

所以，根据式（17.3）、式（17.4）以及式（17.5），海拔修正电晕损失的方法总结为：当位于海拔在 1000~4000m 地区，低海拔的导线电晕损失值 P_0 乘上海拔修正系数 k_H 是高海拔的电晕损失值 P_H

$$P_H = k_H \times P_0 \tag{17.6}$$

$$k_H = \frac{1}{1.1 - 0.1H} \tag{17.7}$$

式中，H 为海拔，km。

除上以外，GB/T 775.2—2003《绝缘子实验方法第二部分：电气实验方法》给出[9]：以零海拔为参考，对绝缘子的试验如果不在 0m 处，应该进行海拔高度的修正，修正系数 k 为

$$k = \frac{1}{1 - H/10000} \tag{17.8}$$

式中，H 为试验处海拔，m。

因此，根据上述标准，海拔修正电晕损失的方法总结为：以零海拔为参考，电晕损失海拔修正的计算为，

$$P_H = k \times P_0 \tag{17.9}$$

$$k = \frac{1}{1 - H/10000} \tag{17.10}$$

式中，H 为试验处海拔，m。

以海拔 500m 的试验数据为基准进行海拔修正并与实际测量值进行比对，两种方法修正值以及误差如表 17-9 所示。

对表 17-9 进行分析，若依据 GB/T 2317.2—2000 进行海拔修正电晕损失值，误差会介于 27.15%~65.91%。若依据 GB/T 775.17—2003 进行海拔修正，误差会介于 19.05%~60.22%。两种方法误差太高，无法满足计算精度。因此，从曲线拟合的角度给出一种针对 6×LGJ-500/45 导线电晕损失海拔校正方法。

表 17-9　基于 GB/T2317. 17—2000 与 GB/T775. 17—2003 的电晕损失海拔修正结果

修正方法	海拔/m						
	1000	1500	2000	2500	3000	3500	4000
实测值/(W/m)	30.83	34.36	39.92	49.62	57.74	75.2	94.12
GB/T 2317.17—2000	22.46	23.64	24.95	26.42	28.07	29.94	32.08
误差	27.15%	31.19%	37.48%	46.74%	51.37%	60.17%	65.91%
GB/T 775.17—2003	24.96	26.42	28.07	29.95	32.09	34.55	37.43
误差	19.05%	23.09%	29.67%	39.64%	44.42%	54.04%	60.22%

　　根据最小二乘法则，对电晕损失作数据拟合。基于电晕笼中电晕损失数据，参考上述两种修正方法，通过相关计算分析得到，指数—线性联合形式可以在误差较小的情况下描述海拔与电晕损失之间关系，具体拟合形式如式（17.11）。

$$P_H = a \times \exp(h/b) \times P_0 + c \times P_0 \tag{17.11}$$

　　式中，a、b、c 为待求参数；h 为海拔，m；P_0 为原始电晕损失，W/m；P_H 为海拔修正电晕损失，W/m。

　　当导线有效场强 16kV/cm 时，基于数据进行拟合，$a = 0.255$，$b = 1559.22$，$c = 0.8824$，海拔校正结果以及误差如表 17-10 所示。

表 17-10　指数—线性联合形式的电晕损失海拔校正

海拔/m	修正值/(W/m)	实测值/(W/m)	误差
500	27.73295	28.07	1.20%
1000	30.72471	30.83	0.34%
1500	34.8475	34.36	1.41%
2000	40.52894	39.92	1.52%
2500	48.35826	49.62	2.54%
3000	59.14749	57.74	2.43%
3500	74.01562	75.2	1.57%
4000	94.50471	94.12	0.41%

　　对表 17-10 分析可得，利用指数—线性联合形式海拔修正电晕损失，海拔介于 0～4000m，误差可以满足计算精度。

　　重复上述步骤，在不同有效场强下分别根据最小二乘法作数据拟合处理，可以分别在各个有效场强值下进行电晕损失海拔校正。由此，可以将图 17-14 修正到计算海拔，750kV 同塔四回输电线路的计算海拔有 340m、750m、1250m，其计算结果如图 17-15。类似的基于三个实际的海拔高度点（武汉的特高压交流实验基地，海拔 19m；青海海东市的平安区，海拔 2200m；青海海北的海晏县，海拔 3042m）风沙条件下（沙

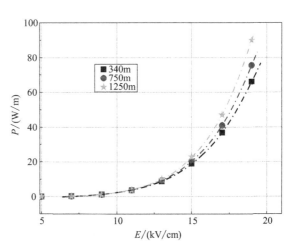

图 17-15　6×LGJ-500/45/s400 导线
大雨条件下的修正电晕损失

尘浓度 460mg/m^3、沙尘颗粒度 0.125～0.25mm）的电晕损失实测数据，修正到计算海拔 340m、750m、1250m，其计算结果如图 17-16 所示。

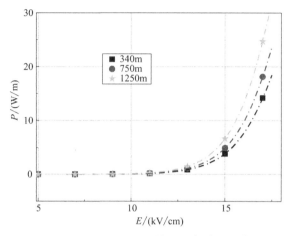

图 17-16　6×LGJ-500/45/s400 导线风沙条件下的修正电晕损失

17.3　不同塔型以及相序下同塔四回 750kV 输电线路电晕损失估算

17.3.1　电晕损失等效

对于电晕笼和输电线路，二者模型不相同，因此，在电晕笼中的电晕损失并不是同塔四回 750kV 输电线路的，可以用电晕笼内的导线电晕损失来分析研究实际线路上的损失，即对电晕损失进行等效。

从测量结果的等价转换的角度来看，需要在同一型号与分裂间距的前提下，将分裂导线的实际测量损耗从试验类型的几何形状（电晕笼）转换成另一种实际线路几何形状（同塔四回 750kV 输电线路）。对于相同的影响因素可不考虑，电晕损失能用对地面无限远且具有同样有效场强的导线来确定。这样的理想情况等价于该导线此时的电晕损失取得最小值。假如靠近地面并且场强恒定，那么线路导线的电晕损失则会上升。

在此，引入一个新的概念——有效电晕损失，其为具有无限地面距离的理想分裂导线的电晕损失值。无论试验类型的几何形状（可移动式电晕笼），还是实际线路几何形状（同塔四回 750kV 输电线路），只要保证同种类型、分裂间距以及其他相关因素的导线，都具有相同的具有无限地面距离的理想分裂导线，即有效电晕损失相同。由此可以使不同几何形状模型的电晕损失之间相互转化。

$$P = K \times P_\mathrm{n} \tag{17.12}$$

式中，P 为实际测量的电晕损失值；K 为有效电晕损失的修正系数；P_n 为有效电晕损失值。其中，

$$K = \frac{f}{50}(nr\beta)^2 \frac{\lg(R/r_\mathrm{e})\lg(\rho/r_\mathrm{e})}{\lg(R/\rho)} \tag{17.13}$$

式中，n 为分裂导线的分裂数；r_e 为分裂导线的等效半径，cm；r 为子导线的半径，cm；R 为针对各相导线的等价接地的同轴圆柱的半径，cm；β 为皮克系数，取值 $1 + \dfrac{0.3}{\sqrt{r}}$；$\rho$ 为空间

电荷距离导线的平均半径，对于单根导线取值 $18\sqrt{r}$，对于分裂导线取值 $18\sqrt{nr+4}$。

对于 r_e 可通过下式求出，

$$r_e = (nrA^{n-1})^{1/n} \tag{17.14}$$

式中，A 为分裂导线的半径，cm。

对于可移动式电晕笼，在相同的条件下，不同截面长度可以近似换算，由方形截面边长 H 到圆形截面直径 D 二者间具有 $D = 1.08H$ 的换算，这样便得出截面为正方形的可移动式电晕笼的 R。

而同塔四回 750kV 输电线路的 R，为一个等价的接地圆柱的半径，这个圆柱与相对地、相对其余相的总电容一致。

$$R = r_e e^{\frac{2\pi\varepsilon_0}{C_p}} \tag{17.15}$$

总电容为电容矩阵的对角线，它与输电线布置有关。电容矩阵难以用解析法求解，所以首先计算电位系数矩阵 $\boldsymbol{P}$，再求 $\boldsymbol{P}$ 的逆，从而得出电容系数矩阵。电位系数矩阵元素的求法：

当 $m = n$ 时，

$$P_{mm} = 1.7975 \times 10^{10} \ln(D_{mm'}/r) \tag{17.16}$$

当 $m \neq n$ 时，

$$P_{mn} = 1.7975 \times 10^{10} \ln(D_{mn'}/D_{mn}) \tag{17.17}$$

式中，r 为每根导线的半径，cm；D_{mn} 为导线 m、n 间的距离，cm；$D_{mn'}$ 为导线 m 与地面的镜像导线 n' 间的距离，cm。

依照导线、地线型号及布置，便可计算输电线路的电位系数矩阵 $\boldsymbol{P}$，从而便求得：

$$\boldsymbol{C} = \boldsymbol{P}^{-1}$$

由式（17.13）、式（17.14）及式（17.15）式求得电晕笼导线有效电晕损失修正系数 K_{cage}，由式（17.16）、式（17.17）求得输电线有效电晕损修正系数 K_{line}。首先，利用参数 K_{cage} 将笼中的电晕损耗变换到 P_n，接下来利用参数 K_{line} 将 P_n 变换到同塔四回 750kV 输电线路的电晕损耗，P_n 起到等效中介的作用。

$$P_{eq} = P_{cage} \times \frac{K_{line}}{K_{cage}} \tag{17.18}$$

将电晕笼中测量的电晕损失等效到输电导线上，关键是要求出电晕损失在电晕笼的修正系数 K_{cage} 和输电线的修正系数 K_{line}，对试验所用的电晕笼（可移动式电晕笼或特高压电晕笼）的修正系数和 750kV 同塔四回输电线路塔型结构的修正系数进行计算，由电晕笼中测量的电晕损失根据式（17.18）等效到 750kV 同塔四回实际输电线路。

$6 \times$ LGJ-500/45/s400 导线进行相关试验时的电晕笼为可移动式或特高压电晕笼，具有长 6m 或 8m 的方形的截面，根据前述有效电晕计算方法可以得到 $6 \times$ LGJ-500/45 导线电晕笼修正系数 K_{cage}，如表 17-11 所示。

表 17-11　$6 \times$ LGJ-500/45/s400 导线的可移动式电晕笼修正系数

导线型号	分裂间距/mm	导线直径/mm	可移动电晕笼 K_{cage}	特高压电晕笼 K_{cage}
$6 \times$ LGJ-500/45	400	30	58.1394	55.3776

根据线路布置概况，对同塔四回 750kV 输电线路的六层横担与四层横担在不同相序下的电晕等效修正系数 K_{line} 分别进行计算，结果如表 17-12 所示。同时，以可移动电晕笼为

例，也就得到了 $6\times$LGJ-500/45/s400 导线由可移动电晕笼的电晕损失直接修正到同塔四回 750kV 输电线路上电晕损失修正系数 K_{line}/K_{cage}，结果如表 17-13 所示。

表 17-12　初选塔型各相序下的电晕等效系数 K_{line} 计算结果

布置		电晕等效系数 K_{line}										
		A1	B1	C1	A2	B2	C2	A3	B3	C3	A4	B4	C4
六层横担		47.183	47.390	47.431	47.504	47.408	47.047	47.431	47.390	47.183	47.047	47.408	47.504
四层横担	I	47.097	47.751	47.202	47.473	47.989	47.375	47.097	47.751	47.202	47.473	47.989	47.375
	II	47.097	47.751	47.202	47.375	47.989	47.473	47.097	47.751	47.202	47.375	47.989	47.473
	III	47.097	47.751	47.202	47.473	47.989	47.375	47.202	47.751	47.097	47.375	47.989	47.473
	IV	47.097	47.751	47.202	47.375	47.473	47.989	47.202	47.751	47.097	47.473	47.989	47.375

表 17-13　初选塔型各相序下的电晕可移动电晕笼到实际线路的等效系数 K_{line}/K_{cage}

布置		电晕等效系数 K_{line}/K_{cage}										
		A1	B1	C1	A2	B2	C2	A3	B3	C3	A4	B4	C4
六层横担		0.812	0.815	0.816	0.817	0.815	0.809	0.816	0.815	0.812	0.809	0.815	0.817
四层横担	I	0.810	0.821	0.812	0.817	0.825	0.815	0.810	0.821	0.812	0.817	0.825	0.815
	II	0.810	0.821	0.812	0.815	0.825	0.817	0.810	0.821	0.812	0.815	0.825	0.817
	III	0.810	0.821	0.812	0.817	0.825	0.815	0.812	0.821	0.810	0.815	0.825	0.817
	IV	0.810	0.821	0.812	0.815	0.817	0.825	0.812	0.821	0.810	0.817	0.825	0.815

与同塔四回 750kV 输电线路导线表面有效场强计算类似，根据上述计算有效电晕损失等效计算方法，考虑铁塔左侧与右侧导线布置位置对称，同塔四回 750kV 输电线路的等效修正系数计算结果也有对称性，例如六层横担，A1 与 C3、C1 与 A3、B1 与 B3、A2 与 C4、C2 与 A4、B2 与 B4 电晕笼到实际线路的等效修正系数计算值相同。

17.3.2　晴朗天气下电晕损失估算方法

与恶劣条件相比，晴朗天气下电晕损失很小，国内外相关研究人员对晴朗天气下的实际线路和分裂导线都进行过相关的试验，电晕损失每千米约几千瓦，对比雨、雪下的电晕损失以及输电线路电阻损耗基本可以忽略。但是，线路途经区域天气主要为晴天，常年雷雨也占全年线路总电晕损失能量可观的一部分，对晴朗天气下的电晕损失估算具有一定工程意义。

利用 COMSOL 仿真可得到同塔四回 750kV 输电线路的表面最大平均有效电场强度介于 $12.29\sim15.90$kV/cm，位于海拔 $168.6\sim1500$m。在环境气候实验室的可移

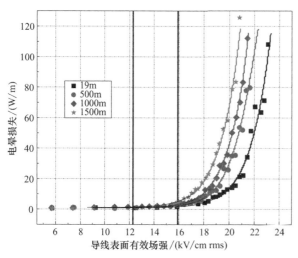

图 17-17　$6\times$LGJ-500/45/45/s400 导线干燥条件下的电晕损失

动电晕笼内对导线 6×LGJ-500/45（分裂间距为 400mm）进行电晕损失试验，可得到干燥条件下各个海拔段的导线表面有效场强与电晕损失曲线，如图 17-17 所示，并在图中分别用两条黑实线标示出了 750kV 输电线路实际电场强度的范围。

根据图 17-17 可知，在同塔四回 750kV 输电线路的导线表面有效电场强度范围内海拔 1500 及以下导线 6×LGJ-500/45 没有起晕，此时电晕笼电晕损失曲线上所得的稍大于零的值可视为测量系统的系统误差、尖端电晕或非自持放电损耗。当海拔较高时导线上才可能发生起晕。由此可知在低于海拔 1500m 时，同塔四回 750kV 输电线路晴天情况下是不起晕的，晴朗天气情况下线路上的电晕损失大部分考虑为绝缘子串的泄漏损耗。

对超高压下绝缘子泄漏产生的损耗做相关研究，表 17-14 中给出了不同电压等级下每串绝缘子电能损耗。

表 17-14　超高压线路晴天绝缘子串的泄漏损耗

电压等级/kV	每串绝缘子片数	每串绝缘子损耗/W	总电晕损失/(W/m)
345	18	60	1.19
500	24	95	1.19
735	32	150	1.89

基于表 17-14 中的数据来估算同塔四回 750kV 输电线路的晴天电晕损失，32 片绝缘子 735kV 损耗为 150W，每片绝缘子片损耗为 4.6875W。

同塔四回 750kV 输电线路全长 20km，海拔取 168.6~1500m，平均塔距 450m，具体各段如表 17-3 所示，全线共 46 座杆塔。六层横担布置采用 I 形绝缘子串悬挂，四层横担布置采用 V 形绝缘子串悬挂，每串悬挂绝缘子片数为 40。根据全线塔基数、绝缘子串形以及表 17-4 晴天年小时数，可得年晴天下电晕损失总量 W_1，如表 17-15 所示。

表 17-15　年晴天电晕损失总量 W_1

布置	六层横担	四层横担
W_1/(kW·h)	$0.53×10^6$	$1.06×10^6$

17.3.3　雨雪雾天气下电晕损失估算方法

雨、雪、雾天气下的电晕损失甚至会是晴朗天气下的数百倍，假如恶劣天气下的最大电晕损失与负荷高峰同时出现，会大大加剧电网的负担，为保证供电可靠性，需增加电厂的装机容量。相关线路的设计人员曾经对这一问题给予很多的关注。从实际的运行情况来看，对于短距离输电线路，有可能发生全线同时遭遇同样恶劣的天气的情况，即全线恶劣天气电晕损失与负荷高峰有概率重合，因此是否考虑补增装机容量的问题应予关注。对长距离的输电线路，经过多个不同地区，恶劣天气同时在全线出现的可能性较少，与负荷高峰重合的概率更小，由电晕损失的原因致使补充装机容量的必要相对小。因此，电晕损失的估计需要针对具体气候、地理环境来有针对性地分析各地各段的输电线路，由于含统计等不确定因素，对线路电晕的估计精度在±30％便可以接受。

针对在大、中、小雨天气的电晕损失的分析，前人曾研究了降雨强度对不同导线构形的线路上电晕损失的影响，得到导线上的电晕损失（dB）与降雨率的对数成正比的结论。

对于大雨、中雨、小雨的界定根据是降雨率的大小，降雨率超过 7.6mm/h 为大雨，介于 2.6～7.6mm/h 之间为中雨，小于 2.5mm/h 为小雨。故令大中小雨的降雨率分别为：7.6mm/h、2.6mm/h、0.5mm/h。不同降雨率对数与电晕损失对数之间，存在近似线性关系[10]，计算得到大、中、小雨的计算系数各是 1.35、1、0.65。

雪天的电晕损失大于雨天。尽管对于雪天的电晕损失的数据不多，但是现存的数据都可以说明潮湿的雪会使得电晕损失取得最大。对于线路大雪、中雪、小雪天下估算一般可以利用"等值降雨率"来等效分析，可以令所对应的降雨率为 2.54mm/h、0.635mm/h、0.127mm/h，类似雨天分析可得大、中、小雪的计算系数各是 1、0.68、0.34，再把所求得电晕损失的二倍作为雪天下的电晕损失值[10]。

雾天下的电晕损失一般要比雨天小得多。雾天下的电晕损失由雾的持续时间决定，导线上因为形成的水滴是产生电晕损失必要的条件。通过分析，线路上因为存在线损产生热量，促使雾在导线表面液化同时也会蒸发水滴，会减小雾天下的电晕损失。通过小雪下电晕损失值的 80%，可大致估算雾天下的电晕损失值。

由上述评估方法结合第 3 章场强计算、第 4 章电晕笼大雨海拔修正试验数据、第 5 章等效系数，可以对各相可移动式电晕笼中的电晕损失进行海拔修正并等效至实际输电线路，由此对同塔四回 750kV 输电线路雨雪天气电晕损失值进行估算，结果如表 17-16～表 17-18 所示。

表 17-16　雨、雪、雾天气下等效至实际线路的电晕损失（海拔 168.6～500m 计算海拔 340m）

天气	布置		各相电晕损失功率/(kW/km)											
			A1	B1	C1	A2	B2	C2	A3	B3	C3	A4	B4	C4	总
大雨	六层横担		13.92	17.27	19.20	19.87	18.48	12.23	13.99	17.27	19.10	19.68	18.48	12.35	201.85
	四层横担	I	6.32	6.21	6.63	21.24	10.31	7.49	6.32	6.20	16.60	21.23	10.31	7.49	136.34
		II	7.61	6.21	6.60	9.13	10.31	8.68	7.61	6.20	6.59	9.13	10.31	8.68	97.04
		III	12.95	6.21	15.39	19.41	10.31	16.30	15.36	6.20	12.96	16.31	10.31	19.40	161.11
		IV	14.67	9.27	10.60	18.44	13.61	19.28	5.51	8.01	14.05	7.28	14.69	14.46	149.88
中雨	六层横担		10.31	12.79	14.22	14.72	13.69	9.06	10.36	12.79	14.15	14.58	13.69	9.15	149.52
	四层横担	I	4.68	4.60	12.32	15.73	7.64	5.55	4.68	4.59	12.30	15.72	7.63	5.55	100.99
		II	5.64	4.60	4.89	6.76	7.64	6.43	5.64	4.59	4.88	6.76	7.63	6.43	71.88
		III	9.59	4.60	11.40	14.38	7.64	12.08	11.38	4.59	9.60	12.08	7.63	14.37	119.34
		IV	10.87	6.87	7.85	13.66	10.08	14.28	4.08	5.93	10.41	5.39	10.88	10.71	111.02
小雨	六层横担		6.70	8.32	9.24	9.57	8.90	5.89	6.74	8.32	9.20	9.47	8.90	5.95	97.19
	四层横担	I	3.04	2.99	8.01	10.23	4.96	3.61	3.04	2.99	7.99	10.22	4.96	3.61	65.65
		II	3.66	2.99	3.18	4.39	4.96	4.18	3.66	2.99	3.17	4.39	4.96	4.18	46.72
		III	6.24	2.99	7.41	9.35	4.96	7.85	7.40	2.99	6.24	7.85	4.96	9.34	77.57
		IV	7.07	4.46	5.10	8.88	6.55	9.28	2.65	3.86	6.77	3.51	7.07	6.96	72.16
大雪	六层横担		20.62	25.59	28.44	29.44	27.38	18.12	20.72	25.59	28.30	29.15	27.38	18.30	299.04
	四层横担	I	9.36	9.19	24.63	31.46	15.28	11.10	9.37	9.19	24.59	31.45	15.27	11.10	201.99
		II	11.27	9.19	9.78	13.52	15.28	12.86	11.28	9.19	9.76	13.52	15.27	12.85	143.76
		III	19.19	9.19	22.79	28.76	15.28	24.15	22.76	9.19	19.20	24.16	15.27	28.75	238.68
		IV	21.74	13.73	15.70	27.32	20.16	28.56	8.17	11.87	20.82	10.79	21.76	21.42	222.04

续表

天气	布置		各相电晕损失功率/(kW/km)											
			A1	B1	C1	A2	B2	C2	A3	B3	C3	A4	B4	C4	总
中雪	六层横担		14.02	17.40	19.34	20.02	18.62	12.32	14.09	17.40	19.25	19.82	18.62	12.44	203.35
	四层横担	I	6.37	6.25	16.75	21.40	10.39	7.55	6.37	6.25	16.72	21.39	10.38	7.55	137.35
		II	7.66	6.25	6.65	9.19	10.39	8.74	7.67	6.25	6.64	9.19	10.38	8.74	97.76
		III	13.05	6.25	15.50	19.56	10.39	16.43	15.48	6.25	13.05	16.43	10.38	19.55	162.30
		IV	14.78	9.34	10.67	18.58	13.71	19.42	5.55	8.07	14.15	7.34	14.80	14.57	150.99
小雪	六层横担		7.01	8.70	9.67	10.01	9.31	6.16	7.05	8.70	9.62	9.91	9.31	6.22	101.67
	四层横担	I	3.18	3.13	8.37	10.70	5.19	3.77	3.18	3.12	8.36	10.69	5.19	3.77	68.67
		II	3.83	3.13	3.32	4.60	5.19	4.37	3.83	3.12	3.32	4.60	5.19	4.37	48.88
		III	6.52	3.13	7.75	9.78	5.19	8.21	7.74	3.12	6.53	8.21	5.19	9.77	81.15
		IV	7.39	4.67	5.34	9.29	6.86	9.71	2.78	4.04	7.08	3.67	7.40	7.28	75.49
雾	六层横担		5.61	6.96	7.74	8.01	7.45	4.93	5.64	6.96	7.70	7.93	7.45	4.98	81.34
	四层横担	I	2.55	2.50	6.70	8.56	4.15	3.02	2.55	2.50	6.69	8.55	4.15	3.02	54.94
		II	3.07	2.50	2.66	3.68	4.15	3.50	3.07	2.50	2.66	3.68	4.15	3.50	39.10
		III	5.22	2.50	6.20	7.82	4.15	6.57	6.19	2.50	5.22	6.57	4.15	7.82	64.92
		IV	5.91	3.74	4.27	7.43	5.48	7.77	2.22	3.23	5.66	2.93	5.92	5.83	60.40

表 17-17　雨、雪、雾天气下等效至实际线路的电晕损失（海拔 500～1000m 计算海拔 750m）

天气	布置		各相电晕损失功率/(kW/km)											
			A1	B1	C1	A2	B2	C2	A3	B3	C3	A4	B4	C4	总
大雨	六层横担		14.75	18.55	20.76	21.53	19.94	12.86	14.83	18.55	20.66	21.32	19.94	12.99	216.68
	四层横担	I	6.37	6.24	17.82	23.11	10.71	7.63	6.38	6.24	17.79	23.10	10.71	7.63	143.74
		II	7.76	6.24	6.67	9.42	10.71	8.92	7.77	6.24	6.66	9.42	10.71	8.92	99.45
		III	13.67	6.24	16.41	21.00	10.71	17.45	16.39	6.24	13.67	17.45	10.71	20.99	170.94
		IV	15.61	9.57	11.04	19.90	14.40	20.84	5.51	8.19	14.90	7.41	15.60	15.36	158.32
中雨	六层横担		10.93	13.74	15.38	15.95	14.77	9.53	10.98	13.74	15.30	15.79	14.77	9.62	160.51
	四层横担	I	4.72	4.63	13.20	17.12	7.93	5.65	4.72	4.62	13.18	17.11	7.93	5.65	106.48
		II	5.75	4.63	4.94	6.98	7.93	6.61	5.75	4.62	4.94	6.97	7.93	6.61	73.66
		III	10.12	4.63	12.16	15.56	7.93	12.93	12.14	4.62	10.13	12.93	7.93	15.55	126.62
		IV	11.56	7.09	8.18	14.74	10.67	15.44	4.08	6.07	11.04	5.49	11.56	11.38	117.28
小雨	六层横担		7.10	8.93	9.99	10.37	9.60	6.19	7.14	8.93	9.95	10.27	9.60	6.25	104.33
	四层横担	I	3.07	3.01	8.58	11.13	5.16	3.68	3.07	3.01	8.57	11.12	5.16	3.68	69.21
		II	3.74	3.01	3.21	4.53	5.16	4.30	3.74	3.01	3.21	4.53	5.16	4.30	47.88
		III	6.58	3.01	7.90	10.11	5.16	8.40	7.89	3.01	6.58	8.40	5.16	10.11	82.30
		IV	7.51	4.61	5.31	9.58	6.93	10.03	2.65	3.95	7.18	3.57	7.51	7.39	76.23
大雪	六层横担		21.86	27.49	30.75	31.90	29.54	19.05	21.97	27.49	30.60	31.59	29.54	19.24	321.01
	四层横担	I	9.44	9.25	26.40	34.24	15.87	11.31	9.45	9.25	26.36	34.22	15.86	11.31	212.95
		II	11.50	9.25	9.88	13.95	15.87	13.22	11.51	9.25	9.87	13.95	15.86	13.22	147.33
		III	20.25	9.25	24.31	31.12	15.87	25.85	24.27	9.25	20.26	25.85	15.86	31.10	253.25
		IV	23.12	14.18	16.35	29.47	21.33	30.87	8.16	12.14	22.08	10.97	23.12	22.75	234.55

续表

天气	布置		各相电晕损失功率/(kW/km)												
			A1	B1	C1	A2	B2	C2	A3	B3	C3	A4	B4	C4	总
中雪	六层横担		14.86	18.69	20.91	21.69	20.08	12.96	14.94	18.69	20.81	21.48	20.08	13.09	218.29
	四层横担	I	6.42	6.29	17.95	23.28	10.79	7.69	6.42	6.29	17.92	23.27	10.79	7.69	144.81
		II	7.82	6.29	6.72	9.49	10.79	8.99	7.82	6.29	6.71	9.49	10.79	8.99	100.18
		III	13.77	6.29	16.53	21.16	10.79	17.58	6.51	6.29	13.77	17.58	10.79	21.15	172.2
		IV	15.72	9.64	11.12	20.04	14.51	20.99	5.55	8.25	15.01	7.46	15.72	15.47	159.50
小雪	六层横担		7.43	9.35	10.46	10.85	10.04	6.48	7.47	9.35	10.41	10.74	10.04	6.54	109.14
	四层横担	I	3.21	3.15	8.98	11.64	5.40	3.85	3.21	3.14	8.96	11.64	5.39	3.85	72.40
		II	3.91	3.15	3.36	4.74	5.40	4.49	3.91	3.14	3.36	4.74	5.39	4.49	50.09
		III	6.88	3.15	8.27	10.58	5.40	8.79	8.25	3.14	6.89	8.79	5.39	10.57	86.10
		IV	7.86	4.82	5.56	10.02	7.25	10.50	2.78	4.13	7.51	3.73	7.86	7.74	79.75
雾	六层横担		5.95	7.48	8.37	8.68	8.03	5.18	5.97	7.48	8.32	8.59	8.03	5.23	87.31
	四层横担	I	2.57	2.52	7.18	9.31	4.32	3.08	2.57	2.52	7.17	9.31	4.31	3.08	57.92
		II	3.13	2.52	2.69	3.79	4.32	3.60	3.13	2.52	2.69	3.79	4.31	3.60	40.07
		III	5.51	2.52	6.61	8.46	4.32	7.03	6.60	2.52	5.51	7.03	4.31	8.46	68.88
		IV	6.29	3.86	4.45	8.02	5.80	8.40	2.22	3.30	6.01	2.98	6.29	6.19	63.80

表 17-18　雨、雪、雾天气下等效至实际线路的电晕损失（海拔 1000～1500m 计算海拔 1250m）

天气	布置		各相电晕损失功率/(kW/km)												
			A1	B1	C1	A2	B2	C2	A3	B3	C3	A4	B4	C4	总
大雨	六层横担		16.06	20.49	23.09	24.01	22.12	13.88	16.14	20.49	22.98	23.77	22.12	14.01	239.18
	四层横担	I	6.57	6.42	19.64	25.89	11.41	7.96	6.57	6.42	19.60	25.88	11.40	7.96	155.71
		II	8.11	6.42	6.90	9.95	11.41	9.40	8.11	6.42	6.89	9.95	11.40	9.39	104.34
		III	14.80	6.42	17.99	23.38	11.41	19.20	17.96	6.42	14.81	19.20	11.40	23.37	186.35
		IV	17.05	10.12	11.79	22.07	15.64	23.17	5.62	8.58	16.23	7.70	17.03	16.76	171.77
中雨	六层横担		11.90	15.18	17.11	17.78	16.39	10.28	11.95	15.18	17.02	17.61	16.39	10.38	177.17
	四层横担	I	4.87	4.76	14.54	19.18	8.45	5.90	4.87	4.75	14.52	19.17	8.44	5.90	115.34
		II	6.00	4.76	5.11	7.37	8.45	6.96	6.01	4.75	5.10	7.37	8.44	6.96	77.29
		III	10.96	4.76	13.32	17.32	8.45	14.22	13.30	4.75	10.97	14.22	8.44	17.31	138.04
		IV	12.63	7.49	8.73	16.35	11.59	17.16	4.17	6.35	12.02	5.71	12.61	12.41	127.24
小雨	六层横担		7.73	9.87	11.12	11.56	10.65	6.68	7.77	9.87	11.06	11.45	10.65	6.75	115.16
	四层横担	I	3.16	3.09	9.45	12.46	5.49	3.83	3.16	3.09	9.44	12.46	5.49	3.83	74.97
		II	3.90	3.09	3.32	4.79	5.49	4.52	3.90	3.09	3.32	4.79	5.49	4.52	50.24
		III	7.13	3.09	8.66	11.26	5.49	9.24	8.65	3.09	7.13	9.24	5.49	11.25	89.73
		IV	8.21	4.87	5.68	10.63	7.53	11.16	2.71	4.13	7.82	3.71	8.20	8.07	82.70
大雪	六层横担		23.79	30.36	34.21	35.57	32.77	20.56	23.91	30.36	34.05	35.22	32.77	20.76	354.33
	四层横担	I	9.73	9.52	29.09	38.35	16.90	11.79	9.74	9.51	29.04	38.33	16.89	11.79	230.68
		II	12.01	9.52	10.22	14.74	16.90	13.92	12.01	9.51	10.20	14.74	16.89	13.92	154.58
		III	21.93	9.52	26.65	34.64	16.90	28.44	26.60	9.51	21.94	28.44	16.89	34.62	276.08
		IV	25.26	14.99	17.47	32.70	23.18	34.33	8.33	12.71	24.05	11.41	25.23	24.82	254.47

天气	布置		各相电晕损失功率/(kW/km)											
			A1	B1	C1	A2	B2	C2	A3	B3	C3	A4	B4	C4	总
中雪	六层横担		16.18	20.64	23.26	24.19	22.29	13.98	16.26	20.64	23.15	23.95	22.29	14.12	240.95
	四层横担	Ⅰ	6.62	6.47	19.78	26.08	11.49	8.02	6.62	6.47	19.75	26.07	11.48	8.02	156.86
		Ⅱ	8.17	6.47	6.95	10.03	11.49	9.47	8.17	6.47	6.94	10.02	11.48	9.46	105.11
		Ⅲ	14.91	6.47	18.12	23.56	11.49	19.34	18.09	6.47	14.92	19.34	11.48	23.54	187.73
		Ⅳ	17.18	10.19	11.88	22.24	15.76	23.34	5.67	8.64	16.35	7.76	17.15	16.88	173.04
小雪	六层横担		8.09	10.32	11.63	12.09	11.14	6.99	8.13	10.32	11.58	11.98	11.14	7.06	120.47
	四层横担	Ⅰ	3.31	3.24	9.89	13.04	5.75	4.01	3.31	3.23	9.87	13.03	5.74	4.01	78.43
		Ⅱ	4.08	3.24	3.47	5.01	5.75	4.73	4.08	3.23	3.47	5.01	5.74	4.73	52.56
		Ⅲ	7.46	3.24	9.06	11.78	5.75	9.67	9.04	3.23	7.46	9.67	5.74	11.77	93.87
		Ⅳ	8.59	5.10	5.94	11.12	7.88	11.67	2.83	4.32	8.18	3.88	8.58	8.44	86.52
雾	六层横担		6.47	8.26	9.31	9.67	8.91	5.59	6.50	8.26	9.26	9.58	8.91	5.65	96.38
	四层横担	Ⅰ	2.65	2.59	7.91	10.43	4.60	3.21	2.65	2.59	7.90	10.43	4.59	3.21	62.74
		Ⅱ	3.27	2.59	2.78	4.01	4.60	4.73	3.27	2.59	2.78	4.01	4.59	3.79	42.04
		Ⅲ	5.96	2.59	7.25	9.42	4.60	7.74	7.24	2.59	5.97	7.74	4.59	9.42	75.09
		Ⅳ	6.87	4.08	4.75	8.89	6.30	9.34	2.27	3.46	6.54	3.10	6.86	6.75	69.22

根据表 17-6～表 17-18 与同塔四回 750kV 输电线路雨、雪、雾天气年小时数表 17-4，可以计算出经过三个海拔段的（168.6～500m、500～1000m、1000～1500m）整条同塔四回线路的雨雪雾下电晕损失的能量（kW·h）。其中大雨、中雨、小雨各占雨天年小时数的三分之一，大雪、中雪、小雪各占雪天年小时数的三分之一，雨雪雾天气下的年电晕损失总量 W_2 为

$$W_2 = \sum P_{ij} T_j L_i \tag{17.19}$$

式中，P_{ij} 为第 i 段气象条件 j 下的全相总电晕损失（气象条件 j 包括大雨、中雨、小雨、大雪、中雪、小雪、雾；第 i 段包括海拔范围 168.6～500m、500～1000m、1000～1500m 三段），kW/km；T_j 为气象条件 j 的年平均小时数，h；L_i 为第 i 段线路长度，km。

六层横担与四层横担各相序布置的雨雪雾天气条件下的年电晕损失总量 W_2 计算结果见表 17-19 所示。

表 17-19　雨雪雾天气下年电晕损失总量 W_2

布置	六层横担	四层横担			
		Ⅰ	Ⅱ	Ⅲ	Ⅳ
$W_2/(kW \cdot h)$	10.98×10^6	7.26×10^6	4.99×10^6	8.64×10^6	8.00×10^6

17.3.4　风沙天气下电晕损失估算方法

除雨雪雾天气，沙尘天气也会增大线路的电晕损失。在春、秋两季，沙尘天气在我国西北地区经常发生，沙尘天气也会影响输电线路的交流电晕特性，并且和雨雪雾对输电线路电晕损失的影响不同。由此，对同塔四回 750kV 输电线路的电晕损失估算需考虑风沙天气。

在《沙尘暴天气等级》中依据沙尘天气地面水平能见度依次分为浮尘、扬沙、沙尘暴、强沙尘暴和特强沙尘暴 5 个等级，不同等级沙尘天气区别主要体现在风速、沙尘浓度以及沙尘粒径三个方面。

风速对导线电晕损失的影响主要是在直流线路的电晕损失方面，而对于交流输电线路，风速对交流电晕损失影响很小，可以忽略不计，所以首先可以忽略风速的影响。

当颗粒度、沙尘浓度较小时导线电晕损失与晴天干燥天气时的电晕损失基本一致，而当颗粒度、沙尘浓度大到一定程度导线起晕电压会极大降低，导致电晕损失急剧增大。因此，风沙天气下电晕损失估算分成两部分：浮尘天气 $W_{\text{dust weather}}$ 与强沙尘天气 $W_{\text{strong sand}}$。对于浮尘天气，由于导线在小粒径、低沙尘浓度下的起晕场强基本不变，因此认为实际输电线路不起晕，电晕损失大部分仍为绝缘子串的泄漏损耗，浮尘天气下电晕损失估算等同于晴天下电晕损失估算，与上述晴朗天气下的估算方法相同。对于强沙尘天气电晕损失的估算，以沙尘浓度 460mg/m³、沙尘颗粒度 0.125～0.25mm 条件下电晕笼数据进行估算。

与雨雪雾天气下电晕损失估算类似，进行海拔修正到计算海拔，通过导线表面有效场强得到电晕笼中电晕损失数据，再根据有效电晕损失等效计算方法等效到同塔四回 750kV 输电线路，得到整条线路上各海拔段上的强沙尘天气电晕损失分析结果，如表 17-20 所示。

表 17-20　强风沙条件下各计算海拔等效至实际线路的电晕损失

计算海拔/m	布置		各相电晕损失功率/(kW/km)											
			A1	B1	C1	A2	B2	C2	A3	B3	C3	A4	B4	C4	总
340	六层横担		2.50	3.84	4.73	5.07	4.39	1.94	2.52	3.84	4.71	5.02	4.39	1.96	44.91
	四层横担	Ⅰ	0.52	0.49	3.57	5.79	1.35	0.72	0.52	0.49	3.56	5.78	1.35	0.72	24.87
		Ⅱ	0.75	0.49	0.56	1.07	1.35	0.97	0.75	0.49	0.56	1.07	1.35	0.97	10.40
		Ⅲ	2.17	0.49	3.06	4.84	1.35	3.42	3.05	0.49	2.17	3.42	1.35	4.83	30.66
		Ⅳ	2.79	1.10	1.45	4.38	2.38	4.72	0.39	0.82	2.56	0.68	2.74	2.69	26.70
750	六层横担		3.18	4.89	6.04	6.46	5.60	2.47	3.20	4.89	6.01	6.40	5.60	2.49	57.21
	四层横担	Ⅰ	0.66	0.62	4.55	7.38	1.72	0.92	0.66	0.62	4.53	7.38	1.71	0.92	31.66
		Ⅱ	0.95	0.62	0.71	1.36	1.72	1.23	0.95	0.62	0.71	1.36	1.71	1.23	13.18
		Ⅲ	2.76	0.62	3.89	6.17	4.36	3.88	0.62	2.76	4.36	1.71	6.16	39.01
		Ⅳ	3.55	1.39	1.84	5.58	3.03	6.02	0.50	1.04	3.25	0.86	3.49	3.42	33.97
1250	六层横担		4.30	6.62	8.18	8.76	7.59	3.33	4.33	6.62	8.14	8.68	7.59	3.36	77.52
	四层横担	Ⅰ	0.88	0.84	6.16	10.02	2.31	1.23	0.88	0.83	6.14	10.02	2.31	1.23	42.85
		Ⅱ	1.28	0.84	0.96	1.83	2.31	1.65	1.28	0.83	0.95	1.83	2.31	1.65	17.73
		Ⅲ	3.73	0.84	5.27	8.36	2.31	5.90	5.25	0.83	3.73	5.90	2.31	8.36	52.79
		Ⅳ	4.80	1.88	2.48	7.56	4.09	8.16	0.67	1.40	4.40	1.16	4.72	4.63	45.94

根据上述计算结果，可以对于风沙天气线路上的电晕损失进行估算，其中弱沙尘天气与强沙尘天气各占风沙天气年小时数的一半，则线路风沙天气下的年电晕损失总量 W_3 为

$$W_3 = W_{\text{dust weather}} + W_{\text{strong sand}} \qquad (17.20)$$

$$W_{\text{strong sand}} = \sum P_i TL_i \qquad (17.21)$$

式中，P_i 为第 i 段沙尘条件（沙尘浓度 460mg/m³ 沙尘粒径 0.125～0.25mm）下的全相总电晕损失（第 i 段包括海拔范围 168.6～500m、500～1000m、1000～1500m 三段），kW/km；T 为强沙尘气象条件的年平均小时数，h；L_i 为第 i 段线路的长度，km。

六层横担与四层横担各相序布置下的输电线路全线风沙天气条件下年电晕损失总量 W_3

见表 17-21。

表 17-21　风沙天气下年电晕损失总量 W_3

布置	六层横担	四层横担			
		Ⅰ	Ⅱ	Ⅲ	Ⅳ
W_3/(kW·h)	$0.037×10^6$	$0.023×10^6$	$0.013×10^6$	$0.027×10^6$	$0.024×10^6$

17.3.5　实际线路总电晕损失估算

累加同塔四回 750kV 输电线路晴朗、雨、雪、雾、风沙天气下的电晕数据，可计算得到全线全年电晕损失总值 W_{sum} 为

$$W_{sum}=W_1+W_2+W_3 \tag{17.22}$$

将所得的全线全年电晕损失总值 W_{sum} 除以一年的小时数 T（8760h）和线路总长 L（20m）便是年平均电晕损失功率 P_{avg}（kW/km）。

$$P_{avg}=W_{sum}/(TL) \tag{17.23}$$

式中，P_{avg} 为年平均电晕损失功率，kW/km；W_{sum} 为全线全年电晕损失总值，kW·h；T 为全年的年小时数，h；L 为线路总长度，km。

根据在线路中产生电晕损失功率最大的一种气候（大雪）情况，来计算各段线路的电晕损失，得到最大电晕损失 P_{max}（kW/km）。

$$P_{max}=(\sum P_{i max}L_i)/L \tag{17.24}$$

式中，P_{max} 为最大电晕损失，kW/km；$P_{i max}$ 为某种气候条件下，在第 i 段产生电晕损失最大值，kW/km；L_i 为第 i 段线路的长度，km；L 为线路总长度，km。

同塔四回 750kV 输电线路的六层横担与四层横担各相序布置下年平均电晕损失与最大电晕损失计算结果如表 17-22 所示。

表 17-22　年平均电晕损失与最大电晕损失计算结果

布置		年平均电晕损失 P_{avg}/(kW/km)	最大电晕损失 P_{max}/(kW/km)
六层横担		65.92	299.04
四层横担	Ⅰ	47.62	216.86
	Ⅱ	34.63	149.16
	Ⅲ	55.54	258.17
	Ⅳ	51.84	238.90

17.3.6　750kV 同塔四回最优布置以及电晕损失与线损的比较

由表 17-22 可知，四层横担的电晕损失指标优于六层横担，并且对于四层横担，在Ⅱ相序下排列的电晕损失指标优于其他相序。因此，对于同塔四回输电工程，从考虑电晕损失的角度，最优布置方式为四层横担Ⅱ相序布置。六层横担虽然电晕损失较大，但具有占地面积小等优点，实际工程布置时应按照具体情况选择。

线路的电晕损失主要取决于气象条件与导线表面场强，而线路的电阻损耗主要取决于线路负荷与运行电压。对 750kV 同塔四回最优与最差相序布置下的线路电晕损失与电阻损耗分别进行比较，电阻损耗以输电线路额定运行状态计算，比较结果见表 17-23。

表 17-23　电晕损失与电阻损耗的比较

布置	电阻损耗/(kW/km)	电晕损失/(kW/km)	
		P_{avg}	P_{max}
最优布置	139	34.63	149.16
最差布置		65.92	299.04

　　最优布置下年平均电晕损失大小为电阻损耗的 25％，而最差布置下为 47％，由于电晕效应线路附加了可观的能量损耗，通过塔型与相序的优化可以减少年平均电晕损失。最优布置下最大电晕损失大小为电阻损耗的 107％，最差布置为 215％，最大负荷与最恶劣的气象条件同时发生时会降低线路的输电能力与可靠性。通过塔型与相序优化可以减小最大电晕损失大小，减少恶劣气象条件对电网可靠性的影响。最优布置下的最大电晕损失仍略大于额定运行状态下的电阻损耗，备用容量选择时应该关注最大电晕损失，防范极端恶劣天气对电网的负面影响。

17.3.7　实际线路电晕损失随海拔变化关系

　　设计线路海拔不超过 1500m，而西北地区部分地区位于较高海拔，例如位于青海省的 750kV 工程，途经海拔大都在 2000m 以上，甚至部分地区所处海拔高度可达 3000m 以上。大气压强会伴随海拔上升而降低，从而导致空间自由电荷平均自由行程的增加、离子迁移率的增大，带电粒子在空间电场的作用加速迁移下，会积累更多动能，导致导线起晕电压会明显减小，电晕损失显著增大。

　　基于上述评估方法，对 750kV 同塔四回实际线路在不同海拔点下（340m、750m、1250m、1750m、2250m、2750m 和 3250m）的电晕损失进行评估，得到不同塔型不同相序下，年平均电晕损失 P_{avg}、最大电晕损失 P_{max} 分别随海拔高度升高的变化关系，如图 17-18、图 17-19 所示（图中右轴刻度为占电阻损耗百分比）。

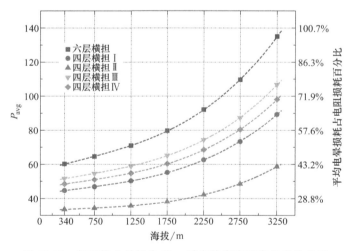

图 17-18　年平均电晕损失 P_{avg} 随海拔高度升高的变化关系

　　随着线路所处海拔高度不断升高，线路上的年平均电晕损失 P_{avg} 与最大电晕损失 P_{max} 会显著高于低海拔高度地区，平均电晕损失 P_{avg} 最大可以占电阻损耗的 97％，最大电晕损失 P_{max} 最大可以占电阻损耗的 494％。不同的塔型相序布置形式，增长程度略有差异。若

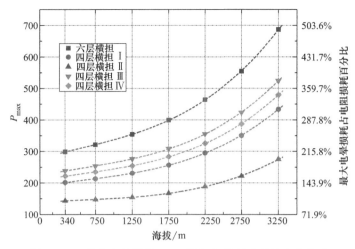

图 17-19　最大电晕损失 $P_{\max}$ 随海拔高度升高的变化关系

线路途经高海拔地区，线路规划设计时可以牺牲一部分经济性，选择导线、分裂数和相间布置时留有充足的裕度，从而降低恶劣天气条件下电晕损失，来降低年电晕损失 P_{avg} 与最大电晕损失 $P_{\max}$。

参考文献

［1］　刘云鹏，黄世龙，陈思佳，等. 同塔四回 750kV 六层横担输电线路电晕损失研究 ［J］. 高电压技术，2019，45（4），1118-1124.

［2］　Liu Yunpeng, Chen Sijia, Huang Shilong. Evaluation of Corona Loss in 750kV Four-Circuit Transmission Lines on the Same Tower Considering Complex Meteorological Conditions ［J］. IEEE Access，2018，6（1）：67427-67433.

［3］　IEEE Standard Definitions of Terms Relatedto Corona and Field Effects of Overhead Power Lines：IEEE Standard No. 539-1990 ［S/OL］［2022-03-05］. https：//standards. ieee. org/ieee/539/790/.

［4］　尤少华，刘云鹏，律方成. 不同海拔下电晕笼分裂导线起晕电压的计算分析 ［J］. 中国电机工程学报，2012，32（4）：169-177.

［5］　朱雷. 高海拔沙尘条件下 750kV 交流输电线路导线电晕特性研究 ［D］. 保定：华北电力大学，2015.

［6］　唐剑，杨迎建，何金良. 1000kV 级特高压交流电晕笼设计关键问题探讨 ［J］. 高电压技术，2007，33（4）.

［7］　尤少华. 特高压交流试验线段电晕损失测量系统的研究 ［D］. 保定：华北电力大学，2008.

［8］　中华人民共和国国家质量监督检验检疫总局 中国国家标准化管理委员会. 电力金具试验方法　第 2 部分：电晕和无线电干扰试验：GB/T 2317.2—2008 ［S/OL］. ［2022-02-06］. http：//www. csres. com/detail/197215. html.

［9］　中华人民共和国国家质量监督检验检疫总局. 绝缘子实验方法第二部分：电气实验方法：GB/T 775.2—2003 ［S/OL］. ［2022-02-07］. http：//www. csres. com/detail/62888. html.

［10］　Anderson J G, Baretsky M, MacCarthy D D. Corona loss characteristics of EHV transmission lines based on project EHV research ［J］. IEEE Transactions on Power Apparatus and Systems，1966，PAS-85（12）：735-748.

第 6 部分

不同海拔地区
超高压交流输变电工程
金具起晕特性研究（案例2）

第18章

超高压交流金具表面场强分布
计算与影响规律研究

采用以色列 Ofil 公司生产的 DayCor Superb 型紫外成像仪，在晴朗无风天气下对内蒙古地区 17 座 500kV 超高压交流变电站电晕放电进行现场实测，发现站内终端绝缘子串均压环、管母线屏蔽球、分裂导线间隔棒均存在不同程度的电晕放电。为解决站内电晕放电这一突出问题，需要严格控制金具表面电场强度。本章首先对站内电晕放电较为严重的典型金具建立静电场三维有限元仿真模型，计算其表面电场强度分布，并分析结构、尺寸对金具表面场强分布的影响规律。

18.1　屏蔽球表面场强分布计算与影响规律研究

18.1.1　屏蔽球表面场强分布计算

内蒙古地区 500kV 响沙湾变电站I号母线 B 相主变侧屏蔽球区域电晕放电状况如图 18-1 所示。由图可知，屏蔽球区域电晕放电主要集中在屏蔽球球头位置。

500kV 响沙湾变电站 I 号母线 B 相主变侧管母线屏蔽球型号为 MGZ1-250，球径 500mm，管母线直径 250mm，建立的屏蔽球区域静电场三维仿真计算模型如图 18-2 所示。

管母线屏蔽球处在一个无限大的开放空间，整个空间都有电场分布，是开域问题。但是有限元只能处理有限区域的电场，所以采用边界渐变的方法，在模型周围建立一个空气域，空气域的大小一般为实际模型大小的 7～8 倍。此

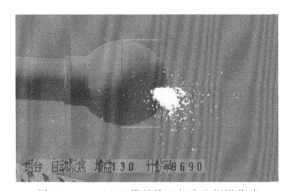

图 18-1　500kV I 号母线 B 相主变侧屏蔽球
区域电晕放电状况

外，为提高电场结果的计算精度，管母线屏蔽球周围的空气求解域可以适当提高计算精度，而距离管母线屏蔽球较远的空气部分对屏蔽球表面电场影响不大，可以适当降低计算精度。

因此，可以在原先的求解域中，取距离管母线屏蔽球较近的一部分作为细剖求解域。管母线屏蔽球和管母线加载高电位 $U_{\mathrm{m}} = 500 \times 1.1 \times \sqrt{2}/\sqrt{3} = 449.073\mathrm{kV}$，地面和外包空气边界的电位设置为0kV。管母线屏蔽球表面电场分布如图18-3所示。由图18-3可知，管母线屏蔽球表面最大电场强度为15.78kV/cm，最大电场强度值位于屏蔽球球头位置，与电晕放电现场观测结果一致。

图18-2　屏蔽球区域静电场三维仿真计算模型

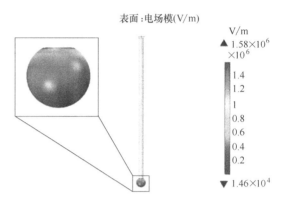

图18-3　管母线屏蔽球表面电场强度分布

18.1.2　屏蔽球表面场强分布影响规律

若屏蔽球管母线直径和长度保持不变，则影响屏蔽球表面场强分布的因素主要为屏蔽球球径。施加449.073kV电压，不同直径屏蔽球表面电场强度仿真计算结果见表18-1。

由表18-1可知，随着球径的增大，屏蔽球表面最大电场强度非线性减小，但最大电场强度仍出现在屏蔽球球头位置。此外，随着球径的持续增大，屏蔽球表面最大场强降低的百分比逐渐减小且具有一定的饱和趋势。这表明，当球径增大到一定程度时，仅继续增大球径对屏蔽球电晕放电的抑制效果有限，这时可增大管母线直径，进一步抵消屏蔽球表面场强，从而对电晕放电形成更有效的抑制。需要注意的是，相比于均压环、间隔棒等站内其他类型金具，由于屏蔽球曲率较小表面积较大且整体结构更加光滑均匀，在浮尘、沙尘暴和淋雨天气频发的地区，其表面积污现象严重，甚至可以在屏蔽球表面形成厚度0.5～0.7mm土壤层，对屏蔽球表面电场强度畸变严重，使得电晕放电更加剧烈。因此，除了在设计阶段选择合适的屏蔽球球径外，每隔1～2年对屏蔽球表面进行清洗是防止电晕出现的一个有效措施。

表18-1　屏蔽球表面最大电场强度仿真计算结果

球径/mm	最大电场强度/(kV/cm)	降低百分比/%	最大电场强度出现的位置
300	23.64	—	
400	18.93	−19.92	
500	15.78	−6.64	屏蔽球球头
600	13.62	−13.69	
700	12.10	−11.16	

18.2　均压环表面场强分布计算与影响规律研究

超高压交流变电站终端绝缘子串均压环主要有两种结构形式，一种为马鞍形均压环，主要安装在 V 形绝缘子串高压侧；另一种为椭圆形和圆形均压环，主要安装在耐张绝缘子串和支柱绝缘子串高压侧。两种类型的均压环由于结构形式不同，所以其表面场强分布情况有所差异。

18.2.1　马鞍形均压环表面场强分布计算与影响规律研究

内蒙古地区 500kV 梅力更变电站 Ⅰ 号母线 V 形悬挂绝缘子串均压环电晕放电状况如图 18-4 所示。由图可知，V 形悬挂绝缘子串均压环电晕放电主要集中在均压环拐角处的圆弧位置。

500kV 梅力更变电站 Ⅰ 号母线 V 形悬挂绝缘子串均压环型号为 JPL-1200×860，管径 50mm。V 形绝缘子串由 33 片 XWP18.100 绝缘子组成，绝缘子串及连接金具长度 5.4m。V 形悬挂绝缘子串均压环区域静电场三维仿真计算模型如图 18-5 所示。

图 18-4　500kV Ⅰ 号母线 V 形悬挂绝缘子串
均压环电晕放电状况

图 18-5　V 形悬挂绝缘子串均压环区
域静电场三维仿真计算模型

均压环、绝缘子串高压端连接金具、管母线和屏蔽球加载高电位 449.073kV，绝缘子串低压端连接金具、地面和外包空气边界的电位设置为 0kV。V 形悬挂绝缘子串均压环表面场强分布如图 18-6 所示。由图 18-6 可知，均压环表面最大电场强度为 31.92kV/cm，最大电场强度值位于均压环拐角处的圆弧位置，与电晕放电现场观测结果一致。

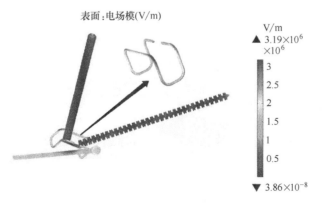

图 18-6　V 形悬挂绝缘子串均压环表面电场强度分布

　　施加一定电压下，马鞍形均压环表面电场强度较大的位置主要集中在均压环拐角处的圆弧位置，因此可以预测影响马鞍形均压环表面最大电场强度的因素主要有均压环管径和圆弧部位曲率半径。施加449.073kV电压，改变均压环管径和圆弧部位曲率半径，均压环表面最大电场强度仿真计算结果分别如表18-2和表18-3所示。

表18-2　改变管径，均压环表面最大电场强度仿真计算结果

管径/mm	最大电场强度/(kV/cm)	降低百分比/%	最大电场强度出现的位置
50	31.92	—	
60	28.49	−10.75	
70	25.93	−8.99	
80	23.95	−7.65	均压环拐角处的圆弧位置
90	22.34	−6.72	
100	21.20	−5.10	

表18-3　改变圆弧部位曲率半径，均压环表面最大电场强度仿真计算结果

圆弧曲率半径/mm	最大电场强度/(kV/cm)	降低百分比/%	最大电场强度出现的位置
150	31.92	—	
180	30.50	−4.45	
210	29.45	−3.44	均压环拐角处的圆弧位置
240	28.65	−2.72	
270	28.12	−1.85	

　　由表18-2和表18-3可知，随着均压环管径和圆弧部位曲率半径的增大，均压环表面最大电场强度非线性减小，但最大电场强度仍然出现在均压环拐角处的圆弧部位。此外，随着管径和圆弧部位曲率半径的持续增大，均压环表面最大场强降低的百分比逐渐减小且具有一定的饱和趋势。

　　当管径由50mm增大到100mm时，均压环表面最大电场强度降低33.58%，降低较为显著；当圆弧部位曲率半径由150mm增大到270mm时，均压环表面最大电场强度降低11.90%，降低较为缓慢。由此可说明，相比改变马鞍形均压环圆弧部位曲率半径，改变管径对均压环表面电场强度的畸变作用更显著。

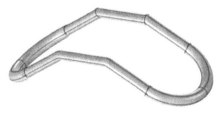

图18-7　马鞍形均压环结构示意图

　　V形绝缘子串马鞍形均压环另一种结构形式如图18-7所示。由于此种结构的均压环表面整体平滑度略差，因此其表面电场强度存在畸变较为严重的位置。通过减小均压环两侧翼夹角，将其优化成图18-5所示的结构后，其表面电场分布得到了改善。因此，图18-5所示的马鞍形均压环结构的防晕性能较好。

18.2.2　椭圆形和圆形均压环表面场强分布计算与影响规律研究

　　500kV梅力更变电站主变A、B、C相出线侧架构耐张绝缘子串均压环和屏蔽环电晕放电状况如图18-8所示。由图可知，耐张绝缘子串均压环和屏蔽环电晕放电主要集中在两侧屏蔽环圆弧跑道与直线连接处。

500kV 梅力更变电站主变 A、B、C 相出线侧架构耐张绝缘子串均压环型号为 FJ-1026×676S，两侧屏蔽环型号为 FP-1060×660S，均压环和屏蔽环的管径 50mm，环径 660mm。耐张绝缘子串由 33 片 XWP18.160 绝缘子组成，绝缘子串及连接金具长度 6.5m。耐张绝缘子串均压环和屏蔽环区域静电场三维仿真计算模型如图 18-9 所示。

图 18-8 500kV 主变 A、B、C 相出线侧耐张绝缘子
串均压环和屏蔽环电晕放电状况

图 18-9 耐张绝缘子串均压环和屏蔽环区域
静电场三维仿真计算模型

均压环、屏蔽环、绝缘子串高压端连接金具、导线加载高电位 449.073kV，绝缘子串低压端连接金具、地面和外包空气边界的电位设置为 0kV。耐张绝缘子串均压环和屏蔽环表面电场分布如图 18-10 所示。由图 18-10 可知，均压环和两侧屏蔽环表面最大电场强度为 27.23kV/cm，最大电场强度值位于两侧屏蔽环圆弧跑道与直线连接处，与电晕放电现场观测结果一致。此外，由于两侧屏蔽环对均压环的屏蔽作用，均压环表面平均电场强度比两侧屏蔽环表面平均电场强度小。

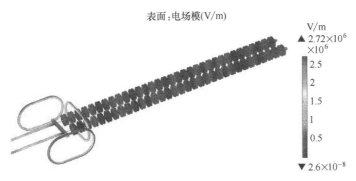

图 18-10 耐张绝缘子串均压环和屏蔽环表面电场强度分布

施加一定电压下，椭圆形屏蔽环表面电场强度较大的位置主要集中在屏蔽环圆弧跑道位置，因此可以预测影响椭圆形和圆形均压环（屏蔽环）表面最大电场强度的因素主要为均压环管径和环径。施加 449.073kV 电压，改变屏蔽环管径和环径，屏蔽环表面最大电场强度仿真计算结果分别如表 18-4 和表 18-5 所示。

由表 18-4 和表 18-5 所示，随着两侧屏蔽环管径和环径的增大，屏蔽环表面最大电场强度非线性减小，但最大电场强度仍然出现在两侧屏蔽环圆弧跑道与直线连接处。当管径由 50mm 增大到 100mm 时，屏蔽环表面最大电场强度降低了 27.65%，降低较为显著；当环径由 660mm 增大到 1060mm 时，屏蔽环表面最大电场强度降低了 4.59%，降低较为缓慢。由此可说明，相比改变椭圆形和圆形均压环（屏蔽环）环径，改变管径对均压环（屏蔽环）

表面电场强度的畸变作用更显著。若将马鞍形均压环圆弧部位曲率半径视作环径，则表明对于不同结构的均压环，管径比环径对电场强度的影响更大。需要注意的是，虽然增大管径能最大幅度地提高防晕性能，但管径的增大会引起工艺难度的提升，必然造成过高的经济成本。因此，在均压环设计过程中，要根据实际情况综合调整均压环参数以控制表面场强。

表 18-4　改变管径，屏蔽环表面最大电场强度仿真计算结果

管径/mm	最大电场强度/(kV/cm)	降低百分比/%	最大电场强度出现的位置
50	27.23	—	
60	24.51	−9.99	
70	22.69	−7.43	屏蔽环圆弧与直线连接处
80	21.42	−5.60	
90	20.38	−4.86	
100	19.70	−3.34	

表 18-5　改变环径，屏蔽环表面最大电场强度仿真计算结果

环径/mm	最大电场强度/(kV/cm)	降低百分比/%	最大电场强度出现的位置
660	27.23	—	
760	26.70	−1.95	
860	26.35	−1.31	屏蔽环圆弧与直线连接处
960	26.14	−0.80	
1060	25.98	−0.61	

此外，随着管径和环径的持续增大，均压环（屏蔽环）表面最大场强降低的百分比逐渐减小且具有一定的饱和趋势。这表明，当管径和环径增大到一定程度时，仅继续增大管径和环径对均压环电晕放电的抑制效果有限。这时可采用双均压环结构形式，形成均压环表面场强之间的相互抵消，从而更有效地抑制电晕放电。

图 18-11 给出了椭圆形屏蔽环和与椭圆形屏蔽环相同管径、环径的圆形屏蔽环表面最大电场强度分别随管径和环径的变化趋势。由图可知，在施加相同电压时，相同管径和环径（管径 50mm，环径 660mm）的椭圆形屏蔽环（长度 1260mm）和圆形屏蔽环表面电场强度

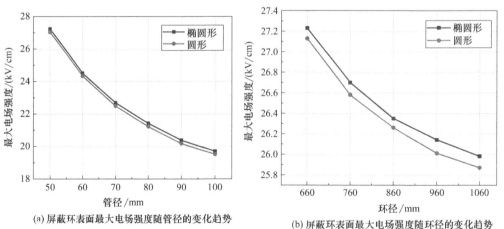

(a) 屏蔽环表面最大电场强度随管径的变化趋势　　(b) 屏蔽环表面最大电场强度随环径的变化趋势

图 18-11　椭圆形和圆形均压环（屏蔽环）表面最大电场强度随管径和环径的变化趋势

变化很小。这表明，影响不同结构均压环（屏蔽环）表面最大电场强度的自身因素主要为管径和环径。

18.3　间隔棒表面场强分布计算与影响规律研究

18.3.1　间隔棒表面场强分布计算

内蒙古地区 500kV 梅力更变电站响达 I 线出线分裂导线间隔棒区域电晕放电状况如图 18-12 所示。由图可知，分裂导线间隔棒电晕放电主要集中在间隔棒线夹头部外表面。

500kV 梅力更变电站响达 I 线出线分裂导线间隔棒型号为 JS-600K/400，间隔棒分裂间距 400mm，分裂导线直径 51mm。分裂导线间隔棒区域静电场三维仿真计算模型如图 18-13 所示。

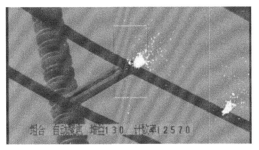

图 18-12　500kV 响达 I 线出线分裂导线间隔棒电晕放电状况

图 18-13　分裂导线间隔棒区域静电场三维仿真计算模型

分裂导线及间隔棒加载高电位 449.073kV，地面和外包空气边界的电位设置为 0kV。分裂导线间隔棒表面电场分布如图 18-14 所示。由图 18-14 可知，间隔棒表面最大电场强度为 28.64kV/cm，最大电场强度值位于间隔棒线夹头部外表面上侧圆弧处，而位于分裂导线内部空间间隔棒表面电场强度整体较小，与电晕放电现场观测结果一致。这表明，在间隔棒防晕设计中需要重点考虑间隔棒线夹头部结构和尺寸的设计。

18.3.2　间隔棒表面场强分布影响规律

施加一定电压下，分裂导线间隔棒表面电场强度较大的位置主要集中在间隔棒线夹头部外表面。间隔棒线夹头部结构如图 18-15 所示，因此在分裂导线半径不变的情况下，影响间

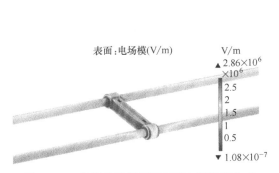

图 18-14　分裂导线间隔棒表面电场强度分布

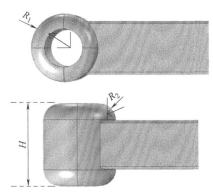

图 18-15　间隔棒线夹头部结构

隔棒线夹头部电场强度的主要因素为曲率半径 R_1、R_2 和间隔棒厚度 H。

分别改变间隔棒曲率半径 R_1、R_2 和厚度 H，施加 449.073kV 电压，仿真计算得到的间隔棒线夹头部最大电场强度分别如表 18-6 至表 18-8 所示。

表 18-6　不同曲率半径 R_1 下，间隔棒线夹头部最大电场强度

曲率半径 R_1/mm	35.50	45.5	55.5	65.5	75.5	85.5
最大电场强度/(kV/cm)	28.64	28.35	28.13	27.97	27.86	27.78
降低百分比/%	—	−1.01	−0.78	−0.57	−0.39	−0.29

表 18-7　不同曲率半径 R_2 下，间隔棒线夹头部最大电场强度

曲率半径 R_2/mm	10	15	20	25	30	35	40	45	50
最大电场强度/(kV/cm)	28.64	25.91	24.30	23.35	22.52	21.91	21.50	21.34	21.26
降低百分比/%	—	−9.53	−6.21	−3.91	−3.55	−2.71	−1.87	−0.74	−0.37

表 18-8　不同厚度 H 下，间隔棒线夹头部最大电场强度

厚度 H/mm	60	70	80	90	100	110
最大电场强度/(kV/cm)	29.39	29.09	28.84	28.64	28.53	28.45
降低百分比/%	—	−1.02	−0.86	−0.69	−0.38	−0.28

由表 18-6 至表 18-8 可知，间隔棒线夹头部最大电场强度随 R_1、R_2、H 的增加非线性减小，当 R_1 由 35.5mm 增大到 85.5mm 时，间隔棒线夹头部最大电场强度降低 3.0%，降低较为缓慢；当 H 由 60mm 增大到 110mm 时，间隔棒线夹头部最大电场强度降低 2.9%，降低较为缓慢；当 R_2 由 10mm 增大到 50mm 时，间隔棒线夹头部最大电场强度降低 25.8%，降低较为显著。由此可说明，相比增大 R_1、H，增大 R_2 对于降低间隔棒线夹头部电场强度的效果更加显著。

此外，随着 R_1、R_2、H 的持续增大，间隔棒表面最大场强降低的百分比逐渐减小且具有一定的饱和趋势。这表明，当 R_1、R_2、H 增大到一定程度时，仅继续增大 R_1、R_2、H 对间隔棒电晕放电抑制效果有限，这时可增大分裂导线直径或增加分裂导线分裂数，也可加装屏蔽环或屏蔽球，进一步抵消间隔棒表面场强，从而对电晕放电形成更有效的抑制。

图 18-16 给出了曲率半径 R_2 分别为 10mm 和 40mm 时的间隔棒线夹头部结构示意图。由图可知，间隔棒线夹头部结构越接近于球形，间隔棒表面最大电场强度数值越小，即防晕性能越好。

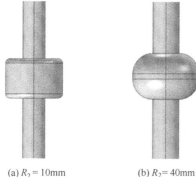

(a) $R_2 = 10$mm　　(b) $R_2 = 40$mm

图 18-16　曲率半径 R_2 分别为 10mm 和 40mm 时的间隔棒线夹头部结构示意图

第19章

不同海拔地区金具起晕场强试验

为有效抑制金具表面电晕放电，需要严格保证在任何运行环境和运行方式下，金具表面最大电场强度接近并略低于起晕场强。因此，金具表面场强分布和起晕场强是电晕控制两个重要的技术指标。第18章已通过仿真计算得到了结构和尺寸对金具表面场强分布的影响规律，因此本章开展不同海拔地区金具起晕场强试验，研究海拔、结构和尺寸对金具起晕场强的影响规律，并提出不同海拔地区不同类型金具起晕场强经验计算公式。

19.1 不同海拔地区屏蔽球起晕场强试验

19.1.1 低海拔屏蔽球起晕场强试验

低海拔金具起晕试验在北京昌平（海拔 50m）中国电院高压试验大厅开展，具体布置见图 19-1。试验大厅长 86m、宽 60m、高 50m，可悬挂特高压等级试验试品。电源采用 2×750kV/2A 工频串级试验变压器，电容分压器型号为 TJF-1500-200，分压比 2000：1。

试品悬挂在大厅顶部的可移动天车上，连接管母线长度 6.8m，管母线直径 130mm，同时保证大厅内其他设备与试品球之间的距离＞15m，连接管母线电源侧端部装设一个管径 50mm，环径 600mm 的屏蔽环，防止管母端部与电源线连接处的金属部件发生电晕。屏蔽球对地高度 10m。试验布置如图 19-2所示。

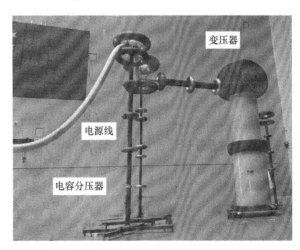

图 19-1 低海拔金具起晕场强试验电源

试验参照 GB/T 2317.2—2008开展，采用逐级升压法，同时利用紫外成像仪进行观测，找出电晕起始时刻，并记录此时的电压为屏蔽球的电晕起始电压。为避免试验随机性造成的测量误差，

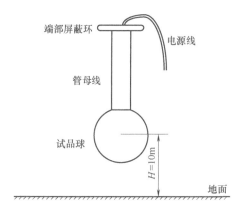

(a) 试验布置示意图

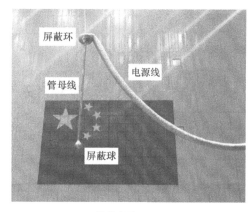

(b) 试验布置现场图

图 19-2　低海拔屏蔽球起晕场强试验布置图

每组试验重复 10 次，剔除出现明显偏差的数据后，取平均值作为各试品球的起晕电压。同时记录下试验时的气压、温度、湿度等环境参数。

金具起晕场强试验可直接得到起晕电压的大小，由于在此几何布置下金具与其他导体及对地部分电容为一定值，依据 $Q=CU$ 及 $E=-\nabla\varphi$，可知静电场计算中电场强度数值大小与加载电压之间存在线性关系。只需按照实际试验布置建立静电场三维仿真模型，可计算得到单位电压下金具表面最大电场强度，乘以试验得到的起晕电压即可获得电晕起始场强。

根据屏蔽球起晕场强试验布置的具体参数，借助 COMSOL 三维有限元仿真软件，建立屏蔽球起晕场强试验电场分布计算模型，其中包裹在波纹管内部的导线用光滑的弯管代替。试品球、管母线、端部屏蔽环以及电源线加载 1V 电压，大空气域的六个外表面加载零电位。图 19-3 给出了球径 200mm 屏蔽球试验模型的电场分布计算结果，由图可知，在图 19-2 的屏蔽球起晕场强试验布置方式下，屏蔽球表面最大电场强度出现在屏蔽球球头位置。当球径分别为 200mm 和 400mm 时，利用紫外成像仪观测到的电晕起始时的紫外图像如图 19-4 所示。由图可知，电晕起始时放电发生的位置与计算结果一致，表明起晕电压记录时刻的准确性。低海拔不同球径屏蔽球单位电压下表面最大电场强度、起晕电压、起晕场强试验结果如表 19-1 所示。

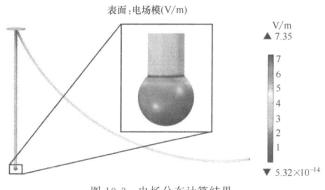

图 19-3　电场分布计算结果

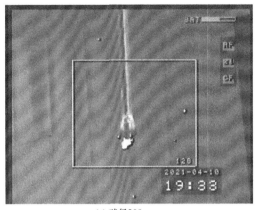

(a) 球径200mm　　　　　　　　　　(b) 球径400mm

图 19-4　屏蔽球电晕起始时的紫外图像

表 19-1　低海拔屏蔽球起晕场强试验结果

球径 /mm	单位电压下最大场强 /(kV/cm)	起晕电压 /kV	起晕场强 /(kV/cm)	环境参数		
				气压/kPa	温度/℃	湿度/%
200	7.354	367	27.018	101.9	13.3	32
260	5.946	444	26.399	102.3	13.5	32
300	5.294	491	25.994	102.0	12.7	32
400	4.225	601	25.391	101.8	12.7	32
500	19.554	706	25.091	102.0	12.0	32

19.1.2　高海拔屏蔽球起晕场强试验

高海拔金具起晕场强试验在青海省西宁市城东区（海拔 2250m）青海省电力公司试验大厅开展，具体布置见图 19-5。试验大厅净空长 186m、宽 120m、高 80m，可悬挂特高压及以下电压等级试验试品。电源采用 TDTCW-3600/1800 型工频串级试验变压器，额定输出电压为 1800kV，电容分压器型号为 TAWF-500/1800，分压比 5000：1。

为了与低海拔屏蔽球起晕场强试验做对比，使用与低海拔起晕场强试验相同的试品屏蔽球，且试验布置基本相同。试品悬挂在大厅顶部的可移动天车上，用绝缘子串悬挂，屏蔽球对地高度 10m。屏蔽球起晕场强试验布置如图 19-6 所示。

屏蔽球、绝缘子串高压端以及电源线加载 1V 电压，大空气域的六个外表面以及绝缘子串低压端加载零电位。图 19-7 给出了球径 200mm 屏蔽球试验模型的电场分布计算结果，由图可知，在图 19-6 屏蔽球起晕场强试验布置方式下，屏蔽球表面最大电场强度出现在屏蔽球球头偏右位置。当球径分别为 200mm 和 400mm 时，电晕起始时的紫外图像如图 19-8 所示。由图可知，电晕起始位置

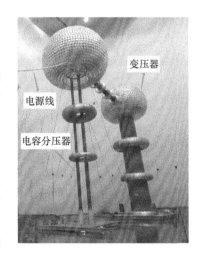

图 19-5　高海拔金具
起晕场强试验电源

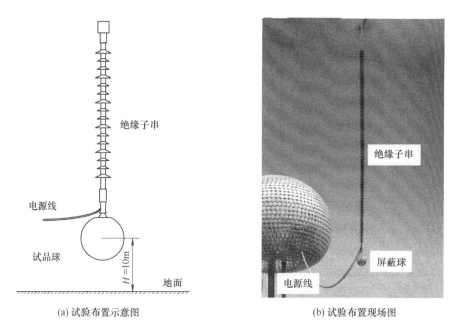

(a) 试验布置示意图　　　　　　　　(b) 试验布置现场图

图 19-6　高海拔屏蔽球起晕场强试验布置图

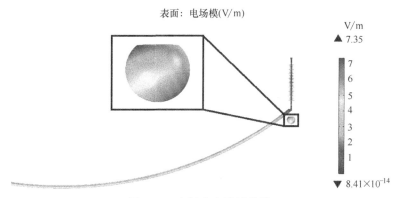

图 19-7　电场分布计算结果

(a) 球径200mm

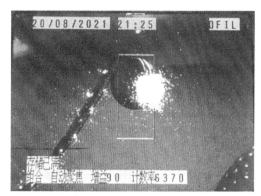

(b) 球径400mm

图 19-8　屏蔽球电晕起始时的紫外图像

与计算结果一致，表明起晕电压记录时刻的准确性。高海拔不同球径屏蔽球单位电压下表面最大电场强度、起晕电压、起晕场强试验结果如表 19-2 所示。

表 19-2　高海拔屏蔽球起晕场强试验结果

球径/mm	单位电压下最大场强/(kV/cm)	起晕电压/kV	起晕场强/(kV/cm)	环境参数		
				气压/kPa	温度/℃	湿度/%
200	7.351	290	21.318	75.9	18.2	54.3
260	5.883	350	20.591	75.0	18.3	54.3
300	5.199	390	20.275	75.0	18.0	54.3
400	4.198	472	19.815	75.2	18.2	54.3
500	19.575	548	19.593	75.0	17.9	54.3

19.1.3　不同海拔地区屏蔽球起晕场强结果分析

由表 19-1 和表 19-2 可知，任意相同海拔下，随着屏蔽球球径的增大，起晕电压逐渐增大，起晕场强逐渐减小。这是因为电晕放电的发展受到屏蔽球表面及其周围电场强度的影响，较小尺寸的屏蔽球将导致其周围电场强度迅速衰减，因此在相同的环境条件下，对于较小尺寸的屏蔽球，只有当其表面维持较高的电场强度时，电晕放电才能形成。低海拔和高海拔下，当屏蔽球球径由 200mm 增大到 500mm 时，起晕场强分别减小 8.49% 和 8.09%。而对其施加单位电压，低海拔和高海拔下，当屏蔽球球径由 200mm 增大到 500mm 时，其表面最大电场强度分别减小 51.74% 和 51.37%。这表明，虽然随着屏蔽球球径的增大，起晕场强有一定程度的减小，但由于其表面最大电场强度减小的幅度更加显著，所以从起晕场强的角度分析，增大屏蔽球球径，能够抑制电晕放电的产生。

此外，由表 19-1 和表 19-2 可知，屏蔽球起晕电压和起晕场强随海拔的升高逐渐降低。表 19-3 给出了高低海拔下屏蔽球起晕场强降低百分比。由表可知，不同球径下，随海拔升高，屏蔽球起晕场强保持近似相同的降低趋势。

表 19-3　高低海拔下，不同球径屏蔽球起晕场强降低百分比

球径/mm	200	260	300	400	500
降低百分比/%	−21.10	−22.00	−22.00	−21.96	−21.91

利用式（19.1）对球径 200～500mm 范围内低海拔下，屏蔽球起晕场强随球径的变化进行曲线拟合，运用最小二乘法进行参数 A_1、B_1、C_1 求解，起晕场强试验结果与拟合曲线对比见图 19-9。

$$E_{onset} = A_1 R^{B_1} + C_1 \tag{19.1}$$

拟合曲线 $A_1 = 150.8$、$B_1 = -0.672$、$C_1 = 22.74$，决定系数（R-square）0.9971，标准差 0.05863，拟合效果较好。由图 19-9 可知，随着屏蔽球球径的增大，起晕场强非线性减小，在不同球径范围内，起晕场强减小的幅度不同，起晕场强随球径增加减幅变缓且具有一定的饱和趋势。

依据 Peek 公式，起晕场强与相对空气密度 δ 及相对空气密度的平方根成正比。将起晕场强随球径拟合公式中的稳健项保留，并引入常数项 C_2 进行整体修正。因此提出的交流屏

蔽球起晕场强预测公式为

$$E_{onset} = A_2 \delta \left(1 + B_2 \frac{1}{\delta^{0.5} R^{0.672}}\right) + C_2 \qquad (19.2)$$

对高低海拔下所有起晕场强试验数据进行多元非线性曲线拟合，得到起晕场强预测公式如式（19.3）所示，拟合曲线决定系数（R-square）0.9997，拟合效果较好。

$$E_{onset} = 26.449 \delta \left(1 + 5.692 \frac{1}{\delta^{0.5} R^{0.672}}\right) - 3.442 \qquad (19.3)$$

式中，200mm≤R≤500mm；δ 采取了将海拔高度 H 归一化的处理方法，$\delta = 1 - H/10.7$，H 为海拔高度，km，50m≤H≤2250m。

高低海拔下起晕场强试验结果与拟合曲线对比见图 19-10。由图可知，用式（19.3）得到的起晕场强拟合曲线与试验结果一致性较好。

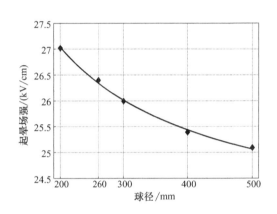

图 19-9　起晕场强随球径变化试验
与拟合结果对比

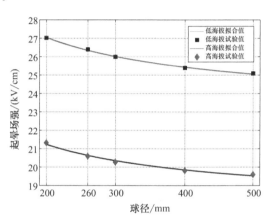

图 19-10　利用预测公式计算得到的
起晕场强与试验结果对比

19.2　不同海拔地区均压环起晕场强试验

19.2.1　低海拔均压环起晕场强试验

低海拔均压环与低海拔屏蔽球电晕试验在同一场地，且布置基本相同，唯一区别为需要在管母线试品侧端部装设一个管径 30mm、环径 300mm 的屏蔽环，防止管母端部与试品连接处的金属部件发生电晕。试验布置图如图 19-11 所示。

施加 1V 电压时，以管径 40mm、环径 800mm 的单联均压环为例，图 19-12 给出了试验模型电场分布计算结果。由计算结果可知，在图 19-11 均压环起晕场强试验布置方式下，单联均压环表面最大电场强度出现在均压环外表面，双联均压环表面最大电场强度出现在均压环圆弧跑道与直线连接处。管径 60mm、环径 800mm 的单联均压环和双联均压环电晕起始时的紫外图像如图 19-13 所示。由图可知，电晕起始时，单联均压环和双联均压环放电发生的位置与计算结果一致，表明电晕起始电压记录时刻的准确性。低海拔不同尺寸和结构的均压环单位电压下表面最大电场强度、起晕电压、起晕场强试验结果如表 19-4 至表 19-6 所示。

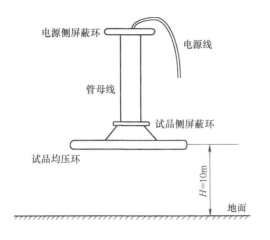

(a) 试验布置示意图

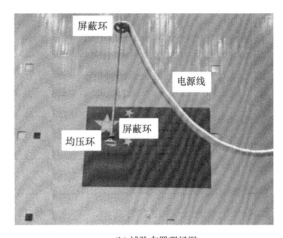

(b) 试验布置现场图

图 19-11　均压环起晕场强试验布置图

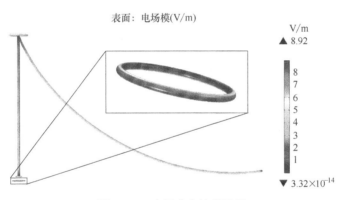

图 19-12　电场分布计算结果

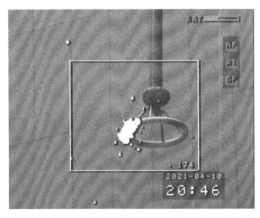

(a) 单联均压环

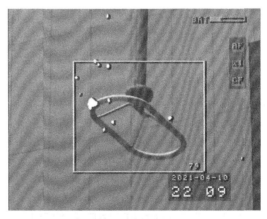

(b) 双联均压环

图 19-13　均压环电晕起始时的紫外图像

表 19-4 环径 800mm，低海拔不同管径均压环起晕场强试验结果

管径 /mm	单位电压下最大场强 /(kV/cm)	起晕电压 /kV	起晕场强 /(kV/cm)	环境参数		
				气压/kPa	温度/℃	湿度/%
40	8.916	347	30.939	101.5	13.2	32
60	6.976	423	29.508	102.1	13.0	32
80	5.902	485	28.645	101.9	12.7	32
100	5.172	541	27.970	101.7	12.7	32
120	4.656	589	27.455	102.0	12.5	32

表 19-5 管径 60mm，低海拔不同环径均压环起晕场强试验结果

环径 /mm	单位电压下最大场强 /(kV/cm)	起晕电压 /kV	起晕场强 /(kV/cm)	环境参数		
				气压/kPa	温度/℃	湿度/%
620	7.829	391	30.612	101.3	12.5	32
680	7.471	404	30.184	101.3	12.5	32
740	7.202	414	29.816	101.9	12.0	32
800	6.976	423	29.508	102.1	13.0	32
860	6.787	431	29.250	102.0	12.1	32

表 19-6 低海拔管径 60mm、环径 800mm 双联均压环起晕场强试验结果

长度 /mm	单位电压下最大场强 /(kV/cm)	起晕电压 /kV	起晕场强 /(kV/cm)	环境参数		
				气压/kPa	温度/℃	湿度/%
1250	6.968	422	29.405	101.3	12.5	32
1450	6.960	425	29.580	101.3	12.5	32

19.2.2 高海拔均压环起晕场强试验

高海拔均压环与屏蔽球起晕场强试验在相同场地进行，使用与低海拔起晕场强试验相同的试品均压环，且试验布置与低海拔基本相同，能够满足试验对比的要求。均压环对地高度 10m。均压环起晕试验布置如图 19-14 所示。

施加 1V 电压时，以管径 40mm、环径 800mm 的单联均压环为例，图 19-15 给出了试验模型电场分布计算结果。由计算结果可知，在图 19-14 均压环起晕场强试验布置方式下，单联均压环表面最大电场强度出现在均压环右侧外表面，双联均压环表面最大电场强度出现在均压环右侧圆弧跑道与直线连接处。管径 60mm、环径 800mm 的单联均压环和双联均压环电晕起始时的紫外图像如图 19-16 所示。由图可知，电晕起始时，单联均压环和双联均压环放电发生的位置与计算结果一致，表明起晕电压记录时刻的准确性。高海拔不同尺寸和结构均压环单位电压下表面最大电场强度、起晕电压、起晕场强试验结果如表 19-7～表 19-9 所示。

19.2.3 不同海拔地区均压环起晕场强结果分析

由表 19-4、表 19-5、表 19-7、表 19-8 可知，任意相同海拔下，随着管径和环径的增大，均压环起晕电压逐渐增大，起晕场强逐渐减小。低海拔和高海拔下，当管径由 40mm 增大

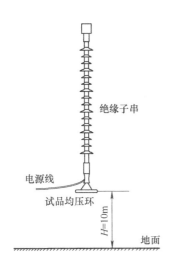
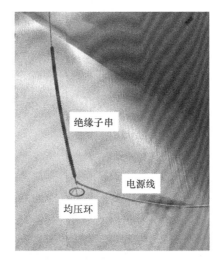

(a) 试验布置示意图　　　　(b) 试验布置现场图

图 19-14　高海拔均压环起晕试验布置图

表 19-7　环径 800mm，高海拔不同管径均压环起晕场强试验结果

管径 /mm	单位电压下最大场强 /(kV/cm)	起晕电压 /kV	起晕场强 /(kV/cm)	环境参数		
				气压/kPa	温度/℃	湿度/%
40	8.130	298	24.227	74.5	18.3	54.3
60	6.240	371	219.150	74.5	18.0	54.3
80	5.258	425	22.347	75.0	18.0	54.3
100	4.657	465	21.655	74.9	17.5	54.3
120	4.264	498	21.235	74.5	17.5	54.3

表 19-8　管径 60mm，高海拔不同环径均压环起晕场强试验结果

环径 /mm	单位电压下最大场强 /(kV/cm)	起晕电压 /kV	起晕场强 /(kV/cm)	环境参数		
				气压/kPa	温度/℃	湿度/%
620	7.282	332	24.177	73.9	18.3	54.3
680	6.831	347	23.704	73.6	17.4	54.3
740	6.496	360	23.387	74.0	17.8	54.3
800	6.240	371	23.150	74.5	18.0	54.3
860	6.046	380	22.975	74.0	18.0	54.3

表 19-9　高海拔管径 60mm、环径 800mm 双联均压环起晕场强试验结果

长度 /mm	单位电压下最大场强 /(kV/cm)	起晕电压 /kV	起晕场强 /(kV/cm)	环境参数		
				气压/kPa	温度/℃	湿度/%
1250	6.203	373	23.137	75.0	18.0	54.3
1450	6.195	376	23.293	75.0	17.9	54.3

到 120mm 时，起晕电压分别增大 69.74% 和 67.11%，增大较为显著；当环径由 620mm 增大到 860mm 时，起晕电压分别增大 10.23% 和 14.46%，增大较为缓慢。由此可说明，相比改变环径，改变管径对提高均压环起晕电压更加显著，即增大管径对均压环电晕放电的抑制效果更明显。

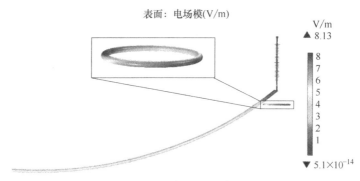

表面：电场模(V/m)

图 19-15　电场分布计算结果

(a) 单联均压环

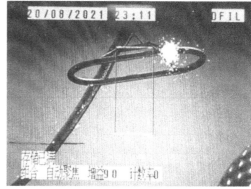

(b) 双联均压环

图 19-16　均压环电晕起始时的紫外图像

低海拔和高海拔下，当管径由 40mm 增大到 120mm 时，起晕场强分别减小 11.26％和 12.35％，而施加单位电压时其表面最大电场强度分别减小 47.78％和 47.55％；当环径由 620mm 增大到 860mm 时，起晕场强分别减小 4.45％和 4.97％，而施加单位电压时其表面最大电场强度分别减小 13.31％和 16.97％。这表明，虽然随着管径和环径的增大，均压环起晕场强有一定程度的减小，但由于其表面最大电场强度减小的幅度更加显著，所以从起晕场强的角度分析，增大均压环管径和环径，能够抑制电晕放电的产生。

由表 19-6 和表 19-9 可知，当管径和环径相同时，长度不同的双联均压环起晕电压和起晕场强基本保持不变，并对比相同管径和环径的单联均压环起晕电压和起晕场强的数值大小，可以说明，影响均压环起晕电压和起晕场强大小的自身结构主要为管径和环径。

此外，由表 19-4、表 19-5、表 19-7、表 19-8 可知，均压环起晕电压和起晕场强随海拔的升高逐渐降低。表 19-10 和表 19-11 给出了高低海拔下不同管径和环径均压环起晕场强的降低百分比。由表可知，不同管径和环径下，随海拔升高，均压环起晕场强保持近似相同的降低趋势，且与不同球径屏蔽球起晕场强随海拔升高的变化趋势保持基本一致。

表 19-10　高低海拔下，不同管径均压环起晕场强降低百分比

管径/mm	40	60	80	100	120
降低百分比/％	21.69	21.55	21.99	22.58	22.66

表 19-11　高低海拔下，不同环径均压环起晕场强降低百分比

环径/mm	620	680	740	800	860
降低百分比/%	20.76	21.47	21.56	21.55	21.45

起晕场强拟合公式

利用式（19.4）对管径 40～120mm 范围内低海拔下，均压环起晕场强随管径的变化进行曲线拟合，运用最小二乘法进行参数 A_1、B_1、C_1 求解，起晕场强试验结果与拟合曲线对比见图 19-17。

$$E_{\text{onset}} = A_1 r^{B_1} + C_1 \tag{19.4}$$

拟合曲线 $A_1=36.7$、$B_1=-0.274$、$C_1=17.58$，决定系数（R-square）0.9998，标准差 0.02237，拟合效果较好。由图 19-17 可知，随着均压环管径的增大，起晕场强非线性减小，在不同管径范围内，起晕场强减小的幅度不一样，起晕场强随管径增加减幅变缓且具有一定的饱和趋势。

利用式（19.5）对环径 620～860mm 范围内低海拔下，均压环起晕场强随环径的变化进行曲线拟合，运用最小二乘法进行参数 A_2、B_2 求解，起晕场强试验结果与拟合曲线对比见图 19-18。

$$E_{\text{onset}} = A_2 R^{B_2} \tag{19.5}$$

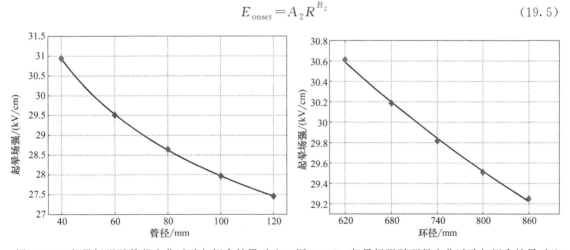

图 19-17　起晕场强随管径变化试验与拟合结果对比　图 19-18　起晕场强随环径变化试验与拟合结果对比

拟合曲线 $A_2=75.06$、$B_2=-0.140$，决定系数（R-square）0.9981，标准差 0.02751，拟合效果较好。由图 19-18 可知，随着均压环环径的增大，起晕场强非线性减小，在不同环径范围内，起晕场强减小的幅度不一样，起晕场强随环径增加减幅变缓且具有一定的饱和趋势。从定性角度分析，随着管径和环径的增大，均压环起晕场强保持相同的变化趋势。但从定量角度分析，由于 $|B_1|>|B_2|$，这表明相比改变环径，改变管径对均压环起晕场强的畸变作用更显著。

依据 Peek 公式，起晕场强与相对空气密度 δ 及相对空气密度的平方根成正比。将起晕场强随管径和环径拟合公式中的稳健项保留，并引入常数项 C_2 进行整体修正。因此提出的交流均压环起晕场强预测公式为

$$E_{\text{onset}} = A_3 \delta \left(1 + B_3 \frac{1}{\delta^{0.5} r^{0.274} R^{0.140}}\right) + C_2 \tag{19.6}$$

对高低海拔下所有起晕场强试验数据进行多元非线性曲线拟合，得到起晕场强预测公式如式（19.7）所示，拟合曲线决定系数（R-square）0.99574，拟合效果较好。

$$E_{\text{onset}} = 25.087\delta\left(1 + 4.017\,\frac{1}{\delta^{0.5}r^{0.274}R^{0.140}}\right) - 8.029 \tag{19.7}$$

式中，$40\text{mm} \leqslant r \leqslant 120\text{mm}$；$620\text{mm} \leqslant R \leqslant 860\text{mm}$；$\delta = 1 - H/10.7$，$H$ 为海拔高度，km，$50\text{m} \leqslant H \leqslant 2250\text{m}$。

高低海拔下起晕场强试验结果与拟合曲线对比见图 19-19。由图可知，用式（19.7）得到的起晕场强拟合曲线与试验结果一致性较好。

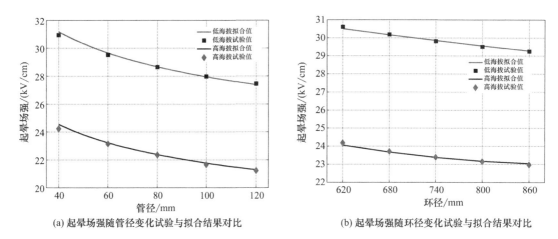

(a) 起晕场强随管径变化试验与拟合结果对比　　(b) 起晕场强随环径变化试验与拟合结果对比

图 19-19　利用预测公式计算得到的起晕场强与试验结果对比

19.3　不同海拔地区间隔棒起晕场强试验

19.3.1　低海拔间隔棒起晕场强试验

分裂导线长 6m，直径 50mm，分裂导线两侧装设管径 50mm、环径 600mm 屏蔽环，屏蔽端部效应。试验所用试品间隔棒线夹头部曲率半径 $R_1 = 10\text{mm}$，$R_2 = 35.5\text{mm}$，厚度 $H = 90\text{mm}$，间隔棒对地高度 10m。试验布置如图 19-20 所示。

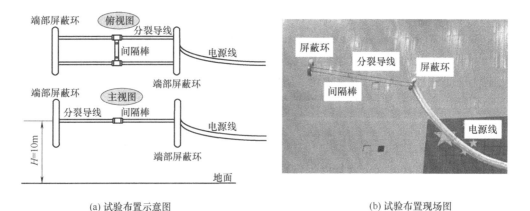

(a) 试验布置示意图　　　　　　　　　　(b) 试验布置现场图

图 19-20　间隔棒起晕场强试验布置图

图 19-21 给出了在施加 1V 电压时，间隔棒试验模型电场分布计算结果。由图可知，在图 19-20 间隔棒起晕场强试验布置方式下，间隔棒表面最大电场强度出现在线夹头部曲率半径 R_2 处。间隔棒电晕起始时的紫外图像如图 19-22 所示。由图可知，电晕起始时，间隔棒表面电晕放电出现的位置与计算结果一致，表明起晕电压记录时刻的准确性。试验时的环境大气压力 101.5kPa、温度 12.7℃、湿度 32%。试验测得的间隔棒起晕电压为 431kV，有限元仿真计算得到的单位电压下间隔棒表面最大电场强度为 7.37V/m，因此低海拔下试品间隔棒起晕场强为 31.76kV/cm。

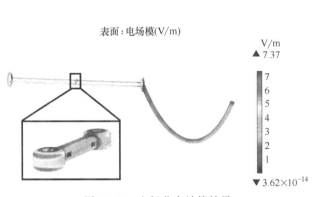

图 19-21　电场分布计算结果

图 19-22　间隔棒电晕起始时的紫外图像

19.3.2　高海拔间隔棒起晕场强试验

高海拔间隔棒起晕场强试验与高海拔屏蔽球、均压环起晕场强试验在相同场地开展，使用与低海拔起晕场强试验相同的试品间隔棒，且试验布置与低海拔基本相同，能够满足试验对比的要求。试验布置如图 19-23 所示。

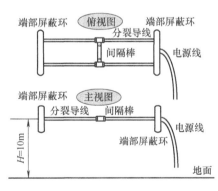

(a) 试验布置示意图

(b) 试验布置现场图

图 19-23　间隔棒起晕场强试验布置图

图 19-24 给出了在施加 1V 电压时，间隔棒试验模型电场分布计算结果。由图可知，在图 19-23 间隔棒起晕场强试验布置方式下，间隔棒表面最大电场强度出现在线夹头部曲率半径 R_2 处。间隔棒电晕起始时的紫外图像如图 19-25 所示。由图可知，电晕起始时，间隔棒表面电晕放电出现的位置与计算结果一致，表明起晕电压记录时刻的准确性。试验时的环境大气压力 75.2kPa、温度 18.2℃、湿度 54.3%。试验测得的试品间隔棒起晕电压为 344kV，

有限元仿真计算得到的间隔棒表面最大电场强度为 7.20V/m，因此高海拔下试品间隔棒起晕场强为 24.78kV/cm。高低海拔下，间隔棒起晕场强降低百分比为 21.98%，与屏蔽球和均压环随海拔升高降低的趋势保持基本一致。

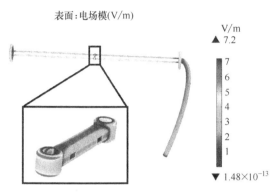
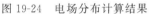

图 19-24　电场分布计算结果　　　　　图 19-25　间隔棒电晕起始时的紫外图像

由于试验条件的限制，间隔棒起晕场强试验仅开展了一组，因此间隔棒结构尺寸对起晕场强影响规律的研究在 20.3 节展开。20.3 节将利用所建立的间隔棒起晕场强计算的物理模型对不同结构尺寸下的间隔棒起晕场强进行数值计算与分析。

第20章

金具起晕场强计算物理模型

目前对于带电导体起晕场强计算物理模型的研究主要集中在同轴圆柱电极结构上，模型中提出的光子几何吸收面积因子只适用于此种电极结构，无法直接应用在屏蔽球、均压环、间隔棒等较复杂且不规则结构上。因此，本章从电晕放电的基本物理过程出发，提出适用于屏蔽球、均压环和间隔棒三种典型金具结构的光子几何吸收面积因子，由此建立适用于不同海拔地区屏蔽球、均压环和间隔棒结构起晕场强三维计算物理模型。此外，由于气压、湿度、温度对金具起晕场强影响机理的试验研究开展较为困难，因此本章结合电离层厚度和有效电离系数，研究了环境参数对起晕场强的影响机制。

20.1 屏蔽球起晕场强计算物理模型

20.1.1 屏蔽球表面光电子发射模型

电晕放电具有明显的极性效应，当带电导体为正极性时，电子崩头部的电子到达带电导体后即被中和，带电导体附近电离区的电晕放电将在其附近空间留下许多正离子，这些正离子虽向远离带电导体的方向移动，但因移动速度很慢而暂留在其附近。这些正空间电荷削弱了带电导体附近的电场强度，放电难以自持，故起晕场强较高。当带电导体为负极性时，电子崩将由其表面出发向外发展，崩头的电子在离开电离区后，不能再引起碰撞电离，并大多形成负离子继续向带电导体相反的方向运动，其浓度小，对电场影响小。留在带电导体附近的大批正离子将加强其表面附近的电场，易形成自持放电，故起晕场强较低。因此对于交流电晕，放电首先发生在交流电压的负半周，基于此，建立负极性下电晕起始场强计算物理模型，以求解交流电晕的起始场强。

交流电压下，负极性阴极表面发射一个二次电子所需的阴极表面最小电场强度为交流电晕起始场强。造成负极性电晕阴极表面发射二次电子的可能性有光电子发射[1]、正离子轰击[2,3] 和场致发射[4,5]。然而，由于场致发射需要的表面场强大约为 $5 \times 10^7 \text{V/m}$，而正离子或亚稳态分子碰撞阴极发射的概率比光发射要小两个数量级，因此为了简化分析，在分析相关研究工作的基础上，只考虑了阴极表面光电子发射。

屏蔽球负极性起始电晕初始电子崩的发展过程如图 20-1 所示。假设"有效"初始电子位于屏蔽球表面最大电场强度处，坐标为（0，$R/2$，0），其会沿着电力线方向（y 轴正方向）向地面发展形成初始电子崩。当初始电子崩发展到坐标（0，y，0）处时，初始电子崩头部的电子总数 $N_e(y)$ 为

$$N_e(y) = \exp \int_{R/2}^{y} [\alpha(y') - \eta(y')] \mathrm{d}y' \tag{20.1}$$

式中，α 为电子碰撞电离系数，η 为电子附着系数，y' 为虚拟积分变量。

在初始电子崩的发展过程中，电子碰撞会产生大量的激发态粒子。当激发态粒子迁跃回基态时，会产生大量的光子。假设电晕放电过程中的光子产生率和碰撞电离次数成正比，则坐标 y 处产生的电子在 Δy 距离内引起碰撞电离，碰撞电离的同时产生的光子数为

$$\Delta n_{ph}(y) = f_1 \alpha(y) N_e(y) \Delta y \tag{20.2}$$

式中，f_1 为常数，表示每次碰撞电离产生一个光子的概率。单位长度 Δy 内产生的光子数到达阴极表面的概率为 $\mathrm{e}^{-\mu(y-R/2)g(y)}$，这里，$\mu$ 为光子在空气中的吸收系数，其物理意义为一个光子在空气中传输 1cm 被空气吸收的光子总数；g 为光子几何吸收面积因子，是考虑了电极结构的无量纲参数。定义常数 f_2，其物理意义为一个光子被阴极吸收后产生一个电子的概率。因此可以得到来自初始电子崩的光子在阴极表面释放的电子总数 N_{eph} 为

$$N_{eph} = f_1 f_2 \int_{R/2}^{y_i} \alpha(y) \exp\left\{\int_{R/2}^{y} [\alpha(y') - \eta(y')] \mathrm{d}y'\right\} g(y) \mathrm{e}^{-\mu(y-R/2)} \mathrm{d}y \tag{20.3}$$

式中，$f_1 f_2 = \gamma_{ph}$，γ_{ph} 为表面光电子发射系数；y_i 表示电离区域边界，在电离区域边界外，电子碰撞电离系数 α 小于电子附着系数 η，初始电子崩中的电子逐渐被分子吸附形成负离子，电子几乎不再增长。此时光子的产生率很低，且绝大部分被空气分子吸收，可以忽略不计。因此，计算到达阴极表面的光子产生的表面光电子数目时，只考虑电离区域内产生的光子。当初始电子崩产生的光子到达阴极表面后，如果能够在阴极表面产生一个新的电子，则负极性电晕达到自持放电。因此，屏蔽球负极性电晕的自持条件为

$$N_{eph} \geqslant 1 \tag{20.4}$$

对上面各式进行整理，可以得到屏蔽球负极性电晕起始场强的计算公式为

$$\gamma_{ph} \int_{R/2}^{y_i} \alpha(y) \exp\left\{\int_{R/2}^{y} [\alpha(y') - \eta(y')] \mathrm{d}y'\right\} g(y) \mathrm{e}^{-\mu(y-R/2)} \mathrm{d}y \geqslant 1 \tag{20.5}$$

虽然式（20.5）中没有直接出现电场强度，但电子碰撞电离系数 α 和电子附着系数 η 均为电场强度的函数。在计算起晕场强时，首先利用有限元方法计算单位电压下屏蔽球周围空间电场强度分布；然后以 ΔU 为步长单元不断升高电压，使式（20.5）成立的电压为屏蔽球负极性电晕起始电压，此时对应的屏蔽球表面最大电场强度为屏蔽球负极性电晕起始场强。

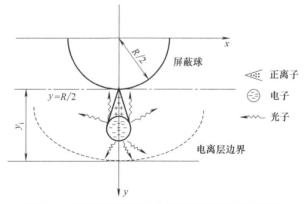

图 20-1　屏蔽球负极性电晕初始电子崩的发展过程

20.1.2　适用于屏蔽球结构的光子几何吸收面积因子

为减少计算量，亚历山德罗夫（Aleksandrov）最先将适用于同轴圆柱电极结构的面积因子分为轴向和径向两个分量[6]。基于此，可提出适用于屏蔽球结构的光子几何吸收面积因子，在三维直角坐标系下，其被分为了沿 x 轴和沿 z 轴两个分量。计算屏蔽球负极性电晕起始场强公式中的面积因子可以表示为

$$g(y) = g_x(y) g_z(y) \tag{20.6}$$

式中，$g_x(y)$ 和 $g_z(y)$ 分别为面积因子的 x 轴分量和 z 轴分量。

$$g_x(y) = g_z(y) = \frac{1}{\pi e^{-\mu(y-R/2)}} \int_0^{\arcsin[(R/2)/y]} e^{-\mu\lambda} d\theta \tag{20.7}$$

式中，θ 为 x 轴方向夹角、z 轴方向夹角，λ 为光子传输的距离。负极性起始电晕的光子是由电子崩中的任意位置发射传输到屏蔽球表面，式（20.7）中的各个参数之间的关系如图 20-2 所示。从分量表达式可以看出，面积因子为无量纲参数，并且是位置 y（电子崩发展路径上的 y 轴坐标）的函数。

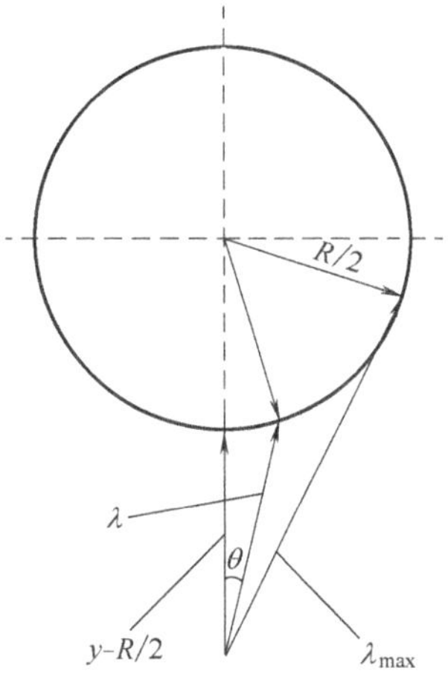

根据余弦定理，式（20.7）中的 λ 需要满足：

$$y^2 + \lambda^2 - (R/2)^2 = 2y\lambda\cos\theta \tag{20.8}$$

从而可得 λ 为

$$\lambda = y\cos\theta - \sqrt{(R/2)^2 - y^2\sin^2\theta} \tag{20.9}$$

将 λ 代入式（20.7），即可得到面积因子的 x 轴分量和 z 轴分量。

图 20-2　光子从电子崩中的任意位置发射传输到屏蔽球表面的示意图

20.1.3　物理模型中各个系数的取值

为使得电晕起始判据能够应用于不同的大气条件，需要建立模型中的各个系数与大气条件之间的关系。大气条件通常由压力和温度来表征。压力和温度主要是通过空气密度来影响电晕放电过程。因此，大气条件可以由空气密度来反映。

相对空气密度可以表示为

$$\delta = \frac{P}{P_0} \times \frac{T_0}{T} \tag{20.10}$$

式中，P 为大气压力，Pa；T 为热力学温度，K；P_0 为参考大气压力，其值为 1.01×10^5Pa（1.01×10^5Pa$=760$Torr）；T_0 为参考热力学温度，其值为 293K。

相对空气密度只是一个相对值的概念，大气条件之间的关系是由气体定律决定的。气体定律的表达式为

$$P = kNT \tag{20.11}$$

式中，k 为 Boltzmann 常数。根据气体定律可以推导出相对空气密度的表达式，得到的 δ 和 N 的关系为

$$\delta = N/N_0 \tag{20.12}$$

式中，N_0 为 P 和 T 分别为 1.01×10^5Pa 和 293K 时的 N 值（$N_0 \approx 2.5 \times 10^{25}$m^{-3}）。

电晕起始场强计算物理模型中的各个系数都与相对空气密度 δ 有关。通过式（20.12）可以建立起各个系数和气体分子个数密度 N 之间的关系。

电子碰撞电离系数 $\alpha(\mathrm{m}^{-1})$：

$$\alpha = \frac{P_\mathrm{w}}{P}\alpha_\mathrm{w} + \frac{P_\mathrm{d}}{P}\alpha_\mathrm{d} \tag{20.13}$$

$$\alpha_\mathrm{d} = \begin{cases} 2.0\times10^{-20}N\exp(-7.248\times10^{-19}N/|E|) & |E|/N>1.5\times10^{-19} \\ 6.619\times10^{-21}N\exp(-5.593\times10^{-19}N/|E|) & |E|/N\leqslant1.5\times10^{-19} \end{cases} \tag{20.14}$$

$$\alpha_\mathrm{w} = N[3.536\times10^{17}(|E|/N)^2 - 6.0\times10^{-2}(|E|/N) + 2.828\times10^{-21}] \tag{20.15}$$

电子附着系数 $\eta(\mathrm{m}^{-1})$ [0，0]：

$$\eta = \frac{P_\mathrm{w}}{P}\eta_\mathrm{w} + \frac{P_\mathrm{d}}{P}\eta_\mathrm{d} \tag{20.16}$$

$$\eta_\mathrm{d} = \begin{cases} N(8.889\times10^{-5}|E|/N + 2.567\times10^{-23}) \\ \quad + N^2[3.7986\times10^{-74}(|E|/N)^{-1.2749}] & |E|/N>1.05\times10^{-19} \\ N(6.089\times10^{-4}|E|/N - 2.893\times10^{-23}) \\ \quad + N^2[3.7986\times10^{-74}(|E|/N)^{-1.2749}] & 1.2\times10^{-21}\leqslant|E|/N\leqslant1.05\times10^{-19} \\ 1.0681\times10^{4} & |E|/N<1.2\times10^{-21} \end{cases} \tag{20.17}$$

$$\eta_\mathrm{w} = \begin{cases} N[-8.841\times10^{13}(|E|/N)^2 - 2.50\times10^{-6}|E|/N + 6.645\times10^{-24}] & |E|/N\geqslant1.09\times10^{-19} \\ N[-1.298\times10^{15}(|E|/N)^2 + 2.60\times10^{-4}|E|/N - 7.726\times10^{-24}] & |E|/N<1.09\times10^{-19} \end{cases} \tag{20.18}$$

式中，P_w 为大气中水蒸气的分压；P_d 为干空气的分压，$P=P_\mathrm{w}+P_\mathrm{d}$；$E$ 为电场强度，$\mathrm{V/m}$。

空气光子吸收系数 $\mu(\mathrm{m}^{-1})$。

$$\mu = \frac{P_\mathrm{w}}{P}\mu_\mathrm{w} + \frac{P_\mathrm{d}}{P}\mu_\mathrm{d} = 3\times10^4\frac{P_\mathrm{w}}{P} + 500\frac{P_\mathrm{d}}{P} \tag{20.19}$$

表面光电子发射系数 γ_ph 的值往往很难测量，其值在 $0.001\sim0.1$ 的范围内。假设表面光电子发射系数和大气条件没有关系，γ_ph 取值为 3×10^{-3}。

20.1.4　起晕场强计算物理模型验证

利用建立的适用于不同海拔地区屏蔽球结构的起晕场强计算物理模型，设置与第18章屏蔽球起晕场强试验相同的环境参数，计算得到的高低海拔下不同球径屏蔽球起晕电压和起晕场强如表20-1所示。

表20-1　高低海拔下不同球径屏蔽球起晕电压和起晕场强物理模型计算结果

球径/mm	低海拔（50m）		高海拔（2250m）	
	起晕电压/kV	起晕场强/(kV/cm)	起晕电压/kV	起晕场强/(kV/cm)
200	277	27.679	216	21.606
260	352	27.142	275	21.158
300	403	26.904	313	20.92
400	527	26.389	410	20.516
500	651	26.044	506	20.247

金具起晕电压与金具本体的结构和尺寸、环境参数、对地高度以及周围带电架构的布置方式有关，而起晕场强仅与金具本体的结构和尺寸以及环境参数有关。由于提出的适用于屏蔽球结构的起晕场强计算物理模型忽略了管母线的存在，所以模型计算得到的高低海拔下屏蔽球起晕电压与试验得到的起晕电压存在较大差异，但起晕场强的大小应保持在误差允许的范围内。表 20-2 给出了高低海拔下屏蔽球起晕场强试验结果和物理模型计算结果之间的相对误差。由表可知，高低海拔下不同球径屏蔽球起晕场强试验结果和物理模型计算结果之间的相对误差均在 ±5% 之内，满足实际工程要求的误差标准。这表明建立的适用于不同海拔地区屏蔽球结构的起晕场强计算物理模型能够较好地预测屏蔽球起晕场强的大小。

表 20-2　高低海拔下屏蔽球起晕场强试验结果和物理模型计算结果之间的相对误差

球径/mm	相对误差	
	低海拔/%	高海拔/%
200	−2.33	−1.35
260	−2.81	−2.75
300	−3.50	−3.19
400	−3.93	−3.54
500	−3.80	−3.34

对球径 400mm 的屏蔽球计算得到的负极性电晕光子几何吸收面积因子及其分量的分布如图 20-3 所示。由图可知，随着到屏蔽球表面距离的增大，屏蔽球负极性电晕的面积因子及其分量都是单调减小的。根据式（20.7）可以直接得到，当 $y = R/2 (\lambda = 0)$ 时，面积因子的 x 轴分量和 z 轴分量为 $g_x = g_z = 0.5$，对比图 20-3 可以发现，仿真结果和理论分析相吻合。

图 20-4 给出了电子碰撞电离系数、电子附着系数和有效电离系数随电场强度的变化趋势。由图可知，随着电场强度的减小，电子碰撞电离系数、电子附着系数和有效电离系数都是单调减小的，当空间电场强度为 21.11kV/cm 时，电子碰撞电离系数等于电子附着系数，此时对应的位置为电离区域边界。

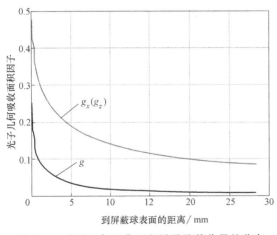

图 20-3　光子几何吸收面积因子及其分量的分布

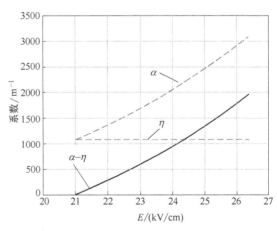

图 20-4　电子碰撞电离系数、电子附着系数和有效电离系数随电场强度的变化趋势

20.2　均压环起晕场强计算物理模型

20.2.1　均压环表面光电子发射模型

均压环负极性起始电晕初始电子崩的发展过程如图 20-5 所示。假设"有效"初始电子位于均压环表面最大电场强度处，坐标为（0，$R/2$，0），其会沿着电力线方向（y 轴正方向）向地面发展形成初始电子崩。当初始电子崩产生的光子到达均压环表面后，如果能够在均压环表面产生一个新的电子，则负极性电晕达到自持放电。因此，均压环负极性电晕的自持条件为

$$\gamma_{\text{ph}}\int_{R/2}^{y_i}\alpha(y)g(y)\exp\left\{-\mu(y-R/2)+\int_{R/2}^{y}\left[\alpha(y')-\eta(y')\right]\mathrm{d}y'\right\}\mathrm{d}y\geqslant 1 \quad (20.20)$$

式中，R 为均压环环径，D 为均压环管径。

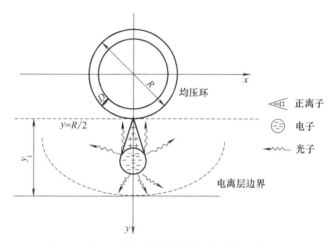

图 20-5　均压环负极性电晕初始电子崩的发展过程

20.2.2　适用于均压环结构的光子几何吸收面积因子

与屏蔽球结构的光子几何吸收面积因子的求解思路相同，这里提出的适用于均压环结构的光子几何吸收面积因子也被分为了沿 x 轴和沿 z 轴两个分量。计算均压环负极性电晕起始场强公式中的面积因子可以表示为

$$g(y)=g_x(y)g_z(y) \quad (20.21)$$

式中，$g_x(y)$ 和 $g_z(y)$ 分别为面积因子的 x 轴分量和 z 轴分量。

$$g_x(y)=\frac{1}{\pi\mathrm{e}^{-\mu(y-R/2)}}\int_0^{\arcsin\left[(R/2)/y\right]}\mathrm{e}^{-\mu\lambda_1}\mathrm{d}\theta \quad (20.22)$$

$$g_z(y)=\frac{1}{\pi\mathrm{e}^{-\mu(y-R/2)}}\int_0^{\arcsin\left\{(D/2)/\left[y-(R-D)/2\right]\right\}}\mathrm{e}^{-\mu\lambda_2}\mathrm{d}\varphi \quad (20.23)$$

式中，θ 为 x 轴方向夹角，φ 为 z 轴方向夹角，λ_1 和 λ_2 为光子传输的距离。负极性起始电晕的光子是由电子崩中的任意位置发射传输到均压环表面，式（20.22）和式（20.23）中的各个参数之间的关系如图 20-6 所示。

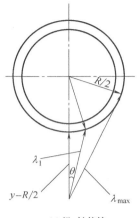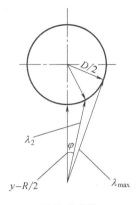

(a) 沿 x 轴传输　　　　　　　(b) 沿 z 轴传输

图 20-6　光子从电子崩中的任意位置发射传输到均压环表面的示意图

根据余弦定理，式（20.22）和式（20.23）中的 λ_1 和 λ_2 分别需要满足：

$$y^2+\lambda_1^2-(R/2)^2=2y\lambda_1\cos\theta \tag{20.24}$$

$$[y-(R-D)/2]^2+\lambda_2^2-(D/2)^2=2[y-(R-D)/2]\lambda_2\cos\varphi \tag{20.25}$$

从而可得 λ_1 和 λ_2 为

$$\lambda_1=y\cos\theta-\sqrt{(R/2)^2-y^2\sin^2\theta} \tag{20.26}$$

$$\lambda_2=[y-(R-D)/2]\cos\varphi-\sqrt{(D/2)^2-[y-(R-D)/2]^2\sin^2\varphi} \tag{20.27}$$

将 λ_1 和 λ_2 分别代入式（20.22）和式（20.23），即可得到面积因子的 x 轴分量和 z 轴分量。

20.2.3　起晕场强计算物理模型验证

利用建立的适用于不同海拔地区均压环结构的起晕场强计算物理模型，设置与第 18 章均压环起晕场强试验相同的环境参数，计算得到的高低海拔下不同管径和环径均压环起晕电压和起晕场强如表 20-3 和表 20-4 所示。

表 20-5 和表 20-6 分别给出了高低海拔下不同管径和环径均压环起晕场强试验结果和物理模型计算结果之间的相对误差。由表可知，高低海拔下不同管径和环径均压环起晕场强试验结果和物理模型计算结果之间的相对误差均在 ±5% 之内，这表明建立的适用于不同海拔地区均压环结构的起晕场强计算物理模型能够较好地预测均压环起晕场强的大小。

表 20-3　高低海拔下不同管径均压环起晕电压和起晕场强物理模型计算结果

管径/mm	低海拔(50m)		高海拔(2250m)	
	起晕电压/kV	起晕场强/(kV/cm)	起晕电压/kV	起晕场强/(kV/cm)
40	236	30.989	183	220.171
60	309	30.005	240	23.253
80	374	29.245	291	22.618
100	432	28.526	337	22.150
120	487	28.343	379	21.867

表 20-4 高低海拔下不同环径均压环起晕电压和起晕场强物理模型计算结果

环径/mm	低海拔（50m）		高海拔（2250m）	
	起晕电压/kV	起晕场强/(kV/cm)	起晕电压/kV	起晕场强/(kV/cm)
620	282	31.048	211	220.217
680	292	30.495	221	23.786
740	301	30.205	232	23.460
800	309	30.005	240	23.253
860	316	29.885	247	23.160

表 20-5 高低海拔下不同管径均压环起晕场强试验结果和物理模型计算结果之间的相对误差

管径/mm	相对误差	
	低海拔/%	高海拔/%
40	−0.16	0.23
60	−1.68	−0.44
80	−2.09	−1.21
100	−2.7	−2.29
120	−3.23	−2.98

表 20-6 高低海拔下不同环径均压环起晕场强试验结果和物理模型计算结果之间的相对误差

环径/mm	相对误差	
	低海拔/%	高海拔/%
620	−1.42	−0.16
680	−1.03	−0.345
740	−1.30	−0.31
800	−1.68	−0.44
860	−2.17	−0.81

对管径 60mm、环径 800mm 的均压环计算得到的负极性电晕光子几何吸收面积因子及其分量的分布如图 20-7 所示。由图可知，随着到均压环表面距离的增大，均压环负极性电晕的面积因子及其分量都是单调减小的。根据式（20.22）和式（20.23）可以直接得到，当 $y=R/2(\lambda_1=\lambda_2=0)$ 时，面积因子的 x 轴分量和 z 轴分量 $g_x=g_z=0.5$，对比图 20-7 可以发现，仿真结果和理论分析相吻合。此外，由于均压环环径 R 大于管径 D，因此沿 y 轴方向任意位置的面积因子的 x 轴分量应大于 z 轴分量，对比图 20-7 可以得知，仿真结果和理论分析相吻合。

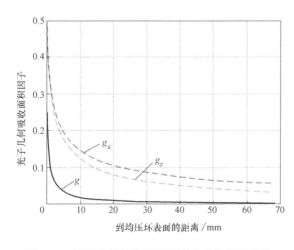

图 20-7 光子几何吸收面积因子及其分量的分布

20.3　间隔棒起晕场强计算物理模型

20.3.1　间隔棒表面光电子发射模型

间隔棒负极性起始电晕初始电子崩的发展过程如图 20-8 所示。假设"有效"初始电子位于间隔棒线夹头部外表面中心，坐标为（0，0，0），其会沿着电力线方向（y 轴正方向）向地面发展形成初始电子崩。当初始电子崩产生的光子到达间隔棒表面后，如果能够在间隔棒表面产生一个新的电子，则负极性电晕达到自持放电。因此，间隔棒负极性电晕的自持条件为：

$$\gamma_{\mathrm{ph}} \int_0^{y_1} \alpha(y) \exp\left\{\int_0^y \left[\alpha(y') - \eta(y')\right] \mathrm{d}y'\right\} g(y) \mathrm{e}^{-\mu y} \mathrm{d}y \geqslant 1 \tag{20.28}$$

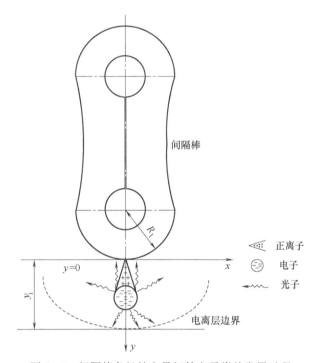

图 20-8　间隔棒负极性电晕初始电子崩的发展过程

20.3.2　适用于间隔棒结构的光子几何吸收面积因子

与屏蔽球、均压环结构的光子几何吸收面积因子的求解思路相同，这里提出的适用于间隔棒结构的光子几何吸收面积因子也被分为了沿 x 轴和沿 z 轴两个分量。计算间隔棒负极性电晕起始场强公式中的面积因子可以表示为：

$$g(y) = g_x(y) g_z(y) \tag{20.29}$$

式中，$g_x(y)$ 和 $g_z(y)$ 分别为面积因子的 x 轴分量和 z 轴分量。

$$g_x(y) = \frac{1}{\pi \mathrm{e}^{-\mu y}} \int_0^{\arcsin[R_1/(y+R_1)]} \mathrm{e}^{-\mu \lambda_1} \mathrm{d}\theta \tag{20.30}$$

$$g_z(y) = \frac{1}{\pi e^{-\mu y}} \left\{ \int_0^{\arctan[(H/2-R_2)/y]} e^{-\mu\lambda_2} d\varphi_1 + \int_{\arctan\{[(H/2)-R_2]/y\}}^{\arcsin(R_2/\xi)+\arctan[(H/2-R_2)/(y+R_2)]} e^{-\mu\lambda_3} d\varphi_2 + \right.$$

$$\left. \int_{\arcsin(R_2/\xi)+\arctan[(H/2-R_2)/(y+R_2)]}^{\pi/2} e^{-\mu\lambda_4} d\varphi_3 \right\} \tag{20.31}$$

式中，θ 为 x 轴方向夹角，φ 为 z 轴方向夹角，λ_1、λ_2、λ_3、λ_4 为光子传输的距离。负极性起始电晕的光子是由电子崩中的任意位置发射传输到间隔棒表面，式（20.30）和式（20.31）中的各个参数之间的关系如图 20-9 所示。

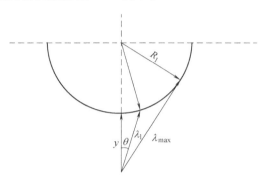

(a) 沿 x 轴传输

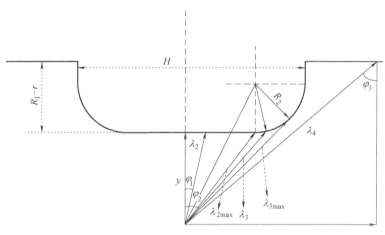

(b) 沿 z 轴传输

图 20-9　光子从电子崩中的任意位置发射传输到间隔棒表面的示意图

根据余弦定理，式（20.30）和式（20.31）中的 λ_1、λ_2、λ_3、λ_4 分别需要满足：

$$(y+R_1)^2 + \lambda_1^2 - R_1^2 = 2(y+R_1)\lambda_1\cos\theta \tag{20.32}$$

$$\lambda_2\cos\varphi_1 = y \tag{20.33}$$

$$\xi^2 + \lambda_3^2 - R_2^2 = 2\xi\lambda_3\cos\{\varphi_2 - \arctan[(H/2-R_2)/(y+R_2)]\} \tag{20.34}$$

$$\lambda_4\cos\varphi_3 = (y+R_1-r) \tag{20.35}$$

从而可得 λ_1、λ_2、λ_3、λ_4 为

$$\lambda_1 = (y+R_1)\cos\theta - \sqrt{R_1^2 - (y+R_1)^2\sin^2\theta} \tag{20.36}$$

$$\lambda_2 = y/\cos\varphi_1 \tag{20.37}$$

$$\lambda_3 = \xi\cos\{\varphi_2 - \arctan[(H/2 - R_2)/(y + R_2)]\} \\ -\sqrt{R_2{}^2 - \xi^2\sin^2\{\varphi_2 - \arctan[(H/2 - R_2)/(y + R_2)]\}} \tag{20.38}$$

$$\lambda_4 = (y + R_1 - r)/\cos\varphi_3 \tag{20.39}$$

式中，$\xi = \sqrt{(y + R_2)^2 + (H/2 - R_2)^2}$。

将 λ_1、λ_2、λ_3、λ_3 分别代入式（20.30）和式（20.31），即可得到面积因子的 x 轴分量和 z 轴分量。

20.3.3　起晕场强计算物理模型验证

利用建立的适用于不同海拔地区间隔棒结构的起晕场强计算物理模型，设置与第 18 章间隔棒起晕场强试验相同的环境参数，计算得到的高低海拔下间隔棒起晕电压和起晕场强如表 20-7 所示。

表 20-7　高低海拔下间隔棒起晕电压和起晕场强物理模型计算结果

海拔/m	起晕电压/kV	起晕场强/(kV/cm)
50	532	32.50
2250	416	25.15

低海拔和高海拔下间隔棒起晕场强试验结果和物理模型计算结果之间的相对误差分别为 -2.33% 和 -1.49%，相对误差均在 $\pm5\%$ 之内，这表明建立的适用于不同海拔地区间隔棒结构的起晕场强计算物理模型能够较好的预测间隔棒起晕场强的大小。

对 $R_1 = 10\text{mm}$，$R_2 = 35.5\text{mm}$，$H = 90\text{mm}$ 的间隔棒计算得到的负极性电晕光子几何吸收面积因子及其分量的分布如图 20-10 所示。由图可知，随着到间隔棒表面距离的增大，间隔棒负极性电晕的面积因子及其分量都是单调减小的。根据式（20.30）和式（20.31）可以直

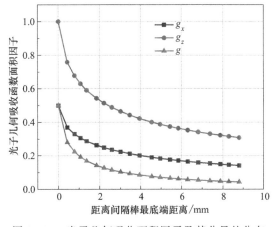

图 20-10　光子几何吸收面积因子及其分量的分布

接得到，当 $y = 0$（$\lambda_1 = \lambda_2 = \lambda_3 = \lambda_4 = 0$）时，面积因子的 x 轴分量和 z 轴分量 $g_x = g_z = 0.5$，对比图 20-10 可以发现，仿真结果和理论分析相吻合。由图 20-9 可知，沿 y 轴方向任意位置的面积因子的 z 轴分量应大于 x 轴分量，对比图 20-10 可以得知，仿真结果和理论分析相吻合。

20.3.4　不同尺寸间隔棒起晕场强数值仿真

表 20-8　不同曲率半径 R_1 下间隔棒起晕电压和起晕场强

曲率半径 R_1/mm	起晕电压计算结果		起晕场强计算结果	
	起晕电压/kV	增大百分比/%	起晕场强/(kV/cm)	降低百分比/%
35.5	556	——	32.82	——
40.5	561	0.90	32.74	-0.24

续表

曲率半径 R_1/mm	起晕电压计算结果		起晕场强计算结果	
	起晕电压/kV	增大百分比/%	起晕场强/(kV/cm)	降低百分比/%
45.5	565	0.71	32.68	−0.18
50.5	568	0.53	32.65	−0.09
55.5	570	0.35	32.63	−0.06

表 20-9　不同曲率半径 R_2 下间隔棒起晕电压和起晕场强

曲率半径 R_2/mm	起晕电压计算结果		起晕场强计算结果	
	起晕电压/kV	增大百分比/%	起晕场强/(kV/cm)	降低百分比/%
10	531	—	32.46	—
15	567	6.78	31.21	−3.85
20	592	20.41	30.49	−2.31
25	610	3.04	30.06	−1.41
30	620	1.64	29.76	−1.00

表 20-10　不同厚度 H 下间隔棒起晕电压和起晕场强

厚度 H/mm	起晕电压计算结果		起晕场强计算结果	
	起晕电压/kV	增大百分比/%	起晕场强/(kV/cm)	降低百分比/%
60	542	—	32.98	—
70	548	1.11	32.91	−0.21
80	552	0.73	32.86	−0.15
90	556	0.72	32.82	−0.12
100	553	0.54	32.79	−0.09

由式（20.28）可知，间隔棒起晕场强与间隔棒线夹头部曲率半径 R_1、R_2 和间隔棒厚度 H 有关。不同 R_1、R_2、H 下间隔棒起晕电压和起晕场强的模型计算结果见表 20-8 至表 20-10。由表 20-8 至表 20-10 可知，随着间隔棒线夹头部曲率半径 R_1、R_2 和间隔棒厚度 H 的增大，间隔棒起晕电压非线性增大，起晕场强非线性减小，且起晕电压和起晕场强都有饱和趋势。当 R_1 由 35.5mm 增大到 55.5mm 时，起晕电压增大 2.52%，增大较为缓慢；当 R_2 由 10mm 增大到 30mm 时，起晕电压增大 16.76%，增大较为显著；当 H 由 60mm 增大到 100mm 时，起晕电压增大 2.03%，增大较为缓慢。这表明，相比改变 R_1 和 H，改变 R_2 对提高间隔棒起晕电压更加显著，即增大曲率半径 R_2 对间隔棒电晕放电的抑制效果更明显。

当 R_1 由 35.5mm 增大到 55.5mm 时，起晕场强减小 0.58%，而由表 18-8 可知施加单位电压时其表面最大电场强度减小 2.95%；当 R_2 由 10mm 增大到 30mm 时，起晕场强减小 8.32%，而施加单位电压时其表面最大电场强度减小 22.96%；当 H 由 60mm 增大到 100mm 时，起晕场强减小 0.57%，而施加单位电压时其表面最大电场强度减小 2.95%。这表明，虽然随着 R_1、R_2、H 的增大，间隔棒起晕场强有一定程度的减小，但由于其表面最大电场强度减小的幅度更加显著，所以从起晕场强的角度分析，增大 R_1、R_2、H 能够抑制电晕放电的产生。

20.4　环境因素对起晕场强的影响机制

气压（海拔）、湿度、温度对屏蔽球、均压环、间隔棒的影响机制相同，因此这里只选取屏蔽球结构，分析环境因素对其起晕场强的影响。

20.4.1　气压对起晕场强的影响

随着海拔升高，气压逐渐降低，如式（20.40）所示。假设屏蔽球球径 200mm，温度 293K，相对湿度 30%，不同气压下屏蔽球起晕场强如表 20-11 所示。

$$P = P_0 \times \left(1 - \frac{H}{10.7}\right) \qquad (20.40)$$

式中，H 为海拔高度，km。

由表 20-11 可知，起晕电压和起晕场强随海拔的升高近似线性降低。海拔高度每升高 500m，起晕电压和起晕场强大约降低 4%。

假设 τ 为电离区域内有效电离系数 $\alpha - \eta$ 的积分，表示电离区域内积累的总电离能，l_i 表示电离区域的长度，如式（20.41）所示。τ / l_i 为电离区域内单位长度上 $\alpha - \eta$ 的平均值，可以反映电离区域内碰撞电离能力的强弱。

$$\tau = \int_0^{l_i} \left[\alpha(y) - \eta(y)\right] \mathrm{d}y \qquad (20.41)$$

表 20-11　不同气压下，屏蔽球的起晕电压和起晕场强

海拔/m	大气压力 /torr	起晕电压计算结果		起晕场强计算结果	
		起晕电压/kV	降低百分比/%	起晕场强/(kV/cm)	降低百分比/%
500	724	262.2	—	26.196	—
1000	689	251.3	—20.20	25.137	—20.04
1500	653	240.4	—20.38	220.007	—20.49
2000	618	230.1	—20.16	22.948	—20.41
2500	582	221.2	—3.91	21.932	—20.42

图 20-11 为不同气压下有效电离系数 $\alpha - \eta$ 随电场强度 E 的变化趋势。表 20-11 给出了不同气压下，电晕起始时的 l_i，τ / l_i 以及电离区域边界处 $\alpha - \eta = 0$ 的电场强度 E_0。结合图 20-11 和表 20-12 可知，随着气压降低，在相同的电场强度下 $\alpha - \eta$ 增大，l_i 增大，τ 增大，τ / l_i 减小，E_0 减小。由此可说明，随着气压降低，虽然电离区域内碰撞电离能力 τ / l_i 变弱，但电离区域长度 l_i 的增加使得电离区域内积累的总电离能增加，负极性下电晕起始场强的计算判据更容易在较低场强下成立，因此

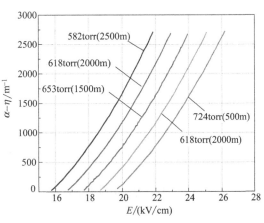

图 20-11　不同气压下有效电离系数 $\alpha - \eta$ 和电场强度 E 的关系

负极性起晕场强随着气压的下降而减小。

表 20-12　不同气压下，电晕起始时的 l_i，τ/l_i 以及 $\alpha-\eta=0$ 时的 E_0

海拔高度/m	大气压力/torr	l_i/cm	τ	τ/l_i/cm^{-1}	E_0/(kV/cm)
500	724	1.585	17.431	10.997	19.537
1000	689	1.635	17.842	10.913	18.586
1500	653	1.681	18.079	10.755	17.611
2000	618	1.741	18.603	10.685	16.663
2500	582	1.818	19.329	10.632	15.688

20.4.2　湿度对起晕场强的影响

假设屏蔽球球径 200mm，大气压力 760torr，温度 293K，不同相对湿度下屏蔽球的起晕电压和起晕场强如表 20-13 所示。

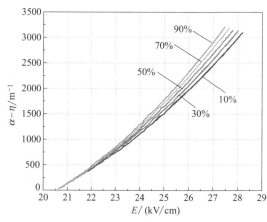

图 20-12　不同相对湿度下，有效电离系数
$\alpha-\eta$ 随电场强度 E 的变化趋势

由表 20-13 可知，起晕电压和起晕场强随着相对湿度的增加近似线性降低。图 20-12 为不同相对湿度下有效电离系数 $\alpha-\eta$ 随电场强度 E 的变化趋势。表 20-14 给出了不同相对湿度下，电晕起始时的 l_i，τ/l_i 以及电离区域边界处 $\alpha-\eta=0$ 的电场强度 E_0。由图 20-12 和表 20-14 可知，随着湿度升高，高场强区域 $\alpha-\eta$ 增大，低场强区域 $\alpha-\eta$ 减小，l_i 减小，τ 增大，τ/l_i 增大，E_0 增大。由此可说明，随着湿度升高，虽然电离区域长度 l_i 减小，但高场强区域碰撞电离能力 τ/l_i 的增强使得电离区域内积累的总电离能增加，负极性下电晕起始场强的计算判据更容易在较低场强下成立，因此负极性起晕场强随着湿度的升高而减小。

表 20-13　不同相对湿度下，屏蔽球的起晕电压和起晕场强

相对湿度	起晕电压计算结果		起晕场强计算结果	
	起晕电压/kV	降低百分比/%	起晕场强/(kV/cm)	降低百分比/%
10%	282.8	—	28.244	—
30%	280.7	-0.74	28.032	-0.75
50%	278.6	-0.75	27.820	-0.76
70%	277.2	-0.50	27.680	-0.50
90%	275.1	-0.76	27.467	-0.77

20.4.3　温度对起晕场强的影响

假设屏蔽球球径 200mm，大气压力 760torr，相对湿度 10%，不同温度下屏蔽球的起晕电压和起晕场强如表 20-15 所示。

表 20-14　不同相对湿度下，电晕起始时的 l_i，τ/l_i 以及 $\alpha-\eta=0$ 时的 E_0

相对湿度	l_i/mm	τ	$\tau/l_i/mm^{-1}$	$E_0/(kV/cm)$
10%	1.747	21.698	12.420	20.487
30%	1.696	21.805	12.857	20.511
50%	1.645	22.003	13.376	20.535
70%	1.609	22.235	13.881	20.557
90%	1.559	22.425	14.448	20.577

表 20-15　不同温度下，屏蔽球的起晕电压和起晕场强

温度/K	起晕电压计算结果		起晕场强计算结果	
	起晕电压/kV	降低百分比/%	起晕场强/(kV/cm)	降低百分比/%
263	296.3	—	29.586	—
273	287.8	−2.89	28.741	−2.86
283	279.3	−3.00	27.891	−3.00
293	271.9	−2.65	27.061	−2.98
303	265.7	−2.28	26.432	−2.32

　　由表 20-15 可知，起晕电压和起晕场强随着温度的升高近似线性降低。温度每升高 10℃，起晕电压和起晕场强大约降低 3%。图 20-13 为不同温度下有效电离系数 $\alpha-\eta$ 随电场强度 E 的变化趋势。表 20-16 给出了不同温度下，电晕起始时的 l_i，τ/l_i 以及电离区域边界处 $\alpha-\eta=0$ 的电场强度 E_0。结合图 20-13 和表 20-16 可知，随着温度升高，在相同的电场强度下 $\alpha-\eta$ 增大，l_i 增大，τ 增大，τ/l_i 增大，E_0 减小。由此可说明，随着温度升高，虽然电离区域内碰撞电离能力 τ/l_i 变弱，但电离区域长度 l_i 的增加使得电离区域内积累的

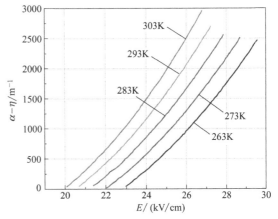

图 20-13　不同温度下，有效电离系数 $\alpha-\eta$ 随电场强度 E 的变化趋势

总电离能增加，负极性下电晕起始场强的计算判据更容易在较低场强下成立，因此负极性起晕场强随着温度的升高而减小。

表 20-16　不同温度下，电晕起始时的 l_i，τ/l_i 以及 $\alpha-\eta=0$ 时的 E_0

温度/K	l_i/mm	τ	$\tau/l_i/mm^{-1}$	$E_0/(kV/cm)$
263	1.394	14.275	10.240	22.809
273	1.443	15.019	10.408	21.967
283	1.475	15.537	10.534	21.200
293	1.532	16.898	11.030	20.514
303	1.607	19.295	12.007	19.935

参考文献

［1］　El-bahy M，El-ata M A A．Onset voltage of negative corona on dielectric-coated electrodes in air ［J］．Journal of Physics D：Applied Physics，2005，38（18）：3403-3411．

［2］　Gupta D K，Mahajan S，John P I．Theory of step on leading edge of negative corona current pulse ［J］．Journal of Physics D：Applied Physics，2000，33（66）：681-691．

［3］　Napartovich A P，Akishev Y S，Deryugin A A．Numerical simulation of Trichel-pulse formation in a negative corona ［J］．Journal of Physics D：Applied Physics，1997，30（19）：2726-2736．

［4］　Paillol J，Espel P，Reess T．Negative corona in air at atmospheric pressure due to a voltage impulse ［J］．Journal of Applied Physics，2002，91（9）：5614-5621．

［5］　Bessierres D，Paillol J，Soulem N．Negative corona triggering in air ［J］．Journal of Applied Physics，2004，95（8）：3943-3951．

［6］　Aleksandrov G N．Physical conditions for the production of a DC corona discharge in smooth conductors ［J］．Soviet Phys Tech Phys，1956，12（1）：2554-2565．